电力系统继电保护丛书

# 电力系统继电保护
# 整定计算原则

国网湖南省电力有限公司　组编

中国电力出版社
CHINA ELECTRIC POWER PRESS

## 内 容 提 要

为提高继电保护从业人员的专业水平和技能，国网湖南省电力有限公司组织编写了电力系统继电保护丛书，包括《电力系统继电保护整定计算原则》《电力系统继电保护培训题库》《电力系统继电保护端子排标准化设计》《电力系统继电保护技术入门与实践》4个分册。

本书为《电力系统继电保护整定计算原则》分册，包括继电保护整定原则概述、10（6）～500kV 各类继电保护整定计算原则，详细介绍了省地县电网的10（6）～220kV 线路、母线、并联电容器、并联电抗器保护以及35～500kV 变压器保护的整定计算原则等内容。

本套丛书实用性强，覆盖面广，适用于广大从事继电保护整定、设计、检测、运行、检修和培训的技术或管理人员。

**图书在版编目（CIP）数据**

电力系统继电保护整定计算原则 / 国网湖南省电力有限公司组编．—北京：中国电力出版社，2022.4

（电力系统继电保护丛书）

ISBN 978-7-5198-6489-7

Ⅰ．①电…　Ⅱ．①国…　Ⅲ．①电力系统－继电保护－电力系统计算　Ⅳ．① TM77

中国版本图书馆 CIP 数据核字（2022）第 017483 号

---

出版发行：中国电力出版社
地　　址：北京市东城区北京站西街 19 号（邮政编码 100005）
网　　址：http://www.cepp.sgcc.com.cn
责任编辑：王　南（010-63412876）
责任校对：黄　蓓　郝军燕
装帧设计：张俊霞
责任印制：石　雷

---

印　　刷：三河市万龙印装有限公司
版　　次：2022 年 4 月第一版
印　　次：2022 年 4 月北京第一次印刷
开　　本：787 毫米 ×1092 毫米　16 开本
印　　张：25
字　　数：458 千字
印　　数：0001—2000 册
定　　价：99.00 元

---

# 丛书编委会

# 前 言

电力系统的不断发展和安全稳定运行给国民经济和社会发展带来了巨大的动力和效益。但是，国内外经验表明，电力系统一旦发生自然或人为故障，若不能及时有效控制，电网就有可能会失去稳定运行，造成大面积停电，给社会带来灾难性后果。继电保护就是保障电网和电力设备安全，防止及限制电力系统大面积停电的最基本、最重要、最有效的技术手段。

近年来，随着以新能源大规模并网、特高压电网快速发展、新型用能设备广泛应用为特征的能源转型战略深入推进，电力系统的功能结构、系统特性发生了深刻变化，我国电网已成为世界上装机规模最大、电压等级最高的电网。随着电网规模的不断扩大，继电保护设备数量快速增长，特高压交直流混联、智能变电站、储能、分布式电源等新技术形态的大量应用，继电保护面临保障电网安全稳定运行和助力电网清洁低碳转型的双重挑战，各级电力企业对继电保护从业人员提出了更高的要求。面对电网发展的新形势，为提高继电保护从业人员的专业水平和技能，国网湖南省电力有限公司紧跟继电保护技术发展现状，组织编写了电力系统继电保护丛书，包括《电力系统继电保护整定计算原则》《电力系统继电保护培训题库》《电力系统继电保护端子排标准化设计》《电力系统继电保护技术入门与实践》4个分册。

本书为《电力系统继电保护整定计算原则》分册，包括继电保护整定原则概述、10（6）～500kV各类继电保护整定计算原则，详细介绍了省地县电网的10（6）～220kV线路、母线、并联电容器、并联电抗器保护以及35～500kV变压器保护的整定计算原则等内容。

本套丛书实用性强，覆盖面广，适用于广大从事继电保护整定、设计、检测、运行、检修和培训的技术或管理人员。

本套丛书在编写过程中得到了国网华中分部调度控制中心、南京南瑞继保工程技术有限公司、国电南瑞南京控制系统有限公司、许继电气股份有限公司、国电南自自动化有限公司、北京四方继保工程技术有限公司、长园深瑞继保自动化有限公司等单位的大力支持。在此，表示由衷的感谢！

由于编者水平有限，书中难免有疏漏、不妥或错误之处，恳请广大读者给予批评指正。

编者

2021年8月

# 目 录

前言
第一章 继电保护整定原则概述 …… 1
第二章 500kV 自耦降压变压器保护整定计算原则 …… 4
第三章 220kV 线路保护整定计算原则 …… 37
第四章 220kV 电铁线路保护整定计算原则 …… 63
第五章 220kV 线路断路器保护整定计算原则 …… 85
第六章 220kV 母线保护整定计算原则 …… 93
第七章 220kV 母联（分段）断路器保护整定计算原则 …… 123
第八章 220kV 三绕组降压变压器保护整定计算原则 …… 128
第九章 110kV 线路保护整定计算原则 …… 180
第十章 110kV 电铁专供线路保护整定计算原则 …… 203
第十一章 110kV 母线保护整定计算原则 …… 221
第十二章 110kV 母联（分段）断路器保护整定计算原则 …… 233
第十三章 110kV 三绕组降压变压器整定计算原则 …… 237
第十四章 110kV 双绕组降压变压器整定计算原则 …… 283
第十五章 110kV 及以下并联补偿电抗器保护整定计算原则 …… 312
第十六章 35kV 线路保护整定计算原则 …… 319
第十七章 35kV 双绕组降压变压器保护整定计算原则 …… 330
第十八章 35kV 及以下并联补偿电容器保护整定计算原则 …… 350
第十九章 配电网线路保护整定计算原则 …… 362
第二十章 低电阻接地系统接地变压器保护整定计算原则 …… 377

# 第一章　继电保护整定原则概述

## 一、术语与定义

下列术语和定义适用于本书。

1. 配合（coordination）

电力系统中的保护相互之间应进行配合。所谓的配合是指在两维平面（横坐标保护范围，纵坐标动作时间）上，整定定值曲线（多折线）与配合定值曲线（多折线）不相交，其间的空隙是配合系数。根据配合的实际状况，通常可将之分为完全配合、不完全配合、完全不配合三类。

2. 完全配合（fully coordination）

完全配合指需要配合的两个保护在保护范围和动作时间上均能配合，即满足选择性要求。

3. 不完全配合（partly coordination）

不完全配合指需要配合的两个保护在动作时间上能配合，但保护范围无法配合。

4. 完全不配合（un-coordination）

完全不配合指需要配合的两个保护在保护范围和动作时间上均不能配合，即无法满足选择性要求。

5. 时间级差（time step）

根据保护装置性能指标，并考虑断路器动作时间和故障熄弧时间，能确保保护配合关系的最小时间差，表示为 $\Delta t$。

6. 并网电源（grid-connected power supply）

经专线或 T 接线并入 220kV 及以下变电站的中、低压侧的火电、水电、生物质发电、风电和光伏发电、分布式电源等。

## 二、总则

（1）任何电力设备（电力线路、母线、变压器等）都不得无保护运行。

（2）220kV 电网继电保护的整定，应以保证电网全局的安全稳定为根本目标。在无法兼顾速动性、选择性和灵敏性要求时，应按照局部电网服从整体电网、下一级电网服从上一级电网、局部问题自行处理和尽量照顾局部电网和下级电网需要的原则，合理地进行取舍。

（3）220kV 电网的继电保护，应采用近后备原则整定。条件许可时，应采用远近结合的方式整定，对远后备的灵敏系数不做严格要求。

（4）110kV 及以下电网继电保护的整定，无法兼顾速动性、选择性和灵敏性要求时，应按照下一级电网服从上一级电网、保护电路设备安全和保重要用户供电的原则，合理进行取舍。

（5）110kV 及以下电网的继电保护，应采用远后备原则整定。

（6）继电保护在满足选择性的前提下，应尽量加快动作时间和缩短时间级差。时间级差应综合考虑断路器开断时间、整套保护动作返回时间、计时误差等因素，微机保护时间级差宜为 0.3s，110kV 及以下电网局部时间配合存在困难的，在确保选择性的前提下，可适当降低时间级差，但最低不小于 0.2s。

## 三、基本原则

10(6)～500kV 省、地、县电网继电保护的整定，必须满足可靠性、速动性、选择性和灵敏性的基本要求。

1. 继电保护的可靠性

（1）继电保护的可靠性由继电保护装置的合理配置、本身的技术性能和质量，以及正常的运行维护来保证。

（2）对于 220kV 电网的线路继电保护，一般采用近后备保护方式，即当故障元件的一套继电保护装置拒动时，由相互独立的另一套继电保护装置动作切除故障；当断路器拒动时，启动断路器失灵保护，断开与故障元件相连的所有其他连接电源的断路器。需要时可采用远后备保护方式，即故障元件所对应的继电保护装置或断路器拒动时，由电源侧最邻近故障元件的上一级继电保护装置动作切除故障。

（3）110kV 及以下电网继电保护一般采用远后备原则，即在临近故障点的断路器处装设的继电保护或断路器本身拒动时，由电源侧上一级断路器处的继电保护动作切除故障。

（4）对中、低压侧接有并网小电源的变压器，如变压器小电源侧的过电流保护不能在变压器其他侧母线故障时可靠切除故障，则应由小电源并网线的保护装置切除故障。

2. 继电保护的选择性

（1）选择性是指首先由故障设备或线路本身的保护切除故障，当故障设备或线路本身的保护或断路器拒动时，才允许由相邻设备、线路的保护或断路器失灵保护切除故障。为保证选择性，对相邻设备和线路有配合要求的保护和同一保护内有配合要求的两元件，其灵敏系数及动作时间在一般情况下应相互配合。

（2）全线瞬时动作的保护或保护的速断段的整定值，应保证在被保护范围外的故障时可靠不动作。

（3）电网需要配合的两级继电保护一般应是完全配合，当灵敏性和选择性不能兼顾时，在整定计算时应保证规定的灵敏系数要求，由此可能导致两级保护的不完全配合，两级保护之间的选择性由前级保护的可靠动作来保证。此时，如前级保护因故拒动，允许后级保护失去选择性。

3. 继电保护的灵敏性

（1）电力设备电源侧的继电保护整定值应对本设备故障有规定的灵敏系数，对远后备方式，继电保护最末一段整定值还应对相邻设备故障有规定的灵敏系数。

（2）对于纵联保护，在被保护范围末端发生金属性故障时，应有足够的灵敏度。

（3）对于无法得到远后备保护的电力设备，应酌情采取相应措施，防止同时失去主保护和后备保护。

4. 继电保护的速动性

（1）地级电网应满足省网提出的整定时间要求，县级电网应满足市级电网提出的整定时间要求。必要时，为保证电网安全和重要用户供电，可设置适当的解列点，以缩短故障切除时间。

（2）继电保护在满足选择性的条件下，应尽量加快动作时间和缩短时间级差。可以针对不同的保护配合关系和选用的时间元件性能，选取不同的时间级差。

（3）手动合闸和自动重合于母线或线路时，应有确定的速动保护快速切除故障。合闸时短时投入的专业保护应予整定。

# 第二章　500kV自耦降压变压器保护整定计算原则

常见的500kV自耦降压变压器保护由差动保护、高压侧后备保护、中压侧后备保护、低压侧绕组保护、低压侧保护、公共绕组保护六部分组成。

## 一、差动保护

变压器纵联差动保护作为变压器绕组故障时变压器的主保护，差动保护的保护区时构成差动保护的各侧电流互感器之间所包围的部分，包括变压器本身、电流互感器与变压器之间的引出线。

变压器纵差保护设计有电磁感应关系的各侧电流，它的构成原理是磁动势平衡原理。设置变压器各侧电流以变压器为正方向，正常运行时或外部故障时根据磁动势平衡原理，各侧电流相量和为零，即流入变压器的电流等于流出变压器的电流，此时纵差保护不动作。当变压器内部故障时，各侧电流的相量和等于短路点的短路电流，纵差保护动作切除故障变压器。

为了预防变压器内部绕组及引出线的相间及匝间短路，以及在中性点直接接地系统侧的引出线和绕组上的接地短路，应装设变压器的纵联差动保护。纵联差动保护的形式很多，但其基本原理及定值计算所考虑的基本原则相同，一般要考虑以下几个方面的因素及影响：

（1）应躲过当变压器空投及外部故障后且电压恢复时的变压器励磁涌流的影响；

（2）应躲过变压器外部故障时在变压器保护中所引起的最大不平衡电流；

（3）应躲过变压器差动保护二次回路断线时，在差动回路中引起的差电流的影响。

对于目前的微机型变压器差动保护装置，一般采用利用变压器励磁涌流特征的制动特性，以躲过变压器励磁涌流对差动保护的影响。

### （一）差动速断电流

（1）差动速断电流定值应按躲过变压器励磁涌流或外部短路最大不平衡电流整定。一般取5.0倍的变压器额定电流。

（2）按正常运行方式下变压器高压侧两相短路来校验差动速断电流是否满足不小于1.2的灵敏度系数。

（二）差动保护启动电流

（1）差动保护启动电流为最小动作电流，按应大于变压器额定负载时的不平衡电流整定，取0.2～0.5倍变压器额定电流。

（2）一般取0.5倍变压器额定电流。

（三）二次谐波制动系数

二次谐波制动系数统一取0.15。

（四）分侧差动启动电流

（1）在工程实用整定计算中可按选取0.2～0.5倍变压器额定电流整定。

（2）一般整定为0.5倍变压器额定电流。

（五）差动保护瞬时动作，出口跳变压器高、中、低压三侧断路器并启动高、中压侧断路器失灵保护。

（六）TA断线闭锁差动保护

若变压器保护介入低压绕组TA电流，且准确级为TPY，分相差动保护、低压侧小区差动保护投入。

（七）零序差动保护退出

（八）不需要整定的变化量差动保护可投入

## 二、高压侧后备保护

500kV自耦降压变压器的高压侧后备保护由高指向变压器相间阻抗、高指向母线相间阻抗、高指向变压器接地阻抗、高指向母线接地阻抗、零序过流、高反时限过励磁等保护组成。

（一）相间阻抗

500kV变压器在高、中压侧配置阻抗保护作为本侧母线故障和变压器部分绕组故障的后备保护。阻抗元件采用具有偏移圆动作特性的相间、接地阻抗元件，保护相间故障和接地故障。偏移圆特性的阻抗元件，其正、反方向都有保护范围，如果所用的TA的正极性端在母线侧，则偏移圆特性的正方向指向变压器，反方向指向母线（系统）。500kV变压器是三个单相自耦变压器组成的三相自耦变压器组，变压器内部绕组间发生三相短路、两相短路（不接地）是不可能的。安装在高、中压侧的阻抗元件，指向变压器方向的整定阻抗其保护范围要求不伸出中、高压侧和低压侧的母线。阻抗元件指向母线（系统）方向的整定阻抗按照与线路保护配合整定。

1. 高指向变压器相间阻抗定值

阻抗不伸出变压器其他侧母线，按躲过变压器中压侧母线故障整定。

$$Z_{dz.g.\phi\phi.1}=K_k\times Z_{1-2}\times\frac{n_{g.a}}{n_{g.v}} \tag{2-1}$$

式中 $Z_{dz.g.\phi\phi.1}$——高指向变压器相间阻抗定值，Ω；

$K_k$——可靠系数，取 0.7；

$Z_{1-2}$——变压器高、中压侧阻抗和的一次值，Ω；

$n_{g.v}$——变压器高压侧电压互感器变比；

$n_{g.a}$——变压器高压侧电流互感器变比。

2. 高指向母线相间阻抗

按指向变压器相间阻抗定值的 10%整定。

3. 高相间阻抗时间按两段整定

高相间阻抗一时限按躲振荡周期整定，一般取 1.5s，出口跳变压器高压侧断路器并启动高压侧断路器失灵保护。高相间阻抗二时限按与高相间阻抗一时限配合整定，一般取 1.8s，出口跳变压器高、中、低压三侧断路器并启动高、中压侧断路器失灵保护。

（二）接地阻抗

1. 高指向变压器接地阻抗

高指向变压器接地阻抗定值取值同高指向变压器相间阻抗。

2. 高指向母线接地阻抗

高指向母线接地阻抗定值取值同高指向母线相间阻抗。

3. 高接地阻抗时间按两段整定

高接地阻抗一时限按躲振荡周期整定，一般取 1.5s，出口跳变压器高压侧断路器并启动高压侧断路器失灵保护。高接地阻抗二时限按与高接地阻抗一时限配合整定，一般取 1.8s，出口跳变压器高、中、低压三侧断路器并启动高、中压侧断路器失灵保护。

4. 高接地阻抗零序补偿系数

接地阻抗零序补偿系数按高压侧出线的最小零序补偿系数整定，一般取 0.5。

（三）高复压闭锁过流

1. 高低电压闭锁定值

高低电压闭锁定值退出不用，取装置最小值。

2. 高负序电压闭锁定值

高负序电压闭锁定值退出不用，取装置最大值。

3. 高复压过流定值

高复压过流定值退出不用，定值与时间均取装置最大值。

（四）高零序过流保护

对于中性点直接接地的变压器，应装设零序电流（方向）保护，作为变压器和相邻元件（包括母线）接地短路故障的后备保护。对于500kV自耦降压变压器，高压侧和中压侧除电的直接联系外，两侧共用一个中性点并接地，自然任一侧发生接地故障时，零序电流可在高压侧和中压侧间流通，同样需要零序方向元件以使两侧变压器的零序电流保护相互配合。

1. 高零序过流Ⅰ段

（1）按保证高压侧母线单相金属性接地短路故障时（最小运行方式下高压侧母线单相金属性接地故障短路时，流过保护安装处的最小零序电流）有1.5的灵敏度系数整定。

$$I_{g.0.1}=\frac{3I_{0.\min}^{(1)}}{K_{sen}n_{g.a}} \tag{2-2}$$

式中　$I_{g.0.1}$——高零序过流Ⅰ段定值，A；

$I_{0.\min}^{(1)}$——最小运行方式下高压侧母线单相金属性接地短路故障时，流过保护安装处的最小零序电流，A；

$K_{sen}$——灵敏度系数，取1.5。

（2）高零序过流Ⅰ段设置两段时限。第一时限按与高压侧出线最长接地距离Ⅲ段时间（2s）配合整定，一般取2.4s，出口跳变压器高压侧断路器并启动高压侧断路器失灵保护。第二时限按与高零序过流Ⅰ段一时限配合整定，一般取2.7s，出口跳变压器高、中、低压三侧断路器并启动高、中压侧断路器失灵保护。

（3）高零序过流Ⅰ段仅未配置高接地阻抗保护时投入，否则退出不用。

（4）高零序过流Ⅰ段方向固定指向高压侧母线。

2. 高零序过流Ⅱ段

高零序过流Ⅱ段退出不用，定值与时间均取装置最大值。

3. 高零序过流Ⅲ段

（1）保证高、中压侧母线金属性单相接地短路故障时（最小运行方式下高、中压侧母线金属性单相接地短路故障时，流过保护安装处的最小零序电流）有不小于1.5的灵敏度系数整定。

$$I_{g.0.3} \leqslant \frac{3I_{0.min}^{(1)}}{K_{sen} n_{g.a}} \tag{2-3}$$

式中 $I_{g.0.3}$——高零序过流Ⅲ段定值，A；

$I_{0.min}^{(1)}$——最小运行方式下高、中压侧母线金属性单相接地短路故障时，流过保护安装处的最小零序电流，A。

$K_{sen}$取1.5。

（2）按与高、中压侧母线上出线的零序电流最末端保护配合整定，一般按一次值400A整定。

（3）高零序过流Ⅲ段时限按与高、中压侧出线的零序电流最末端时间配合整定，出口跳变压器高、中、低压侧三侧断路器并启动高、中压侧断路器失灵保护。

（4）高零序过流Ⅲ段固定不带方向。

（五）高定时限过励磁告警

（1）高定时限过励磁告警按变压器长期运行的过励磁倍数整定，一般按1.09倍整定。

（2）高定时限过励磁告警时限按10s整定，告警发信。

（六）高反时限过励磁

变压器在运行中由于电压升高或频率降低，将会使变压器处于过励磁运行状态，此时变压器铁芯饱和，励磁电流急剧增加，励磁电流波形发生畸变，产生高次谐波，从而使内部损耗增大、铁芯温度升高。严重时造成铁芯变形，损伤介质绝缘。

变压器运行时，变压器铁芯中的磁密与电源电压成正比，与电源的频率成反比。在电源电压升高或频率降低时，均会造成铁芯中的磁密增大，从而产生过励磁。

在变压器过励磁保护中，采用一个重要的物理量，称之为过励磁倍数。过励磁倍数等于铁芯中的实际磁密与额定工作磁密之比。变压器过励磁时，过励磁倍数越高，对变压器的危害越严重。实际变压器过励磁越严重时，发热越多，为防止变压器损坏，变压器运行的时间越短；反之变压器过励磁较轻时，允许变压器运行的时间较长，这是一个反时限特性。

（1）高反时限过励磁1段按1.1倍整定。

（2）高反时限过励磁1段时间按变压器制造厂提供的允许过励磁曲线查得的过励磁时间的80%整定。

（3）高反时限过励磁2段时间按变压器制造厂提供的允许过励磁曲线查得的过励磁（1.15倍）时间的80%整定。

（4）高反时限过励磁3段时间按变压器制造厂提供的允许过励磁曲线查得的过励磁（1.2倍）时间的80%整定。

（5）高反时限过励磁4段时间按变压器制造厂提供的允许过励磁曲线查得的过励磁（1.25倍）时间的80%整定。

（6）高反时限过励磁5段时间按变压器制造厂提供的允许过励磁曲线查得的过励磁（1.3倍）时间的80%整定。

（7）高反时限过励磁6段时间按变压器制造厂提供的允许过励磁曲线查得的过励磁（1.35倍）时间的80%整定。

（8）高反时限过励磁7段时间按变压器制造厂提供的允许过励磁曲线查得的过励磁（1.4倍）时间的80%整定。

（9）高反时限过励磁跳变压器高、中、低压三侧断路器并启动高、中压侧断路器失灵保护。

### （七）高压侧失灵经主变压器跳闸投入

## 三、中压侧后备保护

500kV自耦降压变压器的中压侧后备保护由中指向变压器相间阻抗、中指向母线相间阻抗、中指向变压器接地阻抗、中指向母线接地阻抗、零序过流等保护组成。

### （一）相间阻抗

#### 1. 中指向变压器相间阻抗

阻抗不伸出变压器其他侧母线，按躲过变压器高压侧母线故障整定。

$$Z_{dz.z.\phi\phi.1}=K_k\times Z_{2-1}\times\frac{n_{z.a}}{n_{z.v}} \tag{2-4}$$

式中　$Z_{dz.z.\phi\phi.1}$——中指向变压器相间阻抗，Ω；

$Z_{2-1}$——变压器中、高压侧阻抗和的一次值，Ω；

$n_{z.a}$——变压器中压侧电流互感器变比；

$n_{z.v}$——变压器中压侧电压互感器变比。

$K_k$取0.7。

#### 2. 中指向母线相间阻抗

按中指向变压器相间阻抗定值的10%整定。

3. 中相间阻抗时限设4段

第一时限与中相间阻抗第二时限反配整定，一般取1.2s，出口跳中压侧分段断路器。第二时限按躲振荡周期整定，一般取1.5s，出口跳中压侧母联断路器。第三时限按与第二时限配合整定，一般取1.5s，出口跳变压器中压侧断路器并启动中压侧断路器失灵保护。第四时限按与第三时限配合整定，一般取2.1s，出口跳变压器高、中、低压三侧断路器并启动高、中压侧断路器失灵保护。

（二）接地阻抗

1. 中指向变压器接地阻抗

中指向变压器接地阻抗定值取值同中指向变压器相间阻抗定值。

2. 中指向母线接地阻抗

中指向母线接地阻抗定值取值同中指向母线相间阻抗定值。

3. 中接地阻抗时限设4段

第一时限与中接地阻抗第二时限反配整定，一般取1.2s，出口跳中压侧分段断路器。第二时限按躲振荡周期整定，一般取1.5s，出口跳中压侧母联断路器。第三时限按与第二时限配合整定，一般取1.5s，出口跳变压器中压侧断路器并启动中压侧断路器失灵保护。第四时限按与第三时限配合整定，一般取2.1s，出口跳变压器高、中、低压三侧断路器并启动高、中压侧断路器失灵保护。

4. 中接地阻抗零序补偿系数

接地阻抗零序补偿系数按中压侧出线的最小零序补偿系数整定，一般取0.2。

（三）若中压侧无分段断路器，则中相间阻抗第一时限与中接地阻抗第一时限退出

（四）若中压侧配置双套六统一母线保护，则中压侧失灵经主变压器跳闸投入，否则中压侧失灵联跳功能在非电量保护中实现

（五）中复压过流

1. 中低电压闭锁定值

中低电压闭锁定值退出不用，取装置最小值。

2. 中负序电压闭锁定值

中负序电压闭锁定值退出不用，取装置最大值。

3. 中复压过流定值

中复压过流定值退出不用，定值与时间均取装置最大值。

（六）中零序过流

1. 中零序过流Ⅰ段

（1）按保证中压侧母线单相金属性接地短路故障时（最小运行方式下中压侧母线单相金属性接地短路故障时，流过保护安装处的最小零序电流）有1.5的灵敏度系数整定。

$$I_{z.0.1}=\frac{3I_{0.\min}^{(1)}}{K_{\text{sen}}n_{z.a}} \tag{2-5}$$

式中　$I_{z.0.1}$——中零序过流Ⅰ段定值，A；

$I_{0.\min}^{(1)}$——最小运行方式下中压侧母线单相金属性接地短路故障时，流过保护安装处的最小零序电流，A。

$K_{\text{sen}}$取1.5。

（2）中零序过流Ⅰ段时间设三段。第一时限按与中压侧出线最长接地距离Ⅱ段时间（2.4s）配合整定，一般取2.7s，出口跳中压侧母联、分段断路器。第二时限按与第一时限配合整定，一般取3.0s，出口跳变压器中压侧断路器并启动中压侧断路器失灵保护。第三时限按与第二时限配合整定，一般取3.3s，出口跳变压器高、中、低压三侧断路器并启动高、中压侧断路器失灵保护。

（3）中零序过流Ⅰ段仅在未配置中接地阻抗保护时投入，否则退出。

（4）中零序过流Ⅰ段方向固定指向中压侧母线。

2. 中零序过流Ⅱ段

中零序过流Ⅱ段退出不用，定值与时间均取装置最大值。

3. 中零序过流Ⅲ段

（1）按保证高、中压侧母线金属性单相接地短路故障时（最小运行方式下高、中压侧母线金属性单相接地短路故障时，流过保护安装处的最小零序电流）有灵敏度整定。

$$I_{z.0.3}\leqslant\frac{3I_{0.\min}^{(1)}}{K_{\text{sen}}n_{z.a}} \tag{2-6}$$

式中　$I_{z.0.3}$——中零序过流Ⅲ段定值，A；

$I_{0.\min}^{(1)}$——最小运行方式下高、中压侧母线金属性单相接地短路故障时，流过保护安装处的最小零序电流，A。

$K_{\text{sen}}$取1.5。

（2）按与高、中压侧母线上出线的零序电流最末端保护配合，一般按一次值400A整定。

（3）中零序过流Ⅲ段时限按与高、中压侧出线的零序电流最末端时间配合整定，出口跳变压器高、中、低压三侧断路器并启动高、中压侧断路器失灵保护。

（4）中零序过流Ⅲ段固定不带方向。

## 四、低压侧绕组保护

500kV 自耦降压变压器低压侧绕组保护由低绕组过流保护、低绕组复压过流保护、低过流保护、低复压过流保护等组成。

对升压变压器、大容量降压变压器、系统间的联络变压器以及其他负荷电流变化较大的变压器等，均可能出现短时间的过负荷运行方式。对于发生故障时，会有低电压或负序电压电压产生，因此以低电压或负序电压为电压闭锁判据，可确保在有故障时可靠切除，而对于过负荷运行方式而确保变压器不动作。

1. 低绕组过流定值

（1）按 2 倍低压侧绕组复压过流定值整定。低绕组过流定值时限设两段。低绕组过流第一时限按与低压侧所有元件速动段的动作时间配合整定，一般取 0.5s，出口跳变压器低压侧断路器。第二时限退出不用，取装置最大值。

（2）低绕组低电压闭锁定值。按额定相间电压的 70%整定，一般取 70V（二次值）。

2. 低绕组复压过流定值

（1）按躲变压器额定电流整定。

$$I_{dr.2}=\frac{K_k}{K_r}I_e \tag{2-7}$$

式中 $I_{dr.2}$——低绕组复压过流定值，A；

$K_r$——返回系数，取 0.95；

$I_e$——变压器额定电流，A。

$K_k$ 取 1.1。

（2）低绕组复压过流时限设两段。第一时限按与低绕组过流第一时限配合整定，一般取 0.8s，出口跳变压器低压侧断路器。第二时限按与第一时限配合整定，一般取 1.1s，出口跳变压器高、中、低压三侧断路器并启动高、中压侧断路器失灵保护。

3. 若变压器保护未接入低压绕组 TA 电流，则低压侧绕组保护退出

4. 要求变压器低压侧所有元件速动段的最长时限不大于 0.2s

5. 要求变压器低压侧所有元件配置时限不大于 0.5s 的后备保护段

## 五、低压侧保护

1. 低过流定值

（1）按 2 倍低压侧复压过流定值整定。

(2) 低过流定值时限设两段。第一时限与低压侧所有元件速动段的动作时间配合整定，一般取 0.5s，出口跳变压器低压侧断路器。第二时限退出不用，取装置最大值。

2. 低电压闭锁定值

按额定相间电压的 70%整定，一般取 70V（二次值）。

3. 低复压过流定值

(1) 按躲变压器额定电流整定。

$$I_{dr.2}=\frac{K_k}{K_r}I_e \tag{2-8}$$

式中 $K_k$ 取 1.1；

$K_r$ 取 0.95。

(2) 低复压过流定值时限设两段。第一时限按与低压侧过流第一时限配合整定，一般取 0.8s，出口跳变压器低压侧断路器。第二时限按与第一时限配合整定，一般取 1.1s，出口跳变压器高、中、低压三侧断路器并启动高、中压侧断路器失灵保护。

4. 要求变压器低压侧所有元件速动段的最长时限不大于 0.2s

5. 要求变压器低压侧所有元件配置时限不大于 0.5s 的后备保护段

## 六、公共绕组保护

公共绕组零序过流退出不用，定值与时间均取装置最大值。

## 七、算例

### (一) 算例描述

500kV 星城变电站 3 号变压器容量为 1000/1000/300MVA，额定电压为 525/230/36kV，短路阻抗 1%～3%$U_k$=17.36，1%～2%$U_k$=57.64，2%～3%$U_k$=37.91。500kV 星城变电站一次接线图如图 2-1 所示。

### (二) 计算过程

1. 差动保护定值

(1) 差动速断电流定值（$I_{sd}$），$I_{sd}$取 5。

1) 躲过变压器励磁涌流或外部短路最大不平衡电流整定。

$$I_{sd}=K=5=5I_e \tag{2-9}$$

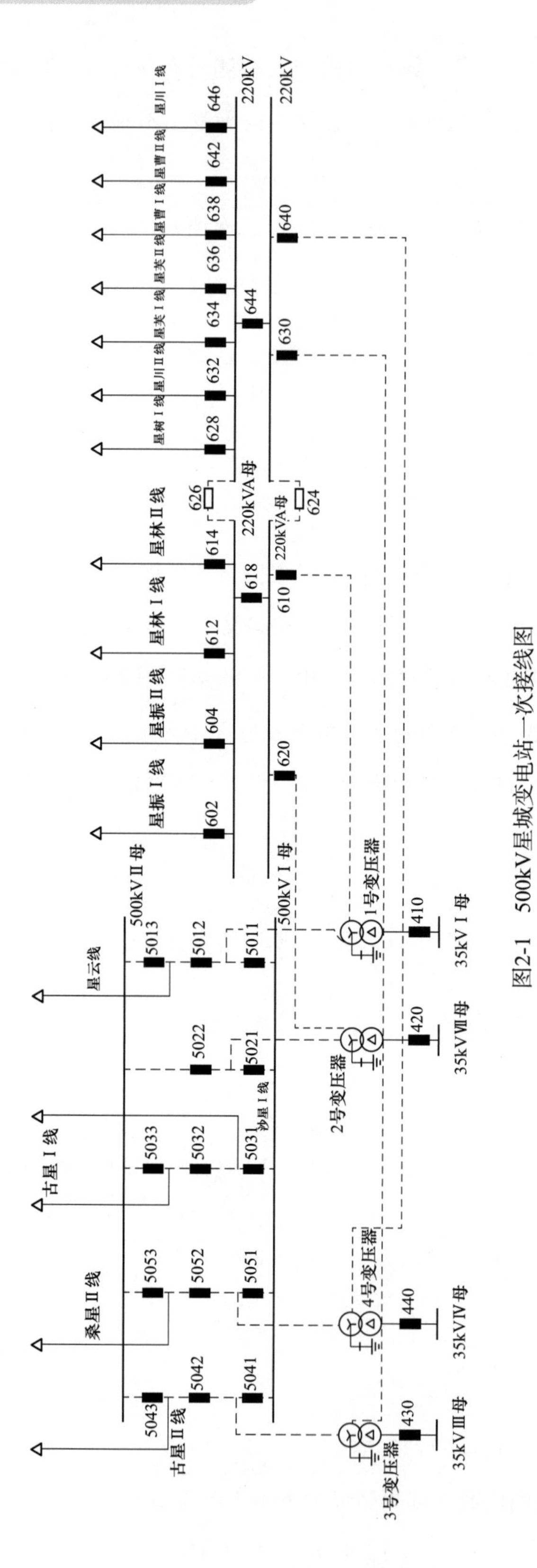


图2-1　500kV星城变电站一次接线图

式中　$K$——额定电流倍数，5；

$I_e$——变压器高压侧额定电流，A，1101.947。

2）按正常运行方式下变压器高压侧两相短路校核灵敏系数。

$$I_{sd} \leqslant 0.866 I_{kmax}/K_{sen} I_e = 0.866 \times 42270.92 \div 1.2 \div 1101.947 = 27.68 I_e$$

式中　$I_{kmax}$——保护出口相间短路流过本侧保护电流最大值，A，42270.92；

$K_{sen}$——灵敏系数，1.2；

$I_e$——变压器高压侧额定电流，A，取 I 为 1101.947。

$I_{kmax}$的方式描述，大方式：星林Ⅰ线检修，在星城变电站 3 号变压器的高压侧保护出口处发生三相相间短路；

使用优先原则为

$$I_{sd} = 5I_e$$

（2）差动保护启动电流定值（$I_{cd}$），定值：0.5。

启动电流为最小动作电流，应大于变压器额定负载时的不平衡电流，取（$0.2I_e \sim 0.5I_e$）。

$$I_{cd} = K = 0.5 = 0.5I_e$$

式中　$K$——额定电流倍数，0.50。

定值 $I_{cd}=0.5I_e$

（3）分侧差动启动电流定值（$I_{fc}$），定值：0.5。

工程计算中可选取（$0.2I_e \sim 0.5I_e$），一般整定为 $0.5I_e$

$$I_{fc} = \text{if}(K=1)\{0.5\}\text{else}\{5\} = \text{if}(1=1)\{0.5\}\text{else}\{5\} = 0.5I_e$$

式中　$K$——变压器二次信息定值项接入公共绕组 TA，准确级为 TPY，1。

定值 $I_{fc}=0.5I_e$

2. 高压侧后备保护定值

（1）高指向主变压器相间阻抗定值（$Z_{zx}$），定值：33.51/21.45。

阻抗不伸出变压器其他侧母线，按躲过变压器中压侧母线故障整定。

$$Z_{zx} = K_k \times (Z_g + Z_m) \times 2756.25 = 0.7 \times [0.01855 + (-0.00118)] \times 2756.25 = 33.51\Omega$$

式中　$Z_g$——高压侧正序电抗标幺值，取 0.01855；

$Z_m$——中压侧正序电抗标幺值，取−0.00118；

$K_k$——可靠系数，取 0.7。

定值 $Z_{zx}=33.51\Omega$

$Z_{zx}$二次定值=33.51÷(500000÷100)×(3200÷1)=21.45Ω。

(2) 高指向母线相间阻抗定值($Z_{mx}$),定值:3.35/2.14。

按指向变压器相间阻抗定值的10%整定

$$Z_{mx} = K \times Z_{zx} = 0.1 \times 33.51 = 3.35\Omega$$

式中 $Z_{zx}$——本装置定值,$Z_{zx}$(高指向主变压器相间阻抗定值),33.51。

$K$——阻抗倍数,0.1。

定值 $Z_{mx}$=3.35Ω。

二次定值 $Z_m$=3.35÷(500000÷100)×(3200÷1)=2.14Ω。

(3) 高相间阻抗1时限($T_{x1}$),定值取1.5。

按躲振荡周期整定,固定取1.5s;跳变压器高压侧断路器并启动高压侧断路器失灵保护。

$$T_{x1} = t = 1.5 = 1.5\text{s}$$

式中 $t$——时限,取1.5。

定值 $T_{x1}$=1.5s。

(4) 高相间阻抗2时限($T_{x2}$),定值取1.8。

高相间阻抗2时限与高相间阻抗1时限配合;跳变压器高、中、低压三侧断路器并启动高、中压侧断路器失灵保护。

$$T_{x2} = t = 1.8 = 1.8\text{s}$$

式中 $t$——时限,取1.8。

定值 $T_{x2}$=1.8s。

(5) 高指向主变压器接地阻抗定值($Z_{zj}$),定值取33.51/21.45。

同高指向变压器相间阻抗定值

$$Z_{zj} = Z_{zj} = 33.51 = 33.51\Omega$$

式中 $Z_{zj}$——本装置定值,$Z_{zx}$(高指向主变压器相间阻抗定值),取33.51。

定值 $Z_{zj}$=33.51Ω;

$Z_{zj}$二次定值=33.51÷(500000÷100)×(3200÷1)=21.45Ω。

(6) 高指向母线接地阻抗定值($Z_{mj}$),定值取3.35/2.14。

同高指向母线相间阻抗定值

$$Z_{mj} = Z_{mj} = 3.35 = 3.35\Omega$$

式中　$Z_{mj}$——本装置定值，Zmx（高指向母线相间阻抗定值），取 3.35。

　定值 $Z_{mj}$=3.35Ω。

$Z_{mj}$二次定值=3.35÷(500000÷100)×(3200÷1)=2.14Ω。

(7) 高接地阻抗 1 时限（$T_{j1}$），定值取 1.5。

按躲振荡周期整定，固定取 1.5s；跳变压器高压侧断路器并启动高压侧断路器失灵保护。

$$T_{j1} = t = 1.5 = 1.5\text{s}$$

式中　$t$——时限，1.5。

　定值 $T_{j1}$=1.5s。

(8) 高接地阻抗 2 时限（$T_{j2}$），定值取 1.8。

与高接地阻抗 1 时限配合；跳变压器高、中、低压三侧断路器并启动高、中压侧断路器失灵保护。

$$T_{j2} = t = 1.8 = 1.8\text{s}$$

式中　$t$——时限，1.8。

　定值 $T_{j2}$=1.8s。

(9) 高接地阻抗零序补偿系数（$K_{jz0}$），定值取 0.5。

按高压侧出线的最小零序补偿系数整定，一般取 0.5；

　定值 $K_{jz0}$=0.5；

(10) 高低电压闭锁定值（$U_{\rm d}$），定值取 0。

取装置最小值，退出不用；

　定值 $U_{\rm d}$=0V。

(11) 高负序电压闭锁定值（$U_2$），定值取 57.7。

取装置最大值，退出不用；

　定值 $U_2$=57.7V。

(12) 高复压过流定值（$I_{\rm L}$），定值取 20。

取装置最大值，退出不用；

$$I_{\rm L} = 20 \times I_{\rm n} = 20 \times 1 = 20\text{A}$$

式中　$I_{\rm n}$——TA 二次侧电流，A，1；

　定值 $I_{\rm L}$=20A。

(13) 高复压过流时间 ($T_L$), 定值: 10。

取装置最大值, 退出不用;

$$T_L = t = 10 = 10s$$

式中 $t$——时限, 10;

定值 $T_L$=10s。

(14) 高零序过流Ⅰ段定值 ($I_{01}$), 定值: 20。

取装置最大值, 退出不用;

$$I_{01} = 20 \times I_n = 20 \times 1 = 20A$$

式中 $I_n$——TA 二次侧电流, A, 1;

定值 $I_{01}$=20A。

(15) 高零序过流Ⅰ段 1 时限 ($I_{01}$), 定值取 10。

取装置最大值, 退出不用;

$$I_{01} = t = 10 = 10s$$

式中 $t$——时限, 10;

定值 $T_{01}$=10s。

(16) 高零序过流Ⅰ段 2 时限 ($T_{02}$), 定值取 10。

取装置最大值, 退出不用;

$$T_{02} = t = 10 = 10s$$

式中 $t$——时限, 10;

定值 $T_{02}$=10s。

(17) 高零序过流Ⅱ段定值 ($T_{02}$), 定值取 20。

取装置最大值, 退出不用;

$$T_{02} = 20 \times I_n = 20 \times 1 = 20A$$

式中 $I_n$——TA 二次侧电流, A, 1;

定值 $I_{02}$=20A。

(18) 高零序过流Ⅱ段 1 时限 ($T_{021}$), 定值取 10。

退出不用, 取装置最大值;

$$T_{021} = t = 10 = 10s$$

式中 $t$——时限, 10;

定值 $T_{021}$=10s。

（19）高零序过流Ⅱ段 2 时限（$T_{022}$），定值取 10。

取装置最大值，退出不用；

$$T_{022} = t = 10 = 10\text{s}$$

式中　$t$——时限，10；

定值 $T_{022}$=10s。

（20）高零序过流Ⅲ段定值（$I_{03}$）——定值取 400/0.13。

1）保证高、中压侧母线金属性单相接地短路故障时有规定的灵敏度；

$$\begin{aligned} I_{03} &\leqslant 3 \times \text{Min}(I_{0\text{kmin}}, I_{0\text{gkmin}}) \div K_{\text{sen}} = 3 \times \text{Min}(892.139, 583.4651) \div 1.5 \\ &= 1166.93\text{A} \end{aligned} \tag{2-10}$$

式中　$I_{0\text{kmin}}$——其他侧母线接地短路流过本侧保护零序电流最小值，A，取 892.139，$I_{0\text{gkmin}}$ 的方式描述，小方式：星云线检修，在星城变电站 3 号变压器的中压侧发生单相接地短路；

$K_{\text{sen}}$——灵敏系数，1.5；

$I_{0\text{gkmin}}$——本侧母线接地短路流过本侧保护零序电流最小值（A），取 583.4651，$I_{0\text{gkmin}}$ 的方式描述，大方式：鼎星Ⅱ线、古星Ⅰ线、沙星Ⅰ线、星云线检修，在星城变电站 3 号变压器的高压侧发生单相接地短路。

2）与高、中压侧母线上出线的零序电流最末段保护配合，一般按一次值 400A 整定。

$$I_{03} = I_0 = 400 = 400\text{A}$$

式中　$I_0$——零序电流一般值，400；

定值 $I_{03}$=400A；

$I_{03}$ 二次定值=400÷(3200÷1)=0.13A。

（21）高零序过流Ⅲ段时间（$T_{03}$），定值：4.8。

时限按与高、中压侧出线的零序电流最末段时间配合，取 4.8s；跳变压器高、中、低压三侧断路器并启动高、中压侧断路器失灵保护。

$$T_{03} = t = 4.8 = 4.8\text{s}$$

式中　$t$——时限，4.8；

定值 $T_{03}$=4.8s。

（22）高过励磁告警定值（$V_{\text{L1}}$），定值取 1.09。按变压器长期允许的过励磁倍数整定，一般按 1.09 倍整定

定值 $V_{L1}$=1.09

(23) 高过激磁告警时间（$T_{gg}$），定值取10。时限按10s整定；

$$T_{gg} = t = 10 = 10s$$

式中 $t$——时限，10；

定值 $T_{gg}$=10s

(24) 高反时限过励磁1段倍数（$F_g$），定值取1.1。高反时限过励磁1段倍数，取1.1倍。

$$F_g = 1.1 = 1.1 = 1.1$$

式中 $K$——可靠系数，1.1；

定值 $F_g$=1.1。

(25) 高反时限过励磁1段时间（$T_{fg1}$），定值：960。

按变压器制造厂提供的允许过励磁曲线查得的过励磁时间的80%整定。

$$T_{fg1} = 0.8 \times t = 0.8 \times 0 = 0s$$

式中 $t$——时限，0；

采用人工给定定值；

定值 $T_{fg1}$=960s。

(26) 高反时限过励磁2段时间（$T_{fg2}$），定值：240。

按变压器制造厂提供的允许过励磁曲线查得的过励磁（1.15倍）时间的80%整定。

$$T_{fg2} = 0.8 \times t = 0.8 \times 0 = 0s$$

式中 $t$——时限，0；

采用人工给定定值；

定值 $T_{fg2}$=240s。

(27) 高反时限过励磁3段时间（$T_{fg3}$），定值：120。

按变压器制造厂提供的允许过励磁曲线查得的过励磁（1.2倍）时间的80%整定。

$$T_{fg3} = 0.8 \times t = 0.8 \times 0 = 0s$$

式中 $t$——时限，0；

采用人工给定定值；

定值 $T_{fg3}$=120s。

(28) 高反时限过励磁4段时间（$T_{fg4}$），定值：40。

按变压器制造厂提供的允许过励磁曲线查得的过励磁（1.25倍）时间的80%整定。

$$T_{fg4}=0.8\times t=0.8\times 0=0s$$

式中 $t$——时限，0；

采用人工给定定值；

定值 $T_{fg4}=40s$。

（29）高反时限过励磁5段时间（$T_{fg5}$），定值：16。

按变压器制造厂提供的允许过励磁曲线查得的过励磁（1.3倍）时间的80%整定。

$$T_{fg5}=0.8\times t=0.8\times 0=0s$$

式中 $t$——时限，0；

采用人工给定定值；

定值 $T_{fg5}=16s$。

（30）高反时限过励磁6段时间（$T_{fg6}$），定值：6。

按变压器制造厂提供的允许过励磁曲线查得的过励磁（1.35倍）时间的80%整定。

$$T_{fg6}=0.8\times t=0.8\times 0=0s$$

式中 $t$——时限，0；

采用人工给定定值；

定值 $T_{fg6}=6s$。

（31）高反时限过励磁7段时间（$T_{fg7}$），定值：3。

按变压器制造厂提供的允许过励磁曲线查得的过励磁（1.4倍）时间的80%整定。

$$T_{fg7}=0.8\times t=0.8\times 0=0s$$

式中 $t$——时限，0；

采用人工给定定值；

定值 $T_{fg7}=3s$。

3. 中压侧后备保护定值

（1）中指向主变压器相间阻抗定值（$Z_{zx}$），定值：6.43/11.69。

阻抗不伸出变压器其他侧母线，按躲过变压器高压侧母线故障整定。

$$Z_{zx}=K_k\times(Z_g+Z_m)\times 529=0.7\times[0.01855+(-0.00118)]\times 529=6.43\Omega$$

式中 $Z_g$——高压侧正序电抗标幺值，0.01855；

$Z_m$——中压侧正序电抗标幺值，−0.00118；

$K_k$——可靠系数，0.7。

定值 $Z_{zx}$=6.43Ω。

$Z_{zx}$二次定值=6.43÷(220000÷100)×(4000÷1)=11.69Ω。

(2) 中指向母线相间阻抗定值（$Z_{mx}$），定值：0.64/1.16。

按中指向变压器相间阻抗定值的10%整定。

$$Z_{mx} = K \times Z_{mx} = 0.1 \times 6.43 = 0.64\Omega$$

式中 $Z_{mx}$——本装置定值：Zzx（中指向主变压器相间阻抗定值），6.43；

$K$——阻抗倍数，0.1。

定值 $Z_{mx}$=0.64Ω；

$Z_{mx}$二次定值=0.64÷(220000÷100)×(4000÷1)=1.16Ω；

(3) 中相间阻抗1时限（$T_{x1}$），定值：1.2。

与中相间阻抗2时限反配，跳中压侧分段断路器；若中压侧无分段断路器，则1时限退出（取二次信息）。

$$T_{x1} = \text{if}(K = 1)\{t\}\text{else}\{t_2\} = \text{if}(1 = 1)\{1.2\}\text{else}\{10\} = 1.2\text{s}$$

式中 $t$——时限，1.2；

$K$——变压器二次信息定值项中压侧是否有分段断路器，1；

$t_2$——时限，10；

定值 $T_{x1}$=1.2s。

(4) 中相间阻抗2时限（$T_{x2}$），定值：1.5。

按躲振荡周期整定，取1.5s；跳中压侧母联断路器。

$$T_{x2} = t = 1.5 = 1.5\text{s}$$

式中 $t$——时限，1.5；

定值 $T_{x2}$=1.5s。

(5) 中相间阻抗3时限（$T_{x3}$），定值：1.8。

与中相间阻抗2时限配合，取1.8s；跳变压器中压侧断路器并启动中压侧断路器失灵保护。

$$T_{x3} = t = 1.8 = 1.8\text{s};$$

式中 $t$——时限，1.8；

定值 $T_{x3}$=1.8s。

(6) 中相间阻抗4时限（$T_{x4}$），定值：2.1。

与中相间阻抗 3 时限配合，取 2.1s；跳变压器高、中、低压三侧断路器并启动高、中压侧断路器失灵保护。

$$T_{x4}=t=2.1=2.1\text{s};$$

式中　$t$——时限，2.1；

定值 $T_{x4}$=2.1s。

（7）中指向主变压器接地阻抗定值（$Z_{zj}$），定值：6.43/11.69。

同中指向变压器相间阻抗。

$$Z_{zj}=Z_{zj}=6.43=6.43\Omega$$

式中　$Z_{zj}$——本装置定值：$Z_{zx}$，6.43；

$Z_{zx}$——指向主变压器相间阻抗定值；

定值 $Z_{zj}$=6.43Ω；

$Z_{zj}$二次定值=6.43÷(220000÷100)×(4000÷1)=11.69Ω。

（8）中指向母线接地阻抗定值（$Z_{mj}$），定值：0.64/1.16。

同中指向母线相间阻抗。

$$Z_{mj}=Z_{mj}=0.64=0.64\Omega$$

式中　$Z_{mj}$——本装置定值：$Z_{mx}$（中指向母线相间阻抗定值），0.64。

定值 $Z_{mj}$=0.64Ω；

$Z_{mj}$二次定值=0.64÷(220000÷100)×(4000÷1)=1.16Ω。

（9）中接地阻抗 1 时限（$T_{j1}$），定值：1.2。

与中接地阻抗 2 时限反配，跳中压侧分段断路器；若中压侧无分段断路器，则 1 时限退出（取二次信息）。

$$T_{j1}=\text{if}(K=1)\{t\}\text{else}\{t_2\}=\text{if}(1=1)\{1.2\}\text{else}\{10\}=1.2\text{s}$$

式中　$t$——时限，1.2；

$K$——变压器二次信息定值项中压侧是否有分段断路器，1；

$t_2$——时限，10；

定值 $T_{j1}$=1.2s。

（10）中接地阻抗 2 时限（$T_{j2}$），定值：1.5。

按躲振荡周期整定，取 1.5s；跳中压侧母联断路器。

$$T_{j2}=t=1.5=1.5\text{s}$$

式中　$t$——时限，1.5。

定值 $T_{j2}$=1.5s。

(11) 中接地阻抗3时限 ($T_{j3}$)，定值：1.8。

与中接地阻抗2时限配合，取1.8s；跳变压器中压侧断路器并启动中压侧断路器失灵保护。

$$T_{j3} = t = 1.8 = 1.8\mathrm{s}$$

式中　$t$——时限，1.8；

定值 $T_{j3}$=1.8s。

(12) 中接地阻抗4时限 ($T_{j5}$)，定值：2.1。

与中接地阻抗3时限配合，取2.1s；跳变压器高、中、低压三侧断路器并启动高、中压侧断路器失灵保护。

$$T_{j5} = t = 2.1 = 2.1\mathrm{s}$$

式中　$t$——时限，2.1；

定值 $T_{j5}$=2.1s。

(13) 中接地阻抗零序补偿系数 ($K_{jz0}$)，定值：0.2。

按中压侧出线的最小零序补偿系数整定，一般取0.2。

定值 $K_{jz0}$=0.2。

(14) 中低电压闭锁定值 ($U_{\mathrm{d}}$)，定值：0。

取装置最小值，退出不用。

定值 $U_{\mathrm{d}}$=0V。

(15) 中负序电压闭锁定值 ($U_2$)，定值：57.7。

取装置最大值，退出不用。

定值 $U_2$=57.7V。

(16) 中复压过流定值 ($I_{\mathrm{L}}$)，定值：20。

取装置最小值，退出不用。

$$I_{\mathrm{L}} = 20 \times I_{\mathrm{n}} = 20 \times 1 = 20\mathrm{A}$$

式中　$I_{\mathrm{n}}$——TA二次侧电流 (A)，1；

定值 $I_{\mathrm{n}}$=20A。

(17) 中复压过流时间 ($T_{\mathrm{L}}$)，定值：10。

取装置最大值，退出不用。

$$T_{\mathrm{L}} = t = 10 = 10\mathrm{s}$$

式中　$t$——时限，10。

　定值 $T_L=10s$。

(18) 中零序过流Ⅰ段定值（$I_{01}$），定值：20。

取装置最大值，退出不用。

$$I_{01}=20\times I_n=20\times 1=20A$$

式中　$I_n$——TA二次侧电流（A），1。

　定值 $I_{01}=20A$。

(19) 中零序过流Ⅰ段1时限（$T_{011}$），定值：10。

取装置最大值，退出不用。

$$T_{011}=t=10=10s$$

式中　$t$——时限，10。

　定值 $T_{011}=10s$。

(20) 中零序过流Ⅰ段2时限（$T_{012}$），定值：10。

取装置最大值，退出不用。

$$T_{012}=t=10=10s$$

式中　$t$——时限，10。

　定值 $T_{012}=10s$。

(21) 中零序过流Ⅰ段3时限（$T_{013}$），定值：10。

取装置最大值，退出不用。

$$T_{013}=t=10=10s$$

式中　$t$——时限，10。

　定值 $T_{013}=10s$。

(22) 中零序过流Ⅱ段定值（$I_{02}$），定值：20。

取装置最大值，退出不用

$$I_{02}=20\times I_n=20\times 1=20A$$

式中　$I_n$——TA二次侧电流，A，1。

　定值 $I_{02}=20A$。

(23) 中零序过流Ⅱ段1时限（$T_{021}$），定值取10。

取装置最大值，退出不用

$$T_{021} = t = 10 = 10\text{s}$$

式中 $t$——时限，10；

定值 $T_{021}$=10s。

（24）中零序过流Ⅱ段2时限（$T_{022}$），定值：10。

取装置最大值，退出不用

$$T_{022} = t = 10 = 10\text{s}$$

式中 $t$——时限，10；

定值 $T_{022}$=10s。

（25）中零序过流Ⅱ段3时限（$T_{023}$），定值：10。

取装置最大值，退出不用

$$T_{023} = t = 10 = 10\text{s}$$

式中 $t$——时限，10；

定值 $T_{023}$=10s。

（26）中零序过流Ⅲ段定值（$I_{03}$），定值：400.0/0.1。

1）保证高、中压侧母线金属性单相接地短路故障时有规定的灵敏度

$$I_{03} \leqslant 3 \times \text{Min}(I_{0\text{kmin}}, I_{0\text{mkmin}}) \div K_{\text{sen}} = 3 \times \text{Min}(61.01984, 3284.882) \div 1.5 = 122.04\text{A}$$

式中 $I_{0\text{kmin}}$——其他侧母线接地短路流过本侧保护零序电流最小值（A），61.01984，$I_{0\text{mkmin}}$的方式描述，大方式：星树Ⅱ线检修，在星城变电站3号变压器的高压侧发生两相接地短路；

$K_{\text{sen}}$——灵敏系数，1.5；

$I_{0\text{mkmin}}$——本侧母线接地短路流过本侧保护零序电流最小值，A，3284.882，$I_{0\text{mkmin}}$的方式描述，小方式：鼎星Ⅱ线检修，在星城变电站3号变压器的中压侧发生单相接地短路。

2）与高、中压侧母线上出线的零序电流最末段保护配合，一般按一次值400A整定。

$$I_{03} = I_0 = 400 = 400\text{A}$$

式中 $I_0$——零序电流，一般取值400；

采用人工给定定值

定值 $I_{03}$=400.0A；

$I_{03}$二次值=0.1A。

（27）中零序过流Ⅲ段时间（$T_{03}$），定值：4.8。

出线的零序电流最末段时间配合，取4.8s；跳变压器高、中、低压三侧断路器并启动高、中压侧断路器失灵保护。

$$T_{03} = t = 4.8 = 4.8\text{s}$$

式中　$t$——时限，4.8；

定值 $T_{03}$=4.8s。

4. 低压侧绕组后备保护定值

（1）低绕组过流定值（$I_g$），定值：2.32。

按2倍低绕组复压过流定值整定

$$I_g = \text{if}(K = 1)\{2 \times K_k \div K_r\}\text{else}\{20\} = \text{if}(1 = 1)\{2 \times 1.1 \div 0.95\}\text{else}\{20\} = 2.32 I_e;$$

式中　$K_k$——可靠系数，1.1；

$K_r$——返回系数，0.95；

$K$——变压器二次信息定值项是否接入低压绕组TA电流，1；

定值 $I_g$=2.32$I_e$。

（2）低压侧绕组过流1时限（$T_{g1}$），定值：0.5。

与低压侧所有元件速动段的动作时间配合整定，取0.5s；跳变压器低压侧断路器

$$T_{g1} = \text{if}(K = 1)\{t\}\text{else}\{10\} = \text{if}(1 = 1)\{0.5\}\text{else}\{10\} = 0.5\text{s}$$

式中　$t$——时限，0.5；

$K$——变压器二次信息定值项是否接入低压绕组TA电流，1；

定值 $T_{g1}$=0.5s。

（3）低压侧绕组过流2时限（$T_{gII}$），定值：10。

取装置最大值，退出不用

$$T_{gII} = t = 10 = 10\text{s}$$

式中　$t$——时限，10；

定值 $T_{gII}$=10s。

（4）低压侧绕组低电压闭锁定值（$V_L$），定值：70。

按额定相间电压的70%整定，取70V。

$$V_L = \text{if}(K = 1)\{U\}\text{else}\{0\} = \text{if}(1 = 1)\{70\}\text{else}\{0\} = 70\text{V}$$

式中　$U$——电压值，70；

$K$——变压器二次信息定值项是否接入低压侧绕组 TA 电流，1。

定值 $V_L$=70V。

(5) 低压侧绕组复压过流定值（$I_L$），定值：1.16。

按躲变压器额定电流整定

$$I_L = \text{if}(K=1)\{K_k \div K_r\}\text{else}\{20\} = \text{if}(1=1)\{1.1 \div 0.95\}\text{else}\{20\} = 1.16I_e$$

式中 $K_k$——可靠系数，1.1；

$K_r$——返回系数，0.95；

$K$——变压器二次信息定值项是否接入低压绕组 TA 电流，1。

定值 $I_L$=1.16$I_e$。

(6) 低压侧绕组复压过流 1 时限（$T_{l1}$），定值：0.8。

与低压侧绕组过流 1 时限配合整定，取 0.8s；跳变压器低压侧断路器。

$$T_{l1} = \text{if}(K=1)\{t\}\text{else}\{10\} = \text{if}(1=1)\{0.8\}\text{else}\{10\} = 0.8\text{s}$$

式中 $t$——时限，0.8；

$K$——变压器二次信息定值项是否接入低压侧绕组 TA 电流，1；

定值 $T_{l1}$=0.8s。

(7) 低绕组复压过流 2 时限（$T_{l2}$），定值：1.1。

取 1.1s；跳变压器高、中、低压三侧断路器并启动高、中压侧断路器失灵保护

$$T_{l2} = \text{if}(K=1)\{t\}\text{else}\{10\} = \text{if}(1=1)\{1.1\}\text{else}\{10\} = 1.1\text{s}$$

式中 $t$——时限，1.1；

$K$——变压器二次信息定值项是否接入低压绕组 TA 电流，1。

定值 $T_{l2}$=1.1s。

5. 低压侧后备保护定值

(1) 低过流定值（$I_g$），定值：2.32。

按 2 倍低压复压过流定值整定。

$$I_g = 2 \times K_k \div K_r = 2 \times 1.1 \div 0.95 = 2.32I_e$$

式中 $K_k$——可靠系数，1.1；

$K_r$——返回系数，0.95。

定值 $I_g$=2.32$I_e$。

(2) 低过流 1 时限（$T_{g1}$），定值：0.5。

与低压侧所有元件速动段的动作时间配合整定，取 0.5s；跳变压器低压侧断路器

$$T_{g1} = t = 0.5 = 0.5\text{s}$$

式中　$t$——时限，0.5；

定值 $T_{g1}$=0.5s。

（3）低过流 2 时限（$T_{g2}$），定值：10。

取装置最大值，退出不用；

$$T_{g2} = t = 10 = 10\text{s}$$

式中　$t$——时限，10；

定值 $T_{g2}$=10s。

（4）低电压闭锁定值（$V_L$），定值：70。

按额定相间电压的 70%整定，取 70V；

$$V_L = U = 70 = 70\text{V}$$

式中　$U$——电压值，70；

定值 $V_L$=70V。

（5）低复压过流定值（$I_L$），定值：1.16。

按躲变压器额定电流整定

$$I_L = K_k \div K_r = 1.1 \div 0.95 = 1.16 I_e$$

式中　$K_k$——可靠系数，1.1；

$K_r$——返回系数，0.95。

定值 $I_L$=1.16$I_e$。

（6）低复压过流 1 时限（$T_{11}$），定值：0.8。

与低压侧过流 1 时限配合整定，取 0.8s；跳变压器低压侧断路器。

$$T_{11} = t = 0.8 = 0.8\text{s}$$

式中　$t$——时限，0.8；

定值 $T_{l1}$=0.8s。

（7）低复压过流 2 时限（$T_{12}$），定值：1.1。

取 1.1s；跳变压器高、中、低压三侧断路器并启动高、中压侧断路器失灵保护。

$$T_{12} = t = 1.1 = 1.1\text{s}$$

式中　$t$——时限，1.1；

定值 $T_{l2}$=1.1s。

6. 公共绕组后备保护定值

（1）公共绕组零序过流定值（$I_0$），定值：20。

退出，取最大值

$$I_0 = 20 \times I_n = 20 \times 1 = 20\text{A}$$

式中 $I_0$——TA 二次侧电流（A），1；

定值 $I_0$=20A。

（2）公共绕组零序过流时间（$T_0$），定值：10。

退出，取最大值

$$T_0 = t = 10 = 10\text{s}$$

式中 $t$——时限，10；

定值 $T_0$=10s。

（三）定值单

湖南电网继电保护定值通知单 1 见表 2-1。

**表 2-1　　湖南电网继电保护定值通知单 1**

编号：星城变电站-500kV 3 号变压器压器保护-PCS978T5G-202001

| 保护型号 | PCS-978T5-G | | | | |
|---|---|---|---|---|---|
| 版本号<br>变压器型号 | V4.00 | 校验码<br>容量（MVA） | 107C34BA<br>1000/1000/300 | 程序生成时间<br>电压（kV） | 2017.08.24<br>525/230/36 |
| $U_k$(%) | $U_{高-中}$=17.36　$U_{高-低}$=57.64　$U_{中-低}$=37.91 | | | | |

注：非电量保护由运维检修专业整定。

| 整定： | | 审核： | | 批准： | | 日期： | 2020 年 6 月 9 日 |
|---|---|---|---|---|---|---|---|

| 1 | 设备参数 | | | |
|---|---|---|---|---|
| 序号 | 名称 | 单位 | 定值 | 备注 |
| 1.01 | 定值区号 | | 现场整定 | |
| 1.02 | 被保护设备 | | 现场整定 | |
| 1.03 | 主变压器高中压侧额定容量 | MVA | 1000 | |
| 1.04 | 主变压器低压侧额定容量 | MVA | 300 | |
| 1.05 | 高压侧额定电压 | kV | 525 | |
| 1.06 | 中压侧额定电压 | kV | 230 | |
| 1.07 | 低压侧额定电压 | kV | 36 | |
| 1.08 | 高压侧 TV 一次值 | kV | 500 | |
| 1.09 | 中压侧 TV 一次值 | kV | 220 | |
| 1.10 | 低压侧 TV 一次值 | kV | 35 | |

续表

| 1 | 设备参数 | | | |
|---|---|---|---|---|
| 序号 | 名称 | 单位 | 定值 | 备注 |
| 1.11 | 高压侧 TA 一次值 | A | 3200 | |
| 1.12 | 高压侧 TA 二次值 | A | 1 | |
| 1.13 | 中压侧 TA 一次值 | A | 4000 | |
| 1.14 | 中压侧 TA 二次值 | A | 1 | |
| 1.15 | 低压侧外附 TA 一次值 | A | 4000 | |
| 1.16 | 低压侧外附 TA 二次值 | A | 1 | |
| 1.17 | 低压侧套管 TA 一次值 | A | 4000 | |
| 1.18 | 低压侧套管 TA 二次值 | A | 1 | |
| 1.19 | 公共绕组 TA 一次值 | A | 2500 | |
| 1.20 | 公共绕组 TA 二次值 | A | 1 | |
| 1.21 | 公共绕组零序 TA 一次值 | A | 2500 | |
| 1.22 | 公共绕组零序 TA 二次值 | A | 1 | |
| 2 | 差动保护定值 | | | |
| 序号 | 名称 | 单位 | 定值 | 备注 |
| 2.01 | 差动速断电流定值 | $I_e$ | 5 | |
| 2.02 | 差动保护启动电流定值 | $I_e$ | 0.5 | |
| 2.03 | 分侧差动启动电流定值 | $I_e$ | 0.5 | |
| 3 | 差动保护控制字 | | | |
| 序号 | 名称 | 单位 | 定值 | 备注 |
| 3.01 | 差动速断 | | 1 | |
| 3.02 | 纵差保护 | | 1 | |
| 3.03 | 分相差动保护 | | 1 | |
| 3.04 | 低压侧小区差动保护 | | 1 | |
| 3.05 | 分侧差动保护 | | 1 | |
| 3.06 | TA 断线闭锁差动保护 | | 1 | |
| 4 | 高压侧后备保护定值 | | | |
| 序号 | 名称 | 单位 | 定值 | 备注 |
| 4.01 | 高指向主变压器相间阻抗定值 | Ω | 21.45 | |
| 4.02 | 高指向母线相间阻抗定值 | Ω | 2.14 | |
| 4.03 | 高相间阻抗 1 时限 | s | 1.5 | |
| 4.04 | 高相间阻抗 2 时限 | s | 1.8 | |
| 4.05 | 高指向主变压器接地阻抗定值 | Ω | 21.45 | |
| 4.06 | 高指向母线接地阻抗定值 | Ω | 2.14 | |
| 4.07 | 高接地阻抗 1 时限 | s | 1.5 | |
| 4.08 | 高接地阻抗 2 时限 | s | 1.8 | |
| 4.09 | 高接地阻抗零序补偿系数 | | 0.5 | |

续表

| 4 | 高压侧后备保护定值 | | | |
|---|---|---|---|---|
| 序号 | 名称 | 单位 | 定值 | 备注 |
| 4.10 | 高低电压闭锁定值 | V | 0 | |
| 4.11 | 高负序电压闭锁定值 | V | 57.7 | |
| 4.12 | 高复压过流定值 | A | 20 | |
| 4.13 | 高复压过流时间 | s | 10 | |
| 4.14 | 高零序过流Ⅰ段定值 | A | 20 | |
| 4.15 | 高零序过流Ⅰ段1时限 | s | 10 | |
| 4.16 | 高零序过流Ⅰ段2时限 | s | 10 | |
| 4.17 | 高零序过流Ⅱ段定值 | A | 20 | |
| 4.18 | 高零序过流Ⅱ段1时限 | s | 10 | |
| 4.19 | 高零序过流Ⅱ段2时限 | s | 10 | |
| 4.20 | 高零序过流Ⅲ段定值 | A | 0.13 | |
| 4.21 | 高零序过流Ⅲ段时间 | s | 4.8 | |
| 4.22 | 高过励磁告警定值 | | 1.09 | |
| 4.23 | 高过励磁告警时间 | s | 10 | |
| 4.24 | 高反时限过励磁1段倍数 | | 1.1 | |
| 4.25 | 高反时限过励磁1段时间 | s | 960 | |
| 4.26 | 高反时限过励磁2段时间 | s | 240 | |
| 4.27 | 高反时限过励磁3段时间 | s | 120 | |
| 4.28 | 高反时限过励磁4段时间 | s | 40 | |
| 4.29 | 高反时限过励磁5段时间 | s | 16 | |
| 4.30 | 高反时限过励磁6段时间 | s | 6 | |
| 4.31 | 高反时限过励磁7段时间 | s | 3 | |
| 5 | 高压侧后备保护控制字 | | | |
| 序号 | 名称 | 单位 | 定值 | 备注 |
| 5.01 | 高相间阻抗1时限 | | 1 | |
| 5.02 | 高相间阻抗2时限 | | 1 | |
| 5.03 | 高接地阻抗1时限 | | 1 | |
| 5.04 | 高接地阻抗2时限 | | 1 | |
| 5.05 | 高复压过流保护 | | 0 | |
| 5.06 | 高零序过流Ⅰ段带方向 | | 1 | |
| 5.07 | 高零序过流Ⅰ段指向母线 | | 1 | |
| 5.08 | 高零序过流Ⅱ段带方向 | | 1 | |
| 5.09 | 高零序过流Ⅱ段指向母线 | | 1 | |
| 5.10 | 高零序过流Ⅰ段1时限 | | 0 | |
| 5.11 | 高零序过流Ⅰ段2时限 | | 0 | |
| 5.12 | 高零序过流Ⅱ段1时限 | | 0 | |
| 5.13 | 高零序过流Ⅱ段2时限 | | 0 | |
| 5.14 | 高零序过流Ⅲ段 | | 1 | |
| 5.15 | 高过励磁保护跳闸 | | 1 | |
| 5.16 | 高压侧失灵经主变压器跳闸 | | 1 | |

续表

| 6 | 中压侧后备保护定值 | | | |
|---|---|---|---|---|
| 序号 | 名称 | 单位 | 定值 | 备注 |
| 6.01 | 中指向主变压器相间阻抗定值 | Ω | 11.69 | |
| 6.02 | 中指向母线相间阻抗定值 | Ω | 1.16 | |
| 6.03 | 中相间阻抗 1 时限 | s | 1.2 | |
| 6.04 | 中相间阻抗 2 时限 | s | 1.5 | |
| 6.05 | 中相间阻抗 3 时限 | s | 1.8 | |
| 6.06 | 中相间阻抗 4 时限 | s | 2.1 | |
| 6.07 | 中指向主变压器接地阻抗定值 | Ω | 11.69 | |
| 6.08 | 中指向母线接地阻抗定值 | Ω | 1.16 | |
| 6.09 | 中接地阻抗 1 时限 | s | 1.2 | |
| 6.10 | 中接地阻抗 2 时限 | s | 1.5 | |
| 6.11 | 中接地阻抗 3 时限 | s | 1.8 | |
| 6.12 | 中接地阻抗 4 时限 | s | 2.1 | |
| 6.13 | 中接地阻抗零序补偿系数 | | 0.2 | |
| 6.14 | 中低电压闭锁定值 | V | 0 | |
| 6.15 | 中负序电压闭锁定值 | V | 57.7 | |
| 6.16 | 中复压过流定值 | A | 20 | |
| 6.17 | 中复压过流时间 | s | 10 | |
| 6.18 | 中零序过流Ⅰ段定值 | A | 20 | |
| 6.19 | 中零序过流Ⅰ段 1 时限 | s | 10 | |
| 6.20 | 中零序过流Ⅰ段 2 时限 | s | 10 | |
| 6.21 | 中零序过流Ⅰ段 3 时限 | s | 10 | |
| 6.22 | 中零序过流Ⅱ段定值 | A | 20 | |
| 6.23 | 中零序过流Ⅱ段 1 时限 | s | 10 | |
| 6.24 | 中零序过流Ⅱ段 2 时限 | s | 10 | |
| 6.25 | 中零序过流Ⅱ段 3 时限 | s | 10 | |
| 6.26 | 中零序过流Ⅲ段定值 | A | 0.1 | |
| 6.27 | 中零序过流Ⅲ段时间 | s | 4.8 | |
| 7 | 中压侧后备保护控制字 | | | |
| 序号 | 名称 | 单位 | 定值 | 备注 |
| 7.01 | 中相间阻抗 1 时限 | | 1 | |
| 7.02 | 中相间阻抗 2 时限 | | 1 | |
| 7.03 | 中相间阻抗 3 时限 | | 1 | |
| 7.04 | 中相间阻抗 4 时限 | | 1 | |
| 7.05 | 中接地阻抗 1 时限 | | 1 | |
| 7.06 | 中接地阻抗 2 时限 | | 1 | |
| 7.07 | 中接地阻抗 3 时限 | | 1 | |
| 7.08 | 中接地阻抗 4 时限 | | 1 | |
| 7.09 | 中复压过流保护 | | 0 | |
| 7.10 | 中零序过流Ⅰ段带方向 | | 1 | |
| 7.11 | 中零序过流Ⅰ段指向母线 | | 1 | |

续表

| 7 | 中压侧后备保护控制字 | | | |
|---|---|---|---|---|
| 序号 | 名称 | 单位 | 定值 | 备注 |
| 7.12 | 中零序过流Ⅱ段带方向 | | 1 | |
| 7.13 | 中零序过流Ⅱ段指向母线 | | 1 | |
| 7.14 | 中零序过流Ⅰ段1时限 | | 0 | |
| 7.15 | 中零序过流Ⅰ段2时限 | | 0 | |
| 7.16 | 中零序过流Ⅰ段3时限 | | 0 | |
| 7.17 | 中零序过流Ⅱ段1时限 | | 0 | |
| 7.18 | 中零序过流Ⅱ段2时限 | | 0 | |
| 7.19 | 中零序过流Ⅱ段3时限 | | 0 | |
| 7.20 | 中零序过流Ⅲ段 | | 1 | |
| 7.21 | 中压侧失灵经主变压器跳闸 | | 1 | |
| 8 | 低压侧绕组后备保护定值 | | | |
| 序号 | 名称 | 单位 | 定值 | 备注 |
| 8.01 | 低绕组过流定值 | $I_e$ | 2.32 | |
| 8.02 | 低绕组过流1时限 | s | 0.5 | |
| 8.03 | 低绕组过流2时限 | s | 10 | |
| 8.04 | 低绕组低电压闭锁定值 | V | 70 | |
| 8.05 | 低绕组复压过流定值 | $I_e$ | 1.16 | |
| 8.06 | 低绕组复压过流1时限 | s | 0.8 | |
| 8.07 | 低绕组复压过流2时限 | s | 1.1 | |
| 9 | 低压侧绕组后备保护控制字 | | | |
| 序号 | 名称 | 单位 | 定值 | 备注 |
| 9.01 | 低绕组过流1时限 | | 1 | |
| 9.02 | 低绕组过流2时限 | | 0 | |
| 9.03 | 低绕组复压过流1时限 | | 1 | |
| 9.04 | 低绕组复压过流2时限 | | 1 | |
| 10 | 低压侧后备保护定值 | | | |
| 序号 | 名称 | 单位 | 定值 | 备注 |
| 10.01 | 低过流定值 | $I_e$ | 2.32 | |
| 10.02 | 低过流1时限 | s | 0.5 | |
| 10.03 | 低过流2时限 | s | 10 | |
| 10.04 | 低电压闭锁定值 | V | 70 | |
| 10.05 | 低复压过流定值 | $I_e$ | 1.16 | |
| 10.06 | 低复压过流1时限 | s | 0.8 | |
| 10.07 | 低复压过流2时限 | s | 1.1 | |
| 11 | 低压侧后备保护控制字 | | | |
| 序号 | 名称 | 单位 | 定值 | 备注 |
| 11.01 | 低过流1时限 | | 1 | |
| 11.02 | 低过流2时限 | | 0 | |
| 11.03 | 低复压过流1时限 | | 1 | |
| 11.04 | 低复压过流2时限 | | 1 | |
| 11.05 | 低零序过压告警 | | 1 | |

续表

| 12 | 公共绕组后备保护定值 | | | |
|---|---|---|---|---|
| 序号 | 名称 | 单位 | 定值 | 备注 |
| 12.01 | 公共绕组零序过流定值 | A | 20 | |
| 12.02 | 公共绕组零序过流时间 | s | 10 | |
| 13 | 公共绕组后备保护控制字 | | | |
| 序号 | 名称 | 单位 | 定值 | 备注 |
| 13.01 | 公共绕组零序过流保护跳闸 | | 0 | |
| 14 | 自定义控制字 | | | |
| 序号 | 名称 | 单位 | 定值 | 备注 |
| 14.01 | 零序分量差动保护 | | 0 | |
| 14.02 | 纵差工频变化量差动保护 | | 1 | |
| 14.03 | 分相差工频变化量差动保护 | | 1 | |
| 15 | 跳闸矩阵定值 | | | |
| 序号 | 名称 | 单位 | 定值 | 备注 |
| 15.01 | 主保护 | | 跳主变压器三侧 | |
| 15.02 | 高相间阻抗保护 1 时限 | | 跳主变压器高压侧 | |
| 15.03 | 高相间阻抗保护 2 时限 | | 跳主变压器三侧 | |
| 15.04 | 高接地阻抗保护 1 时限 | | 跳主变压器高压侧 | |
| 15.05 | 高接地阻抗保护 2 时限 | | 跳主变压器三侧 | |
| 15.06 | 高复压过流保护 | | 退出 | |
| 15.07 | 高零序过流Ⅰ段 1 时限 | | 退出 | |
| 15.08 | 高零序过流Ⅰ段 2 时限 | | 退出 | |
| 15.09 | 高零序过流Ⅱ段 1 时限 | | 退出 | |
| 15.10 | 高零序过流Ⅱ段 2 时限 | | 退出 | |
| 15.11 | 高零序过流Ⅲ段 | | 跳主变压器三侧 | |
| 15.12 | 高反时限过励磁跳闸 | | 跳主变压器三侧 | |
| 15.13 | 高失灵联跳 | | 跳主变压器三侧 | |
| 15.14 | 中相间阻抗保护 1 时限 | | 跳中压侧分段 | |
| 15.15 | 中相间阻抗保护 2 时限 | | 跳中压侧母联 | |
| 15.16 | 中相间阻抗保护 3 时限 | | 跳主变压器中压侧 | |
| 15.17 | 中相间阻抗保护 4 时限 | | 跳主变压器三侧 | |
| 15.18 | 中接地阻抗保护 1 时限 | | 跳中压侧分段 | |
| 15.19 | 中接地阻抗保护 2 时限 | | 跳中压侧母联 | |
| 15.20 | 中接地阻抗保护 3 时限 | | 跳主变压器中压侧 | |
| 15.21 | 中接地阻抗保护 4 时限 | | 跳主变压器三侧 | |
| 15.22 | 中复压过流保护 | | 退出 | |
| 15.23 | 中零序过流Ⅰ段 1 时限 | | 退出 | |
| 15.24 | 中零序过流Ⅰ段 2 时限 | | 退出 | |
| 15.25 | 中零序过流Ⅰ段 3 时限 | | 退出 | |
| 15.26 | 中零序过流Ⅱ段 1 时限 | | 退出 | |
| 15.27 | 中零序过流Ⅱ段 2 时限 | | 退出 | |
| 15.28 | 中零序过流Ⅱ段 3 时限 | | 退出 | |

续表

| 15 | 跳闸矩阵定值 | | | |
|---|---|---|---|---|
| 序号 | 名称 | 单位 | 定值 | 备注 |
| 15.29 | 中零序过流Ⅲ段 | | 跳主变压器三侧 | |
| 15.30 | 中失灵联跳 | | 跳主变压器三侧 | |
| 15.31 | 低绕组过流保护 1 时限 | | 跳主变压器低压侧 | |
| 15.32 | 低绕组过流保护 2 时限 | | 退出 | |
| 15.33 | 低绕组复压过流保护 1 时限 | | 跳主变压器低压侧 | |
| 15.34 | 低绕组复压过流保护 2 时限 | | 跳主变压器三侧 | |
| 15.35 | 低过流保护 1 时限 | | 跳主变压器低压侧 | |
| 15.36 | 低过流保护 2 时限 | | 退出 | |
| 15.37 | 低复压过流保护 1 时限 | | 跳主变压器低压侧 | |
| 15.38 | 低复压过流保护 2 时限 | | 跳主变压器三侧 | |
| 15.39 | 公共绕组零序过流跳闸 | | 退出 | |
| 16 | 功能软压板 | | | |
| 序号 | 名称 | 单位 | 定值 | 备注 |
| 16.01 | 主保护软压板 | | 1 | |
| 16.02 | 高压侧后备保护软压板 | | 1 | |
| 16.03 | 中压侧后备保护软压板 | | 1 | |
| 16.04 | 低压绕组后备保护软压板 | | 1 | |
| 16.05 | 低压侧后备保护软压板 | | 1 | |
| 16.06 | 公共绕组后备保护软压板 | | 1 | |
| 16.07 | 远方投退压板软压板 | | 0 | |
| 16.08 | 远方切换定值区软压板 | | 0 | |
| 16.09 | 远方修改定值软压板 | | 0 | |

# 第三章　220kV线路保护整定计算原则

220kV 线路保护由启动元件、纵联电流差动保护、纵联方向保护、纵联距离保护、距离保护、零序电流保护、断路器三相不一致保护等组成。本原则适用于 220kV 非电铁线路及使用纵联保护的 220kV 电铁线路电源侧。

## 一、启动元件

### （一）突变量启动电流定值

（1）按保证本线路末端金属性短路故障时（最小运行方式下本线路末端金属性短路故障时，流过保护安装处的短路电流）有 4.0 的灵敏度系数整定。

$$I_{qd} \leqslant \frac{I_{k.min}}{K_{sen} n_a} \tag{3-1}$$

式中　$I_{qd}$——突变量启动电流，A；

$I_{k.min}$——最小运行方式下本线路末端金属性短路故障时，流过保护安装处的短路电流，A；

$K_{sen}$——灵敏度系数，取 4.0；

$n_a$——线路电流互感器变比。

（2）按躲过 2 倍线路稳态电容电流整定。

$$I_{qd} \geqslant 2 \times \frac{0.34 \times L}{n_a} \tag{3-2}$$

式中　$L$——线路全长，km。

（3）线路两侧一次值宜相同。一般一次值取 180A，二次值不小于 $0.05I_n$。

$I_n$ 为 TA 二次额定电流。

### （二）零序启动电流定值

（1）按保证本线路末端金属性接地故障时（最小运行方式下本线路末端金属性接地故障时，流过保护安装处的零序电流）有 4.0 灵敏度系数整定。

$$I_{0.qd} \leqslant \frac{3I_{0.min}}{K_{sen} n_a} \tag{3-3}$$

式中 $I_{0.qd}$——零序启动电流，A；

$I_{0.min}$——最小运行方式下本线路末端金属性接地故障时，流过保护安装处的零序电流，A；

$K_{sen}$取 4.0。

（2）按保证本线路经高电阻接地故障有灵敏度系数整定。

$$I_{0.qd} \leqslant 300\text{A}$$

（3）线路两侧一次值宜相同。一般一次值取 180A，二次值不小于 $0.05I_n$。

## 二、纵联电流差动保护

### （一）差动动作电流定值

（1）按保证本线路末端金属性短路故障时（最小运行方式下本线路末端金属性短路故障时，流过保护安装处的短路电流）有 2.0 的灵敏度系数整定。

$$I_{dz} \leqslant \frac{I_{k.min}}{K_{sen} n_a} \tag{3-4}$$

式中 $I_{dz}$——差动动作电流，A；

$I_{k.min}$——最小运行方式下本线路末端金属性短路故障时，流过保护安装处的短路电流，A；

$K_{sen}$取 2.0。

（2）按躲过 4 倍线路稳态电容电流整定。

$$I_{dz} \geqslant 4 \times \frac{0.34 \times L}{n_a} \tag{3-5}$$

（3）线路两侧一次值相同，一般一次值取 360A。

### （二）零序差动电流定值

（1）按保证本线路末端金属性接地故障时（最小运行方式下本线路末端金属性接地故障时，流过保护安装处的零序电流）有 2.0 的灵敏度系数整定。

$$I_{0.dz} \leqslant \frac{3I_{0.min}}{K_{sen} n_a} \tag{3-6}$$

式中 $I_{0.dz}$——零序差动电流，A；

$I_{0.min}$——最小运行方式下本线路末端金属性接地故障时，流过保护安装处的零序电流，A；

$K_{sen}$取 2.0。

（2）线路两侧一次值相同，一般一次整定值取 360A。

（三）TA 断线后分相差动定值

（1）按可靠躲过本线路最大事故负荷电流整定。

$$I_{dz.dx}=\frac{K_k I_{fh.max}}{n_a} \tag{3-7}$$

式中　$I_{dz.dx}$——TA 断线后分相差动电流，A；

$K_k$——可靠系数，取 1.3；

$I_{fh.max}$——线路最大事故过负荷电流，A。

（2）两侧一次值相同。

（3）TA 断线不闭锁差动保护。

## 三、纵联方向保护

（一）纵联方向零序过流定值

（1）按保证本线路末端金属性接地故障时（最小运行方式下本线路末端金属性接地故障时，流过保护安装处的零序电流）有 2.0 的灵敏度系数整定。

$$I_{0.dz}\leqslant\frac{3I_{0.min}}{K_{sen}n_a} \tag{3-8}$$

式中　$I_{0.dz}$——纵联方向零序电流，A；

$I_{0.min}$——最小运行方式下本线路末端金属性接地故障时，流过保护安装处的零序电流，A。

$K_{sen}$取 2.0。

（2）线路两侧一次值相同，一般一次值取 240A。

（二）纵联方向负序过流定值

（1）按保证本线路末端金属性短路故障时（最小运行方式下本线路末端金属性短路故障时，流过保护安装处的负序电流）有 2.0 的灵敏度系数整定。

$$I_{2.dz}\leqslant\frac{I_{2.min}}{K_{sen}n_a} \tag{3-9}$$

式中　$I_{2.dz}$——纵联方向负序电流，A；

$I_{2.min}$——最小运行方式下本线路末端金属性短路故障时，流过保护安装处的负序电流，A；

$K_{sen}$取 2.0。

（2）线路两侧一次值相同，一般一次值取 240A。

## 四、纵联距离保护

### （一）纵联距离零序电流定值

（1）按保证本线路末端金属性接地故障时（最小运行方式下本线路末端金属性接地故障时，流过保护安装处的零序电流）有 2.0 的灵敏度系数整定。

$$I_{0.dz} \leqslant \frac{3I_{0.min}}{K_{sen} n_a} \tag{3-10}$$

式中 $I_{0.dz}$——纵联距离零序电流，A；

$I_{0.min}$——最小运行方式下本线路末端金属性接地故障时，流过保护安装处的零序电流，A；

$K_{sen}$取 2.0。

（2）按可靠躲过线路最大负荷时的最大不平衡电流。

$$I_{0.dz} \geqslant \frac{K_k \times 0.1 \times I_{fh.max}}{n_a} \tag{3-11}$$

式中 $K_k$ 取 1.5。

（3）线路两侧一次值相同，一般一次值取 240A。

### （二）纵联距离阻抗定值

按保证本线路末端金属性短路故障时有规定的灵敏度系数整定。

$$Z_{dz} = K_{sen} Z_1 \tag{3-12}$$

式中 $Z_{dz}$——纵联距离阻抗，Ω。

$K_{sen}$——灵敏度系数，整定要求如下：$L<50$km，取 1.7；50km$\leqslant L<$100km，取 1.6；100km$\leqslant L<$150km，取 1.5；150km$\leqslant L<$200km，取 1.4；$L\geqslant$200km，取 1.3。

$Z_1$——本线路正序阻抗，Ω。

### （三）纵联反方向阻抗定值

在相邻线路上的保护范围应大于对侧纵联距离阻抗所延伸的保护范围的 1.5～2 倍整定。

$$Z_{dz.f} = K_k Z_1 \tag{3-13}$$

式中 $Z_{dz.f}$——纵联反方向阻抗，Ω；

$K_k$——可靠系数，取 1.4。

## 五、距离保护

### （一）距离Ⅰ段定值

（1）按可靠躲过本线路末端故障整定，动作时间 0s。

$$Z_{dzI} = K_k Z_1 \tag{3-14}$$

式中 $Z_{dzI}$——距离Ⅰ段，Ω；

$K_k$——可靠系数，要求如下：$L<10$km，取$K_k=0$；10km$\leqslant L<20$km，取$K_k=0.35+0.7(1-10/L)$；$L\geqslant 20$km，取$K_k=0.7$；

$L$——线路长度，km。

（2）单侧电源线路不经振荡闭锁。

（二）工频变化量阻抗定值

按可靠躲过本线路末端故障整定。

$$Z_{dzI} = K_k Z_1 \tag{3-15}$$

式中 $Z_{dzI}$——工频变化量阻抗，Ω；

$K_k$——可靠系数，要求如下：$L<20$km，取0；$L\geqslant 20$km，取0.6。

（三）距离Ⅱ段定值

（1）按保本线路末端故障有足够灵敏度整定。

$$Z_{dz\mathrm{II}} \geqslant K_{sen} Z_1 \tag{3-16}$$

式中 $Z_{dz\mathrm{II}}$——距离Ⅱ段，Ω；

$K_{sen}$——灵敏系数，要求如下：

1）$L<50$km，$K_{sen}\geqslant 1.45$，一般取1.5；

2）50km$\leqslant L<200$km，$1.3\leqslant K_{sen}\leqslant 1.4$，一般取1.4；

3）$L\geqslant 200$km，$K_{sen}\geqslant 1.25$，一般取1.3。

（2）按与相邻线路距离Ⅰ段配合整定。

$$Z_{dz\mathrm{II}} \leqslant K_k Z_1 + K_k K_z Z'_{dzI} \tag{3-17}$$

式中 $K_k$——可靠系数，取0.7～0.8（优先取0.7）；

$K_z$——助增系数，选用正序助增系数与零序助增系数两者中的较小值；

$Z'_{dzI}$——相邻线路距离Ⅰ段动作阻抗，Ω。

动作时间按与相邻线路保护瞬时动作断路器拒动时，与失灵保护动作时间配合整定。

（3）按与相邻线路距离Ⅱ段配合整定；动作时间按与相邻线路距离Ⅱ段动作时间配合整定。

$$Z_{dz\mathrm{II}} \leqslant K_k Z_1 + K_k K_z Z'_{dz\mathrm{II}} \tag{3-18}$$

式中 $Z'_{dz\mathrm{II}}$——相邻线路距离Ⅱ段动作阻抗，Ω。

（4）按可靠躲过变压器另一侧母线故障整定。

$$Z_{dz\mathrm{II}} \leqslant K_k Z_1 + K_k K_z Z'_T \tag{3-19}$$

式中 $Z'_T$——相邻变压器阻抗的正序阻抗，Ω。

（5）距离Ⅱ段整定注意事项如下：

1）时间级差 $\Delta t$，取 0.3s；

2）原则（1）与原则（4）冲突时，按原则（1）取值；

3）动作时间整定范围：$0.6s \leqslant t_{\mathrm{II}} \leqslant 2.4s$（$t_{\mathrm{II}}$ 为距离Ⅱ段动作时限）；

4）若原则（4）不能满足时，取 $t_{\mathrm{II}}=2.4s$，由相应地调与省调继电保护处协商解决。

（四）距离Ⅲ段定值

（1）按保本线路末端故障有足够灵敏度系数整定。

$$Z_{dz\mathrm{III}} \geqslant K_{sen} Z_1 \tag{3-20}$$

式中 $Z_{dz\mathrm{III}}$——距离Ⅲ段，Ω；

$K_{sen}$——灵敏度系数，取值要求如下：$1.3 \leqslant K_{sen} \leqslant 3.0$，一般取 1.8，但应大于距离Ⅱ段的灵敏度系数。

（2）按与相邻线路距离Ⅱ段配合整定；动作时限取与相邻线路距离Ⅱ段动作时间配合整定。

$$Z_{dz\mathrm{III}} \leqslant K_k Z_1 + K_k K_z Z'_{dz\mathrm{II}} \tag{3-21}$$

（3）按与相邻线路距离Ⅲ段配合整定；动作时限取与相邻线路距离Ⅲ段动作时间配合整定。

$$Z_{dz\mathrm{III}} \leqslant K_k Z_1 + K_k K_z Z'_{dz\mathrm{III}} \tag{3-22}$$

式中 $Z'_{dz\mathrm{III}}$——相邻线路距离Ⅲ段动作阻抗，Ω。

（4）按可靠躲过本线路事故过负荷最小负荷阻抗整定。

$$\begin{gathered} Z_{dz\mathrm{III}} \leqslant K_k \frac{Z_{fh.min}}{\cos(\alpha_1 - \Phi)} \\ Z_{fh.min} = \frac{0.9U_n}{\sqrt{3} I_{fh.max}} \end{gathered} \tag{3-23}$$

式中 $Z_{fh.min}$——按实际可能最不利的系统频率下阻抗元件所测量的事故过负荷最小负荷阻抗，Ω；

$\alpha_1$——线路正序阻抗角，(°)；

$\Phi$——负荷阻抗角，一般取 30°；

$U_n$——平均额定电压，kV。

$K_k$ 取 0.7。

（5）按可靠躲过变压器另一侧母线故障整定。

$$Z_{dz\mathrm{III}} \leqslant K_k Z_1 + K_k K_z Z'_T$$

（6）距离Ⅲ段整定注意事项如下：

1）当原则（1）与原则（4）冲突时，按原则（1）取值；

2）动作时间整定范围：$1.5s \leqslant t_{\mathrm{III}} \leqslant 4.2s$（$t_{\mathrm{III}}$ 为距离Ⅲ段动作时限）；

3）若不满足原则（5），$t_{\mathrm{III}}$ 应与相邻变压器后备保护时限（最长段延时≤3.9s）配合，即此时取 $t_{\mathrm{III}}=4.2s$；由相应地调与省调继电保护处协商解决；

4）若保护装置设有负荷限制电阻定值，则原则（4）可不考虑。

（五）负荷限制电阻定值

按相应线路保护厂家负荷限制电阻动作特性要求进行整定。

$$\begin{aligned} R_{dz} &= K_k \frac{Z_{fh.\min}\sin(\alpha_1 - \Phi)}{\sin\alpha_1} \\ Z_{fh.\min} &= \frac{0.9U_n}{\sqrt{3}I_{fh.\max}} \end{aligned} \tag{3-24}$$

式中 $R_{dz}$——负荷限制电阻，Ω。

$K_k$ 取 0.7。

## 六、零序电流保护

### （一）零序电流Ⅱ段定值

功能退出不用。

### （二）零序电流Ⅲ段定值

（1）按本线路经高电阻接地故障有灵敏度整定。

$$I_{dz\mathrm{III}} \leqslant 300\mathrm{A} \tag{3-25}$$

式中 $I_{dz\mathrm{III}}$——零序电流Ⅲ段，A。

（2）按保本线路末端故障有 1.8～2.0 的灵敏度系数整定；动作时间 $t_{03}$ 全网统一取 4.5s。

$$I_{dz\mathrm{III}} \leqslant \frac{3I_{0.\min}}{K_{sen} n_a} \tag{3-26}$$

式中　$I_{0.min}$——最小方式下本线路末端单相接地故障时，流过保护安装处的最小零序电流，A。

$K_{sen}$取1.8～2.0。

（3）零序电流保护整定注意事项如下：

1）非电铁线路零序Ⅲ段带方向；

2）电铁线路对侧电铁变压器接地时零序保护带方向，否则不带方向；

3）若为四段式零序电流保护，则零序Ⅳ段按零序Ⅲ段原则整定，其余各段退出。

## 七、断路器三相不一致保护

断路器三相不一致零负序电流整定如下：

（1）一次值一般取120A，且二次值不小于$0.05I_n$（$I_n$为TA二次额定电流，A）；动作时限取1.2s。

（2）若不一致负序电流定值与不一致零序电流定值能分开，不一致负序电流不用，整定值取最大。

（3）三相不一致保护功能优先采用断路器本体机构实现；断路器本体机构不能实现时，由线路保护装置实现；线路保护装置不具备三相不一致功能时，在断路器保护中实现。

## 八、算例

### （一）算例描述

220kV隆回变电站隆平Ⅲ线，长度44.62km，线型2×JL3/GIA-630/45。正序阻抗为12.88∠85.55°Ω，零序阻抗为30.70∠78.11°Ω，TA变比为2500/1。

### （二）计算过程

1. 变化量启动电流定值（$I_q$）定值：180/0.07

（1）躲2倍线路稳态电容电流。

$$I_q \geqslant 2\times 0.34\times L = 2\times 0.34\times 44.62 = 30.34(\text{A})$$

$L$为线路长度，长44.62km。

（2）保证本线路末端金属性短路故障时有规定的灵敏度。

$$I_q \leqslant I_{kmin} \div K_{sen} = 1539.081\div 4 = 384.77\text{A}$$

式中　$I_{kmin}$——本支路末端金属性短路流过本侧保护相电流最小值（A），1539.081，$I_{kmin}$的方式描述，小方式：长隆Ⅱ线检修，在隆平Ⅲ线的平溪变电站220kVⅡ母侧发生两相相间短路。

$K_{sen}$——灵敏系数，4.0。

（3）线路两侧一次值相同。

一般一次值取180A，二次值不小于$0.05I_n$。

$$I_q = Max(if((Min(I_{kmin}, 3 \times 10kmin) \div K_{sen}) < I_q)\{120\}else\{I_q\}, 0.05 \times Max(I_n, I_{nd}))$$
$$= Max(if((Min(1539.081, 3 \times 551.6423) \div 4) < 180)\{120\}else\{180\},$$
$$0.05 \times Max(2500, 2500)) = 180A$$

式中　$I_q$——一般取值，180；

$I_n$——TA一次侧电流（A），2500；

$I_{nd}$——对侧TA一次侧电流（A），2500；

$I_{kmin}$——本支路末端金属性短路流过本侧保护相电流最小值（A），1539.081，$I_{kmin}$的方式描述，小方式：长隆Ⅱ线检修，在隆平Ⅲ线的平溪变电站220kVⅡ母侧发生两相相间短路；

$K_{sen}$——灵敏系数，4.0。

（4）对侧装置定值。

对侧装置定值$I_q$（变化量启动电流定值）180A，使用优先原则。

定值$I_q$=180A；

$$I_q二次定值 = 180 \div (2500 \div 1) = 0.07A$$

2. 零序启动电流定值（$I_{0q}$）——定值：180/0.07

（1）保证本线路末端金属性接地故障时有规定的灵敏度。

$$I_{0q} \leqslant 3 \times I_{0kmin} \div K_{sen} = 3 \times 551.6423 \div 4 = 413.73A$$

式中　$I_{0kmin}$——本支路末端接地短路流过本侧保护零序电流最小值（A），551.6423，$I_{0kmi}$的方式描述，小方式：长隆Ⅱ线检修，在隆平Ⅲ线的平溪变电站220kVⅡ母侧发生两相接地短路；

$K_{sen}$——灵敏系数，4.0。

（2）本线路经高电阻接地故障有灵敏度。

$$I_{0q} \leqslant I_{0q} = 300 = 300A$$

$I_{0q}$：一般取值，300。

（3）线路两侧一次值相同。

一般一次值取 180A，二次值不小于 $0.05I_n$。

$$I_{0q}=\mathrm{Max}(\mathrm{if}((\mathrm{Min}(3\times I_{0kmin},I_{kmin})\div K_{sen})<I_{0q})\{120\}\mathrm{else}\{I_{0q}\},0.05\times \mathrm{Max}(I_n,I_{nd}))$$
$$=\mathrm{Max}(\mathrm{if}((\mathrm{Min}(3\times 551.6423,1539.081)\div 4)<180)\{120\}\mathrm{else}\{180\},$$
$$0.05\times \mathrm{Max}(2500,2500))=180\mathrm{A}$$

式中 $I_{0q}$——一般取值，180；

$I_n$——TA 一次侧电流（A），2500；

$I_{nd}$——对侧 TA 一次侧电流（A），2500；

$I_{0kmin}$——本支路末端接地短路流过本侧保护零序电流最小值（A），551.6423，$I_{0kmin}$的方式描述，小方式：长隆Ⅱ线检修，在隆平Ⅲ线的平溪变电站 220kVⅡ母侧发生两相接地短路；

$K_{sen}$——灵敏系数，4.0；

$I_{kmin}$——本支路末端金属性短路流过本侧保护相电流最小值（A），1539.081；$I_{kmin}$的方式描述，小方式：长隆Ⅱ线检修，在隆平Ⅲ线的平溪变电站 220kVⅡ母侧发生两相相间短路。

（4）对侧装置定值。

$I_{0qd}$，对侧装置定值：180A，使用优先原则。

定值 $I_{0q}=180\mathrm{A}$

$I_{0q}$二次定值$=180\div(2500\div1)=0.07\mathrm{A}$。

3. 差动动作电流定值（$I_{cd}$）——定值：360/0.14

（1）保证本线路末端金属性短路故障时有规定的灵敏度：

$$I_{cd}\leqslant I_{kmin}\div K_{sen}=1539.081\div 2=769.54\mathrm{A}$$

式中 $I_{kmin}$——本支路末端金属性短路流过本侧保护相电流最小值（A），1539.081，$I_{kmin}$的方式描述，小方式：长隆Ⅱ线检修，在隆平Ⅲ线的平溪变电站 220kVⅡ母侧发生两相相间短路；

$K_{sen}$——灵敏系数，2。

（2）躲 4 倍线路稳态电容电流：

$$I_{cd}\geqslant 4\times 0.34\times L=4\times 0.34\times 44.62=60.68\mathrm{A}$$

$L$——线路长度，44.62。

（3）线路两侧一次值相同，一般一次值取 360A

$$I_{cd} = \text{Max}(\text{if}((\text{Min}(3 \times I_{0kmin}, I_{kmin}) \div K_{sen}) < I_{cd})\{240\}\text{else}\{I_{cd}\}, 0.05 \times \text{Max}(I_n, I_{nd}))$$
$$= \text{Max}(\text{if}((\text{Min}(3 \times 551.6423, 1539.081) \div 2) < 360)\{240\}\text{else}\{360\},$$
$$0.05 \times \text{Max}(2500, 2500)) = 360\text{A}$$

式中　$I_{cd}$——一般取值，A，360；

$I_n$——TA 一次侧电流，A，2500；

$I_{nd}$——对侧 TA 一次侧电流（A），2500；

$I_{kmin}$——本支路末端金属性短路流过本侧保护相电流最小值（A），1539.081，$I_{kmin}$的方式描述，小方式：长隆Ⅱ线检修，在隆平Ⅲ线的平溪变电站 220kVⅡ母侧发生两相相间短路；

$K_{sen}$——灵敏系数，2.0；

$I_{0kmin}$——本支路末端接地短路流过本侧保护零序电流最小值（A），551.6423，$I_{0kmin}$的方式描述，小方式：长隆Ⅱ线检修，在隆平Ⅲ线的平溪变电站 220kVⅡ母侧发生两相接地短路。

（4）对侧装置定值。

对侧装置定值：$I_{cd}$360A，使用优先原则

定值 $I_{cd}$=360A

$$I_{cd}\ \text{二次定值} = 360 \div (2500 \div 1) = 0.14\text{A}$$

4. TA 断线后分相差动定值（$I_{TAdx}$）——定值：2016.3/0.81

可靠躲过本线路事故最大负荷电流为

$$I_{TAdx} = K_k \times I_{fmax} = 1.3 \times 1551 = 2016.3\text{A}$$

式中　$K_k$——可靠系数，1.3；

$I_{fmax}$——最大负荷电流（A），1551；

定值 $I_{TAdx}$=2016.3A。

$$I_{TAdx}\ \text{二次定值} = 2016.3 \div (2500 \div 1) = 0.81\text{A}$$

5. 线路正序容抗定值（$C_{r1}$）——定值：580

电流补偿控制字为 0。

TA 二次为 1A 时，取 580Ω；TA 二次为 5A 时，取 116Ω。

$$C_{r1} = 580 \div T_{A2} = 580 \div 1 = 580\Omega$$

$T_{A2}$：TA 二次侧电流（A），1；

定值 $C_{r1}=580\Omega$。

6. 线路零序容抗定值（$C_{r0}$）——定值：840

电流补偿控制字为 0。

TA 二次为 1A 时，取 840Ω；TA 二次为 5A 时，取 168Ω。

$$C_{r0}=\text{if}(T_{A2}=1)\{840\}\text{else}\{168\}=\text{if}(1=1)\{840\}\text{else}\{168\}=840\Omega$$

$T_{A2}$：TA 二次侧电流（A），1

定值 $C_{r0}=840\Omega$

7. 本侧电抗器阻抗定值（$Z_{dk}$）——定值：6000

本侧电抗器二次阻抗值，本侧无电抗器取最大值

$$Z_{dk}=Z_{zk}\div I_{n}=6000\div 1=6000\Omega$$

式中 $Z_{zk}$——装置上限值，6000；

$I_{n}$——TA 二次侧电流（A），1。

定值 $Z_{dk}=6000\Omega$。

8. 本侧小电抗器阻抗定值（$Z_{zdk}$）——定值：6000

本侧电抗器中性点小抗二次阻抗值，本侧无电抗器取最大值。

$$Z_{zdk}=Z_{zk}\div I_{n}=6000\div 1=6000\Omega$$

式中 $Z_{zk}$——装置上限值，6000；

$I_{n}$——TA 二次侧电流（A），1。

定值 $Z_{zdk}=6000\Omega$。

9. 本侧识别码（$M_{b}$）——定值：40101

本变电站所有 220kV 线路各套保护间不重复

$$M_{b}=M_{b}=40101=40101$$

式中 $M_{b}$——线路二次信息定值项本侧纵联码，40101。

定值 $M_{b}=40101$。

10. 对侧识别码（$M_{d}$）——定值：40110

本套装置对应的对侧装置识别码

$$M_{d}=M_{d}=40110=40110$$

式中 $M_{d}$——线路二次信息定值项对侧纵联码，40110；

定值 $M_{d}=40110$。

11. 线路正序阻抗定值（$Z_1$）——定值：12.88/14.64

取线路正序阻抗二次值

$$Z_1 = Z_1 = 12.88297 = 12.88\Omega$$

式中　$Z_1$——正序阻抗，12.88297。

定值 $Z_1$=12.88Ω。

$Z_1$ 二次定值 = 12.88 ÷ (220000 ÷ 100) × (2500 ÷ 1) = 14.64Ω。

12. 线路正序灵敏角（$\alpha_1$）——定值：85.55

取线路正序阻抗角

$$\alpha_1 = \alpha = 85.54897 = 85.55^\circ$$

式中　$\alpha$——线路正序阻抗角（角度），85.54897；

定值 $\alpha_1$=85.55°。

13. 线路零序阻抗定值（$Z_0$）——定值：30.7/34.89

取线路零序阻抗二次值

$$Z_0 = Z_0 = 30.70089 = 30.7\Omega$$

式中　$Z_0$——零序阻抗，30.70089。

定值 $Z_0$=30.7Ω。

$Z_0$ 二次定值 = 30.7 ÷ (220000 ÷ 100) × (2500 ÷ 1) = 34.89Ω。

14. 线路零序灵敏角（$\alpha_0$）——定值：78.11

取线路零序阻抗角

$$\alpha_0 = \alpha_0 = 78.10728 = 78.11^\circ$$

式中　$\alpha_0$——线路零序序阻抗角（角度），78.10728

定值 $\alpha_0$=78.11°。

15. 线路总长度（$L$）——定值：44.62

取线路长度值

$$L = L = 44.62 = 44.62\text{km}$$

式中　$L$——线路长度，44.62。

定值 $L$=44.62km。

16. 接地距离Ⅰ段

按躲线路末端故障整定

$$Z_{dz1} \leqslant K_k \times Z_L = 0.7 \times 12.88297 = 9.02$$

定值区间：$0 \leqslant Z_{dz1} \leqslant 9.02$

取值规则：取上限值

$$Z_{dz1} = 9.02\Omega$$

时间区间：$0 \leqslant T_1 \leqslant 99$

$$T_1 = 0s$$

接地距离Ⅰ段整定结果：

Ⅰ段定值：$Z_{dz1} = 9.02(\Omega)$

Ⅰ 段二次值:$Z'_{dz1} = Z_{dz1} \times TA/TV = 9.02 \times (2500/1)/(220000/100) = 10.25(\Omega)$

Ⅰ段时间定值：$T_1 = 0(s)$

17. 接地距离Ⅱ段

（1）按保证线路末端故障有灵敏度整定。

$$Z_{dz2} \geqslant K_{lm} \times Z_l = 1.5 \times 12.88297 = 19.32$$

（2）按躲相邻变压器其他侧故障整定。

1）按躲相邻平溪变电站 1 号变压器中压侧故障整定。

$$Z_{dz2} \leqslant K_k \times Z_l + K'_b \times K_{zz} \times Z'_b = 0.7 \times 12.88297 + 0.7 \times 2.26341 \times 51.23206 = 90.19$$

$Z_l = 12.88297$　取线路本身阻抗

$K_{zz} = 2.26341$　大方式：黔平线检修，在平溪变电站 1 号变压器的中压侧发生故障

2）按躲相邻平溪变电站 1 号变压器低压侧故障整定。

$$Z_{dz2} \leqslant K_k \times Z_L + K'_b \times K_{zz} \times Z'_b = 0.7 \times 12.88297 + 0.7 \times 1.97835 \times 96.09126 = 142.09$$

$Z_L = 12.88297$　取线路本身阻抗

$K_{zz} = 1.97835$　大方式：黔平线检修，在平溪变电站 1 号变压器的低压侧发生故障

3）按躲相邻平溪变电站 2 号变压器中压侧故障整定。

$$Z_{dz2} \leqslant K_k \times Z_l + K'_b \times K_{zz} \times Z'_b = 0.7 \times 12.88297 + 0.7 \times 2.26544 \times 51.18604 = 90.19$$

$Z_l = 12.88297$　取线路本身阻抗

$K_{zz} = 2.26544$　大方式：黔平线检修，在平溪变电站 2 号变压器的中压侧发生故障

4）按躲相邻平溪变电站 2 号变压器低压侧故障整定。

$$Z_{dz2} \leqslant K_k \times Z_l + K'_b \times K_{zz} \times Z'_b = 0.7 \times 12.88297 + 0.7 \times 1.82852 \times 100.3883 = 137.51$$

$Z_1$=12.88297　取线路本身阻抗

$K_{zz}$=1.82852　大方式：黔平线检修，在平溪变电站2号变压器的低压侧发生故障

(3) 与相邻线路接地距离Ⅰ/Ⅱ段配合。

1) 与平赧Ⅰ线接地距离Ⅰ段配合。

$$Z_{dz2} \leqslant K_k \times Z_1 + K'_k \times K_z \times Z'_{dz} = 0.7 \times 12.88297 + 0.7 \times 1.69798 \times 8 = 18.53$$

$$T_2 \geqslant T' + \Delta t = 0 + 0.3 = 0.3s$$

$Z_1$=12.88297　取线路本身阻抗

$K_z$=1.69798　小方式：黔平线检修，在平赧Ⅰ线的赧水变电站220kVⅡ母侧发生故障

此配合定值和其他原则整定出来的定值冲突，建议尝试其他配合。

2) 与平赧Ⅰ线接地距离Ⅱ段配合。

$$Z_{dz2} \leqslant K_k \times Z_1 + K'_k \times K_z \times Z'_{dz} = 0.7 \times 12.88297 + 0.7 \times 1.69798 \times 18.33333 = 30.81$$

$$T_2 \geqslant T' + \Delta t = 1.2 + 0.3 = 1.5s$$

$Z_1$=12.88297　取线路本身阻抗

$K_z$=1.69798　小方式：黔平线检修，在平赧Ⅰ线的赧水变电站220kVⅡ母侧发生故障

3) 与平赧Ⅱ线接地距离Ⅰ段配合。

$$Z_{dz2} \leqslant K_k \times Z_1 + K'_k \times K_z \times Z'_{dz} = 0.7 \times 12.88297 + 0.7 \times 1.70764 \times 7.8 = 18.34$$

$$T_2 \geqslant T' + \Delta t = 0 + 0.3 = 0.3s$$

$Z_1$=12.88297　取线路本身阻抗

$K_z$=1.70764　小方式：黔平线检修，在平赧Ⅱ线的赧水变电站220kVⅡ母侧发生故障

此配合定值和其他原则整定出来的定值冲突，建议尝试其他配合。

4) 与平赧Ⅱ线接地距离Ⅱ段配合。

$$Z_{dz2} \leqslant K_k \times Z_1 + K'_k \times K_z \times Z'_{dz} = 0.7 \times 12.88297 + 0.7 \times 1.70764 \times 18.33333 = 30.93$$

$$T_2 \geqslant T' + \Delta t = 1.2 + 0.3 = 1.5s$$

$Z_1$=12.88297　取线路本身阻抗

$K_z$=1.70764　小方式：黔平线检修，在平赧Ⅱ线的赧水变电站220kVⅡ母侧发生故障

5) 与黔平线接地距离Ⅰ段配合。

$$Z_{dz2} \leqslant K_k \times Z_1 + K'_k \times K_z \times Z'_{dz} = 0.7 \times 12.88297 + 0.7 \times 1.96994 \times 18.28 = 34.23$$

$$T_2 \geqslant T' + \Delta t = 0 + 0.3 = 0.3s$$

$Z_1$=12.88297　取线路本身阻抗

$K_z$=1.96994　小方式：元赧线检修，在黔平线的黔城变电站 220kVⅡ母侧发生故障

6）与铜平线接地距离Ⅰ段配合。

$$Z_{dz2} \leqslant K_k \times Z_l + K'_k \times K_z \times Z'_{dz} = 0.7 \times 12.88297 + 0.7 \times 3.06674 \times 29.33 = 71.98$$

$$T_2 \geqslant T' + \Delta t = 0 + 0.3 = 0.3s$$

$Z_l$=12.88297　取线路本身阻抗

$K_z$=3.06674　小方式：元赧线检修，在铜平线的铜湾电厂 220kVⅠ母侧发生故障

（4）时间下限额。

$$T_2 \geqslant T = 0.6 = 0.6$$

定值区间：$19.32 \leqslant Z_{dz2} \leqslant 30.81$

取值规则：采用人工给定定值

$$Z_{dz2} = 30\Omega$$

时间区间：$1.5 \leqslant T_2 \leqslant 99$

$$T_2 = 1.5s$$

接地距离Ⅱ段整定结果：

Ⅱ段定值：$Z_{dz2}=30(\Omega)$

Ⅱ段二次值：$Z'_{dz2} = Z_{dz2} \times TA/TV = 30 \times (2500/1)/(220000/100) = 34.09(\Omega)$

Ⅱ段时间定值：$T_2=1.5(s)$

18. 接地距离Ⅲ段

（1）按保证线路末端故障有灵敏度整定。

$$Z_{dz3} \geqslant K_{lm} \times Z_l = 1.8 \times 12.88297 = 23.19$$

（2）按躲最小负荷阻抗整定。

$$Z_{dz3} \leqslant K_k \times 0.9 \times U_e/1.732/I_{fhmax}/\cos(\alpha_1 - \Phi) = 0.7 \times 0.9 \times 230000/1.732/1551/\cos(85.59236 - 30) = 95.46$$

（3）按躲相邻变压器其他侧故障整定。

1）按躲相邻平溪变电站 1 号变压器中压侧故障整定。

$$Z_{dz3} \leqslant K_k \times Z_l + K'_b \times K_{zz} \times Z'_b = 0.7 \times 12.88297 + 0.7 \times 2.26341 \times 51.23206 = 90.19$$

$Z_l$=12.88297　取线路本身阻抗

$K_{zz}$=2.26341　大方式：黔平线检修，在平溪变电站 1 号变压器的中压侧发生故障

2）按躲相邻平溪变电站1号变压器低压侧故障整定。

$$Z_{dz3} \leqslant K_k \times Z_l + K'_b \times K_{zz} \times Z'_b = 0.7 \times 12.88297 + 0.7 \times 1.97835 \times 96.09126 = 142.09$$

$Z_l$=12.88297　取线路本身阻抗

$K_{zz}$=1.97835　大方式：黔平线检修，在平溪变电站1号变压器的低压侧发生故障

3）按躲相邻平溪变电站2号变压器中压侧故障整定。

$$Z_{dz3} \leqslant K_k \times Z_l + K'_b \times K_{zz} \times Z'_b = 0.7 \times 12.88297 + 0.7 \times 2.26544 \times 51.18604 = 90.19$$

$Z_l$=12.88297　取线路本身阻抗

$K_{zz}$=2.26544　大方式：黔平线检修，在平溪变电站2号变压器的中压侧发生故障

4）按躲相邻平溪变电站2号变压器低压侧故障整定。

$$Z_{dz3} \leqslant K_k \times Z_l + K'_b \times K_{zz} \times Z'_b = 0.7 \times 12.88297 + 0.7 \times 1.82852 \times 100.3883 = 137.51$$

$Z_l$=12.88297　取线路本身阻抗

$K_{zz}$=1.82852　大方式：黔平线检修，在平溪变电站2号变压器的低压侧发生故障

（4）与相邻线路接地距离Ⅱ/Ⅲ段配合

1）与平赧Ⅰ线接地距离Ⅱ段配合。

$$Z_{dz3} \leqslant K_k \times Z_l + K'_k \times K_z \times Z'_{dz} = 0.7 \times 12.88297 + 0.7 \times 1.69798 \times 18.33333 = 30.81$$

$$T_3 \geqslant T' + \Delta t = 1.2 + 0.3 = 1.5s$$

$Z_l$=12.88297　取线路本身阻抗

$K_z$=1.69798　小方式：黔平线检修，在平赧Ⅰ线的赧水变电站220kVⅡ母侧发生故障

此配合定值和其他原则整定出来的定值冲突，建议尝试其他配合！

2）与平赧Ⅰ线接地距离Ⅲ段配合。

$$Z_{dz3} \leqslant K_k \times Z_l + K'_k \times K_z \times Z'_{dz} = 0.7 \times 12.88297 + 0.7 \times 1.69798 \times 24.01667 = 37.56$$

$$T_3 \geqslant T' + \Delta t = 2.1 + 0.3 = 2.4s$$

$Z_l$=12.88297　取线路本身阻抗

$K_z$=1.69798　小方式：黔平线检修，在平赧Ⅰ线的赧水变电站220kVⅡ母侧发生故障

3）与平赧Ⅱ线接地距离Ⅱ段配合。

$$Z_{dz3} \leqslant K_k \times Z_l + K'_k \times K_z \times Z'_{dz} = 0.7 \times 12.88297 + 0.7 \times 1.70764 \times 18.33333 = 30.93$$

$$T_3 \geqslant T' + \Delta t = 1.2 + 0.3 = 1.5s$$

$Z_1$=12.88297　取线路本身阻抗

$K_z$=1.70764　小方式：黔平线检修，在平赧Ⅱ线的赧水变电站220kVⅡ母侧发生故障

此配合定值和其他原则整定出来的定值冲突，建议尝试其他配合。

4）与平赧Ⅱ线接地距离Ⅲ段配合。

$$Z_{dz3} \leqslant K_k \times Z_1 + K_k' \times K_z \times Z_{dz}' = 0.7 \times 12.88297 + 0.7 \times 1.70764 \times 24.01667 = 37.73$$

$$T_3 \geqslant T' + \Delta t = 2.1 + 0.3 = 2.4\text{s}$$

$Z_1$=12.88297　取线路本身阻抗

$K_z$=1.70764　小方式：黔平线检修，在平赧Ⅱ线的赧水变电站220kVⅡ母侧发生故障

5）与黔平线接地距离Ⅱ段配合。

$$Z_{dz3} \leqslant K_k \times Z_1 + K_k' \times K_z \times Z_{dz}' = 0.7 \times 12.88297 + 0.7 \times 1.96994 \times 36.5 = 59.35$$

$$T3 \geqslant T' + \Delta t = 1.5 + 0.3 = 1.8\text{s}$$

$Z_1$=12.88297　取线路本身阻抗

$K_z$=1.96994　小方式：元赧线检修，在黔平线的黔城变电站220kVⅡ母侧发生故障

6）与铜平线接地距离Ⅱ段配合。

$$Z_{dz3} \leqslant K_k \times Z_1 + K_k' \times K_z \times Z_{dz}' = 0.7 \times 12.88297 + 0.7 \times 3.06674 \times 58.6 = 134.82$$

$$T_3 \geqslant T' + \Delta t = 1.8 + 0.3 = 2.1\text{s}$$

$Z_1$=12.88297　取线路本身阻抗

$K_z$=3.06674　小方式：元赧线检修，在铜平线的铜湾电厂220kVⅠ母侧发生故障

（5）时间下限额。

$$T3 \geqslant T = 1.5 = 1.5$$

定值区间：$23.19 \leqslant Z_{dz3} \leqslant 37.56$

取值规则：采用人工给定定值

$$Z_{dz3} = 37\Omega$$

时间区间：$2.4 \leqslant T_3 \leqslant 99$

$$T_3 = 2.4\text{s}$$

接地距离Ⅲ段整定结果：

Ⅲ段定值：$Z_{dz3}=37(\Omega)$

Ⅲ段二次值：$Z_{dz3}' = Z_{dz3} \times \text{TA/TV} = 37 \times (2500/1)/(220000/100) = 42.05(\Omega)$

Ⅲ段时间定值：$T_3=2.4(\text{s})$

19. 零序电流Ⅲ段

（1）按保证线路末端故障有灵敏度整定。

$$I_{03} \leqslant 3 \times I_{0\min}/K_{\text{lm}} = 3 \times 551.6427/2 = 827.46$$

$I_{0\min}$=551.6427　小方式：长隆Ⅱ线检修，在隆平Ⅲ线的平溪变电站220kVⅡ母侧发生两相接地短路

（2）本线路经高电阻接地故障有灵敏度

$$I_{03} \leqslant I = 300 = 300$$

（3）时间下限额

$$T_3 \geqslant T = 4.5 = 4.5$$

定值区间：$0 \leqslant I_{03} \leqslant 300$

取值规则：取上限值

$$I_{03} = 300\text{A}$$

时间区间：$4.5 \leqslant T_3 \leqslant 99$

$$T_3 = 4.5\text{s}$$

零序电流Ⅲ段整定结果：

Ⅲ段定值：$I_{03} = 300(\text{A})$

Ⅲ段二次值：$I'_{03} = I_{03}/\text{TA} = 300/(2500/1) = 0.12(\text{A})$

Ⅲ段时间定值：$T_3 = 4.5(\text{s})$

20. 相间距离Ⅰ段定值

取原理级接地距离Ⅰ段阻抗定值

$$Z_{\text{x1}} = Z = 9.02 = 9.02\Omega$$

$Z$：线路接地距离保护Ⅰ段定值，9.02

定值 $Z_{\text{x1}} = 9.02\Omega$

21. 相间距离Ⅱ段定值

取原理级接地距离Ⅱ段阻抗定值

$$Z_{\text{x2}} = Z = 30 = 30\Omega$$

$Z$：线路接地距离保护Ⅱ段定值，30

定值 $Z_{\text{x2}} = 30\Omega$

22. 相间距离Ⅱ段时间

取原理级接地距离Ⅱ段时间定值

$$T_{\text{x2}} = t = 1.5 = 1.5\text{s}$$

23. 相间距离Ⅲ段定值

取原理级接地距离Ⅲ段阻抗定值

$$Z_{x3} = Z = 37 = 37\Omega$$

$Z$：线路接地距离保护Ⅲ段定值，37

定值 $Z_{x3}=37\Omega$

24. 相间距离Ⅲ段时间

取原理级接地距离Ⅲ段时间定值

$$T_{x3} = t = 2.4 = 2.4\mathrm{s}$$

25. 负荷限制电阻定值（$R_{dz}$）——定值：44.61/50.69

按躲最小负荷电阻整定

$$R_{dz} = K_k \times \mathrm{Sin}(\alpha_1 - \Phi) \times 0.9 \times U_n \times 1000 \div \mathrm{Sqrt}(3) \div I_{fmax} \div \mathrm{Sin}(\alpha 1)$$

$$= 0.7 \times \mathrm{Sin}(85.54897—30) \times 0.9 \times 230 \times 1000 \div \mathrm{Sqrt}(3)$$

$$\div 1551 \div \mathrm{Sin}(85.54897) = 44.61\Omega$$

式中　$\alpha_1$——线路正序阻抗角，°，85.54897；

$I_{fmax}$——最大负荷电流，A，1551；

$U_n$——基准电压，kV，230；

Φ——负荷阻抗角，30。

$K_k$ 取 0.7

定值 $R_{dz}=44.61\Omega$

$R_{dz}$ 二次定值 $= 44.61 \div (220000 \div 100) \times (2500 \div 1) = 50.69\Omega$ 。

26. 单相重合闸时间（$T_d$）——定值：0.7

取 0.7S，退出则取最大值

$$T_d = \mathrm{if}(K = 1)\{t\}\mathrm{else}\{10\} = \mathrm{if}(1 = 1)\{0.7\}\mathrm{else}\{10\} = 0.7\mathrm{s}$$

式中　$t$——时限，取值 0.7；

$K$——线路二次信息定值项重合闸方式，取值 1。

定值 $T_d=0.7\mathrm{s}$

27. 三相重合闸时间（$T_s$）——定值：10

取最大值

$$T_s = t = 10 = 10\mathrm{s}$$

$t$：时限，10

定值 $T_s=10s$

28. 同期合闸角（$\alpha_t$）——定值：30

取 30°

$$\alpha_t = a = 30 = 30^\circ$$

$a$：角度，30

定值 $\alpha_t=30^\circ$

29. 工频变化量阻抗定值（$D_z$）——定值：8.78

按躲本线路末端故障整定

$$D_z = \text{if}(L \geqslant 20)\{K_k \times Z_1 \div TV \times TA\}\text{else}\{0.5 \div I_n\}$$
$$= \text{if}(44.62 \geqslant 20)\{0.6 \times 12.88297 \div 2200 \times 2500\}\text{else}\{0.5 \div 1\} = 8.78\Omega$$

式中 $K_k$——可靠系数，0.6；

$L$——线路长度，44.62；

$Z_1$——正序阻抗，12.88297；

TV——TV 变比，2200；

TA——TA 变比，2500；

$I_n$——TA 二次侧电流（A），1；

定值 $D_z=8.78\Omega$。

30. 零序补偿系数 $K_Z(K_z)$——定值：0.46

$$K_z = (Z_0 - Z_1)/(3Z_1)$$

$$K_z = (Z_0 - Z_1) \div (3 \times Z_1) = (30.70089 - 12.88297) \div (3 \times 12.88297) = 0.46$$

式中 $Z_0$——零序阻抗，30.70089；

$Z_1$——正序阻抗，12.88297。

定值 $K_z=0.46$。

31. 接地距离偏移角（$\alpha_j$）——定值：0

线路长度 $L \geqslant 40$kM 时取 0°；线路长度 10kM$\leqslant L <$40kM 时取 15°；线路长度 $L<$10kM 时取 30°

$$\alpha_j = \text{if}(L \geqslant 40)\{0\}\text{else}\{\text{if}(L < 10)\{30\}\text{else}\{15\}\}$$
$$= \text{if}(44.62 \geqslant 40)\{0\}\text{else}\{\text{if}(44.62 < 10)\{30\}\text{else}\{15\}\} = 0^\circ$$

式中 $L$——线路长度，44.62；

定值 $\alpha_j=0°$。

32. 相间距离偏移角（$\alpha_x$）——定值：0

线路长度 $L>10$km 时取 0°；线路长度 2km$<L\leqslant10$km 时取 15°；线路长度 $L\leqslant2$km 时取 30°

$$\alpha_x = \text{if}(L \geqslant 10)\{0\}\text{else}\{\text{if}(L < 2)\{30\}\text{else}\{15\}\}$$
$$= \text{if}(44.62 \geqslant 10)\{0\}\text{else}\{\text{if}(44.62 < 2)\{30\}\text{else}\{15\}\} = 0°$$

式中 $L$——线路长度，44.62；

定值 $\alpha_x=0°$。

33. 振荡闭锁过流定值（$I_{zdbx}$）——定值：2326.5/0.93

按躲过线路正常最大负荷电流整定

$$I_{zdbx} = K_k \times I_{fmax} = 1.5 \times 1551 = 2326.5\text{A}$$

式中 $K_k$——可靠系数，1.5；

$I_{fmax}$——最大负荷电流（A），1551；

定值 $I_{zdbx}=2326.5$A。

$$I_{zdbx}\text{二次定值} = 2326.5 \div (2500 \div 1) = 0.93\text{A}$$

34. 对侧电抗器阻抗定值（$Z_{dcdkq}$）——定值：6000

对侧电抗器二次阻抗值，本侧无电抗器取最大值

$$Z_{dcdkq} = C_{zk} \div I_n = 6000 \div 1 = 6000\Omega$$

式中 $C_{zk}$——6000；

$I_n$——TA 二次侧电流（A），1；

定值 $Z_{dcdkq}=6000\Omega$。

35. 对侧小电抗器阻抗定值（$Z_{dcxdk}$）——定值：6000

本侧电抗器中性点小抗二次阻抗值，本侧无电抗器取最大值

$$Z_{dcxdk} = C_{zk1} \div I_n = 6000 \div 1 = 6000\Omega$$

式中 $C_{zk1}$取 6000；

$I_n$——TA 二次侧电流（A），1；

定值 $Z_{dcxdk}=6000\Omega$。

36. 不一致零负序电流定值（$I_{byz}$）——定值：6250/2.5

一般一次值 120A，且二次值不小于 $0.05I_n$，保护退出时给最大值

$$I_{byz} = \text{if}(K = 1)\{\text{Max}(0.05 \times I_n, I_{byz})\}\text{else}\{K_1 \times I_n\}$$

$$= \text{if}(0 = 1)\{\text{Max}(0.05 \times 2500, 120)\}\text{else}\{2.5 \times 2500\} = 6250\text{A}$$

式中 $I_n$——TA 一次侧电流（A），2500；

$K$——线路二次信息定值项三相不一致保护，0；

$I_{byz}$——一般取值，120；

$K_1$：2.5。

定值 $I_{byz}$=6250A。

$I_{byz}$ 二次定值 = 6250 ÷ (2500 ÷ 1) = 2.5A。

37. 三相不一致保护时间（$T_{byz}$）——定值：10

如投入取 1.2s，否则取最大值

$$T_{byz} = \text{if}(K = 1)\{1.2\}\text{else}\{10\} = \text{if}(0 = 1)\{1.2\}\text{else}\{10\} = 10\text{s}$$

$K$：线路二次信息定值项三相不一致保护，0

定值 $T_{byz}$=10s

（三）定值通知单

湖南电网继电保护定值通知单 2 见表 3-1。

**表 3-1　　湖南电网继电保护定值通知单 2**

编号：隆回变电站-220kV 隆平Ⅲ线线路保护-NSR303ADAGP-202001

| 保护型号 | NSR-303A-DA-G-P | | | | |
|---|---|---|---|---|---|
| 版本号 | V2.01 | 校验码 | 9AD53B1F | 程序生成时间 | 2016.5.4 |
| 线路长度 | 44.62km | 正序阻抗 | 12.88∠85.55°Ω | 零序阻抗 | 30.70∠78.11°Ω |
| TA 变比 | 2500/1 | TV 变比 | 220000/100 | | |

备注：
1. 装置功能软压板由现场定。
2. 断路器本体三相不一致延时：1.2s。

| 整定： | | 审核： | | 批准： | | 日期： | 2020 年 4 月 30 日 |
|---|---|---|---|---|---|---|---|
| 1 | 参数定值 | | | | | | |
| 序号 | 名称 | | | 单位 | 定值 | | 备注 |
| 1.01 | 定值区号 | | | | 现场整定 | | |
| 1.02 | 被保护设备 | | | | 隆平Ⅲ线 | | |
| 1.03 | TA 一次额定值 | | | A | 2500 | | |
| 1.04 | TA 二次额定值 | | | A | 1 | | |
| 1.05 | TV 一次额定值 | | | kV | 220 | | |

续表

| 整定： | | 审核： | | 批准： | | 日期： | 2020年4月30日 |
|---|---|---|---|---|---|---|---|
| 1 | 参数定值 | | | | | | |
| 1.06 | 通道一类型 | | | 专用光纤 | | | |
| 1.07 | 通道二类型 | | | 复用光纤 | | | |
| 2 | 定值项 | | | | | | |
| 2.01 | 变化量启动电流定值 | | A | 0.07 | | | |
| 2.02 | 零序启动电流定值 | | A | 0.07 | | | |
| 2.03 | 差动动作电流定值 | | A | 0.14 | | | |
| 2.04 | TA断线后分相差动定值 | | A | 0.81 | | | |
| 2.05 | 线路正序容抗定值 | | Ω | 580 | | | |
| 2.06 | 线路零序容抗定值 | | Ω | 840 | | | |
| 2.07 | 本侧电抗器阻抗定值 | | Ω | 6000 | | | |
| 2.08 | 本侧小电抗器阻抗定值 | | Ω | 6000 | | | |
| 2.09 | 本侧识别码 | | | 40101 | | | |
| 2.10 | 对侧识别码 | | | 40110 | | | |
| 2.11 | 线路正序阻抗定值 | | Ω | 14.64 | | | |
| 2.12 | 线路正序灵敏角 | | ° | 86 | | | |
| 2.13 | 线路零序阻抗定值 | | Ω | 34.89 | | | |
| 2.14 | 线路零序灵敏角 | | ° | 78 | | | |
| 2.15 | 线路总长度 | | km | 44.62 | | | |
| 2.16 | 接地距离Ⅰ段定值 | | Ω | 10.25 | | | |
| 2.17 | 接地距离Ⅱ段定值 | | Ω | 34.09 | | | |
| 2.18 | 接地距离Ⅱ段时间 | | s | 1.5 | | | |
| 2.19 | 接地距离Ⅲ段定值 | | Ω | 42.05 | | | |
| 2.20 | 接地距离Ⅲ段时间 | | s | 2.4 | | | |
| 2.21 | 相间距离Ⅰ段定值 | | Ω | 10.25 | | | |
| 2.22 | 相间距离Ⅱ段定值 | | Ω | 34.09 | | | |
| 2.23 | 相间距离Ⅱ段时间 | | s | 1.5 | | | |
| 2.24 | 相间距离Ⅲ段定值 | | Ω | 42.05 | | | |
| 2.25 | 相间距离Ⅲ段时间 | | s | 2.4 | | | |
| 2.26 | 负荷限制电阻定值 | | Ω | 50.69 | | | |
| 2.27 | 零序过流Ⅱ段定值 | | A | 20 | | | |
| 2.28 | 零序过流Ⅱ段时间 | | s | 10 | | | |
| 2.29 | 零序过流Ⅲ段定值 | | A | 0.12 | | | |
| 2.30 | 零序过流Ⅲ段时间 | | s | 4.5 | | | |
| 2.31 | 零序过流加速段定值 | | A | 0.12 | | | |
| 2.32 | 单相重合闸时间 | | s | 0.7 | | | |
| 2.33 | 三相重合闸时间 | | s | 10 | | | |

续表

| 2 | 定值项 | | | |
|---|---|---|---|---|
| 2.34 | 同期合闸角 | ° | 30 | |
| 2.35 | 工频变化量阻抗定值 | Ω | 8.8 | |
| 2.36 | 零序补偿系数 KZ | | 0.46 | |
| 2.37 | 接地距离偏移角 | ° | 0 | |
| 2.38 | 相间距离偏移角 | ° | 0 | |
| 2.39 | 振荡闭锁过流定值 | A | 0.93 | |
| 2.40 | 对侧电抗器阻抗定值 | Ω | 6000 | |
| 2.41 | 对侧小电抗器阻抗定值 | Ω | 6000 | |
| 2.42 | 不一致零负序电流定值 | A | 2.5 | |
| 2.43 | 三相不一致保护时间 | s | 10 | |
| 3 | 控制字 | | | |
| 3.01 | 纵联差动保护 | | 1 | |
| 3.02 | 双通道方式 | | 1 | |
| 3.03 | TA 断线闭锁差动 | | 0 | |
| 3.04 | 通道一通信内时钟 | | 1 | |
| 3.05 | 通道二通信内时钟 | | 1 | |
| 3.06 | 电压接线路 TV 电压 | | 0 | |
| 3.07 | 振荡闭锁元件 | | 1 | |
| 3.08 | 距离保护Ⅰ段 | | 1 | |
| 3.09 | 距离保护Ⅱ段 | | 1 | |
| 3.10 | 距离保护Ⅲ段 | | 1 | |
| 3.11 | 零序电流保护 | | 1 | |
| 3.12 | 零序过流Ⅲ段经方向 | | 1 | |
| 3.13 | 三相跳闸方式 | | 0 | |
| 3.14 | Ⅱ段保护闭锁重合闸 | | 1 | |
| 3.15 | 多相故障闭锁重合闸 | | 1 | |
| 3.16 | 重合闸检同期方式 | | 0 | |
| 3.17 | 重合闸检无压方式 | | 0 | |
| 3.18 | 单相重合闸 | | 1 | |
| 3.19 | 三相重合闸 | | 0 | |
| 3.20 | 禁止重合闸 | | 0 | |
| 3.21 | 停用重合闸 | | 0 | |
| 3.22 | 单相 TWJ 启动重合闸 | | 1 | |
| 3.23 | 三相 TWJ 启动重合闸 | | 0 | |

续表

| 3 | 控制字 | | | |
|---|---|---|---|---|
| 3.24 | 电流补偿 | | 0 | |
| 3.25 | 远跳受启动元件控制 | | 1 | |
| 3.26 | 工频变化量距离 | | 1 | |
| 3.27 | 负荷限制距离 | | 1 | |
| 3.28 | 三重加速距离Ⅱ段 | | 0 | |
| 3.29 | 三重加速距离Ⅲ段 | | 0 | |
| 3.30 | 三相不一致保护 | | 0 | |
| 3.31 | 不一致经零负序电流 | | 1 | |

# 第四章　220kV电铁线路保护整定计算原则

220kV电铁线路保护由启动元件、距离保护、零序电流保护、断路器三相不一致保护等组成。本原则仅适用于未使用纵联保护的220kV电铁线路电源侧。

## 一、启动元件

### （一）突变量启动电流定值

（1）按保证本线路末端金属性短路故障时（最小运行方式下本线路末端金属性短路故障时，流过保护安装处的短路电流）有4.0的灵敏度系数整定。

$$I_{qd} \leqslant \frac{I_{k.min}}{K_{sen} n_a} \tag{4-1}$$

式中　$I_{qd}$——突变量启动电流，A；

$I_{k.min}$——最小运行方式下本线路末端金属性短路故障时，流过保护安装处的短路电流，A；

$K_{sen}$——灵敏度系数，取4.0；

$n_a$——线路电流互感器变比。

（2）按躲过2倍线路稳态电容电流整定。

$$I_{qd} \geqslant 2 \times \frac{0.34 \times L}{n_a} \tag{4-2}$$

式中　$L$——线路长度，km。

（3）一般一次值取210A，二次值不小于$0.05I_n$（$I_n$为TA二次额定电流。）。

### （二）零序启动电流定值

（1）按保证本线路末端金属性接地故障时（最小运行方式下本线路末端金属性接地故障时，流过保护安装处的最小零序电流）有4.0灵敏度系数整定。

$$I_{0.qd} \leqslant \frac{3I_{0.min}}{K_{sen} n_a} \tag{4-3}$$

式中　$I_{0.qd}$——零序启动电流，A；

$I_{0.min}$——最小运行方式下本线路末端金属性接地故障时，流过保护安装处的零序电流，A；

$K_{sen}$——灵敏度系数，取4.0。

（2）按本线路经高电阻接地故障有灵敏度整定。

$$I_{0.qd} \leqslant 300A$$

（3）一般一次值取210A，二次值不小于$0.05I_n$。

## 二、距离保护

### （一）距离Ⅰ段定值

（1）按本线路末端故障有足够灵敏度整定；动作时间取0s。

$$Z_{dz\text{Ⅰ}} \geqslant K_{sen}Z_1 \tag{4-4}$$

式中　$Z_{dz\text{Ⅰ}}$——距离Ⅰ段，Ω；

$Z_1$——本线路正序阻抗，Ω；

$K_{sen}$——灵敏度系数，取1.5。

（2）按可靠躲过变压器另一侧母线故障整定。

$$Z_{dz\text{Ⅰ}} \leqslant K_kZ_1 + K_kZ'_T \tag{4-5}$$

式中　$K_k$——可靠系数，统一取0.8；

$Z'_T$——相邻变压器的正序阻抗，Ω。

（3）不经振荡闭锁，且重合闸退出。

### （二）工频变化量阻抗定值

按可靠躲过本线路末端故障整定。

$$Z_{dz\text{Ⅰ}} = K_kZ_1 \tag{4-6}$$

式中　$Z_{dz\text{Ⅰ}}$——工频变化量阻抗，Ω；

$K_k$——可靠系数，取值要求如下：a. $L<20$km，取0；b. $L\geqslant20$km，取0.6。

### （三）距离Ⅱ段定值

（1）按保本线路末端故障有足够灵敏度整定；动作时间固定取1.2s。

$$Z_{dz\text{Ⅱ}} \geqslant K_{sen}Z_1 \tag{4-7}$$

式中　$Z_{dz\text{Ⅱ}}$——距离Ⅱ段，Ω；

$K_{sen}$——灵敏度系数，应不小于1.8。

（2）按可靠躲过变压器另一侧母线故障整定。

$$Z_{dz\mathrm{II}} \leqslant K_k Z_1 + K_k Z'_T \tag{4-8}$$

式中　$K_k$——可靠系数，取0.8；

$Z'_T$——相邻变压器的正序阻抗（需考虑折算系数），Ω。

（3）整定注意事项如下：

1）不经振荡闭锁；

2）要求相邻变压器高压侧有 $t \leqslant 0.9s$ 保变压器低压侧故障有灵敏度的保护段；

3）当原则（1）与原则（2）有冲突时，按原则（1）取值。

（四）距离Ⅲ段定值

（1）按保本线路末端故障有足够灵敏度整定；动作时间固定取1.5s。

$$Z_{dz\mathrm{III}} \geqslant K_{sen} Z_1 \tag{4-9}$$

式中　$Z_{dz\mathrm{III}}$——距离Ⅲ段，Ω；

$K_{sen}$——灵敏度系数，取2.0～3.0。

（2）按可靠躲过本线路事故过负荷最小负荷阻抗整定。

$$\begin{aligned} Z_{dz\mathrm{III}} &\leqslant K_k \frac{Z_{fh.min}}{\cos(\alpha_1 - \Phi)} \\ Z_{fh.min} &= \frac{0.9U_n}{\sqrt{3}I_{fh.max}} \end{aligned} \tag{4-10}$$

式中　$K_k$——可靠系数，取0.7；

$Z_{fh.min}$——按实际可能最不利的系统频率下阻抗元件所测量的事故过负荷最小负荷阻抗，Ω；

$\alpha_1$——线路正序阻抗角，(°)；

$\Phi$——负荷阻抗角，一般取30°；

$U_n$——平均额定电压，kV；

$I_{fh.max}$——线路最大事故过负荷电流，A。

（3）力争对相邻变压器有规定灵敏度整定。

$$Z_{dz\mathrm{III}} \geqslant K_{sen}(Z_1 + Z'_T) \tag{4-11}$$

式中　$K_{sen}$——灵敏度系数，应不小于1.2；

$Z'_T$——相邻变压器的正序阻抗（需考虑折算系数），Ω。

（4）距离Ⅲ段整定注意事项如下：

1）要求相邻变压器高压侧有 $t \leqslant 1.2s$ 保变压器低压侧故障有灵敏度的保护段；

2）原则（1）与原则（2）冲突时，按原则（2）取值；

3）若保护装置设有负荷限制电阻定值时，则原则（2）可不考虑。

（五）负荷限制电阻定值

按相应线路保护厂家负荷限制电阻动作特性要求进行整定。

$$R_{dz}=K_{k}\frac{Z_{fh.min}\sin(\alpha_{1}-\Phi)}{\sin\alpha_{1}}$$
$$Z_{fh.min}=\frac{0.9U_{n}}{\sqrt{3}I_{fh.max}} \tag{4-12}$$

式中　$K_k$——可靠系数，取0.7。

## 三、零序电流保护

（一）零序电流Ⅱ段定值

保证本线路末端单相接地故障有规定的灵敏度整定，动作时限0.3s。

$$I_{DZⅡ}\leqslant\frac{3I_{0.min}}{K_{sen}n_{a}} \tag{4-13}$$

式中　$I_{DZⅡ}$——零序电流Ⅱ段，A；

$I_{0.min}$——最小方式下本线路末端单相接地故障时，流过保护安装处的最小零序电流，A；

$K_{sen}$——灵敏度系数，取1.5。

（二）零序电流Ⅲ段定值

（1）按本线路经高电阻接地故障有灵敏度整定；动作时间与本线路接地距离Ⅲ段动作时限配合，取1.8s。

$$I_{DZⅢ}\leqslant 300A$$

式中　$I_{DZⅢ}$——零序电流Ⅲ段，A。

（2）按保证本线路末端故障时（最小方式下本线路末端单相接地故障时，流过保护安装处的零序电流）有规定的灵敏度系数整定。

$$I_{DZⅢ}\leqslant\frac{3I_{0.min}}{K_{sen}n_{a}} \tag{4-14}$$

式中　$I_{0.min}$——最小方式下本线路末端单相接地故障时，流过保护安装处的零序电流，A；

$K_{sen}$——灵敏度系数，取1.8～2.0。

（三）零序电流保护整定注意事项

（1）电铁变压器接地时零序保护带方向，否则不带方向；

（2）若为四段式零序保护，其余各段退出。

## 四、TV断线保护

（一）TV断线相过流保护

（1）保本线路末端金属性短路故障有足够灵敏度。本保护若设两段，则取值相同。

$$I_{DZ.dx} \leqslant \frac{I_{k.min}}{K_{sen} n_a} \tag{4-15}$$

式中　$I_{DZ.dx}$——TV断线相过流，A；

$I_{k.min}$——最小运行方式下本线路末端金属性短路故障时，流过保护安装处的短路电流，A；

$K_{sen}$——灵敏度系数，取1.5。

（2）按可靠躲过本线路的最大负荷电流整定：

$$I_{DZ.dx} \geqslant \frac{K_k I_{fh.max}}{n_a} \tag{4-16}$$

式中　$K_k$——可靠系数，取1.3；

$I_{fh.max}$——线路最大负荷电流，A。

（3）躲相邻变压器其他侧母线短路故障的最大短路电流：

$$I_{DZ.dx} \geqslant \frac{K_k I_{k.max}}{n_a} \tag{4-17}$$

式中　$I_{k.max}$——最大运行方式下相邻变压器其他侧母线金属性短路故障时流过保护安装处的三相短路电流，A；

$K_k$——可靠系数，取1.3。

（二）TV断线零序过流定值

按取值同零序Ⅱ段。

（三）动作时限

TV断线保护动作时限与相间距离Ⅱ段相同。

## 五、断路器三相不一致保护

三相不一致零负序电流整定如下：

（1）一次值一般取120A，且二次值不小于$0.05I_n$；动作时间取0.5s。

（2）若不一致负序电流定值与不一致零序电流定值能分开，不一致负序电流不用，整定值取最大。

（3）三相不一致保护功能优先采用断路器本体机构实现；断路器本体机构不能实现时，由线路保护装置实现；线路保护装置不具备三相不一致功能时，才在断路器保护中实现。

## 六、算例

### （一）算例描述

220kV 观小线，为高铁供电线路，由 220kV 观音阁变电站向 220kV 小横垅牵引站供电，长度 49.9km，TA 变比 800/1。

### （二）计算过程

1. 变化量启动电流定值（$I_q$）——定值：210/0.26

（1）保证本线路末端金属性短路故障时有规定的灵敏度

$$I_q \leqslant I_{kmin} \div K_{se} = 2750.776 \div 4 = 687.69\text{A}$$

式中 $I_{kmin}$——本支路末端金属性短路流过本侧保护相电流最小值（A），2750.776，$I_{kmin}$的方式描述，小方式，220kV 观音阁变电站供电，开环支路：观莲线，观李线，李牵线，在观小线的小横垅牵引站 220kV Ⅰ母侧发生单相接地短路；

$K_{se}$——灵敏度系数，取值 4.0。

（2）躲 2 倍线路稳态电容电流

$$I_q \geqslant 2 \times 0.34 \times L = 2 \times 0.34 \times 49.9 = 33.93\text{A}$$

式中 $L$——线路长度，49.9。

（3）一般一次值取 210A，二次值不小于 $0.05I_n$

$$\begin{aligned} I_q &= \text{Max}[\text{Min}(I_q, I_{kmin} \div K_{se}), (0.05 \times I_n)] \\ &= \text{Max}[\text{Min}(210, 2750.776 \div 4), (0.05 \times 800)] = 210\text{A} \end{aligned}$$

式中 $I_q$——一般取值 210；

$I_{kmin}$——本支路末端金属性短路流过本侧保护相电流最小值（A），2750.776，$I_{kmin}$的方式描述，小方式，220kV 观音阁变电站供电，开环支路：观莲线，观李线，李牵线，在观小线的小横垅牵引站 220kV Ⅰ母侧发生单相接地短路；

$K_{se}$——灵敏系数，4.0；

$I_n$——TA 一次侧电流（A），800。

使用优先原则

定值 $I_q=210A$

二次值 $I_q = 210 \div (800 \div 1) = 0.26A$

2. 零序启动电流定值（$I_{0q}$）——定值：210/0.26

（1）保证本线路末端金属性接地故障时有规定的灵敏度

$$I_{0q} \leqslant 3 \times I_{0min} \div K_{se} = 3 \times 712.1816 \div 4 = 534.14A$$

式中　$I_{0min}$——本支路末端接地短路流过本侧保护零序电流最小值（A），712.1816，$I_{0min}$的方式描述，方式，220kV观音阁变电站供电，开环支路：李张线，观烟莲线，低庄牵线，在观小线的小横垅牵引站220kVⅠ母侧发生两相接地短路；

$K_{se}$——灵敏系数，4.0。

（2）本线路经高电阻接地故障有灵敏度

$$I_{0q} \leqslant I_{0q} = 300 = 300A$$

$I_{0q}$一般取值300。

（3）一般一次值取210A，二次值不小于$0.05I_n$

$$I_{0q} = \mathrm{Max}[\mathrm{Min}(3 \times I_{0kmin} \div K_{se}, I_{0q}), (0.05 \times I_n)]$$

$$= \mathrm{Max}[\mathrm{Min}(3 \times 712.1816 \div 4, 210), (0.05 \times 800)] = 210A$$

式中　$I_{0kmin}$——本支路末端接地短路流过本侧保护零序电流最小值（A），712.1816，$I_{0kmin}$的方式描述，小方式，220kV观音阁变电站供电，开环支路：李张线，观烟莲线，低庄牵线，在观小线的小横垅牵引站220kVⅠ母侧发生两相接地短路；

$K_{se}$——灵敏度系数，取值4.0；

$I_n$——TA一次侧电流，A，取值800。

$I_{0q}$一般取值210。

使用优先原则

定值 $I_{0q}=210A$。

二次值 $I_{0q} = 210 \div (800 \div 1) = 0.26A$。

3. 纵联零序电流定值（$I_{zl}$）——定值：30

退出，取最大值

$$I_{zl} = 30 \times I_n = 30 \times 1 = 30A$$

式中　$I_n$——TA二次侧电流（A），1；

定值 $I_{zl}$=30A。

4. 纵联距离阻抗定值（$Z_{zl}$）——定值：0.05

退出，取最小值

$$Z_{zl} = 0.05 \div I_n = 0.05 \div 1 = 0.05\Omega$$

式中 $I_n$——TA 二次侧电流（A），1；

定值 $Z_{zl}$=0.05Ω。

5. 通道交换时间定值（Tjhsj）——定值：12

线路两侧应取不同值

$$\text{Tjhsj} = \text{if}(K=1)\{9\}\text{else}\{10\} = \text{if}(0=1)\{9\}\text{else}\{10\} = 10$$

式中 $K$——线路首末端判断（0：首段，1：末端），0。

采用人工给定定值

定值 Tjhsj=12。

6. 线路正序阻抗定值（$Z_1$）——定值：21.36/7.77

取线路正序阻抗二次值

$$Z_1 = Z_1 = 21.35729 = 21.36\Omega$$

$Z_1$——正序阻抗，21.35729；

定值 $Z_1$=21.36Ω。

二次值 $Z_1 = 21.36 \div (220000 \div 100) \times (800 \div 1) = 7.77\Omega$。

7. 线路正序灵敏角（$\alpha_1$）——定值：80

取线路正序阻抗角

$$\alpha_1 = \alpha = 80.44498 = 80.44°$$

$\alpha$——线路正序阻抗角（角度），80.44498；

定值 $\alpha_1$=80°。

8. 线路零序阻抗定值（$Z_0$）——定值：55.98/20.36

取线路零序阻抗二次值

$$Z_0 = Z_0 = 55.98149 = 55.98\Omega$$

$Z_0$——零序阻抗，55.98149；

定值 $Z_0$=55.98Ω。

二次值 $Z_0 = 55.98 \div (220000 \div 100) \times (800 \div 1) = 20.36\Omega$。

9. 线路零序灵敏角（$\alpha_0$）——定值：73

取线路零序阻抗角

$$\alpha_0 = \alpha_0 = 73.48143 = 73.48°$$

$\alpha_0$——线路零序序阻抗角（角度），73.48143。

定值 $\alpha_0$=73°。

10. 线路总长度（$L$）——定值：49.9

取线路长度值

$$L = L = 49.9 = 49.9\text{km}$$

$L$——线路长度，49.9。

定值 $L$=49.9km。

11. 相间距离Ⅰ段

按保证线路末端故障有灵敏度整定（电铁）

$$Z_{dz1} \geqslant K_{lm} \times Z_1 = 1.5 \times 21.35566 = 32.03$$

$Z_1$=21.35566　取线路本身阻抗

定值区间：$Z_{dz1} \geqslant 32.03$

取值规则：取下限值

$$Z_{dz1} = 32.03\Omega$$

时间区间：$0 \leqslant T_1 \leqslant 99$

$$T_1 = 0\text{s}$$

相间距离Ⅰ段整定结果：

Ⅰ段定值：$Z_{dz1} = 32.03(\Omega)$

Ⅰ段二次值：$Z'_{dz1} = Z_{dz1} \times TA/TV = 32.03 \times (800/1)/(220000/100) = 11.65(\Omega)$

Ⅰ段时间定值：$T_1$=0(s)。

12. 相间距离Ⅱ段

（1）按本线路末端故障有足够灵敏度整定

$$Z_{dz2} \geqslant K_{lm} \times Z_1 = 1.8 \times 21.35566 = 38.44$$

$Z_1$=21.35566　取线路本身阻抗。

（2）按躲相邻变压器其他侧故障整定。

按躲相邻小横垅牵引站 1B1 号变压器低压侧故障整定

$Z_{dz2} \leqslant K_k \times Z_l + K_b' \times K_{zz} \times Z_b' = 0.8 \times 21.35566 + 0.8 \times 1 \times 194.8836 = 172.99$

$Z_l$=21.35566　取线路本身阻抗

$K_{zz}$=1　大方式，220kV 观音阁变电站供电，开环支路：观烟莲线，观张线，低庄牵线，在小横垅牵引站 1 号 B1 变的低压侧发生故障

按躲相邻小横垅牵引站 1 号 B2 变低压侧故障整定

$Z_{dz2} \leqslant K_k \times Z_l + K_b' \times K_{zz} \times Z_b' = 0.8 \times 21.35566 + 0.8 \times 1 \times 124.0505 = 116.32$

$Z_l$=21.35566　取线路本身阻抗

$K_{zz}$=1　大方式，20kV 观音阁变电站供电，开环支路：观烟莲线，观张线，低庄牵线，在小横垅牵引站 1 号 B2 变的低压侧发生故障。

(3) 时间下限额

$$T_2 \geqslant T = 1.2 = 1.2$$

定值区间：$38.44 \leqslant Z_{dz2} \leqslant 116.32$

取值规则：取中间值

$$Z_{dz2} = 77.38\Omega$$

时间区间：$1.2 \leqslant T_2 \leqslant 99$

$$T_2 = 1.2\text{s}$$

相间距离Ⅱ段整定结果：

Ⅱ段定值：$38.44 \leqslant Z_{dz2} \leqslant 116.32$

取值规则：取中间值

$$Z_{dz2} = 77.38\Omega$$

时间区间：$1.2 \leqslant T_2 \leqslant 99$

$$T_2 = 1.2\text{s}$$

13. 相间距离Ⅲ段

(1) 按线路末端故障有灵敏度整定

$$Z_{dz3} \geqslant K_{lm} \times Z_l = 3 \times 21.35566 = 64.07$$

$Z_L$=21.35566　取线路本身阻抗。

(2) 按力争对相邻变压器有规定灵敏度整定

按力争对相邻小横垅牵引站 1 号 B1 变低压侧故障有规定灵敏度整定

$$Z_{dz3} \geqslant K_{lm} \times (Z_l + K_z \times Z_b') = 1.2 \times (21.35566 + 1 \times 194.8836) = 259.49$$

$Z_l$=21.35566　取线路本身阻抗。

$K_z$=1　大方式，220kV 观音阁变电站供电，开环支路：观莲线，观李线，李牵线，在小横垅牵引站 1 号 B1 变的低压侧发生故障。

按力争对相邻小横垅牵引站 1 号 B2 变低压侧故障有规定灵敏度整定

$$Z_{dz3} \geqslant K_{lm} \times (Z_l + K_z \times Z'_b) = 1.2 \times (21.35566 + 1 \times 124.0505)$$
$$= 174.49$$

$Z_l$=21.35566　取线路本身阻抗。

$K_z$=1　大方式，220kV 观音阁变电站供电，开环支路：观莲线，观李线，李牵线，在小横垅牵引站 1 号 B2 变的低压侧发生故障。

（3）按躲最小负荷阻抗整定

$$Z_{dz3} \leqslant K_k \times 0.9 \times U_e / 1.732 / I_{fhmax} / \cos(\alpha_1 - \Phi) = 0.7 \times 0.9$$
$$\times 230000/1.732/800/\cos(80.48749\text{-}30) = 164.36$$

（4）时间下限额

$$T_3 \geqslant T = 1.5 = 1.5$$

定值区间：259.49⩽$Z_{dz3}$⩽164.36

取值规则：采用人工给定定值

$$Z_{dz3} = 260\Omega$$

定值区间为（259.49，164.36）采用人工给定定值：260Ω

时间区间：1.5⩽$T_3$⩽99

$$T_3 = 1.5\text{s}$$

相间距离Ⅲ段整定结果：

Ⅲ段定值：$Z_{dz3}$=260(Ω)

Ⅲ段二次值：$Z'_{dz3} = Z_{dz3} \times \text{TA}/\text{TV} = 260 \times (800/1)/(220000/100) = 94.55(\Omega)$

Ⅲ段时间定值：$T_3 = 1.5(\text{s})$。

14. 零序电流Ⅱ段

（1）按保证线路末端故障有灵敏度整定

$$I_{02} \leqslant 3 \times I_{0min} / K_{lm} = 3 \times 916.9128/1.5 = 1833.83$$

$I_{0min}$=916.9128　小方式，220kV 观音阁变电站供电，开环支路：观莲线，观李线，李牵线，在观小线的小横垅牵引站 220kV Ⅰ母侧发生单相接地短路。

（2）时间下限额

$$T_2 \geqslant T = 0.3 = 0.3$$

定值区间：$0 \leqslant I_{02} \leqslant 1833.83$

取值规则：采用人工给定定值

$$I_{02} = 1800\text{A}$$

时间区间：$0.3 \leqslant T_2 \leqslant 99$

$$T_2 = 0.3\text{s}$$

零序电流Ⅱ段整定结果：

Ⅱ段定值：$I_{02} = 1800(\text{A})$

Ⅱ段二次值：$I'_{02} = I_{02}/\text{TA} = 1800/(800/1) = 2.25(\text{A})$

Ⅱ段时间定值：$T_2 = 0.3(\text{s})$。

15. 零序电流Ⅲ段

（1）按保证线路末端故障有灵敏度整定

$$I_{03} \leqslant 3 \times I_{0\min}/K_{\text{lm}} = 3 \times 712.1816/2 = 1068.27$$

$I_{0\min} = 712.1816$　小方式，220kV 观音阁变电站供电，开环支路：观莲线，观李线，李牵线，在观小线的小横垅牵引站 220kVⅠ母侧发生两相接地短路。

（2）本线路经高电阻接地故障有灵敏度

$$I_{03} \leqslant I = 300 = 300$$

（3）时间下限额

$$T_3 \geqslant T = 1.8 = 1.8$$

定值区间：$0 \leqslant I_{03} \leqslant 300$

取值规则：取上限值

$$I_{03} = 300\text{A}$$

时间区间：$1.8 \leqslant T_3 \leqslant 99$

$$T_3 = 1.8\text{s}$$

零序电流Ⅲ段整定结果：

Ⅲ段定值：$I_{03} = 300(\text{A})$

Ⅲ段二次值：$I'_{03} = I_{03}/\text{TA} = 300/(800/1) = 0.38(\text{A})$

Ⅲ段时间定值：$T_3 = 1.8(\text{s})$。

16. 接地距离Ⅰ段

按保证线路末端故障有灵敏度整定（电铁）

$$Z_{dz1} \geqslant K_{lm} \times Z_l = 1.5 \times 21.35566 = 32.03$$

$Z_l$=21.35566　取线路本身阻抗

定值区间：$Z_{dz1} \geqslant 32.03$

取值规则：取下限值

$$Z_{dz1} = 23.88\Omega$$

时间区间：$0 \leqslant T_1 \leqslant 99$

$$T_1 = 0s$$

接地距离Ⅰ段整定结果：

Ⅰ段定值：$Z_{dz1}$=32.03(Ω)

Ⅰ段二次值：$Z'_{dz1} = Z_{dz1} \times TA/TV = 32.03 \times (800/1)/(220000/100) = 11.64(\Omega)$

Ⅰ段时间定值：$T_1$=0(s)。

17. 接地距离Ⅱ段

（1）按保证线路末端故障有灵敏度整定

$$Z_{dz2} \geqslant K_{lm} \times Z_l = 1.8 \times 21.35566 = 38.44$$

$Z_l$=21.35566　取线路本身阻抗。

（2）按躲相邻变压器其他侧故障整定

1）按躲相邻小横垅牵引站 1 号 B1 变低压侧故障整定

$$Z_{dz2} \leqslant K_k \times Z_l + K'_b \times K_{zz} \times Z'_b = 0.8 \times 21.35566 + 0.8 \times 1 \times 194.8836$$
$$= 172.99$$

$Z_l$=21.35566　取线路本身阻抗；

$K_{zz}$=1　大方式，220kV 观音阁变电站供电，开环支路：观烟莲线，观张线，低庄牵线，在小横垅牵引站 1 号 B1 变的低压侧发生故障。

2）按躲相邻小横垅牵引站 1 号 B2 变低压侧故障整定

$Z_{dz2} \leqslant K_k \times Z_l + K'_b \times K_{zz} \times Z'_b = 0.8 \times 21.35566 + 0.8 \times 1 \times 124.0505 = 116.32$

$Z_l$=21.35566　取线路本身阻抗；

$K_{zz}$=1　大方式，220kV 观音阁变电站供电，开环支路：观烟莲线，观张线，低庄牵线，在小横垅牵引站 1B2 号变压器的低压侧发生故障。

(3) 时间下限额

$$T_2 \geqslant T = 1.2 = 1.2$$

定值区间：$38.44 \leqslant Z_{dz2} \leqslant 116.32$

取值规则：采用人工给定定值

$$Z_{dz2} = 42.7\Omega$$

时间区间：$1.2 \leqslant T_2 \leqslant 99$

$$T_2 = 1.2\text{s}$$

接地距离Ⅱ段整定结果：

Ⅱ段定值：$Z_{dz2} = 42.7(\Omega)$

Ⅱ段二次值：$Z'_{dz2} = Z_{dz2} \times \text{TA/TV} = 42.7 \times (800/1)/(220000/100) = 15.53(\Omega)$

Ⅱ段时间定值：$T_2 = 1.2(\text{s})$。

18. 接地距离Ⅲ段

(1) 按保证线路末端故障有灵敏度整定

$$Z_{dz3} \geqslant K_{lm} \times Z_l = 3 \times 21.35566 = 64.07$$

$Z_l=21.35566$　取线路本身阻抗。

(2) 按力争对相邻变压器有规定灵敏度整定

1) 按力争对相邻小横垅牵引站 1 号 B1 变低压侧故障有规定灵敏度整定

$$Z_{dz3} \geqslant K_{lm} \times (Z_l + K_{zz} \times Z'_b) = 1.2 \times (21.35566 + 1 \times 194.8836) = 259.49$$

$Z_l=21.35566$　取线路本身阻抗；

$K_{zz}=1$　大方式，220kV 观音阁变电站供电，开环支路：观莲线，观李线，李牵线，在小横垅牵引站 1 号 B1 变的低压侧发生故障。

2) 按力争对相邻小横垅牵引站 1 号 B2 变低压侧故障有规定灵敏度整定

$$Z_{dz3} \geqslant K_{lm} \times (Z_l + K_{zz} \times Z'_b)$$
$$= 1.2 \times (21.35566 + 1 \times 124.0505) = 174.49$$

$Z_l=21.35566$　取线路本身阻抗；

$K_{zz}=1$　大方式，220kV 观音阁变电站供电，开环支路：观莲线，观李线，李牵线，在小横垅牵引站 1 号 B2 变的低压侧发生故障。

(3) 按躲最小负荷阻抗整定

$$Z_{dz3} \leqslant K_k \times 0.9 \times U_e/1.732/I_{fhmax}/\cos(\alpha_1 - \Phi) = 0.7 \times 0.9$$

$$\times 230000/1.732/800/\cos(80.48749-30)=164.36$$

（4）时间下限额

$$T_3 \geqslant T=1.5=1.5$$

定值区间：$259.49 \leqslant Z_{dz3} \leqslant 164.36$

取值规则：采用人工给定定值

$$Z_{dz3}=260\Omega$$

定值区间为（259.49，164.36）采用人工给定定值：260Ω

时间区间：$1.5 \leqslant T_3 \leqslant 99$

$$T_3=1.5\text{s}$$

接地距离Ⅲ段整定结果：

Ⅲ段定值：$Z_{dz3}=260(\Omega)$

Ⅲ段二次值：$Z'_{dz3}=Z_{dz3}\times \text{TA/TV}=260\times(800/1)/(220000/100)=94.55(\Omega)$

Ⅲ段时间定值：$T_3=1.5(\text{s})$

19. 负荷限制电阻定值（$R_{dz}$）——定值：81.76/29.73

按躲最小负荷电阻整定

$$\begin{aligned} R_{dz}&=K_k\times 0.9\times U_n\times 1000\times \text{Sin}(\alpha_1-\Phi)\div \text{Sqrt}(3)\div I_{fmax}\div \text{Sin}(\alpha_1) \\ &=0.7\times 0.9\times 230\times 1000\times \text{Sin}(80.44498—30)\div \text{Sqrt}(3)\div 800\div \text{Sin}(80.44498) \\ &=81.76\Omega \end{aligned}$$

式中　$K_k$——可靠系数，0.7；

$\alpha_1$——线路正序阻抗角（角度），80.44498；

$I_{fmax}$——最大负荷电流（A），800；

$U_n$——基准电压（kV），230；

$\Phi$——负荷阻抗角，30；

定值 $R_{dz}$=81.76Ω。

二次值 $R_{dz}=81.76\div(220000\div 100)\times(800\div 1)=29.73\Omega$

20. 零序过流加速段定值（$I_{0j}$）——定值：300/0.5

取值同零序过流Ⅲ段定值

$$I_{0j}=I_{0JS}=300=300\text{A}$$

式中　$I_{0JS}$——线路零序电流保护Ⅲ段定值，300；

定值 $I_{0j}$=300A。

二次值 $I_{0j} = 300 \div (800 \div 1) = 0.38$A。

21. TV 断线相过流定值（$I_{dx}$）——定值：2240/2.8

（1）保证本线路末端金属性短路故障有规定的灵敏度。

$$I_{dx} \leqslant I_{kmin} \div K_{se} = 2750.776 \div 1.5 = 1833.85\text{A}$$

式中 $I_{kmin}$——本支路末端金属性短路流过本侧保护相电流最小值（A），2750.776，$I_{kmin}$的方式描述，小方式，220kV 观音阁变电站供电，开环支路：观莲线，观李线，李牵线，在观小线的小横垅牵引站 220kV Ⅰ母侧发生单相接地短路；

$K_{se}$——灵敏系数，取 1.5。

（2）躲相邻变压器其他侧母线短路故障的最大短路电流。

1 号 B1 变压器：

$$I_{dx} \geqslant K_k \times I_{kmax} = 1.3 \times 595.3455 = 773.95\text{A}$$

式中 $K_k$——可靠系数，1.3；

$I_{kmax}$——相邻变压器末端相间短路流过本侧保护相电流最大值（A），595.3455，$I_{kmax}$的方式描述，大方式，220kV 观音阁变电站供电，开环支路：李张线，观烟莲线，低庄牵线，在小横垅牵引站 1 号 B1 变的低压侧发生三相相间短路。

1 号 B2 变压器：

$$I_{dx} \geqslant K_k \times I_{kmax} = 1.3 \times 872.2717 = 1133.95\text{A}$$

式中 $K_k$——可靠系数，取 1.3；

$I_{kmax}$——相邻变压器末端相间短路流过本侧保护相电流最大值（A），872.2717，$I_{kmax}$的方式描述，大方式，220kV 观音阁变电站供电，开环支路：李张线，观烟莲线，低庄牵线，在小横垅牵引站 1 号 B2 变的低压侧发生两相相间短路。

（3）可靠躲过本线路的最大负荷电流。

$$I_{dx} \geqslant K_k \times I_{fhmax} = 1.3 \times 800 = 1040\text{A}$$

式中 $K_k$——可靠系数，1.3；

$I_{fhmax}$——最大负荷电流（A），800。

采用人工给定定值

定值 $I_{dx}$=2240A。

$I_{dx}$二次值=2.8A。

22. T 断线零序过流定值（$I_{0dx}$）——定值：1800/2.25

取值同零序Ⅱ段定值

$$I_{0dx} = I_0 = 1800 = 1800A$$

$I_0$——线路零序电流保护Ⅱ段定值，1800；

定值 $I_{0dx}$=1800A。

二次值 $I_{0dx} = 1800 \div (800 \div 1) = 2.25A$

23. TV 断线过流时间（$T_{dx}$）——定值：1.2

按与距离Ⅱ段动作时间相同取值

$$T_{dx} = t = 1.2 = 1.2s$$

$t$——线路接地距离保护Ⅱ段延时，1.2；

定值 $T_{dx}$=1.2s。

24. 单相重合闸时间（$T_d$）——定值：10

退出，取最大值

$$T_d = t = 10 = 10s$$

$t$——时限，10；

定值 $T_d$=10s。

25. 三相重合闸时间（$T_s$）——定值：10

退出，取最大值

$$T_s = t = 10 = 10s$$

$t$——时限，10；

定值 $T_s$=10s。

26. 同期合闸角（$\alpha_t$）——定值：30

取 30°

$$\alpha_t = \alpha = 30 = 30^\circ$$

$\alpha$——同期合闸角，30；

定值 $\alpha_t$=30°。

27. 不一致零负序电流（$I_{byz}$）——定值：8000/10

一般一次值 120A，且二次值不小于 $0.05I_n$，保护退出时给最大值

$$I_{byz} = \text{if}(K = 1)\{\text{Max}(T_{byz}, 0.05 \times \text{In})\}\text{else}\{0.5 \times I_n\}$$

$$= \text{if}(1 = 1)\{\text{Max}(120, 0.05 \times 800)\}\text{else}\{0.5 \times 800\} = 120\text{A}$$

式中 $I_n$——TA 一次侧电流（A），800；

$T_{byz}$——一般取值，120；

$K$——线路二次信息定值项三相不一致保护，1。

采用人工给定定值

定值 $I_{byz}$=8000A。

$I_{byz}$二次值=10A。

28. 三相不一致保护时间（$T_{byz}$）——定值：10

如投入取 0.5s，否则取最大值

$$T_{byz} = \text{if}(K = 1)\{0.5\}\text{else}\{10\} = \text{if}(1 = 1)\{0.5\}\text{else}\{10\} = 0.5\text{s}$$

式中 $K$——线路二次信息定值项三相不一致保护，1。

采用人工给定定值

定值 $T_{byz}$=10s。

29. 工频变化量阻抗定值（$D_z$）——定值：4.66

按躲本线路末端故障整定

$$D_z = \text{if}(L \geqslant 20)\{0.6 \times Z_1 \div \text{TV} \times \text{TA}\}\text{else}\{0.5 \div I_n\}$$

$$= \text{if}(49.9 \geqslant 20)\{0.6 \times 21.35729 \div 2200 \times 800\}\text{else}\{0.5 \div 1\} = 4.66\Omega$$

式中 $Z_1$——正序阻抗，21.35729；

$L$——线路长度，49.9；

$I_n$——TA 二次侧电流（A），1；

TA——TA 变比，800；

TV——TV 变比，2200。

定值 $D_z$=4.66Ω。

30. 零序电抗补偿系数 $K_Z(K_z)$——定值：0.54

$$K_z = (Z_0 - Z_1)/(3Z_1)$$

$$K_z = (Z_0 - Z_1) \div (3 \times Z_1)$$

$$= (55.98149 - 21.35729) \div (3 \times 21.35729) = 0.54$$

式中 $Z_1$——正序阻抗，21.35729；

$Z_0$——零序阻抗，55.98149；

定值 $K_z$=0.54。

31. 接地距离偏移角（$\alpha_j$）——定值：0

2.37.1. 线路长度 $L \geqslant 40$kM 时取 0°；线路长度 10kM$\leqslant L <$40kM 时取 15°；线路长度 $L <$ 10kM 时取 30°

$$\alpha_j = \text{if}(L \geqslant 40)\{0\}\text{else}\{\text{if}(L < 10)\{30\}\text{else}\{15\}\}$$

$$= \text{if}(49.9 \geqslant 40)\{0\}\text{else}\{\text{if}(49.9 < 10)\{30\}\text{else}\{15\}\} = 0°$$

式中　$L$——线路长度，49.9。

定值 $\alpha_j$=0°。

32. 相间距离偏移角（$\alpha_x$）——定值：0

线路长度 $L >$10kM 时取 0°；线路长度 2kM$< L \leqslant$10kM 时取 15°；线路长度 $L \leqslant$2kM 时取 30°

$$\alpha_x = \text{if}(L > 10)\{0\}\text{else}\{\text{if}(L \leqslant 2)\{30\}\text{else}\{15\}\}$$

$$= \text{if}(49.9 > 10)\{0\}\text{else}\{\text{if}(49.9 \leqslant 2)\{30\}\text{else}\{15\}\} = 0°$$

式中　$L$——线路长度，长 49.9km。

定值 $\alpha_x$=0°。

33. 振荡闭锁过流（$I_{zdbx}$）——定值：1200/1.5

按躲过线路正常最大负荷电流整定

$$I_{zdbx} = K_k \times I_{fmax} = 1.5 \times 800 = 1200\text{A}$$

式中　$K_k$——可靠系数，取 1.5；

$I_{fmax}$——最大负荷电流（A），800。

定值 $I_{zdbx}$=1200A。

二次值 $I_{zdbx} = 1200 \div (800 \div 1) = 1.5\text{A}$。

34. 纵联反方向阻抗（$Z_{zlfx}$）——定值：11.48

退出，取最小值

$$Z_{zlfx} = 0.05 \div I_n = 0.05 \div 1 = 0.05\Omega$$

式中　$I_n$——TA 二次侧电流（A），1。

采用人工给定定值。

定值 $Z_{zlfx}$=11.48Ω。

（三）定值通知单

湖南电网继电保护定值通知单 3 见表 4-1。

**表 4-1　　湖南电网继电保护定值通知单 3**

编号：观音阁变电站-220kV 观小线线路保护-PCS902GD-202101

| 保护型号 | PCS-902GD | | | | |
|---|---|---|---|---|---|
| 版本号 | R3.10 | 校验码 | B17D5A81 | 程序生成时间 | |
| 线路长度 | 49.90km | 正序阻抗 | 21.36∠80.44°Ω | 零序阻抗 | 55.98∠73.48°Ω |
| TA 变比 | 800/1 | TV 变比 | 220000/100 | | |

备注：
(1) 正常运行时，本装置纵联差动保护功能软压板退出、SV 采样接收软压板、GOOSE 接收软压板投入。
(2) 正常运行时，本装置重合闸退出，停用重合闸软压板投入，重合闸 GOOSE 发送软压板退出。
(3) 远方修改定值软压板、远方切换定值区软压板退出。
(4) 通信参数、装置参数及其余软压板暂由现场定。
(5) 断路器本体三相不一致延时为：0.5s。

| 整定： | | 审核： | | 批准： | | 日期： | 2021 年 4 月 15 日 |
|---|---|---|---|---|---|---|---|

| 1 | 参数定值 | | | |
|---|---|---|---|---|
| 序号 | 名称 | 单位 | 定值 | 备注 |
| 1.01 | 定值区号 | | 1 | |
| 1.02 | 被保护设备 | | 观小线 | |
| 1.03 | TA 一次额定值 | A | 800 | |
| 1.04 | TA 二次额定值 | A | 1 | |
| 1.05 | TV 一次额定值 | kV | 220 | |
| 1.06 | 通道类型 | | 专用光纤 | |
| 2 | 定值项 | | | |
| 序号 | 名称 | 单位 | 定值 | 备注 |
| 2.01 | 变化量启动电流 | A | 0.26 | |
| 2.02 | 零序启动电流定值 | A | 0.26 | |
| 2.03 | 纵联零序电流定值 | A | 30 | |
| 2.04 | 纵联距离阻抗定值 | Ω | 0.05 | |
| 2.05 | 通道交换时间定值 | s | 12 | |
| 2.06 | 线路正序阻抗定值 | Ω | 7.77 | |
| 2.07 | 线路正序灵敏角 | ° | 80 | |
| 2.08 | 线路零序阻抗定值 | Ω | 20.36 | |
| 2.09 | 线路零序灵敏角 | ° | 73 | |
| 2.10 | 线路总长度 | km | 49.9 | |
| 2.11 | 接地距离Ⅰ段定值 | Ω | 11.64 | |
| 2.12 | 接地距离Ⅱ段定值 | Ω | 15.53 | |
| 2.13 | 接地距离Ⅱ段时间 | s | 1.2 | |
| 2.14 | 接地距离Ⅲ段定值 | Ω | 94.55 | |
| 2.15 | 接地距离Ⅲ段时间 | s | 1.5 | |

续表

| 2 | 定值项 | | | |
|---|---|---|---|---|
| 序号 | 名称 | 单位 | 定值 | 备注 |
| 2.16 | 相间距离Ⅰ段定值 | Ω | 11.64 | |
| 2.17 | 相间距离Ⅱ段定值 | Ω | 15.53 | |
| 2.18 | 相间距离Ⅱ段时间 | s | 1.2 | |
| 2.19 | 间距离Ⅲ段定值 | Ω | 94.55 | |
| 2.20 | 相间距离Ⅲ段时间 | s | 1.5 | |
| 2.21 | 负荷限制电阻定值 | Ω | 29.73 | |
| 2.22 | 零序过流Ⅱ段定值 | A | 2 | |
| 2.23 | 零序过流Ⅱ段时间 | s | 0.3 | |
| 2.24 | 零序过流Ⅲ段定值 | A | 0.38 | |
| 2.25 | 零序过流Ⅲ段时间 | s | 1.8 | |
| 2.26 | 零序过流加速段定值 | A | 0.38 | |
| 2.27 | TV断线相过流定值 | A | 2.8 | |
| 2.28 | TV断线零序过流定值 | A | 2.25 | |
| 2.29 | TV断线时过流时间 | s | 1.2 | |
| 2.30 | 单相重合闸时间 | s | 10 | |
| 2.31 | 三相重合闸时间 | s | 10 | |
| 2.32 | 同期合闸角 | ° | 30 | |
| 2.33 | 不一致零负序电流 | A | 10 | |
| 2.34 | 三相不一致保护时间 | s | 10 | |
| 2.35 | 工频变化量阻抗定值 | Ω | 4.66 | |
| 2.36 | 零序补偿系数$K_Z$ | | 0.54 | |
| 2.37 | 接地距离偏移角 | ° | 0 | |
| 2.38 | 相间距离偏移角 | ° | 0 | |
| 2.39 | 振荡闭锁过流定值 | A | 1.5 | |
| 2.40 | 纵联反方向阻抗 | Ω | 11.48 | |
| 3 | 控制字 | | | |
| 序号 | 名称 | 单位 | 定值 | 备注 |
| 3.01 | 纵联距离（方向）保护 | | 0 | |
| 3.02 | 纵联零序保护 | | 0 | |
| 3.03 | 允许式通道 | | 0 | |
| 3.04 | 解除闭锁功能 | | 0 | |
| 3.05 | 弱电源侧 | | 0 | |
| 3.06 | 电压取线路TV电压 | | 0 | |
| 3.07 | 振荡闭锁元件 | | 0 | |
| 3.08 | 距离保护Ⅰ段 | | 1 | |
| 3.09 | 距离保护Ⅱ段 | | 1 | |
| 3.10 | 距离保护Ⅲ段 | | 1 | |
| 3.11 | 零序电流保护 | | 1 | |
| 3.12 | 零序过流Ⅲ段经方向 | | 0 | |
| 3.13 | 三相跳闸方式 | | 1 | |
| 3.14 | 重合闸检同期方式 | | 0 | |

续表

| 3 | 控制字 | | | |
|---|---|---|---|---|
| 序号 | 名称 | 单位 | 定值 | 备注 |
| 3.15 | 重合闸检无压方式 | | 0 | |
| 3.16 | Ⅱ段保护闭锁重合闸 | | 1 | |
| 3.17 | 多相故障闭锁重合闸 | | 1 | |
| 3.18 | 单相重合闸 | | 0 | |
| 3.19 | 三相重合闸 | | 0 | |
| 3.20 | 禁止重合闸 | | 0 | |
| 3.21 | 停用重合闸 | | 1 | |
| 3.22 | 工频变化量阻抗 | | 1 | |
| 3.23 | 三相不一致保护 | | 0 | |
| 3.24 | 不一致经零负序电流 | | 0 | |
| 3.25 | 自动交换通道 | | 0 | |
| 3.26 | 单相 TWJ 启动重合闸 | | 0 | |
| 3.27 | 三相 TWJ 启动重合闸 | | 0 | |
| 3.28 | 负荷限制距离 | | 1 | |
| 3.29 | 三重加速距离保护Ⅱ段 | | 0 | |
| 3.30 | 三重加速距离保护Ⅲ段 | | 0 | |
| 3.31 | Z3 阻抗辅助启动 | | 1 | |

# 第五章　220kV线路断路器保护整定计算原则

220kV线路断路器保护由启动元件、断路器三相不一致保护、启动失灵保护等组成。

## 一、启动元件

### （一）突变量启动电流定值

（1）按保证本线路末端金属性短路故障时（最小运行方式下本线路末端金属性短路故障时，流过保护安装处的短路电流）有4.0的灵敏度系数整定。

$$I_{qd} \leqslant \frac{I_{k.min}}{K_{sen} n_a} \tag{5-1}$$

式中　$I_{qd}$——突变量启动电流，A；

$I_{k.min}$——最小运行方式下本线路末端金属性短路故障时，流过保护安装处的短路电流，A；

$K_{sen}$——灵敏度系数，取4.0；

$n_a$——线路电流互感器变比。

（2）按躲过2倍线路稳态电容电流整定。

$$I_{qd} \geqslant 2 \times \frac{0.34 \times L}{n_a} \tag{5-2}$$

$L$为架空线长度，km。

（3）线路两侧一次值相同。一般一次值取180A，且二次值不小于$0.05I_n$。

$I_n$为TA二次额定电流，A。

### （二）零序辅助启动电流定值

（1）按保证本线路末端金属性接地故障时（最小运行方式下本线路末端金属性接地故障时，流过保护安装处的零序电流）有4.0的灵敏度系数整定。

$$I_{0.qd} \leqslant \frac{3I_{0.min}}{K_{sen} n_a} \tag{5-3}$$

式中　$I_{0.qd}$——零序辅助启动电流，A；

$I_{0.min}$——最小运行方式下本线路末端金属性接地故障时，流过保护安装处的零序电流，A；$K_{sen}$取 4.0。

（2）按本线路经高电阻接地故障有灵敏度，且一次整定值不应大于 300A。

（3）线路两侧一次值相同。一般一次值取 180A，且二次值不小于 $0.05I_n$。

## 二、断路器三相不一致保护

三相不一致零序电流定值如下：

（1）一次值一般取 120A，且二次值不小于 $0.05I_n$。

（2）若不一致负序电流定值与不一致零序电流定值能分开，不一致负序电流不用，整定值取最大。

（3）动作时间取 1.2s。

（4）三相不一致保护功能优先采用断路器本体机构实现；断路器本体机构不能实现时，由线路保护装置实现；线路保护装置不具备三相不一致功能时，才在断路器保护中实现。

## 三、启动失灵保护

启动失灵电流定值：一次值一般取 180A，且二次值不小于 $0.05I_n$。

## 四、算例

### （一）参数

220kV 锑都变电站 608 锑贺线断路器，TA 变比 1200/1。求 608 断路器保护定值。

### （二）计算过程

1. 电流变化量启动值（$I_{qd}$）——定值：600.0/0.5

（1）保证本线路末端金属性短路故障时有规定的灵敏度

$$I_{qd} \leqslant I_{kmin} \div K_{sen} = 2113.632 \div 4 = 528.41\ \text{A}$$

式中 $I_{kmin}$——所连支路末端短路流过本侧保护电流最小值（A），2113.632，$I_{kmin}$的方式描述，小方式：锑中线检修，在锑贺线的贺家变电站 220kVⅡ母侧发生单相接地短路。

$K_{sen}$——灵敏系数，取值 4.0。

（2）线路两侧一次值相同。一般一次值取 180A，二次值不小于 $0.05I_n$

$$I_{qd}=\text{Max}\left[\text{Min}\left(I_q，I_{kmin}\div K_{sen}\right)，0.05\times I_n\right]=$$

$$\text{Max}\left[\text{Min}\left(180，2113.632\div 4\right)，0.05\times 1200\right]=180\text{ A}$$

式中　$I_n$——TA一次侧电流（A），1200；

$I_q$——一般取值，180；

$I_{kmin}$——所连支路末端短路流过本侧保护电流最小值（A），2113.632，$I_{kmin}$的方式描述，小方式：锑中线检修，在锑贺线的贺家变电站220kVⅡ母侧发生单相接地短路；

$K_{sen}$——灵敏系数，取值4.0。

（3）躲2倍线路稳态电容电流

$$I_{qd}\geqslant 2\times 0.34\times L=2\times 0.34\times 72.57=49.35\text{ A}$$

式中　$L$——所连线路的长度，72.57。

采用人工给定定值

定值 $I_{qd}$= 600.0 A；

$I_{qd}$二次值=0.5 A。

2. 零序启动电流（$I_{0qd}$）——定值：600.0/0.5

（1）保证本线路末端金属性接地故障时有规定的灵敏度

$$I_{0qd}\leqslant 3\times I_{0min}\div K_{sen}=3\times 545.5489\div 4=409.16\text{ A}$$

式中　$K_{sen}$——灵敏系数，取值4.0；

$I_{0min}$——所连支路末端接地短路流过本侧保护零序电流最小值（A），545.5489，$I_{0min}$的方式描述，小方式：锑中线检修，在锑贺线的贺家变电站220kVⅡ母侧发生两相接地短路。

（2）线路两侧一次值相同。一般一次值取180A，二次值不小于0.05$I_n$

$$I_{0qd}=\text{Max}\left[\text{Min}\left(I_q，3\times I_{0Kmin}\div K_{sen}\right)，0.05\times I_n\right]=$$

$$\text{Max}\left[\text{Min}\left(180，3\times 545.5489\div 4\right)，0.05\times 1200\right]=180\text{ A}$$

式中　$I_n$——TA一次侧电流（A），1200；

$I_q$——一般取值，180；

$I_{0Kmin}$——所连支路末端接地短路流过本侧保护零序电流最小值（A），545.5489，$I_{0Kmin}$的方式描述，小方式：锑中线检修，在锑贺线的贺家变电站220kVⅡ母侧发生两相接地短路；

$K_{sen}$——灵敏系数，取值4.0。

（3）保证本线路末端高阻接地故障时有规定的灵敏度

$$I_{0qd} \leqslant I_{0dz} = 300 = 300\ \text{A}$$

式中 $I_{0dz}$——一般取值，300

采用人工给定定值

定值 $I_{0qd}=600.0$ A；

$I_{0qd}$二次值=0.5 A。

3. 失灵启动电流定值（$I_{qdsl}$）——定值：24000/20

一般一次值取180 A，二次值不小于0.05$I_n$

$$I_{qdsl} = I_{sl} = 180 = 180\ \text{A}$$

式中 $I_{sl}$——一般取值，180。

采用人工给定定值

定值 $I_{qdsl}=24000$ A。

$I_{qdsl}$二次值=20 A。

4. 过流Ⅰ段（$I_{cd2}$）——定值：20

退出，取最大值

$$I_{cd2} = I = 100 = 100\ \text{A}$$

式中 $I$——电流，100。

定值 $I_{cd2}=100$ A。

定值范围（0.1～20）$I_n$，当前定值超出范围，取限值20。

5. 过流Ⅰ段时间（$T_{cd2}$）——定值：10

退出，取最大值

$$T_{cd2} = t = 10 = 10\text{s}$$

式中 $t$——时限，10。

定值 $T_{cd2}=10$s。

6. 过流Ⅱ段（$I_{cd01}$）——定值：20

退出，取最大值

$$I_{cd01} = I = 100 = 100\ \text{A}$$

式中 $I$——电流，100。

定值 $I_{cd01}=100$ A。

定值范围（0.1～20）$I_n$，当前定值超出范围，取限值 20。

7. 过流Ⅱ段时间（$T_{cd01}$）——定值：10

退出，取最大值

$$T_{cd01}=t=10=10s$$

式中　$t$——时限，10。

定值 $T_{cd01}=10s$。

8. 零序过流Ⅰ段（$I_{cd02}$）——定值：20

退出，取最大值

$$I_{cd02}=I_0=100=100\ A$$

式中　$I_0$——零序电流，100。

定值 $I_{cd02}=100$ A。

定值范围（0.1～20）$I_n$，当前定值超出范围，取限值 20。

9. 零序Ⅰ段时间（$T_{cd02}$）——定值：10

退出，取最大值

$$T_{cd02}=t=10=10s$$

式中　$t$——时限，10。

定值 $T_{cd02}=10s$。

10. 零序过流Ⅱ段（$I_{cd021}$）——定值：20

退出，取最大值

$$I_{cd021}=I_0=100=100\ A$$

式中　$I_0$——零序电流，100。

定值 $I_{cd021}=100$ A。

定值范围（0.1～20）$I_n$，当前定值超出范围，取限值 20。

11. 零序Ⅱ段时间（$T_{cd021}$）——定值：10

退出，取最大值

$$T_{cd021}=t=10=10s$$

式中　$t$——时限，10。

定值 $T_{cd021}=10s$。

12. 不一致零序电流（$I_{byz}$）——定值：24000/20

一般一次值120A，且二次值不小于0.05$I_n$，保护退出时给最大值（取二次信息）

$$I_{byz}=\text{if}\ (K=1)\ \{\text{Max}\ (0.05\times I_n,\ I_{byz})\}\ \text{else}\ \{20\times I_n\}\ =$$

$$\text{if}\ (0=1)\ \{\text{Max}\ (0.05\times 1200,\ 120)\}\ \text{else}\ \{20\times 1200\}\ =24000\ \text{A}$$

式中 $K_k$——可靠系数，取值1.5；

$I_{fmax}$——所连支路最大负荷电流（A），1000；

$I_n$——TA一次侧电流（A），1200；

$K$——断路器二次信息定值项三相不一致保护，0；

$I_{byz}$——一般取值，120。

定值 $I_{byz}$=24000 A。

$I_{byz}$二次定值=24000÷（1200÷1）=20 A。

13. 不一致负序电流（$I_{byz2}$）——定值：20

退出，取最大值

$$I_{byz2}=I=100=100\ \text{A}$$

式中 $I$——负序电流，100。

定值 $I_{byz2}$=100 A。

定值范围（0.1～20）$I_n$，当前定值超出范围，取限值20。

14. 不一致动作时间（$T_{sxbyz}$）——定值：10

如投入取1.2s，否则取最大值（取二次信息）

$$T_{sxbyz}=\text{if}\ (K=1)\ \{1.2\}\ \text{else}\ \{10\}\ =\text{if}\ (0=1)\ \{1.2\}\ \text{else}\ \{10\}\ =10\text{s}$$

式中 $K$——断路器二次信息定值项三相不一致保护，0。

定值 $T_{sxbyz}$=10s。

15. 充电过流定值（$I_{cd1}$）——定值：20

退出，取最大值

$$I_{cd1}=I=100=100\ \text{A}$$

式中 $I$——充电过流，100。

定值 $I_{cd1}$=100 A。

定值范围（0.1～20），当前定值超出范围，取限值20。

16. 线路编号（$k$）——定值：608

根据现场实际名称整定

$$k=K=608=608$$

式中　$K$——保护设备，608。

定值 $k=608$。

(三) 定值通知单

湖南电网继电保护定值通知4见表5-1。

表5-1　　湖南电网继电保护定值通知单4

| 编号：锑都变电站-608断路器保护-RCS923A-201901 | | | | | |
|---|---|---|---|---|---|
| 保护型号 | RCS-923A | | | | |
| 版本号 | V2.00 | 校验码 | 4112 | 程序生成时间 | |
| TA变比 | 1200/1 | TV变比 | 220000/100 | | |

备注：
(1) 失灵启动、充电保护、过流保护和不一致保护退出。
(2) 断路器本体三相不一致保护延时为1.2s。

| 整定： | | 审核： | | 批准： | | 日期： | 2019年11月19日 |
|---|---|---|---|---|---|---|---|

| 1 | 保护定值 | | | |
|---|---|---|---|---|
| 序号 | 名称 | 单位 | 定值 | 备注 |
| 1.01 | 电流变化量启动值 | A | 0.5 | |
| 1.02 | 零序启动电流 | A | 0.5 | |
| 1.03 | 失灵启动电流 | A | 20 | |
| 1.04 | 过流Ⅰ段 | A | 20 | |
| 1.05 | 过流Ⅰ段时间 | s | 10 | |
| 1.06 | 过流Ⅱ段 | A | 20 | |
| 1.07 | 过流Ⅱ段时间 | s | 10 | |
| 1.08 | 零序过流Ⅰ段 | A | 20 | |
| 1.09 | 零序Ⅰ段时间 | s | 10 | |
| 1.10 | 零序过流Ⅱ段 | A | 20 | |
| 1.11 | 零序Ⅱ段时间 | s | 10 | |
| 1.12 | 不一致零序电流 | A | 20 | |
| 1.13 | 不一致负序电流 | A | 20 | |
| 1.14 | 不一致动作时间 | s | 10 | |
| 1.15 | 充电过流定值 | A | 20 | |
| 1.16 | 线路编号 | A | 608 | |
| 2 | 控制字 | | | |
| 序号 | 名称 | 单位 | 定值 | 备注 |
| 2.01 | 投失灵启动 | | 0 | |
| 2.02 | 投过流Ⅰ段 | | 0 | |
| 2.03 | 投过流Ⅱ段 | | 0 | |
| 2.04 | 投零序过流Ⅰ段 | | 0 | |
| 2.05 | 投零序过流Ⅱ段 | | 0 | |

续表

| 2 | 控制字 | | | |
|---|---|---|---|---|
| 序号 | 名称 | 单位 | 定值 | 备注 |
| 2.06 | 投不一致保护 | | 0 | |
| 2.07 | 不一致经零序 | | 1 | |
| 2.08 | 不一致经负序 | | 0 | |
| 2.09 | 投充电保护 | | 0 | |
| 3 | 软压板 | | | |
| 序号 | 名称 | 单位 | 定值 | 备注 |
| 3.01 | 投充电保护 | | 0 | |
| 3.02 | 投不一致保护 | | 0 | |
| 3.03 | 投过流保护 | | 0 | |

# 第六章　220kV母线保护整定计算原则

220kV 线母线保护由 220kV 母差保护、220kV 失灵保护等组成。

## 一、220kV 母差保护

### （一）差动保护启动电流定值

（1）保证任一单回线路运行时母线短路故障时有 1.5 的灵敏度系数整定。

$$I_{dz} \leqslant \frac{I_{k.min}}{K_{sen} n_a} \tag{6-1}$$

式中　$I_{dz}$——差动保护启动电流，A；

$I_{k.min}$——任一单回线路（500kV 变电站含单台变压器）运行时本母线发生金属性短路故障时的最小短路电流，A；

$K_{sen}$——灵敏度系数，取 1.5；

$n_a$——基准电流互感器变比。

（2）按可靠躲过区外故障最大不平衡电流整定。

$$I_{dz} \geqslant \frac{K_k (F_i + F_i') I_{k.max}}{n_a} \tag{6-2}$$

式中　$K_k$——可靠系数，取 1.5；

$F_i$——电流互感器最大误差系数，取 0.1；

$F_i'$——中间变流器最大误差系数，取 0.05；

$I_{k.max}$——区外故障流过电流互感器的最大短路电流，A。

（3）尽可能躲过母线上所有出线、主变压器等任一元件电流二次回路断线时的最大差电流。

$$I_{dz} \geqslant \frac{K_k I_{fh.max}}{n_a} \tag{6-3}$$

式中　$I_{fh.max}$——母线上各元件在正常运行情况下的最大负荷电流，A；

$K_k$——可靠系数，取 1.5。

(4) 一次值不小于 600A，一般取 800A。

(5) 差动保护启动电流整定注意事项如下：

1) 原则 (1) 与原则 (4) 冲突时，按原则 (4) 取值，核算不满足原则 (4) 的所有方式并备案；

2) 跳故障母线上的所有断路器及母联断路器。

(二) 母联分段失灵电流定值

(1) 保证任一单回线路运行时母线短路故障时有 1.5 的灵敏度系数整定。

$$I_{\mathrm{mlsl}} \leqslant \frac{I_{\mathrm{k.min}}}{K_{\mathrm{sen}} n_{\mathrm{a}}} \tag{6-4}$$

式中 $I_{\mathrm{mlsl}}$——母联分段失灵电流，A；

$I_{\mathrm{k.min}}$——任一单回线路运行时本母线发生金属性短路故障时流过母联的最小短路电流，A；

$K_{\mathrm{sen}}$——灵敏度系数，取 1.5。

(2) 一次值不小于 180A，一般取 300A；动作时间大于母联断路器动作时间和保护返回时间之和，0.25s≤动作时间≤0.35s，一般取 0.3s。

(3) 跳所连母线上的所有断路器。

(三) TA 断线告警定值

按可靠躲过正常运行时最大不平衡电流整定，一般取 $0.05I_{\mathrm{n}}$；动作时间一般取 7s，告警。其中，$I_{\mathrm{n}}$ 为 TA 二次额定电流，单位为 A。

(四) TA 断线闭锁定值

按可靠躲过正常运行时最大不平衡电流整定，一般取 $0.08I_{\mathrm{n}}$；动作时间一般取 7s，闭锁差动保护。

## 二、220kV 失灵保护

(一) 低电压闭锁定值

(1) 按可靠躲过正常运行时的最低运行电压整定，一般取 70%母线二次额定电压。

(2) 按最大运行方式下该母线所有出线末端短路故障时保护安装处的最高残压有不小于 1.3 的灵敏度系数进行校验。

$$K_{\mathrm{sen}} = \frac{U_{1.\mathrm{dz}} n_{\mathrm{v}}}{U_{1.\mathrm{max}}} \tag{6-5}$$

式中 $U_{1.\mathrm{dz}}$——低电压闭锁定值，V；

$U_{1.max}$——最大运行方式下该母线所有出线末端发生对称短路故障时，保护安装处的最高残压，kV；

$n_v$——母线电压互感器变比；

$K_{sen}$——灵敏度系数，取值不小于1.3。

（二）负序电压闭锁定值

（1）按可靠躲过正常运行时的最大不平衡负序电压整定，一般取3V。

（2）按最小运行方式下该母线所有出线末端短路故障时保护安装处的负序电压有不小于1.3的灵敏度系数进行校验。

$$K_{sen}=\frac{U_{2.min}}{U_{2.dz}n_v} \tag{6-6}$$

式中 $U_{2.dz}$——负序电压闭锁定值，V；

$U_{2.min}$——最小运行方式下该母线所有出线末端发生不对称短路故障时，保护安装处的最小负序电压；

$K_{sen}$——灵敏度系数，取值不小于1.3。

（三）零序电压闭锁定值

（1）按可靠躲过正常运行时的最大不平衡零序电压整定，一般取5V。

（2）按最小运行方式下该母线所有出线末端短路故障时保护安装处的最小零序电压整定，灵敏度系数不小于1.3。

$$K_{sen}=\frac{3U_{0.min}}{3U_{0.dz}n_v} \tag{6-7}$$

式中 $U_{0.dz}$——零序电压闭锁定值，V；

$U_{0.min}$——最小运行方式下该母线所有出线末端发生不对称短路故障时，保护安装处的最小零序电压，kV；

$K_{sen}$——灵敏度系数，取值不小于1.3。

（四）三相失灵相电流定值

（1）按保证变压器其他侧母线金属性短路故障时（任一单回线路运行时变压器其他侧母线金属性短路故障时，流过保护安装处的最小短路电流）有1.5的灵敏度系数整定。

$$I_{sl.dz}\leqslant\frac{I_{k.min}}{K_{sen}n_a} \tag{6-8}$$

式中 $I_{sl.dz}$——三相失灵相电流，A；

$I_{k.min}$——任一单回线路运行时变压器其他侧母线金属性短路故障时，流过保护安装处的最小短路电流（取三相电流中的最大值），A；

$K_{sen}$取1.5。

（2）尽可能躲过所有变压器支路额定负荷电流。

$$I_{s1.dz} \geqslant \frac{1.1I_e}{n_a} \tag{6-9}$$

式中 $I_e$——变压器高压侧额定电流，A。

（3）当原则（1）与原则（2）冲突时，按原则（1）取值。

（五）失灵零序电流定值

（1）按保证出线末端及变压器中压侧母线金属性短路故障时（最小运行方式下出线末端及变压器中压侧母线金属性接地故障时，流过保护安装处的零序电流）有1.5的灵敏度系数整定。

$$I_{s0.dz} \leqslant \frac{3I_{0.min}}{K_{sen}n_a} \tag{6-10}$$

式中 $I_{s0.dz}$——失灵零序电流，A；

$I_{0.min}$——最小运行方式下出线末端及变压器中压侧母线金属性接地故障时，流过保护安装处的零序电流，A；

$K_{sen}$取1.5。

（2）尽可能躲过所有支路最大不平衡零序电流。

$$I_{s0.dz} \geqslant \frac{K_k(F_i + F_i')I_{fh.max}}{n_a} \tag{6-11}$$

式中 $K_k$ 取1.5；

$F_i$ 取0.1；

$F_i'$ 取0.05。

（3）一般一次值不大于180A，且二次值不小于$0.05I_n$。

（六）失灵负序电流定值

（1）按保证出线末端及变压器中、低压侧母线金属性短路故障时（最小运行方式下出线末端及变压器中、低压侧母线金属性短路故障时，流过保护安装处的负序电流）有1.5的灵敏度系数整定。

$$I_{s2.dz} \leqslant \frac{I_{2.min}}{K_{sen}n_a} \tag{6-12}$$

式中 $I_{s2.dz}$——失灵负序电流，A；

$I_{2.min}$——最小运行方式下出线末端及变压器中、低压侧母线金属性短路故障时，流过保护安装处的负序电流；

$K_{sen}$——灵敏度系数，取 1.5。

（2）尽可能躲过所有支路最大不平衡负序电流。

$$I_{s2.dz} \geqslant \frac{K_k(F_i + F_i')I_{fh.max}}{n_a} \tag{6-13}$$

式中　$K_k$ 取 1.5；

$F_i$ 取 0.1；

$F_i'$ 取 0.05。

（3）一般一次值不大于 180A，且二次值不小于 $0.05I_n$。

（七）失灵保护动作时间整定

（1）失灵跳母联（或分段）延时：不小于 0.25s 且不大于 0.35s，一般取 0.3s。

（2）失灵跳故障母线延时：不小于 0.25s 且不大于 0.35s，一般取 0.3s。

## 三、算例

（一）参数

220kV 隆回变电站 220kV 母线上所联设备如图 6-1 所示，600TA 变比 2500/1，620TA 变比 800/1，630TA 变比 800/1，602TA 变比 1250/1，604TA 变比 1250/1，606TA 变比 1250/1，608TA 变比 2500/1，612TA 变比 1250/1，614TA 变比 1250/1。求 220kV 母线保护配置情况。220kV 隆回变电站一次接线图如图 6-1 所示。

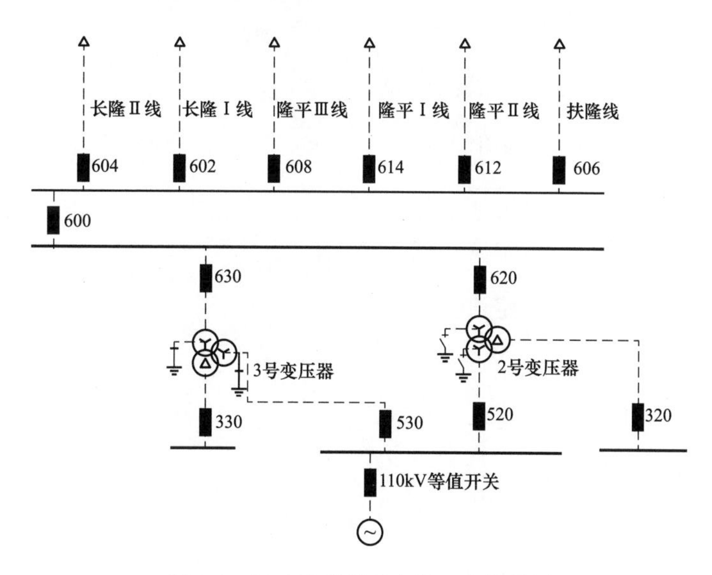


图 6-1　220kV 隆回变电站一次接线图

（二）计算过程

1. 基准 TA 一次值（$TA_{b1}$）——定值：1250

实际 TA 一次额定值

$$TA_{b1} = I = 1250 = 1250$$

2. 基准 TA 二次值（$TA_{b2}$）——定值：1

实际 TA 二次额定值

$$TA_{b2} = I = 1 = 1$$

3. 支路 TA 保护信息（600）

支路 TA 一次值（$TA_1$）——定值：2500

支路 TA 二次值（$TA_2$）——定值：1

4. 支路 TA 保护信息（620）

支路 TA 一次值（$TA_1$）——定值：800

支路 TA 二次值（$TA_2$）——定值：1

5. 支路 TA 保护信息（630）

支路 TA 一次值（$TA_1$）——定值：800

支路 TA 二次值（$TA_2$）——定值：1

6. 支路 TA 保护信息（602）

支路 TA 一次值（$TA_1$）——定值：1250

支路 TA 二次值（$TA_2$）——定值：1

7. 支路 TA 保护信息（604）

支路 TA 一次值（$TA_1$）——定值：1250

支路 TA 二次值（$TA_2$）——定值：1

8. 支路 TA 保护信息（606）

支路 TA 一次值（$TA_1$）——定值：1250

支路 TA 二次值（$TA_2$）——定值：1

9. 支路 TA 保护信息（614）

支路 TA 一次值（$TA_1$）——定值：1250

支路 TA 二次值（$TA_2$）——定值：1

10. 支路 TA 保护信息（612）

支路 TA 一次值（$TA_1$）——定值：1250

支路 TA 二次值（$TA_2$）——定值：1

11. 支路 TA 保护信息（608）

支路 TA 一次值（$TA_1$）——定值：2500

支路 TA 二次值（$TA_2$）——定值：1

12. 差动保护启动电流定值（$I_{cd}$）——定值：800/0.64

（1）保证任一单回线路运行时母线短路故障有规定的灵敏度。

$$I_{cd} \leqslant I_{kmin} \div K_{se} = 2600.433 \div 1.5 = 1733.62\text{A}$$

式中 $I_{kmin}$——母线金属性故障时最小短路相电流（A），2600.433，$I_{kmin}$的方式描述，小方式：隆回变电站3号变压器检修，长隆Ⅰ线检修，长隆Ⅱ线检修，扶隆线检修，隆平Ⅱ线检修，隆平Ⅲ线检修，在隆回变电站220kVⅠ母发生单相接地短路；

$K_{se}$——灵敏系数，取值1.5。

（2）躲过区外故障最大不平衡电流。

$$I_{cd} \geqslant K_k \times (F_i + F_i') \times I_{kmax} = 1.5 \times (0.1 + 0.05) \times 13596.51 = 3059.22\text{A}$$

式中 $I_{kmax}$——母线金属性故障时最大短路相电流（A），13596.51，$I_{kmax}$的方式描述，大方式：长隆Ⅰ线检修，隆平Ⅱ线检修，在隆回变电站220kVⅡ母发生三江口相相间短路；

$K_k$——可靠系数，取值1.5；

$F_i$——电流互感器最大误差系数，取值0.1；

$F_i'$——中间变流器最大误差系数，取值0.05。

（3）尽可能躲过母线上所有出线、主变压器任一元件电流二次回路断线时的最大差电流

1）2号变压器：

$$I_{cd} \geqslant K_k \times I_{fhmax} = 1.5 \times 451.8526 = 677.78\text{A}$$

式中 $I_{fhmax}$——所连支路最大负荷电流（A），451.8526；

$K_k$——可靠系数，取值1.5。

2）3号变压器：

$$I_{cd} \geqslant K_k \times I_{fhmax} = 1.5 \times 451.8526 = 677.78\text{A}$$

式中 $I_{fhmax}$——所连支路最大负荷电流（A），451.8526；

$K_k$——可靠系数，1.5。

3）长隆Ⅰ线：

$$I_{cd} \geqslant K_k \times I_{fhmax} = 1.5 \times 1000 = 1500A$$

式中 $I_{fhmax}$——所连支路最大负荷电流（A），1000；

$K_k$——可靠系数，1.5。

4）长隆Ⅱ线：

$$I_{cd} \geqslant K_k \times I_{fhmax} = 1.5 \times 1200 = 1800A$$

式中 $I_{fhmax}$——所连支路最大负荷电流（A），1200；

$K_k$——可靠系数，1.5。

5）扶隆线：

$$I_{cd} \geqslant K_k \times I_{fhmax} = 1.5 \times 1000 = 1500A$$

式中 $I_{fhmax}$——所连支路最大负荷电流（A），1000；

$K_k$——可靠系数，1.5。

6）隆平Ⅰ线：

$$I_{cd} \geqslant K_k \times I_{fhmax} = 1.5 \times 1000 = 1500A$$

式中 $I_{fhmax}$——所连支路最大负荷电流（A），1000；

$K_k$——可靠系数，1.5。

7）隆平Ⅱ线：

$$I_{cd} \geqslant K_k \times I_{fhmax} = 1.5 \times 1000 = 1500A$$

式中 $I_{fhmax}$——所连支路最大负荷电流（A），1000；

$K_k$——可靠系数，1.5。

8）隆平Ⅲ线：

$$I_{cd} \geqslant K_k \times I_{fhmax} = 1.5 \times 1551 = 2326.5A$$

式中 $I_{fhmax}$——所连支路最大负荷电流（A），1551；

$K_k$——可靠系数，1.5。

（4）一次值不小于600A，一般取800A

$$I_{cd} = \mathrm{Max}(600, \mathrm{Min}(I, I_{kmin} \div K_{se})) = \mathrm{Max}(600, \mathrm{Min}(800, 2600.433 \div 1.5)) = 800A$$

式中 $I$——一般取值，800；

$I_{kmin}$——母线金属性故障时最小短路相电流（A），2600.433，$I_{kmin}$的方式描述，小方式：隆回变电站3号变压器检修，长隆Ⅰ线检修，长隆Ⅱ线检修，扶隆线检修，隆平Ⅱ线检修，隆平Ⅲ线检修，在隆回变电站220kVⅠ母发生单相接地短路；

$K_{se}$——灵敏系数，取值1.5。

使用优先原则

定值 $I_{cd}$=800A

$I_{cd}$ 二次定值 = 800 ÷ (1250 ÷ 1) = 0.64 A。

13. TA断线告警定值（$I_{TAdx}$）——定值：62.5/0.05

躲过正常运行时最大不平衡电流整定

$$I_{TAdx} = 0.05 \times I_n = 0.05 \times 1250 = 62.5A$$

式中 $I_n$——TA一次侧电流（A），1250。

定值 $I_{TAdx}$=62.5A。

$I_{TAdx}$ 二次定值 = 62.5 ÷ (1250 ÷ 1) = 0.05A。

14. TA断线闭锁定值（$I_{TAbs}$）——定值：100/0.08

躲过正常运行时最大不平衡电流整定

$$I_{TAbs} = 0.08 \times I_n = 0.08 \times 1250 = 100A$$

式中 $I_n$——TA一次侧电流（A），1250。

定值 $I_{TAbs}$=100A。

$I_{TAbs}$ 二次定值 = 100 ÷ (1250 ÷ 1) = 0.08A。

15. 母联分段失灵电流定值（$I_{mfsl}$）——定值：300/0.24

(1) 保证任一单回线路运行时母线短路故障有规定的灵敏度。

$$I_{mfsl} \leqslant I_{kmin} \div K_{se} = 2600.433 \div 1.5 = 1733.62$$

式中 $I_{kmin}$——母线金属性故障时最小短路相电流（A），2600.433，$I_{kmin}$的方式描述，小方式：隆回变电站3号变压器检修，长隆Ⅰ线检修，长隆Ⅱ线检修，扶隆线检修，隆平Ⅱ线检修，隆平Ⅲ线检修，在隆回变电站220kVⅠ母发生单相接地短路；

$K_{se}$——灵敏系数，1.5。

(2) 一次值不小于180A，一般取300A。

$$I_{mfsl} = \mathrm{Max}[180, \mathrm{Min}(I_{sl}, I_{kmin} \div K_{se})] = \mathrm{Max}[180, \mathrm{Min}(300, 2600.433 \div 1.5)] = 300$$

式中 $I_{sl}$——失灵电流，300；

$I_{kmin}$——母线金属性故障时最小短路相电流（A），2600.433；$I_{kmin}$的方式描述，小方式：隆回变电站3号变压器检修，长隆Ⅰ线检修，长隆Ⅱ线检修，扶隆线检修，隆平Ⅱ线检修，隆平Ⅲ线检修，在隆回变电站220kVⅠ母发生单相接地短路；

$K_{se}$——灵敏系数，1.5。

使用优先原则。

定值 $I_{mfsl}$=300。

$I_{mfsl}$ 二次定值 = 300 ÷ (1250 ÷ 1) = 0.24

16. 母联分段失灵时间（$T_{mfsl}$）——定值：0.3

大于母联断路器动作时间和保护返回时间之和，0.25s≤$t_{mlsl}$≤0.35s，一般取=0.3s

$$T_{mfsl} = T = 0.3 = 0.3\text{s}$$

式中 $T$——时限，0.3。

定值 $T_{mfsl}$=0.3s。

17. 低电压闭锁定值（$U_{sl}$）——定值：40

（1）躲过正常运行时的最低运行电压；若为线电压固定取 $U_{1dz}$=70V，若为相电压固定取 $U_{1dz}$=40V

$$U_{sl} = U_n = 40 = 40\text{V}$$

式中 $U_n$——相电压，40。

（2）低电压继电器的灵敏度系数按不小于1.3进行校验

1）长隆Ⅰ线：

$$U_{sl} \geqslant \text{Sqrt}(3) \times U_{1max} \times 1000 \times K_{se} \div \text{TV} = \text{Sqrt}(3) \times 78.94173 \times 1000 \times 1.3 \div 2200 = 80.8\text{V}$$

式中 $U_{1max}$——出线末端故障时本母线的残压最大值（kV），78.94173，$U_{1max}$的方式描述，小方式：长隆Ⅱ线检修，在长隆Ⅰ线的长阳铺变电站220kVⅡ母侧发生单相接地短路；

$K_{se}$——灵敏系数，1.3；

TV——TV变比，2200。

2）长隆Ⅱ线：

$$U_{sl} \geqslant \text{Sqrt}(3) \times U_{1max} \times 1000 \times K_{se} \div \text{TV} = \text{Sqrt}(3) \times 77.80594 \times 1000 \times 1.3 \div 2200 = 79.63\text{V}$$

式中　$U_{1max}$——出线末端故障时本母线的残压最大值（kV），77.80594；$U_{1max}$的方式描述，小方式：长隆Ⅰ线检修，在长隆Ⅱ线的长阳铺变电站220kVⅡ母侧发生单相接地短路；

$K_{se}$——灵敏系数，1.3；

TV——TV变比，2200。

3）扶隆线：

$$U_{sl} \geqslant Sqrt(3) \times U_{1max} \times 1000 \times K_{se} \div TV = Sqrt(3) \times 93.15304 \times 1000 \times 1.3 \div 2200 = 95.34V$$

式中　$U_{1max}$——出线末端故障时本母线的残压最大值（kV），93.15304；$U_{1max}$的方式描述，小方式：在扶隆线的扶夷变电站220kVⅡ母侧发生单相接地短路；

$K_{se}$——灵敏系数，1.3；

TV——TV变比，2200。

4）隆平Ⅰ线：

$$U_{sl} \geqslant Sqrt(3) \times U_{1max} \times 1000 \times K_{se} \div TV = Sqrt(3) \times 90.00043 \times 1000 \times 1.3 \div 2200 = 92.11V$$

式中　$U_{1max}$——出线末端故障时本母线的残压最大值（kV），90.00043；$U_{1max}$的方式描述，小方式：隆平Ⅲ线检修，在隆平Ⅰ线的平溪变电站220kVⅡ母侧发生单相接地短路；

$K_{se}$——灵敏系数，1.3；

TV——TV变比，2200。

5）隆平Ⅱ线：

$$U_{sl} \geqslant Sqrt(3) \times U_{1max} \times 1000 \times K_{se} \div TV = Sqrt(3) \times 90.00043 \times 1000 \times 1.3 \div 2200 = 92.11V$$

式中　$U_{1max}$——出线末端故障时本母线的残压最大值（kV），90.00043，$U_{1max}$的方式描述，小方式：隆平Ⅲ线检修，在隆平Ⅱ线的平溪变电站220kVⅡ母侧发生单相接地短路；

$K_{se}$——灵敏系数，1.3；

TV——TV变比，2200。

6）隆平Ⅲ线：

$$U_{sl} \geqslant Sqrt(3) \times U_{1max} \times 1000 \times K_{se} \div TV = Sqrt(3) \times 89.10664$$

$$\times 1000 \times 1.3 \div 2200 = 91.2\text{V}$$

式中 $U_{1max}$——出线末端故障时本母线的残压最大值（kV），89.10664；$U_{1max}$的方式描述，小方式：隆平Ⅱ线检修，在隆平Ⅲ线的平溪变电站220kVⅡ母侧发生单相接地短路；

$K_{se}$——灵敏系数，1.3；

TV——TV变比，2200。

使用优先原则；

定值$U_{sl}$=40V。

18. 零序电压闭锁定值（$U_{obs}$）——定值：5

（1）躲正常运行时的最大不平衡零序电压，一般取$U_{0dz}$=5V

$$U_{obs} = U_0 = 5 = 5\text{V}$$

$U_0$：5。

（2）零序电压的灵敏度系数按不小于1.3进行校验。

1）长隆Ⅰ线：

$$U_{obs} \leqslant U_{omin} \times 1000 \div K_{se} \div \text{TV} = 8.602904 \times 1000 \div 1.3 \div 2200 = 3.01\text{V}$$

式中 $U_{omin}$——出线末端故障时本母线的零序电压最小值（kV），8.602904；$U_{omin}$的方式描述，小方式：长隆Ⅱ线检修，在长隆Ⅰ线的长阳铺变电站220kVⅡ母侧发生单相接地短路；

$K_{se}$——灵敏度系数，1.3；

TV——TV变比，2200。

2）长隆Ⅱ线：

$$U_{obs} \leqslant U_{omin} \times 1000 \div K_{se} \div \text{TV} = 9.831283 \times 1000 \div 1.3 \div 2200 = 3.44\text{V}$$

式中 $U_{omin}$——出线末端故障时本母线的零序电压最小值（kV），9.831283；$U_{omin}$的方式描述，小方式：长隆Ⅰ线检修，在长隆Ⅱ线的长阳铺变电站220kVⅡ母侧发生单相接地短路；

$K_{se}$——灵敏度系数，取值1.3；

TV——TV变比，2200。

3）扶隆线：

$$U_{obs} \leqslant U_{omin} \times 1000 \div K_{se} \div \text{TV} = 13.05513 \times 1000 \div 1.3 \div 2200 = 4.56\text{V}$$

式中　$U_{omin}$——出线末端故障时本母线的零序电压最小值（kV），13.05513；$U_{omin}$的方式描述，小方式：在扶隆线的扶夷变电站220kVⅡ母侧发生两相接地短路；

$K_{sen}$——灵敏度系数，1.3；

TV——TV变比，2200。

4）隆平Ⅰ线：

$U_{obs} \leqslant U_{omin} \times 1000 \div K_{sen} \div TV = 18.04277 \times 1000 \div 1.3 \div 2200 = 6.31V$

式中　$U_{omin}$——出线末端故障时本母线的零序电压最小值（kV），18.04277；$U_{omin}$的方式描述，小方式：隆平Ⅲ线检修，在隆平Ⅰ线的平溪变电站220kVⅡ母侧发生两相接地短路；

$K_{se}$——灵敏度系数，1.3；

TV——TV变比，2200。

5）隆平Ⅱ线：

$U_{obs} \leqslant U_{omin} \times 1000 \div K_{sen} \div TV = 18.04277 \times 1000 \div 1.3 \div 2200 = 6.31V$

式中　$U_{omin}$——出线末端故障时本母线的零序电压最小值（kV），18.04277；$U_{omin}$的方式描述，小方式：隆平Ⅲ线检修，在隆平Ⅱ线的平溪变电站220kVⅡ母侧发生两相接地短路；

$K_{sen}$——灵敏度系数，1.3；

TV——TV变比，2200。

6）隆平Ⅲ线：

$U_{obs} \leqslant U_{omin} \times 1000 \div K_{sen} \div TV = 20.53778 \times 1000 \div 1.3 \div 2200 = 7.18V$

式中　$U_{omin}$——出线末端故障时本母线的零序电压最小值（kV），20.53778；$U_{omin}$的方式描述，小方式：隆平Ⅱ线检修，在隆平Ⅲ线的平溪变电站220kVⅡ母侧发生两相接地短路；

$K_{sen}$——灵敏度系数，取1.3；

TV——TV变比，2200。

使用优先原则；

定值$U_{obs}$=5V。

19. 负序电压闭锁定值（$U_{2bs}$）——定值：3

（1）躲过正常运行时的最大不平衡负序电压，一般取3V。

$$U_{2bs}=U_{2dz}=3=3\text{V}$$

式中　$U_{2dz}$——负序电压，3。

（2）负序电压的灵敏度系数按下式进行校验。

1）长隆Ⅰ线：

$$U_{2bs}\leqslant U_{2min}\times 1000\div K_{sen}\div \text{TV}=24.47012\times 1000\div 1.3\div 2200=8.56\text{V}$$

式中　$U_{2min}$——出线末端故障时本母线的负序电压最小值（kV），24.47012；$U_{2min}$的方式描述，小方式：长隆Ⅱ线检修，在长隆Ⅰ线的长阳铺变电站220kVⅡ母侧发生两相接地短路；

$K_{sen}$——灵敏系数，1.3；

TV——TV变比，2200。

2）长隆Ⅱ线：

$$U_{2bs}\leqslant U_{2min}\times 1000\div K_{sen}\div \text{TV}=25.23178\times 1000\div 1.3\div 2200=8.82\text{V}$$

式中　$U_{2min}$——出线末端故障时本母线的负序电压最小值（kV），25.23178；$U_{2min}$的方式描述，小方式：长隆Ⅰ线检修，在长隆Ⅱ线的长阳铺变电站220kVⅡ母侧发生两相接地短路；

$K_{sen}$——灵敏系数，1.3；

TV——TV变比，2200。

3）扶隆线：

$$U_{2bs}\leqslant U_{2min}\times 1000\div K_{sen}\div \text{TV}=26.49122\times 1000\div 1.3\div 2200=9.26\text{V}$$

式中　$U_{2min}$——出线末端故障时本母线的负序电压最小值（kV），26.49122；$U_{2min}$的方式描述，小方式：在扶隆线的扶夷变电站220kVⅡ母侧发生单相接地短路；

$K_{sen}$——灵敏系数，1.3；

TV——TV变比，2200。

4）隆平Ⅰ线：

$$U_{2bs}\leqslant U_{2min}\times 1000\div K_{sen}\div \text{TV}=29.95723\times 1000\div 1.3\div 2200=10.47\text{V}$$

$U_{2min}$——出线末端故障时本母线的负序电压最小值（kV），29.95723；$U_{2min}$的方式描述，小方式：隆平Ⅲ线检修，在隆平Ⅰ线的平溪变电站220kVⅡ母侧发生单相接地短路；

$K_{sen}$——灵敏系数，1.3；

TV——TV变比，2200。

5）隆平Ⅱ线：

$$U_{2bs} \leqslant U_{2min} \times 1000 \div K_{sen} \div TV = 29.95723 \times 1000 \div 1.3 \div 2200 = 10.47V$$

式中　$U_{2min}$——出线末端故障时本母线的负序电压最小值（kV），29.95723；$U_{2min}$的方式描述，小方式：隆平Ⅲ线检修，在隆平Ⅱ线的平溪变电站220kVⅡ母侧发生单相接地短路；

$K_{sen}$——灵敏系数，1.3；

TV——TV变比，2200。

6）隆平Ⅲ线：

$$U_{2bs} \leqslant U_{2min} \times 1000 \div K_{sen} \div TV = 31.11037 \times 1000 \div 1.3 \div 2200 = 10.88V$$

式中　$U_{2min}$——出线末端故障时本母线的负序电压最小值（kV），31.11037；$U_{2min}$的方式描述，小方式：隆平Ⅱ线检修，在隆平Ⅲ线的平溪变电站220kVⅡ母侧发生单相接地短路；

$K_{sen}$——灵敏系数，1.3；

TV——TV变比，2200。

使用优先原则；

定值$U_{2bs}$=3V。

20. 三相失灵相电流定值（$I_{1sl}$）——定值：180/0.14

（1）保证变压器中、低压侧母线金属性短路故障有规定的灵敏度。

1）2号变压器：

$$I_{1sl} \leqslant I_{kmin} \div K_{sen} = 611.4601 \div 1.5 = 407.64A$$

式中　$I_{kmin}$——所连主变压器末端金属性短路故障流过本侧保护相电流最小值（A），611.4601；$I_{kmin}$的方式描述，大方式：长隆Ⅰ线检修，长隆Ⅱ线检修，扶隆线检修，隆平Ⅱ线检修，隆平Ⅲ线检修，在隆回变电站2号变压器的低压侧发生两相接地短路；

$K_{se}$——灵敏系数，1.5。

2）3号变压器：

$$I_{1sl} \leqslant I_{kmin} \div K_{sen} = 1188.903 \div 1.5 = 792.6A$$

式中　$I_{kmin}$——所连主变压器末端金属性短路故障流过本侧保护相电流最小值（A），

1188.903，$I_{kmin}$的方式描述，小方式：长隆Ⅰ线检修，长隆Ⅱ线检修，扶隆线检修，隆平Ⅱ线检修，隆平Ⅲ线检修，在隆回变电站3号变压器的低压侧发生两相接地短路；

$K_{se}$——灵敏系数，1.5。

(2) 躲过所有变压器支路额定负荷电流

1) 2号变压器：

$$I_{1sl}=1.1\times I_e=1.1\times 451.8394=497.02\text{A}$$

式中 $I_e$——所连主变压器高压侧最大额定电流（A），451.8394。

2) 3号变压器：

$$I_{1sl}=1.1\times I_e=1.1\times 451.8394=497.02\text{A}$$

式中 $I_e$——所连主变压器高压侧最大额定电流，A，取值451.8394。

(3) 综合取值

1) 2号变压器：

$$I_{1sl}=\text{Min}(I_{kmin}\div K_{sen},I_{sl})=\text{Min}(611.4601\div 1.5,180)=180\text{A}$$

式中 $I_{kmin}$——所连主变压器末端金属性短路故障流过本侧保护相电流最小值（A），611.4601，$I_{kmin}$的方式描述，大方式：长隆Ⅰ线检修，长隆Ⅱ线检修，扶隆线检修，隆平Ⅱ线检修，隆平Ⅲ线检修，在隆回变电站2号变压器的低压侧发生两相接地短路；

$K_{sen}$——灵敏系数，1.5；

$I_{sl}$——一般取值，180。

2) 3号变压器：

$$I_{1sl}=\text{Min}(I_{kmin}\div K_{sen},I_{sl})=\text{Min}(1188.903\div 1.5,180)=180\text{A}$$

式中 $I_{kmin}$——所连主变压器末端金属性短路故障流过本侧保护相电流最小值（A），1188.903，$I_{kmin}$的方式描述，小方式：长隆Ⅰ线检修，长隆Ⅱ线检修，扶隆线检修，隆平Ⅱ线检修，隆平Ⅲ线检修，在隆回变电站3号变压器的低压侧发生两相接地短路；

$K_{sen}$——灵敏系数，1.5；

$I_{sl}$——一般取值，180。

使用优先原则；

定值 $I_1$sl=180A。

$I_{1sl}$ 二次定值 = 180 ÷ (1250 ÷ 1) = 0.14A。

21. 失灵零序电流定值（$I_{0sl}$）——定值：180/0.14

（1）保证出线末端及变压器中压侧母线金属性短路故障有规定的灵敏度。

1）2 号变压器：正常运行时中性点不接地；

2）3 号变压器：

$$I_{0sl} \leqslant 3 \times I_{0min} \div K_{sen} = 3 \times 109.6883 \div 1.5 = 219.38\text{A}$$

式中　$I_{0min}$——所连支路末端金属性接地故障（仅 $N-1$）流过本侧开关零序电流最小值（A），109.6883，$I_{0min}$的方式描述，小方式：长隆Ⅰ线检修，长隆Ⅱ线检修，扶隆线检修，隆平Ⅱ线检修，隆平Ⅲ线检修，在隆回变电站 3 号变压器的中压侧发生单相接地短路；

$K_{sen}$——灵敏系数，1.5。

a. 长隆Ⅰ线：

$$I_{0sl} \leqslant 3 \times I_{0min} \div K_{sen} = 3 \times 184.6916 \div 1.5 = 369.38\text{A}$$

式中　$I_{0min}$——所连支路末端金属性接地故障（仅 $N-1$）流过本侧开关零序电流最小值（A），184.6916，$I_{0min}$的方式描述，小方式：隆平Ⅲ线检修，在长隆Ⅰ线的长阳铺变电站 220kVⅡ母侧发生单相接地短路；

$K_{sen}$——灵敏系数，1.5。

b. 长隆Ⅱ线：

$$I_{0sl} \leqslant 3 \times I_{0min} \div K_{sen} = 3 \times 258.8562 \div 1.5 = 517.71\text{A}$$

式中　$I_{0min}$——所连支路末端金属性接地故障（仅 $N-1$）流过本侧开关零序电流最小值（A），258.8562，$I_{0min}$的方式描述，小方式：隆平Ⅲ线检修，在长隆Ⅱ线的长阳铺变电站 220kVⅡ母侧发生单相接地短路；

$K_{sen}$——灵敏系数，1.5。

c. 扶隆线：

$$I_{0sl} \leqslant 3 \times I_{0min} \div K_{sen} = 3 \times 734.9958 \div 1.5 = 1469.99\text{A}$$

式中　$I_{0min}$——所连支路末端金属性接地故障（仅 $N-1$）流过本侧开关零序电流最小值（A），734.9958，$I_{0min}$的方式描述，小方式：长隆Ⅱ线检修，在扶隆线的扶夷变电站 220kVⅡ母侧发生两相接地短路；

$K_{sen}$——灵敏系数，1.5。

d. 隆平Ⅰ线：

$$I_{0sl} \leqslant 3 \times I_{0min} \div K_{sen} = 3 \times 272.2593 \div 1.5 = 544.52A$$

式中 $I_{0min}$——所连支路末端金属性接地故障（仅 $N-1$）流过本侧开关零序电流最小值（A），272.2593，$I_{0min}$的方式描述，小方式：长隆Ⅱ线检修，在隆平Ⅰ线的平溪变电站220kVⅡ母侧发生两相接地短路；

$K_{sen}$——灵敏系数，1.5。

e. 隆平Ⅱ线：

$$I_{0sl} \leqslant 3 \times I_{0min} \div K_{se} = 3 \times 368.613 \div 1.5 = 737.23A$$

式中 $I_{0min}$——所连支路末端金属性接地故障（仅 $N-1$）流过本侧开关零序电流最小值（A），368.613，$I_{0min}$的方式描述，小方式：长隆Ⅱ线检修，在隆平Ⅱ线的平溪变电站220kVⅡ母侧发生两相接地短路；

$K_{sen}$——灵敏系数，1.5。

f. 隆平Ⅲ线：

$$I_{0sl} \leqslant 3 \times I_{0min} \div K_{se} = 3 \times 551.6423 \div 1.5 = 1103.29A$$

式中 $I_{0min}$——所连支路末端金属性接地故障（仅 $N-1$）流过本侧开关零序电流最小值（A），551.6423，$I_{0min}$的方式描述，小方式：长隆Ⅱ线检修，在隆平Ⅲ线的平溪变电站220kVⅡ母侧发生两相接地短路；

$K_{se}$——灵敏系数，1.5。

（2）可靠躲过所有支路最大不平衡零序电流。

1）2号变压器：

$$I_{0sl} \geqslant K_k \times (F_i + F_i') \times I_{fhmax}$$
$$= 1.5 \times (0.1 + 0.05) \times 451.8526 = 101.67A$$

式中 $I_{fhmax}$——所连支路最大负荷电流（A），451.8526；

$K_k$——可靠系数，1.5；

$F_i$——电流互感器最大误差系数，0.1；

$F_i'$——中间变流器最大误差系数，0.05。

2）3号变压器：

$$I_{0sl} \geqslant K_k \times (F_i + F_i') \times I_{fhmax} = 1.5 \times (0.1 + 0.05) \times 451.8526 = 101.67A$$

式中 $I_{fhmax}$——所连支路最大负荷电流（A），451.8526；

$K_k$——可靠系数，1.5；

$F_i$——电流互感器最大误差系数，0.1；

$F_i'$——中间变流器最大误差系数，0.05。

3）长隆Ⅰ线：

$$I_{0sl} \geqslant K_k \times (F_i + F_i') \times I_{fhmax} = 1.5 \times (0.1 + 0.05) \times 1000 = 225A$$

式中　$I_{fhmax}$——所连支路最大负荷电流（A），1000；

$K_k$——可靠系数，1.5；

$F_i$——电流互感器最大误差系数，0.1；

$F_i'$——中间变流器最大误差系数，0.05。

4）长隆Ⅱ线：

$$I_{0sl} \geqslant K_k \times (F_i + F_i') \times I_{fhmax} = 1.5 \times (0.1 + 0.05) \times 1200 = 270A$$

式中　$I_{fhmax}$——所连支路最大负荷电流（A），1200；

$K_k$——可靠系数，1.5；

$F_i$——电流互感器最大误差系数，0.1；

$F_i'$——中间变流器最大误差系数，0.05。

5）扶隆线：

$$I_{0sl} \geqslant K_k \times (F_i + F_i') \times I_{fhmax} = 1.5 \times (0.1 + 0.05) \times 1000 = 225A$$

式中　$I_{fhmax}$——所连支路最大负荷电流（A），1000；

$K_k$——可靠系数，1.5；

$F_i$——电流互感器最大误差系数，0.1；

$F_i'$——中间变流器最大误差系数，0.05。

6）隆平Ⅰ线：

$$I_{0sl} \geqslant K_k \times (F_i + F_i') \times I_{fhmax} = 1.5 \times (0.1 + 0.05) \times 1000 = 225A$$

式中　$I_{fhmax}$——所连支路最大负荷电流（A），1000；

$K_k$——可靠系数，1.5；

$F_i$——电流互感器最大误差系数，0.1；

$F_i'$——中间变流器最大误差系数，0.05。

7）隆平Ⅱ线：

$$I_{0sl} \geqslant K_k \times (F_i + F_i') \times I_{fhmax} = 1.5 \times (0.1 + 0.05) \times 1000 = 225A$$

式中　$I_{fhmax}$——所连支路最大负荷电流（A），1000；

$K_k$——可靠系数，1.5；

$F_i$——电流互感器最大误差系数，0.1；

$F_i'$——中间变流器最大误差系数，0.05。

8）隆平Ⅲ线：

$$I_{0sl} \geqslant K_k \times (F_i + F_i') \times I_{fhmax} = 1.5 \times (0.1 + 0.05) \times 1551 = 348.98\text{A}$$

式中 $I_{fhmax}$——所连支路最大负荷电流（A），1551；

$K_k$——可靠系数，1.5；

$F_i$——电流互感器最大误差系数，0.1；

$F_i'$——中间变流器最大误差系数，0.05。

（3）一般一次值不大于180A，二次值不小于$0.05I_n$。

1）2号变压器：正常运行时中性点不接地。

2）3号变压器：

$$I_{0sl} = \text{Max}[0.05 \times I_n, \text{Min}(I, 3 \times I_{0kmin} \div K_{sen})] = \text{Max}[0.05 \times 1250, \text{Min}(180, 3 \times 109.6883 \div 1.5)] = 180\text{A}$$

式中 $I$——一般取值，180；

$I_{0kmin}$——所连出线末端金属性接地故障流过本侧开关零序电流最小值（A），109.6883，$I_{0kmin}$的方式描述，小方式：长隆Ⅰ线检修，长隆Ⅱ线检修，扶隆线检修，隆平Ⅱ线检修，隆平Ⅲ线检修，在隆回变电站3号变压器的中压侧发生单相接地短路；

$K_{sen}$——灵敏系数，1.5；

$I_n$——TA一次侧电流，A，1250。

a. 长隆Ⅰ线：

$$I_{0sl} = \text{Max}[0.05 \times I_n, \text{Min}(I, 3 \times I_{0kmin} \div K_{sen})] = \text{Max}[0.05 \times 1250, \text{Min}(180, 3 \times 184.6916 \div 1.5)] = 180\text{A}$$

式中 $I$——一般取值，180；

$I_{0kmin}$——所连出线末端金属性接地故障流过本侧开关零序电流最小值（A），184.6916，$I_{0kmin}$的方式描述，小方式：隆平Ⅲ线检修，在长隆Ⅰ线的长阳铺变电站220kV Ⅱ母侧发生单相接地短路；

$K_{sen}$——灵敏系数，1.5；

$I_n$——TA一次侧电流（A），1250。

b. 长隆Ⅱ线：

$$I_{0sl}=\mathrm{Max}[(0.05\times I_n),\mathrm{Min}(I,3\times I_{0kmin}\div K_{sen})]=\mathrm{Max}[0.05\times 1250,\mathrm{Min}(180,3\times 258.8562\div 1.5)]=180\mathrm{A}$$

式中 $I$——一般取值，180；

$I_{0kmin}$——所连出线末端金属性接地故障流过本侧开关零序电流最小值（A），258.8562，$I_{0kmin}$的方式描述，小方式：隆平Ⅲ线检修，在长隆Ⅱ线的长阳铺变电站220kV Ⅱ母侧发生单相接地短路；

$K_{sen}$——灵敏系数，1.5；

$I_n$——TA一次侧电流（A），1250。

c. 扶隆线：

$$I_{0sl}=\mathrm{Max}[(0.05\times I_n),\mathrm{Min}(I,3\times I_{0kmin}\div K_{sen})]=\mathrm{Max}[(0.05\times 1250),\mathrm{Min}(180,3\times 734.9958\div 1.5)]=180\mathrm{A}$$

式中 $I$——一般取值，180；

$I_{0kmin}$——所连出线末端金属性接地故障流过本侧开关零序电流最小值（A），734.9958，$I_{0kmin}$的方式描述，小方式：长隆Ⅱ线检修，在扶隆线的扶夷变电站220kV Ⅱ母侧发生两相接地短路；

$K_{sen}$——灵敏系数，1.5；

$I_n$——TA一次侧电流（A），1250。

d. 隆平Ⅰ线：

$$I_{0sl}=\mathrm{Max}[(0.05\times I_n),\mathrm{Min}(I,3\times I_{0kmin}\div K_{sen})]=\mathrm{Max}[(0.05\times 1250),\mathrm{Min}(180,3\times 272.2593\div 1.5)]=180\mathrm{A}$$

式中 $I$——一般取值，180；

$I_{0kmin}$——所连出线末端金属性接地故障流过本侧开关零序电流最小值（A），272.2593，$I_{0kmin}$的方式描述，小方式：长隆Ⅱ线检修，在隆平Ⅰ线的平溪变电站220kV Ⅱ母侧发生两相接地短路；

$K_{sen}$——灵敏系数，1.5；

$I_n$——TA一次侧电流（A），1250。

e. 隆平Ⅱ线：

$$I_{0sl}=\mathrm{Max}[(0.05\times I_n,\mathrm{Min}(I,3\times I_{0kmin}\div K_{sen})]=\mathrm{Max}[(0.05\times 1250),\mathrm{Min}(180,3\times 368.613\div 1.5)]=180\mathrm{A}$$

式中 $I$——一般取值，180；

$I_{0kmin}$——所连出线末端金属性接地故障流过本侧开关零序电流最小值（A），368.613，$I_{0kmin}$的方式描述，小方式：长隆Ⅱ线检修，在隆平Ⅱ线的平溪变电站220kVⅡ母侧发生两相接地短路；

$K_{sen}$——灵敏系数，1.5；

$I_n$——TA一次侧电流（A），1250。

f. 隆平Ⅲ线：

$$I_{0sl} = \mathrm{Max}[(0.05 \times I_n), \mathrm{Min}(I, 3 \times I_{0kmin} \div K_{sen})] = \mathrm{Max}[(0.05 \times 1250), \mathrm{Min}(180, 3 \times 551.6423 \div 1.5)] = 180\mathrm{A}$$

式中 $I$——一般取值，180；

$I_{0kmin}$——所连出线末端金属性接地故障流过本侧开关零序电流最小值（A），551.6423，$I_{0kmin}$的方式描述，小方式：长隆Ⅱ线检修，在隆平Ⅲ线的平溪变电站220kVⅡ母侧发生两相接地短路；

$K_{sen}$——灵敏系数，取1.5；

$I_n$——TA一次侧电流（A），取1250。

使用优先原则；

定值 $I_{0sl}$=180A。

$I_{0sl}$ 二次定值 = 180 ÷ (1250 ÷ 1) = 0.14A 。

22. 失灵负序电流定值（$I_{2sl}$）——定值：180/0.14

（1）保证出线末端及变压器中、低压侧母线金属性短路故障有规定的灵敏度

1）2号变压器：

$$I_{2sl} \leqslant I_{2min} \div K_{sen} = 445.972 \div 1.5 = 297.31\mathrm{A}$$

式中 $I_{2min}$——所连支路末端金属性故障（仅 $N$-1）流过本侧开关负序电流最小值，A，445.972，$I_{2min}$的方式描述，大方式：长隆Ⅱ线检修，在隆回变电站2号变压器的低压侧发生两相接地短路；

$K_{sen}$——灵敏系数，取1.5。

2）3号变压器：

$$I_{2sl} \leqslant I_{2min} \div K_{sen} = 765.23 \div 1.5 = 510.15\mathrm{A}$$

式中 $I_{2min}$——所连支路末端金属性故障（仅 $N-1$）流过本侧开关负序电流最小值，A，

765.23，$I_{2min}$的方式描述，小方式：长隆Ⅱ线检修，在隆回变电站 3 号变压器的低压侧发生两相接地短路；

$K_{sen}$——灵敏系数，取 1.5。

a. 长隆Ⅰ线：

$$I_{2sl} \leqslant I_{2min} \div K_{sen} = 456.1113 \div 1.5 = 304.07A$$

式中　$I_{2min}$——所连支路末端金属性故障（仅 $N-1$）流过本侧开关负序电流最小值（A），456.1113，$I_{2min}$的方式描述，小方式：隆平Ⅲ线检修，在长隆Ⅰ线的长阳铺变电站 220kVⅡ母侧发生两相相间短路；

$K_{sen}$——灵敏系数，取 1.5。

b. 长隆Ⅱ线：

$$I_{2sl} \leqslant I_{2min} \div K_{sen} = 604.0389 \div 1.5 = 402.69A$$

式中　$I_{2min}$——所连支路末端金属性故障（仅 $N-1$）流过本侧开关负序电流最小值（A），604.0389，$I_{2min}$的方式描述，小方式：隆平Ⅲ线检修，在长隆Ⅱ线的长阳铺变电站 220kVⅡ母侧发生两相相间短路；

$K_{sen}$——灵敏系数，取 1.5。

c. 扶隆线：

$$I_{2sl} \leqslant I_{2min} \div K_{sen} = 1531.854 \div 1.5 = 1021.24A$$

式中　$I_{2min}$——所连支路末端金属性故障（仅 $N-1$）流过本侧开关负序电流最小值（A），1531.854；$I_{2min}$的方式描述，小方式：长隆Ⅱ线检修，在扶隆线的扶夷变电站 220kVⅡ母侧发生两相相间短路；

$K_{sen}$——灵敏系数，取 1.5。

d. 隆平Ⅰ线：

$$I_{2sl} \leqslant I_{2min} \div K_{sen} = 562.4478 \div 1.5 = 374.97A$$

式中　$I_{2min}$——所连支路末端金属性故障（仅 $N-1$）流过本侧开关负序电流最小值（A），562.4478；$I_{2min}$的方式描述，小方式：长隆Ⅱ线检修，在隆平Ⅰ线的平溪变电站 220kVⅡ母侧发生两相相间短路；

$K_{sen}$——灵敏系数，取 1.5。

e. 隆平Ⅱ线：

$$I_{2sl} \leqslant I_{2min} \div K_{sen} = 739.5762 \div 1.5 = 493.05A$$

$I_{2\min}$——所连支路末端金属性故障（仅 $N-1$）流过本侧开关负序电流最小值（A），739.5762；$I_{2\min}$的方式描述，小方式：长隆Ⅱ线检修，在隆平Ⅱ线的平溪变电站220kVⅡ母侧发生两相相间短路；

$K_{sen}$——灵敏系数，取1.5。

f. 隆平Ⅲ线：

$$I_{2sl} \leqslant I_{2\min} \div K_{sen} = 888.5891 \div 1.5 = 592.39\text{A}$$

式中 $I_{2\min}$——所连支路末端金属性故障（仅 $N-1$）流过本侧开关负序电流最小值（A），888.5891；$I_{2\min}$的方式描述，小方式：长隆Ⅱ线检修，在隆平Ⅲ线的平溪变电站220kVⅡ母侧发生两相相间短路；

$K_{sen}$——灵敏系数，取1.5。

（2）可靠躲过所有支路最大不平衡零序电流

1）2号变压器：

$$I_{2sl} \geqslant K_k \times (F_i + F_i') \times I_{fhmax} = 1.5 \times (0.1 + 0.05) \times 451.8526 = 101.67\text{A}$$

式中 $I_{fhmax}$——所连支路最大负荷电流（A），451.8526；

$K_k$——可靠系数，1.5；

$F_i$——电流互感器最大误差系数，0.1；

$F_i'$——中间变流器最大误差系数，0.05。

2）3号变压器：

$$I_{2sl} \geqslant K_k \times (F_i + F_i') \times I_{fhmax}$$
$$= 1.5 \times (0.1 + 0.05) \times 451.8526 = 101.67\text{A}$$

式中 $I_{fhmax}$——所连支路最大负荷电流（A），451.8526；

$K_k$——可靠系数，1.5；

$F_i$——电流互感器最大误差系数，0.1；

$F_i'$——中间变流器最大误差系数，0.05。

a. 长隆Ⅰ线：

$$I_{2sl} \geqslant K_k \times (F_i + F_i') \times I_{fhmax} = 1.5 \times (0.1 + 0.05) \times 1000 = 225\text{A}$$

式中 $I_{fhmax}$——所连支路最大负荷电流（A），1000；

$K_k$——可靠系数，1.5；

$F_i$——电流互感器最大误差系数，0.1；

$F_i'$——中间变流器最大误差系数，0.05。

b. 长隆Ⅱ线：

$$I_{2sl} \geqslant K_k \times (F_i + F_i') \times I_{fhmax} = 1.5 \times (0.1 + 0.05) \times 1200 = 270A$$

式中　$I_{fhmax}$——所连支路最大负荷电流（A），1200；

$K_k$——可靠系数，1.5；

$F_i$——电流互感器最大误差系数，0.1；

$F_i'$——中间变流器最大误差系数，0.05。

c. 扶隆线：

$$I_{2sl} \geqslant K_k \times (F_i + F_i') \times I_{fhmax} = 1.5 \times (0.1 + 0.05) \times 1000 = 225A$$

式中　$I_{fhmax}$——所连支路最大负荷电流（A），1000；

$K_k$——可靠系数，1.5；

$F_i$——电流互感器最大误差系数，0.1；

$F_i'$——中间变流器最大误差系数，0.05。

d. 隆平Ⅰ线：

$$I_{2sl} \geqslant K_k \times (F_i + F_i') \times I_{fhmax} = 1.5 \times (0.1 + 0.05) \times 1000 = 225A$$

式中　$I_{fhmax}$——所连支路最大负荷电流（A），1000；

$K_k$——可靠系数，1.5；

$F_i$——电流互感器最大误差系数，0.1；

$F_i'$——中间变流器最大误差系数，0.05。

e. 隆平Ⅱ线：

$$I_{2sl} \geqslant K_k \times (F_i + F_i') \times I_{fhmax} = 1.5 \times (0.1 + 0.05) \times 1000 = 225A$$

式中　$I_{fhmax}$——所连支路最大负荷电流（A），1000；

$K_k$——可靠系数，1.5；

$F_i$——电流互感器最大误差系数，0.1；

$F_i'$——中间变流器最大误差系数，0.05。

f. 隆平Ⅲ线：

$$I_{2sl} \geqslant K_k \times (F_i + F_i') \times I_{fhmax} = 1.5 \times (0.1 + 0.05) \times 1551 = 348.98A$$

式中　$I_{fhmax}$——所连支路最大负荷电流（A），1551；

$K_k$——可靠系数，1.5；

$F_i$——电流互感器最大误差系数，0.1；

$F_i'$——中间变流器最大误差系数，0.05。

（3）一般一次值不大于180A，二次值不小于 $0.05I_n$

1）2号变压器：

$$I_{2sl}=\mathrm{Max}(0.05\times I_n,\mathrm{Min}(I,I_{2kmin}\div K_{sen}))=\mathrm{Max}(0.05\times 1250,\mathrm{Min}(180,305.7299\div 1.5))=180\mathrm{A}$$

式中 $I$——一般取值，180；

$I_{2kmin}$——出线末端故障流过本侧开关的负序电流最小值（A），305.7299；$I_{2kmin}$的方式描述，大方式：长隆Ⅰ线检修，长隆Ⅱ线检修，扶隆线检修，隆平Ⅱ线检修，隆平Ⅲ线检修，在隆回变电站2号变压器的低压侧发生两相接地短路；

$K_{sen}$——灵敏系数，1.5；

$I_n$——TA一次侧电流（A），1250。

2）3号变压器：

$$I_{2sl}=\mathrm{Max}(0.05\times I_n,\mathrm{Min}(I,I_{2kmin}\div K_{sen}))=\mathrm{Max}(0.05\times 1250,\mathrm{Min}(180,594.4551\div 1.5))=180\mathrm{A}$$

式中 $I$——一般取值，180；

$I_{2kmin}$——出线末端故障流过本侧开关的负序电流最小值（A），594.4551；$I_{2kmin}$的方式描述，小方式：长隆Ⅰ线检修，长隆Ⅱ线检修，扶隆线检修，隆平Ⅱ线检修，隆平Ⅲ线检修，在隆回变电站3号变压器的低压侧发生两相接地短路；

$K_{sen}$——灵敏系数，1.5；

$I_n$——TA一次侧电流（A），1250。

a. 长隆Ⅰ线：

$$I_{2sl}=\mathrm{Max}(0.05\times I_n,\mathrm{Min}(I,I_{2kmin}\div K_{sen}))=\mathrm{Max}(0.05\times 1250,\mathrm{Min}(180,456.1113\div 1.5))=180\mathrm{A}$$

式中 $I$——一般取值，180；

$I_{2kmin}$——出线末端故障流过本侧开关的负序电流最小值（A），456.1113；$I_{2kmin}$的方式描述，小方式：隆平Ⅲ线检修，在长隆Ⅰ线的长阳铺变电站220kVⅡ母侧发生两相相间短路；

$K_{sen}$——灵敏系数，1.5；

$I_n$——TA 一次侧电流（A），1250。

b. 长隆Ⅱ线：

$$I_{2sl} = \mathrm{Max}(0.05 \times I_n, \mathrm{Min}(I, I_{2kmin} \div K_{sen})) = \mathrm{Max}(0.05 \times 1250, \mathrm{Min}(180, 604.0389 \div 1.5)) = 180\mathrm{A}$$

式中　$I$——一般取值，取 180；

$I_{2kmin}$——出线末端故障流过本侧开关的负序电流最小值（A），604.0389；$I_{2kmin}$的方式描述，小方式：隆平Ⅲ线检修，在长隆Ⅱ线的长阳铺变电站 220kVⅡ母侧发生两相相间短路；

$K_{sen}$——灵敏系数，取 1.5；

$I_n$——TA 一次侧电流（A），1250。

c. 扶隆线：

$$I_{2sl} = \mathrm{Max}[0.05 \times I_n, \mathrm{Min}(I, I_{2kmin} \div K_{sen})] = \mathrm{Max}[0.05 \times 1250, \mathrm{Min}(180, 1531.854 \div 1.5)] = 180\mathrm{A}$$

式中　$I$——一般取值，180；

$I_{2kmin}$——出线末端故障流过本侧开关的负序电流最小值（A），1531.854；$I_{2kmin}$的方式描述，小方式：长隆Ⅱ线检修，在扶隆线的扶夷变电站 220kVⅡ母侧发生两相相间短路；

$K_{sen}$——灵敏系数，1.5；

$I_n$——TA 一次侧电流（A），1250。

d. 隆平Ⅰ线：

$$I_{2sl} = \mathrm{Max}(0.05 \times I_n, \mathrm{Min}(I, I_{2kmin} \div K_{sen})) = \mathrm{Max}(0.05 \times 1250, \mathrm{Min}(180, 562.4478 \div 1.5)) = 180\mathrm{A}$$

式中　$I$——一般取值，180；

$I_{2kmin}$——出线末端故障流过本侧开关的负序电流最小值，A，取值 562.4478；$I_{2kmin}$的方式描述，小方式：长隆Ⅱ线检修，在隆平Ⅰ线的平溪变电站 220kVⅡ母侧发生两相相间短路；

$K_{sen}$——灵敏系数，1.5；

$I_n$——TA 一次侧电流（A），1250。

e. 隆平Ⅱ线：

$$I_{2sl} = \mathrm{Max}[(0.05 \times I_n), \mathrm{Min}(I, I_{2kmin} \div K_{sen})] = \mathrm{Max}[(0.05 \times 1250, \mathrm{Min}(180, 739.5762 \div 1.5)] = 180\mathrm{A}$$

式中 $I$——一般取值，180；

$I_{2kmin}$——出线末端故障流过本侧开关的负序电流最小值（A），739.5762；$I_{2kmin}$的方式描述，小方式：长隆Ⅱ线检修，在隆平Ⅱ线的平溪变电站220kVⅡ母侧发生两相相间短路；

$K_{sen}$——灵敏系数，1.5；

$I_n$——TA一次侧电流（A），1250。

f. 隆平Ⅲ线：

$$I_{2sl} = \mathrm{Max}[(0.05 \times I_n), \mathrm{Min}(I, I_{2kmin} \div K_{sen})] = \mathrm{Max}[(0.05 \times 1250), \mathrm{Min}(180, 888.5891 \div 1.5)] = 180\mathrm{A}$$

式中 $I$——一般取值，180；

$I_{2kmin}$——出线末端故障流过本侧开关的负序电流最小值（A），888.5891；$I_{2kmin}$的方式描述，小方式：长隆Ⅱ线检修，在隆平Ⅲ线的平溪变电站220kVⅡ母侧发生两相相间短路；

$K_{sen}$——灵敏系数，1.5；

$I_n$——TA一次侧电流，A，取值1250。

使用优先原则。

定值 $I_{2sl}$=180A。

$I_{2sl}$ 二次定值 = 180 ÷ (1250 ÷ 1) = 0.14A。

23. 失灵保护1时限（$T_{sl1}$）——定值：0.3

0.25s≤tsl. tml≤0.35s，一般取0.3s

$$T_{sl1} = t = 0.3 = 0.3\mathrm{s}$$

$t$——时限，0.3。

定值 $T_{sl1}$=0.3s

24. 失灵保护2时限（$T_{sl2}$）——定值：0.3

0.25s≤tsl. tmx≤0.35s，一般取0.3s

$$T_{sl2} = t = 0.3 = 0.3\mathrm{s}$$

$t$：时限，0.3

定值 $T_{sl2}$=0.3s

（三）定值通知单

湖南电网继电保护定值通知单5见表6-1。

**表6-1　湖南电网继电保护定值通知单5**

编号：隆回变电站-220kV母线保护-BP2CD-202001

| 保护型号 | BP-2C-D | | | | | | | |
|---|---|---|---|---|---|---|---|---|
| 版本号 | V2.31 | | 校验码 | | 5C33 | 程序生成时间 | | |
| 基准TA变比 | 1250/1 | | TV变比 | | 220000/100 | | | |
| 备注：装置功能软压板由现场定 | | | | | | | | |
| 整定： | | 审核： | | 批准： | | 日期： | 2020年5月18日 | |

| 1 | 设备参数 | | | |
|---|---|---|---|---|
| 序号 | 名称 | 单位 | 定值 | 备注 |
| 1.01 | TV一次额定值 | kV | 220 | |
| 1.02 | 支路01TA一次值 | A | 2500 | 600 |
| 1.03 | 支路01TA二次值 | A | 1 | |
| 1.04 | 支路02TA一次值 | A | 0 | |
| 1.05 | 支路02TA二次值 | A | 1 | |
| 1.06 | 支路03TA一次值 | A | 800 | 620 |
| 1.07 | 支路03TA二次值 | A | 1 | |
| 1.08 | 支路04TA一次值 | A | 800 | 630 |
| 1.09 | 支路04TA二次值 | A | 1 | |
| 1.10 | 支路05TA一次值 | A | 1250 | 602 |
| 1.11 | 支路05TA二次值 | A | 1 | |
| 1.12 | 支路06TA一次值 | A | 1250 | 604 |
| 1.13 | 支路06TA二次值 | A | 1 | |
| 1.14 | 支路07TA一次值 | A | 1250 | 606 |
| 1.15 | 支路07TA二次值 | A | 1 | |
| 1.16 | 支路08TA一次值 | A | 2500 | 608 |
| 1.17 | 支路08TA二次值 | A | 1 | |
| 1.18 | 支路09TA一次值 | A | 1250 | 612 |
| 1.19 | 支路09TA二次值 | A | 1 | |
| 1.20 | 支路10TA一次值 | A | 1250 | 614 |
| 1.21 | 支路10TA二次值 | A | 1 | |
| 1.22 | 支路11TA一次值 | A | 0 | |
| 1.23 | 支路11TA二次值 | A | 1 | |
| 1.24 | 支路12TA一次值 | A | 0 | |
| 1.25 | 支路12TA二次值 | A | 1 | |
| 1.26 | 支路13TA一次值 | A | 0 | |
| 1.27 | 支路13TA二次值 | A | 1 | |
| 1.28 | 支路14TA一次值 | A | 0 | |

续表

| 1 | 设备参数 | | | |
|---|---|---|---|---|
| 序号 | 名称 | 单位 | 定值 | 备注 |
| 1.29 | 支路14TA二次值 | A | 1 | |
| 1.30 | 支路15TA一次值 | A | 0 | |
| 1.31 | 支路15TA二次值 | A | 1 | |
| 1.32 | 支路16TA一次值 | A | 0 | |
| 1.33 | 支路16TA二次值 | A | 1 | |
| 1.34 | 支路17TA一次值 | A | 0 | |
| 1.35 | 支路17TA二次值 | A | 1 | |
| 1.36 | 支路18TA一次值 | A | 0 | |
| 1.37 | 支路18TA二次值 | A | 1 | |
| 1.38 | 支路19TA一次值 | A | 0 | |
| 1.39 | 支路19TA二次值 | A | 1 | |
| 1.40 | 支路20TA一次值 | A | 0 | |
| 1.41 | 支路20TA二次值 | A | 1 | |
| 1.42 | 支路21TA一次值 | A | 0 | |
| 1.43 | 支路21TA二次值 | A | 1 | |
| 1.44 | 支路22TA一次值 | A | 0 | |
| 1.45 | 支路22TA二次值 | A | 1 | |
| 1.46 | 支路23TA一次值 | A | 0 | |
| 1.47 | 支路23TA二次值 | A | 1 | |
| 1.48 | 基准TA一次值 | A | 1250 | |
| 1.49 | 基准TA二次值 | A | 1 | |
| 2 | 母差保护定值 | | | |
| 序号 | 名称 | 单位 | 定值 | 备注 |
| 2.01 | 差动保护启动电流定值 | A | 0.64 | |
| 2.02 | TA断线告警定值 | A | 0.05 | |
| 2.03 | TA断线闭锁定值 | A | 0.08 | |
| 2.04 | 母联分段失灵电流定值 | A | 0.24 | |
| 2.05 | 母联分段失灵时间 | s | 0.3 | |
| 3 | 失灵保护定值 | | | |
| 序号 | 名称 | 单位 | 定值 | 备注 |
| 3.01 | 低电压闭锁定值 | V | 40 | |
| 3.02 | 零序电压闭锁定值 | V | 5 | |
| 3.03 | 负序电压闭锁定值 | V | 3 | |
| 3.04 | 三相失灵相电流定值 | A | 0.14 | |
| 3.05 | 失灵零序电流定值 | A | 0.14 | |
| 3.06 | 失灵负序电流定值 | A | 0.14 | |
| 3.07 | 失灵保护1时限 | s | 0.3 | |
| 3.08 | 失灵保护2时限 | s | 0.3 | |
| 4 | 控制字 | | | |
| 序号 | 名称 | 单位 | 定值 | 备注 |
| 4.01 | 差动保护 | | 1 | |
| 4.02 | 失灵保护 | | 1 | |

# 第七章　220kV母联（分段）断路器保护整定计算原则

220kV线母联（分段）保护由220kV母联（分段）断路器充电保护、母联（分段）断路器三相不一致保护等组成。

## 一、220kV母联（分段）断路器充电保护

### （一）充电过流Ⅰ段定值

（1）按保证被充电母线发生金属性短路故障时，任一单回线路（500kV变电站含单台变压器）运行时本母线发生金属性短路故障时流过保护安装处的最小短路电流，有1.5的灵敏度系数整定。

$$I_{cd1} \leqslant \frac{I_{k.min}}{K_{sen} n_a} \tag{7-1}$$

式中　$I_{cd1}$——充电过流Ⅰ段，A；

$I_{k.min}$——任一单回线路（500kV变电站含单台变压器）运行时本母线发生金属性短路故障时流过保护安装处的最小短路电流，A；

$K_{sen}$——灵敏度系数，取1.5；

$n_a$——母联（分段）断路器电流互感器变比。

（2）一般一次值取300A。

（3）动作时限取0s或装置最小值，跳母联或分段断路器。

### （二）充电过流Ⅱ段定值

电流定值、动作时间及跳闸方式均同充电过流Ⅰ段。

### （三）充电零序过流保护

（1）按保证被充电母线发生金属性接地故障时，任一单回线路（500kV变电站含单台变压器）运行时本母线发生金属性接地短路故障时流过保护安装处的最小零序电流，有1.5的灵敏度系数整定。

$$I_{cd0} \leqslant \frac{3I_{0.min}}{K_{sen} n_a} \tag{7-2}$$

式中 $I_{cd0}$——充电零序过流，A；

$I_{0.min}$——任一单回线路（500kV 变电站含单台变压器）运行时本母线发生金属性接地短路故障时，流过保护安装处的最小零序电流，A；

$K_{sen}$取 1.5。

（2）按保证母线发生单相高阻接地故障时能可靠切除，且一次值不应大于 300A。

（3）动作时限取 0s 或装置最小值，跳母联或分段断路器。

## 二、母联（分段）断路器三相不一致保护

不一致零负序电流定值为：

（1）一次值一般取 120A，二次值不小于 $0.05I_n$（其中 $I_n$ 为 TA 二次额定电流，A）。

（2）若不一致负序电流定值与不一致零序电流定值能分开，不一致负序电流不用，整定值取最大。

（3）时限取 0.5s，跳母联（分段）断路器。

（4）三相不一致保护功能优先采用断路器本体机构实现；断路器本体机构不能实现时，才在充电保护中实现。

## 三、算例

### （一）参数

220kV 真武变电站母联断路器 600，TA 变比 1200/1。求 600 断路器保护定值配置情况。

### （二）计算过程

1. 充电过流Ⅰ段电流定值（$I_1$）——定值：300/0.25

（1）保证被充电母线发生两相金属性短路故障时有规定的灵敏度。

$$I_1 \leqslant I_{kmin} \div K_{sen} = 606.8772 \div 1.5 = 404.58$$

式中 $I_{kmin}$——母线故障流过母联电流最小值，606.8772；$I_{kmin}$的方式描述，小方式：真武变电站 1 号变压器检修，船真Ⅰ线检修，船真Ⅱ线检修，末真Ⅰ线检修，末真Ⅱ线检修，鄗真Ⅰ线检修，真松线检修，在真武变电站 220kVⅠ母发生两相接地短路；

$K_{sen}$——灵敏系数，1.5。

（2）一般一次值取 300A。

$$I_1 = I_{dz} = 300 = 300$$

式中　$I_{dz}$——一般取值，300。

使用优先原则

定值 $I_1 = 300$。

$I_1$ 二次定值 $= 300 \div (1200 \div 1) = 0.25$

2. 充电过流Ⅰ段时间（$T_1$）——定值：0.01

跳母联或分段断路器

$$T_1 = t = 0.01 = 0.01\text{s}$$

$t$：一般取值，0.01。

定值 $T_1 = 0.01\text{s}$。

3. 充电过流Ⅱ段电流定值（$I_2$）——定值：300/0.25

同充电过流Ⅰ段电流定值

$$I_2 \leqslant I = 300 = 300\text{A}$$

式中　$I$——本装置定值：$I_1$（充电过流Ⅰ段电流定值），300。

定值 $I_2 = 300\text{A}$

$I_2$ 二次定值 $= 300 \div (1200 \div 1) = 0.25\text{A}$

4. 充电零序过流电流定值（$I_0$）——定值：300/0.25

（1）保证被充电母线发生金属性接地故障时，有足够的灵敏度整定。

$$I_0 \leqslant 3 \times I_{0\min} \div K_{sen} = 3 \times 475.1159 \div 1.5 = 950.23\text{A}$$

式中　$I_{0\min}$——母线故障流过母联零序电流最小值，475.1159；$I_{0\min}$ 的方式描述，小方式：真武变电站1号变压器检修，船真Ⅰ线检修，船真Ⅱ线检修，末真Ⅰ线检修，鄗真Ⅰ线检修，真钢线检修，真松线检修，在真武变电站220kVⅡ母发生两相接地短路；

$K_{sen}$——灵敏系数，取1.5。

（2）保证母线发生单相高阻接地故障时能可靠切除，一般不大于300A（一次值）。

$$I_0 = I = 300 = 300\text{A}$$

$I$：一般取值，300。

使用优先原则

定值 $I_0$=300A。

$I_0$ 二次定值 = 300 ÷ (1200 ÷ 1) = 0.25A。

5. 充电过流Ⅱ段时间（$T_2$）——定值：0.01

同充电过流Ⅰ段时间定值

$$T_2 = t = 0.01 = 0.01\text{s}$$

式中 $t$——本装置定值：$T_1$（充电过流Ⅰ段时间），0.01。

定值 $T_2$=0.01s。

6. 不一致零负序电流定值（$I_{byz}$）——定值：600/0.5

一般一次值 120A，且二次值不小于 $0.05I_n$，保护退出时给最大值

$$I_{byz} = \text{if}(K = 1)\{\text{Max}(T_{byz}, 0.05 \times I_n)\}\text{else}\{0.5 \times I_n\}$$
$$= \text{if}(2 = 1)\{\text{Max}(120, 0.05 \times 1200)\}\text{else}\{0.5 \times 1200\} = 600\text{A}$$

式中 $I_n$——TA 一次侧电流（A），1200；

$T_{byz}$——一般取值，120；

$K$——线路二次信息定值项三相不一致保护。

定值 $I_{byz}$=600A。

$I_{byz}$ 二次定值 = 600 ÷ (1200 ÷ 1) = 0.5A 。

7. 三相不一致保护时间（$T_{byz}$）——定值：10

如投入取 0.5s，否则取最大值

$$T_{byz} = \text{if}(K = 1)\{0.5\}\text{else}\{10\} = \text{if}(0 = 1)\{0.5\}\text{else}\{10\} = 10\text{s}$$

式中 $K$——线路二次信息定值项三相不一致保护。

定值 $T_{byz}$=10s。

（三）定值通知单

湖南电网继电保护定值通知单 6 见表 7-1。

**表 7-1　　湖南电网继电保护定值通知单 6**

编号：真武变电站-600 断路器保护-NSR322CGP-202001

| 保护型号 | NSR-322CGP | | | | |
|---|---|---|---|---|---|
| 版本号 | V2.00 | 校验码 | D6A93BC3 | 程序生成时间 | |
| TA 变比 | 1200/1 | TV 变比 | 220000/100 | | |

备注：充电保护在母线充电时投入，充电正常后退出。

续表

| 整定： | | 审核： | | 批准： | | 日期： | 2020年6月23日 |
|---|---|---|---|---|---|---|---|
| 1 | 设备参数定值 | | | | | | |
| 序号 | 名称 | | | 单位 | 定值 | | 备注 |
| 1.01 | 定值区号 | | | | 现场整定 | | |
| 1.02 | 被保护设备 | | | | 600 | | |
| 1.03 | TA一次额定值 | | | A | 1200 | | |
| 1.04 | TA二次额定值 | | | A | 1 | | |
| 2 | 保护定值 | | | | | | |
| 序号 | 名称 | | | 单位 | 定值 | | 备注 |
| 2.01 | 充电过流Ⅰ段电流定值 | | | A | 0.25 | | |
| 2.02 | 充电过流Ⅰ段时间 | | | s | 0.01 | | |
| 2.03 | 充电过流Ⅱ段电流定值 | | | A | 0.25 | | |
| 2.04 | 充电零序过流电流定值 | | | A | 0.25 | | |
| 2.05 | 充电过流Ⅱ段时间 | | | s | 0.01 | | |
| 2.06 | 不一致零负序电流定值 | | | A | 0.5 | | |
| 2.07 | 三相不一致保护时间 | | | s | 10 | | |
| 3 | 控制字 | | | | | | |
| 序号 | 名称 | | | 单位 | 定值 | | 备注 |
| 3.01 | 充电过流保护Ⅰ段 | | | | 1 | | |
| 3.02 | 充电过流保护Ⅱ段 | | | | 1 | | |
| 3.03 | 充电零序过流 | | | | 1 | | |
| 3.04 | 三相不一致保护 | | | | 0 | | |
| 3.05 | 不一致经零负序电流 | | | | 1 | | |
| 4 | 软压板 | | | | | | |
| 序号 | 名称 | | | 单位 | 定值 | | 备注 |
| 4.01 | 充电过流保护软压板 | | | | 1 | | |
| 4.02 | 远方投退压板软压板 | | | | 0 | | |
| 4.03 | 远方切换定值区软压板 | | | | 0 | | |
| 4.04 | 远方修改定值软压板 | | | | 0 | | |

# 第八章　220kV三绕组降压变压器保护整定计算原则

常见的220kV三绕组降压变压器保护由纵差保护、高压侧后备保护、中压侧后备保护、低压侧后备保护组成。

## 一、纵差保护

### （一）最小动作电流定值

（1）应大于变压器额定负载时的不平衡电流，一般取0.2～0.5倍变压器额定电流。

$$I_{op.min} = (0.2 \sim 0.5) I_N / n_a \tag{8-1}$$

式中　$I_{op.min}$——最小动作电流，A；

$I_N$——变压器基准侧额定电流，A；

$n_a$——变压器基准侧电流互感器变比。

（2）一般取0.5倍变压器额定电流。

### （二）起始制动电流定值

（1）宜取0.8～1.0倍变压器额定电流。

（2）一般取1.0倍变压器额定电流。

### （三）比率制动系数定值

（1）按躲过变压器出口三相短路时的最大不平衡差流整定。

（2）纵差保护灵敏度系数校验公式如下：

$$K_{sen} = \frac{I_{k.min}^{(2)}}{I_{op}} \tag{8-2}$$

式中　$I_{k.min}^{(2)}$——最小运行方式下变压器低压侧母线两相金属性短路流过基准侧的电流，A；根据$I_{k.min}^{(2)}$可得到相应的制动电流$I_{res}$，根据动作曲线即可计算出对应的动作电流$I_{op}$；

$K_{sen}$——灵敏度系数，应不小于2。

（四）二次谐波制动比

（1）二次谐波制动比一般整定为0.15～0.2。

（2）一般取0.15。

（五）差动速断电流

（1）按可靠躲过变压器初始励磁涌流或外部短路最大不平衡电流整定，一般取：

$$I_{op}=\frac{KI_N}{n_a} \tag{8-3}$$

式中　$I_{op}$——差动速断电流，A；

$K$——可靠系数，根据变压器容量和系统电抗大小取值如下：

6.3MVA以下：$K=7\sim12$；6.3～31.5MVA：$K=4.5\sim7$；40～120MVA：$K=3\sim6$；120MVA以上：$K=2\sim5$，且容量越大，系统电抗越大，$K$取值越小。

（2）纵差差动速断灵敏度系数$K_{sen}$校验为

$$K_{sen}=\frac{I^{(2)}}{I_{op}n_a} \tag{8-4}$$

式中　$I^{(2)}$——正常运行方式下保护安装处两相短路电流，A；

$I_{op}$——差动速断电流，A；

$K_{sen}$——应不小于1.2。

（3）纵差比率差动及差动速断保护均瞬时动作，跳变压器高、中、低压三侧断路器并启动高压侧断路器失灵保护。

（4）纵差保护整定注意事项如下：

1）非自耦变压器不采用零序比率差动保护；

2）每一套纵差保护应选取不同的励磁涌流识别方式，如一套选用波形对称原理，另一套选用二次谐波原理，不采用三次谐波等识别励磁涌流方式；

3）TA断线不闭锁差动保护；

4）不需整定的零序分量、负序分量或变化量差动保护可投入。

（六）差流越限定值

（1）按0.5倍最小动作电流整定。

（2）动作时间取6s，动作于信号。

## 二、高压侧后备保护

（一）复压闭锁方向过流保护

（1）按可靠躲过本变压器高压侧额定电流整定。

$$I_{g.\text{Ⅱ}.op}=\frac{K_{rel}I_{g.n}}{K_r n_{g.a}} \tag{8-5}$$

式中 $I_{g.\text{Ⅱ}.op}$——高复压闭锁方向过流，A；

$K_{rel}$——可靠系数，取1.2；

$I_{g.n}$——变压器高压侧额定电流，A；

$K_r$——返回系数，取0.95；

$n_{g.a}$——变压器高压侧电流互感器变比。

（2）复压闭锁方向过流动作电流灵敏系数校验为

$$K_{sen}=\frac{I_{gd.min}^{(2)}}{I_{g.11.op}n_{g.a}} \tag{8-6}$$

式中 $I_{gd.min}^{(2)}$——最小运行方式下变压器低压侧母线两相金属性短路时流过保护安装处的短路电流，A；

$K_{sen}$——应不小于1.3。

（3）复压闭锁方向过流保护复压元件

1）低电压整定值为

$$U_{g.1.op}=\frac{0.7\times U_{g.n}}{n_{g.v}} \tag{8-7}$$

式中 $U_{g.1.op}$——高压侧低电压，kV；

$U_{g.n}$——变压器高压侧额定电压；

$n_{g.v}$——变压器高压侧电压互感器变比。

2）低电压灵敏度系数校验为

$$K_{sen}=\frac{U_{g.1.op}n_{g.v}}{U_{g.1.max}} \tag{8-8}$$

式中 $U_{g.1.max}$——变压器低压侧母线金属性短路时，保护安装处的最高残压，kV；

$K_{sen}$——应不小于1.3。

3）负序电压按躲过正常运行时出现的不平衡电压整定为

$$U_{g.2.op}=\frac{(0.06\sim0.08)U_{g.n}}{n_{g.v}} \tag{8-9}$$

式中 $U_{g.2.op}$——高压侧负序电压，kV。

4）负序电压继电器的灵敏度系数校验为

$$K_{sen}=\frac{U_{g.2.min}}{U_{g.2.op}n_{g.v}} \tag{8-10}$$

式中　$U_{g.2.min}$——变压器低压侧母线金属性短路时，保护安装处的最小负序电压，kV；

$K_{sen}$——应不小于1.3。

（4）复压闭锁方向过流保护动作时间整定要求如下：

1）按与变压器中压侧复压闭锁方向过流保护第二时限配合整定。

2）按与变压器低压侧复压闭锁过流保护第二时限配合整定。

3）若上一级220kV线路距离Ⅲ段保护范围伸出本变压器其他侧，则与该220kV线路距离Ⅲ段动作时间$t_{Ⅲ}$反配合整定取3.9s。

4）复压闭锁方向过流保护动作结果跳变压器高、中、低压三侧断路器，并启动高压侧断路器失灵保护。

（5）复压闭锁方向过流保护整定注意事项如下：

1）保护动作方向由母线指向变压器；

2）方向元件（电压量）取高压侧；

3）复合电压为高、中、低压三侧复合电压“或”；

4）本保护若设两段时限，则用第一时限退出，第二时限投入；

5）阻抗保护不用；

6）时间配合级差$\Delta t$取0.3s。

### （二）高压侧复压闭锁过流保护

（1）复压闭锁过流动作电流整定值同复压闭锁方向过流保护。

（2）低电压整定值同复压闭锁方向过流保护。

（3）复压闭锁过流保护动作时间整定要求如下：

1）按与高压侧复压闭锁方向过流动作时限配合整定。

2）按与变压器高压侧母线所有出线相间故障后备保护即相间距离Ⅲ段保护的最长动作时限（$T_{g.1.max}$）配合整定：$T_{g.1.max}+\Delta t$或取4.5s。

（4）复压闭锁过流保护动作结果跳变压器高、中、低压三侧断路器，并启动高压侧断路器失灵保护。

（5）复压闭锁过流保护不设方向元件，复合电压为高、中、低压三侧复合电压“或”。

### （三）高压侧过负荷保护

（1）按变压器长期允许的负荷电流下能可靠返回整定。

$$I_{g.1.3.op}=\frac{K_{rel}I_{g.n}}{K_{r}n_{g.a}} \tag{8-11}$$

式中 $I_{g.1.3.op}$——高压侧过负荷电流，A；

$K_{rel}$取1.05；

$K_{r}$取0.95。

(2) 高压侧过负荷保护动作时限只设一段时限，按躲变压器后备保护最大延时整定，取6s，保护动作于信号。

(四) 高压侧零序方向过流保护

(1) 按与中压侧零序方向过流保护配合整定。

$$I_{g.01.op}=\frac{K_{rel}K_{fz}I_{z.01.op}n_{z.a}}{N_{b}n_{g.a}} \tag{8-12}$$

式中 $I_{g.01.op}$——变压器高压侧零序方向过流保护整定值，A；

$K_{fz}$——变压器高压侧与中压侧的零序分支系数；

$I_{z.01.op}$——变压器中压侧零序方向过流保护整定值，A；

$n_{z.a}$——变压器中压侧电流互感器变比；

$N_{b}$——变压器高压侧对中压侧电压折算变比，应取高压侧与中压侧额定电压比。

$K_{rel}$取1.1。

(2) 高压侧零序方向过流动作时间整定原则如下：

1) 按与中压侧零序方向过流保护第二时限配合。

2) 按与高压侧母线所有出线对侧零序Ⅳ段动作时限反配合整定：4.5−0.3=4.2s。

(3) 高压侧零序方向过流保护动作结果跳变压器高、中、低压三侧断路器，并启动高压侧断路器失灵保护。

(4) 高压侧零序方向过流保护整定注意事项如下：

1) 高压侧零序方向过流动作方向指向变压器；

2) 不设零序电压闭锁；

3) 零序电流为变压器高压侧自产零流；

4) 本保护设一段时限，动作出口跳变压器三侧断路器；

(5) 若零序方向过流保护配置两段，则第Ⅰ段退出，第Ⅱ段投入。

(五) 高压侧中性点零序过流保护

(1) 按与变压器高压侧零序方向过流保护相同一次值取值。

$$I_{g.02.OP}=\frac{I_{g.01.op}n_{g.a}}{n_{g.0}} \tag{8-13}$$

式中　$I_{g.02.OP}$——变压器高压侧中性点零序过流保护整定值，A；

$n_{g.0}$——高压侧中性点零序电流互感器变比。

（2）按最小运行方式下高压侧母线金属性接地短路时（最小运行方式下变压器高压侧母线金属性接地短路时，流过保护安装处的零序电流）有 1.5 的灵敏度系数整定。

$$I_{g.02.OP}\leqslant\frac{3I_{g.0.min}}{K_{sen}n_{g.0}} \tag{8-14}$$

式中　$I_{g.02.OP}$——最小运行方式下变压器高压侧母线金属性接地短路时流过保护安装处的零序电流，A；

$K_{sen}$取 1.5。

（3）高压侧中性点零序过流动作时间整定原则如下：

1）取值同高压侧零序方向过流动作时间。

2）按与高压侧母线所有出线接地故障后备保护最长动作时限配合整定，取 4.5+0.3=4.8s。

3）高压侧中性点零序过流动作跳变压器高、中、低压三侧断路器，并启动高压侧断路器失灵保护。

（4）高压侧中性点零序过流保护整定注意事项如下：

1）不设方向元件；

2）不设零序电压闭锁；

3）零序电流取自变压器高压侧中性点零序电流互感器；

4）本保护若设两段时限，则第一时限退出，第二时限投入；

5）高压侧母线所有出线（含对侧）接地故障保护最末段时限均为 4.5s。

（5）高压侧零序过流保护。

1）按与变压器高压侧零序方向过流保护相同一次值整定。

2）高压侧零序过流保护动作电流保护灵敏度要求同高压侧中性点零序过流保护。

3）高压侧零序过流保护动作时间值同高压侧中性点零序过流保护动作时限。

4）高压侧零序过流动作跳变压器高、中、低压三侧断路器，并启动高压侧断路器失灵保护。

（6）高压侧零序过流保护整定注意事项如下：

1）不设方向元件；

2）不设零序电压闭锁；

3）零序电流为变压器高压侧自产零流；

4）本保护设一段时限。

（7）高压侧间隙电流电压保护。

1）间隙过压保护采用常规电压互感器时，应采用母线开口三角电压，高压侧零序过压二次整定值180V。

2）间隙过压保护采用电子式电压互感器时，应采用自产零序电压，过电压二次整定值120V（或装置固定值）。

3）间隙过流一次电流整定值取100A。

4）零序过压保护动作时间统一取0.5s。

5）间隙过流动作时间取1.0s。

6）间隙电流电压保护动作跳变压器高、中、低压三侧断路器，并启动高压侧断路器失灵保护。

7）间隙电流电压保护整定注意事项如下：

a. 本保护均只设一段时限；

b. 若间隙过压保护与间隙过流保护共用一个时间继电器，动作时限按0.5s整定。

（8）高压侧非全相保护。

1）按可靠躲过额定负载时的最大不平衡电流整定。

$$I_{f.0.op}=\frac{K_{rel}\times 0.1\times I_{g.n}}{n_{g.a}} \tag{8-15}$$

式中 $I_{f.0.op}$——变压器高压侧非全相保护过流整定值，A；

$K_{rel}$取1.5。

2）非全相保护动作时间 $T_f$ 按可靠躲过变压器高压侧断路器三相不同期合闸的最大时间差整定，取0.2s。

3）高压侧非全相保护动作跳高压侧断路器。

4）高压侧非全相保护整定注意事项如下：

a. 本保护设一段时限；

b. 不采用负序电流元件；

c. 本保护动作出口不启动高压侧断路器失灵。

（9）高压侧失灵启动保护。

1）失灵启动相电流定值按变压器低压侧故障时（最小运行方式下变压器低压侧母线两

相金属性短路时流过保护安装处的短路电流）有 1.5 的灵敏度系数整定，并尽可能躲过变压器正常运行负荷电流。

$$I_{s.1.op}=\frac{I_{d.min}^{(2)}}{K_{sen}n_{g.a}} \tag{8-16}$$

式中　$I_{s.1.op}$——变压器高压侧失灵启动相电流整定值，A；

$I_{d.min}^{(2)}$——最小运行方式下变压器低压侧母线两相金属性短路时流过保护安装处的短路电流，A；

$K_{sen}$取 1.5。

2）高压侧失灵启动零序动作电流定值按可靠躲过正常运行时的最大不平衡电流整定。

$$I_{s.0.op}=\frac{K_{rel}\times 0.1\times I_{g.n}}{n_{g.a}} \tag{8-17}$$

式中　$I_{s.0.op}$——高压侧失灵启动零序电流整定值，A；

$K_{rel}$取 1.5。

3）高压侧失灵启动负序动作电流定值按躲过正常运行时的最大不平衡电流整定。

$$I_{s.2.op}=\frac{K_{rel}\times 0.1\times I_{g.n}}{n_{g.a}} \tag{8-18}$$

式中　$I_{s.2.op}$——高压侧失灵启动负序电流整定值，A；

$K_{rel}$取 1.5。

4）失灵启动保护动作时间整定原则如下：

a. 解除失灵复压延时取 0s；

b. 启动失灵保护延时取 0s。

5）母差联跳电流，取值同失灵相电流定值。母联联跳主变压器延时取 0.3s，动作联跳主变压器三侧。

6）高压侧失灵启动保护整定注意事项如下：

a. 失灵启动采用相电流、零序电流、负序电流“或”逻辑；

b. 采用变压器保护动作接点解除失灵保护复合电压闭锁，不采用复合电压动作接点解除失灵保护复合电压闭锁；

c. 适用于非“六统一”“九统一”母差保护。

## 三、中压侧后备保护

中压侧复压闭锁方向过流。

（1）中压侧复压闭锁方向过流按可靠躲过本变压器中压侧额定电流整定。

$$I_{z.11.op}=\frac{K_{rel}I_{z.n}}{K_r n_{z.a}} \tag{8-19}$$

式中 $I_{z.11.op}$——变压器中压侧复压闭锁方向过流整定值，A；

$K_{rel}$——可靠系数，取1.2；

$I_{z.n}$——变压器中压侧额定电流，A；

$K_r$——返回系数，取0.95；

$n_{z.a}$——变压器中压侧电流互感器变比。

（2）复压闭锁方向过流动作电流灵敏度系数按下式进行校验。

$$K_{sen}=\frac{I_{zc.min}^{(2)}}{I_{z.11.op}n_{z.a}} \tag{8-20}$$

式中 $I_{zc.min}^{(2)}$——最小运行方式下变压器中压侧母线所有出线末端两相金属性短路时流过保护安装处的短路电流，A；

$K_{sen}$——灵敏度系数，不小于1.2。

（3）复压闭锁方向过流保护复压元件。

1）低电压整定值如下：

$$U_{z.11.op}=\frac{0.7\times U_{g.n}}{n_{g.v}} \tag{8-21}$$

式中 $U_{z.11.op}$——变压器中压侧低电压整定值，V；

$U_{z.n}$——变压器中压侧额定电压，kV；

$n_{z.v}$——变压器中压侧电压互感器变比。

2）低电压灵敏度系数校验公式如下：

$$K_{sen}=\frac{U_{z.11.op}n_{z.v}}{U_{z.1.max}} \tag{8-22}$$

式中 $U_{z.1.max}$——变压器中压侧母线金属性短路时，保护安装处的最高残压，kV；

$K_{sen}$应不小于1.2。

3）负序电压按躲过正常运行时出现的不平衡电压整定：

$$U_{z.21.op}=\frac{(0.06\sim0.08)U_{z.n}}{n_{z.v}} \tag{8-23}$$

式中 $U_{z.21.op}$——变压器中压侧负序电压整定值，V。

4）负序电压继电器的灵敏度系数按下式进行校验：

$$K_{sen} = \frac{U_{z.2.min}}{U_{z.21op} n_{z.v}} \tag{8-24}$$

式中　$U_{z.2.min}$——变压器中压侧母线金属性短路时，保护安装处的最小负序电压，kV；

$K_{sen}$应不小于1.2。

（4）第一动作时限$T_{Z.1.11}$按与变压器中压侧母线所有出线相间故障后备保护最长动作时限（$T_{Z.1.max}$）配合整定；若上一级220kV线路距离Ⅲ段保护范围伸出变压器中低压侧，则$T_{Z.1.11} \leqslant 3.3s$。动作结果跳变压器中压侧母联（分段）断路器。

（5）第二动作时限$T_{Z.1.12}$按与中压侧复压闭锁方向过流保护第一时限$T_{Z.1.11}$配合整定，若上一级220kV线路距离Ⅲ段保护范围伸出变压器中低压侧，则$T_{Z.1.12} \leqslant 3.6s$，动作结果跳变压器中压侧断路器。

（6）中压侧复压闭锁方向过流保护整定注意事项如下：

1）保护动作方向指向变压器中压侧母线；

2）方向元件（电压量）取中压侧；

3）本保护复合电压为高、中、低压三侧复合电压“或”；

4）本保护设两段时限；

5）若变压器中压侧为单母线、无母联（分段）断路器，则第一时限退出、第二时限按第一时限原则整定，保护动作出口跳变压器中压侧断路器；

6）阻抗保护不用。

（7）中压侧复压闭锁过流保护。

1）动作电流定值同中压侧复压闭锁方向过流保护。

2）过流动作电流灵敏度系数$K_{sen}$校验公式如下：

$$K_{sen} = \frac{I^{(2)}_{zd.min}}{I_{z.12.op} n_{z.a}} \tag{8-25}$$

式中　$I^{(2)}_{zd.min}$——最小运行方式下变压器低压侧母线两相金属性短路时流过保护安装处的短路电流，A；

$I_{z.12.op}$——变压器中压侧复压闭锁过流保护整定值，A；

$K_{sen}$不小于1.3。

3）中压侧复压闭锁过流保护复压低电压定值同中压侧复压闭锁方向过流保护。

4）中压侧复压闭锁过流保护复压负序电压定值同中压侧复压闭锁方向过流保护。

5）中压侧复压闭锁过流保护动作时限同高压侧复压闭锁过流保护动作时限。

6）中压侧复压闭锁过流保护动作结果跳变压器高、中、低压三侧断路器，并启动高压侧断路器失灵保护。

7）中压侧复压闭锁过流保护整定注意事项如下：

a. 本保护复合电压为高、中、低压三侧复合电压“或”；

b. 本保护不设方向元件；

c. 本保护设一段时限。

（8）中压侧过负荷保护。中压侧过负荷保护动作电流定值按变压器长期允许的负荷电流下能可靠返回整定。

$$I_{z.13.op}=\frac{K_{rel}I_{z.n}}{K_{r}n_{z.a}} \tag{8-26}$$

式中 $I_{z.13.op}$——变压器中压侧过负荷保护整定值，A；

$K_{rel}$取 1.05；

$K_{r}$ 取 0.95。

（9）中压侧零序方向过流保护。

1）中压侧零序方向过流动作电流定值按最小运行方式下中压侧母线金属性接地短路时（最小运行方式下变压器中压侧母线金属性接地短路时流过保护安装处的零序电流）有不小于 1.5 的灵敏度系数整定。

$$I_{z.01.op}\leqslant\frac{3I_{z.0.min}}{K_{sen}n_{z.a}} \tag{8-27}$$

式中 $I_{z.01.op}$——变压器中压侧零序方向过流保护整定值，A；

$I_{z.0.min}$——最小运行方式下变压器中压侧母线金属性接地短路时流过保护安装处的零序电流，A；

$K_{sen}$取 1.5。

2）灵敏系数按下式进行校验：

$$K_{sen}=\frac{3I_{zc.0.min}}{I_{z.01.op}n_{z.a}} \tag{8-28}$$

式中 $I_{zc.0.min}$——最小运行方式下变压器本侧出线末端金属性接地短路流过保护安装处的零序电流，A；

$K_{sen}$取 1.2。

3）按与变压器中压侧母线所有出线零序电流保护最末段配合整定。

$$I_{z.01.op} \geqslant \frac{K_{rel} K_{0.fz} I_{z.0}}{n_{z.a}} \quad (8-29)$$

式中 $K_{rel}$取1.1；

$K_{0.fz}$——零序分支系数；

$I_{z.0}$——变压器中压侧母线出线最末段零序电流整定值（一次值），A。

4）中压侧零序方向过流保护第一动作时限 $T_{z.0.11}$按与变压器中压侧母线所有出线接地故障后备保护最长动作时限 $T_{z.0.max}$配合整定，且 $T_{z.0.11} \leqslant 3.6s$；动作结果跳变压器中压侧母联（分段）断路器。

5）中压侧零序方向过流保护第二动作时限 $T_{z.0.12}$按与变压器中压侧零序方向过流保护第一时限 $T_{z.0.11}$配合整定，且 $T_{z.0.12} \leqslant 3.9s$；动作结果跳变压器中压侧断路器。

6）中压侧零序方向过流保护整定注意事项如下：

a. 保护动作方向指向变压器中压侧母线；

b. 方向元件（电压）自产；

c. 不设零序电压闭锁；

d. 零序电流为变压器中压侧自产；本保护设两段时限；

e. 本保护设两段时限；

f. 若变压器中压侧为单母线、无母联（分段）断路器，则第一时限退出、第二时限按第一时限原则整定，保护动作出口跳变压器中压侧断路器。

（10）中压侧中性点零序过流保护。

1）中压侧中性点零序过流动作电流定值按与变压器中压侧零序方向过流保护相同一次值取值。

2）中压侧中性点零序过流保护动作时间同高压侧中性点零序过流保护动作时限。

3）中压侧中性点零序过流动作跳变压器高、中、低压三侧断路器，并启动高压侧断路器失灵保护。

4）中压侧中性点零序过流保护整定注意事项如下：

a. 不设方向元件；

b. 不设零序电压闭锁；

c. 零序电流取自变压器中压侧中性点零序电流互感器；

d. 本保护若设两段时限，则第一时限退出，第二时限投入。

（11）中压侧零序过流保护。

1）中压侧零序过流动作电流按与变压器中压侧零序方向过流保护相同一次值取值。

2）中压侧零序过流保护动作时间取值同高压侧中性点零序过流保护动作时限。

3）中压侧零序过流动作结果跳变压器高、中、低压三侧断路器，并启动高压侧断路器失灵保护。

4）中压侧零序过流保护整定注意事项如下：

a. 不设方向元件；

b. 不设零序电压闭锁；

c. 零序电流为变压器中压侧自产零流；

d. 本保护设一段时限。

（12）中压侧间隙电流电压保护。

1）当采用常规电压互感器的间隙过压保护应采用母线开口三角电压，中压侧零序过压二次整定 180V。

2）当采用电子式电压互感器的零序过压保护采用自产零序电压，过电压二次整定值 120V（或装置固定值）。

3）零序过压第一时间取 0.3s，动作结果跳变压器中压侧断路器。

4）零序过压第二时间取 0.5s，动作结果跳变压器高、中、低压三侧断路器，并启动高压侧断路器失灵保护。

5）间隙过流一次电流整定值取 100A。

6）间隙过流第一动作时间取 3.6s，动作结果跳变压器中压侧断路器。

7）间隙过流第二动作时间取 3.9s，动作结果跳变压器高、中、低压三侧断路器，并启动高压侧断路器失灵保护。

8）间隙电流电压保护整定注意事项如下：

a. 若间隙过压保护、间隙过流保护仅有一个时限，则按第二时限整定。

b. 若间隙过压保护与间隙过流保护共用一个时间继电器，动作时限按 3.9s 整定。

## 四、低压侧后备保护

1. 低压侧限时速断电流定值

（1）按最小运行方式下单台变压器运行，低压侧母线两相金属性短路时（变压器低压侧母线两相金属性短路时流过保护的最小短路电流）有不小于 1.5 的灵敏度系数整定。

$$I_{\mathrm{d.1.op}} \leqslant \frac{I_{\mathrm{d.min}}^{(2)}}{K_{\mathrm{sen}} n_{\mathrm{d.a}}} \tag{8-30}$$

式中 $I_{d.1.op}$——变压器低压侧限时速断电流整定值，A；

$I_{d.min}^{(2)}$——变压器低压侧母线两相金属性短路时流过保护的最小短路电流，A；

$K_{sen}$——灵敏度系数，取 1.5；

$n_{d.a}$——变压器低压侧电流互感器变比。

（2）按与低压侧所有出线速动段配合整定。

$$I_{d.1.op}=\frac{K_{rel}I_{d.max}}{n_{d.a}} \tag{8-31}$$

式中 $K_{rel}$——可靠系数，取 1.1；

$I_{d.max}$——变压器低压侧所有出线速动段整定值中的最大值（一次值），A。

（3）按躲过变压器低压侧额定负荷电流整定。

$$I_{d.1.op}\geqslant\frac{K_{rel}I_{d.n}}{K_{r}n_{d.a}} \tag{8-32}$$

式中 $I_{d.n}$——变压器低压侧额定电流，A；

$K_{r}$——返回系数，取 0.95。

$K_{rel}$取 1.2。

（4）低压侧限时速断保护第一时限按与低压侧所有出线速动段的动作时间配合整定，不大于 0.6s；动作结果跳变压器低压侧母联（分段）断路器并闭锁低压侧备自投。

（5）低压侧限时速断保护第二时限按与第一时限配合整定；动作结果跳变压器低压侧断路器并闭锁低压侧备自投。

（6）低压侧限时速断保护第三时限按与第二时限配合整定；动作结果跳变压器高、中、低压三侧断路器，启动高压侧断路器失灵保护、闭锁低压侧备自投。

（7）低压侧限时速断保护整定注意事项如下：

1）本保护不采用复合电压闭锁；

2）本保护设三段时限；

3）若变压器低压侧为单母线、无母联（分段）断路器，则第一时限退出、第二时限按第一时限原则整定，保护动作出口跳变压器低压侧断路器；第三时限按第二时限原则整定，保护动作出口跳变压器高、中、低压三侧断路器；

4）要求变压器低压侧所有出线速动段的最长时限≤0.3s；

5）低电阻接地系统，当变压器低压侧母线或引线上接有接地变时，变压器低压侧限时速断保护动作应闭锁变压器低压侧备自投。

2. 低压侧复压闭锁过流保护

（1）按可靠躲过本变压器低压侧额定电流整定。

$$I_{d.2.op}=\frac{K_{rel}I_{d.n}}{K_r n_{d.a}} \tag{8-33}$$

式中 $I_{d.2.op}$——变压器低压侧复压闭锁过流保护整定值，A；

$K_{rel}$取1.2；

$K_r$取0.95。

（2）复压闭锁过流动作电流灵敏系数校验公式如下：

$$K_{sen}=\frac{I_{dc.min}^{(2)}}{I_{d.2.op}n_{d.a}} \tag{8-34}$$

式中 $I_{dc.min}^{(2)}$——最小运行方式下变压器低压侧母线所有出线末端两相金属性短路时流过保护安装处的短路电流，A；

$K_{sen}$宜不小于1.2。

（3）低电压动作电压（线电压）定值

$$U_{d.1.op}=\frac{(0.5\sim0.6)\times U_{d.n}}{n_{d.v}} \tag{8-35}$$

式中 $U_{d.1.op}$——变压器低压侧低电压整定值，V；

$U_{d.n}$——变压器低压侧额定电压（下同），kV；

$n_{d.v}$——变压器低压侧电压互感器变比（下同）。

（4）低电压灵敏度系数按下式进行校验：

$$K_{sen}=\frac{U_{d.1.op}n_{d.v}}{U_{d.1.max}} \tag{8-36}$$

式中 $U_{d.1.max}$——变压器低压侧母线所有出线末端金属性短路时，保护安装处的最高残压，kV。

$K_{sen}$不小于1.2。

（5）负序电压按躲过正常运行时的不平衡电压整定。

$$U_{d.2.op}=\frac{(0.06\sim0.08)U_{d.n}}{n_{d.v}} \tag{8-37}$$

式中 $U_{d.2.op}$——变压器低压侧负序电压整定值，V。

（6）负序电压灵敏度系数按下式进行校验：

$$K_{sen}=\frac{U_{d.2.min}}{U_{d.2.op}n_{d.v}} \tag{8-38}$$

式中 $U_{d.2.min}$——变压器低压侧母线所有出线末端金属性短路时，保护安装处的最小负序电压，kV；

$K_{sen}$不小于1.2。

（7）低压侧复压闭锁过流保护第一动作时限$T_{d.21}$按与低压侧所有出线后备保护最长动作时限$T_{d.max}$配合整定；若上一级220kV线路距离Ⅲ段保护范围伸出变压器中低压侧，则$T_{d.21} \leqslant 3.3s$；保护动作结果跳变压器低压侧母联（分段）断路器并闭锁低压侧备自投。

（8）低压侧复压闭锁过流保护第二动作时限$T_{d.22}$按与本保护第一时限$T_{d.21}$配合整定；若上一级220kV线路距离Ⅲ段保护范围伸出变压器中低压侧，则$T_{d.22} \leqslant 3.6s$；保护动作结果跳变压器低压侧断路器并闭锁低压侧备自投。

（9）低压侧复压闭锁过流保护第三动作时限$T_{d.23}$按与本保护第二时限$T_{d.22}$配合整定；若上一级220kV线路距离Ⅲ段保护范围伸出变压器中低压侧，则$T_{d.23} \leqslant 3.9s$；保护动作结果跳变压器高、中、低压三侧断路器、启动高压侧断路器失灵保护、闭锁低压侧备自投。

（10）低压复压闭锁过流保护整定注意事项如下：

1）本保护复合电压为低压侧电压；

2）本保护不设方向元件；

3）本保护设三段时限；

4）若变压器低压侧为单母线、无母联（分段）断路器，则第一时限退出、第二时限按第一时限原则整定，动作出口跳变压器低压侧断路器；第三时限按第二时限原则整定，动作出口跳变压器高、中、低压三侧断路器；

5）低电阻接地系统，当变压器低压侧母线或引线上接有接地变时，变压器低压侧复压过流保护动作应闭锁变压器低压侧备自投。

3. 低压侧过负荷保护

（1）低压侧过负荷保护动作电流定值按变压器长期允许的负荷电流下能可靠返回整定。

$$I_{d.3.op} = \frac{K_{rel} I_{d.n}}{K_r n_{d.a}} \tag{8-39}$$

式中　$I_{d.3.op}$——变压器低压侧过负荷保护整定值，A；

$K_{rel}$取1.05；

$K_r$取0.95。

（2）低压侧过负荷保护只设一段时限，动作时限按躲变压器后备保护最大延时整定，取6s，动作于信号。

4. 低压侧接地告警保护

(1) 低压侧接地告警零序电压定值按躲过正常运行时的最大不平衡电压整定，一般取20V。

(2) 低压侧接地告警保护只设一段时限，取6s，动作于信号。

(3) 低压侧接地告警保护仅用于小电流接地系统。

## 五、主变压器低压侧引线处接地变压器保护

1. 电流速断保护

(1) 按可靠躲过接地变压器初始励磁涌流整定。

$$I_{dz.I}=\frac{(7\sim10)I_n}{n_{jd.a}} \tag{8-40}$$

式中 $I_{dz.I}$——接地变压器电流速断电流整定值，A；

$I_n$——接地变压器高压侧额定电流，A；

$n_{jd.a}$——接地变高压侧电流互感器变比。

(2) 按可靠躲过区外单相接地故障时流过接地变压器的最大故障相电流整定。

$$I_{dz.I}\geqslant\frac{K_k I_{k.max}^{(1)}}{n_{jd.a}} \tag{8-41}$$

式中 $I_{k.max}^{(1)}$——最大运行方式下接地变电源侧母线单相接地故障时流过保护安装处的最大故障相电流，A；

$K_k$——可靠系数，取1.3。

(3) 按可靠躲过接地变压器低压侧故障时流过接地变压器的最大故障电流整定。

$$I_{dz.I}\geqslant\frac{K_k I_{D.max}}{n_{jd.a}} \tag{8-42}$$

式中 $I_{D.max}$——最大运行方式下接地变压器低压侧短路故障时流过保护安装处的最大故障电流，A；

$K_k$ 取1.3。

(4) 灵敏度系数按以下公式校核：

$$K_{sen}=\frac{I_{k.min}}{I_{dz.I}n_{jd.a}} \tag{8-43}$$

式中 $I_{k.min}$——最小运行方式下接地变压器电源侧短路故障时流过保护安装处的电流，A；

$K_{sen}$要求不小于2.0。

（5）电流速断保护动作时间取 0s，动作跳主变压器各侧断路器。

（6）保护整定注意事项如下：

1）适用于图 8-1 和图 8-2 接线的低电阻接地系统；

2）若 220kV 主变压器保护装置没有包含低压侧接地变保护功能，则投入单独的接地变保护；

3）跳主变压器各侧断路器应启动高压侧断路器失灵保护；

4）仅对不具备软件滤零措施的保护装置，要求过流定值躲过区外单相接地故障时流过接地变压器的最大故障相电流；

5）时间级差 $\Delta t$ 取 0.3s。

2. 过流保护

（1）按可靠躲过接地变压器额定电流整定。

$$I_{dz.\,\mathrm{II}} \geqslant \frac{K_k I_n}{n_{jd.\,a}} \tag{8-44}$$

式中　$I_{dz.\,\mathrm{II}}$——接地变压器过流保护整定值，A；

$K_k$ 取 1.3。

（2）按躲过区外单相接地时流过接地变压器的最大故障相电流整定。

$$I_{dz.\,\mathrm{II}} \geqslant \frac{K_k I_{k.\,max}^{(1)}}{n_{jd.\,a}} \tag{8-45}$$

式中　$I_{k.\,max}^{(1)}$——最大运行方式下接地变压器电源侧母线单相接地故障时流过保护安装处的最大故障相电流，A；

$K_k$ 取 1.3。

（3）按保证接地变压器低压侧故障时（最小运行方式下接地站用变低压侧金属性两相短路故障时流过保护安装处的最小故障相电流）有 2.0 的灵敏度系数整定。

$$K_{sen} = \frac{I_{Dmin}^{(2)}}{I_{dz.\,\mathrm{II}}\, n_{jd.\,a}} \tag{8-46}$$

式中　$I_{Dmin}^{(2)}$——最小运行方式下接地站用变低压侧金属性两相短路故障时流过保护安装处的最小故障相电流，A；

$K_{sen}$不小于 2.0。

（4）过流保护动作时间宜大于主变压器低压侧复压闭锁过流保护跳各侧断路器时间，原则上时间整定范围取 1.5～2.5s，动作跳主变压器各侧断路器。

3. 零序电流Ⅰ段保护

（1）按保证线末单相金属性接地故障时（最小运行方式下所有出线末端单相金属性接地

故障时流过保护安装处的零序电流）有2.0的灵敏度系数整定。

$$I_{0\mathrm{I}} \leqslant \frac{I_{0.\min}^{(1)}}{K_{\mathrm{sen}} n_{\mathrm{jd.a}}} \tag{8-47}$$

式中 $I_{0\mathrm{I}}$——接地变压器零序电流Ⅰ段保护整定值，A；

$I_{0.\min}^{(1)}$——最小运行方式下所有出线末端单相金属性接地故障时流过保护安装处的零序电流，A；

$K_{\mathrm{sen}}$取2.0。

（2）按与相邻元件零序电流Ⅱ段配合整定。

$$I_{0\mathrm{I}} \geqslant \frac{K_{\mathrm{k}} I'_{0\mathrm{II}}}{n_{\mathrm{jd.a}}} \tag{8-48}$$

式中 $I'_{0\mathrm{II}}$——相邻元件零序电流Ⅱ段中的最大整定值（一次值），A；

$K_{\mathrm{k}}$ 取1.1。

（3）零序电流Ⅰ段保护第一动作时限 $T_{0.11}$ 按与相邻元件零序电流Ⅱ段最长动作时间 $t'_{\mathrm{II}}$ 配合整定；动作跳低压侧（本分支）母联或分段断路器。

（4）零序电流Ⅰ段保护第二动作时限 $T_{0.12}$ 按与本保护第一时限 $T_{0.11}$ 配合整定；动作跳主变压器（本分支）同侧断路器。

4. 接地变压器零序电流Ⅱ段保护

（1）零序电流Ⅱ段动作电流定值同接地变压器零序电流Ⅰ段定值。

（2）零序电流Ⅱ段动作时间 $t_{0.2}$ 定值与接地变压器零序电流Ⅰ段第二时限 $T_{0.12}$ 配合整定，动作结果跳主变压器各侧断路器。

5. 接地变压器零序电流保护整定注意事项如下：

（1）适用于图8-1和图8-2接线的低电阻接地系统。

（2）应闭锁主变压器低压侧备自投。

（3）若220kV主变压器保护装置没有包含低压侧接地变保护功能，则投入单独的接地变压器保护。

（4）对图8-2接线，若220kV主变压器保护装置包含低压侧分支零序电流保护，则投入各低压侧分支零序电流保护，退出接地变零序电流Ⅰ段保护。

（5）跳主变压器各侧断路器应启动高压侧断路器失灵保护。

（6）零序电流保护应采用接地变中性点零序电流互感器。

## 六、变压器辅助保护

1. 启动通风

（1）变压器启动通风保护动作电流定值一般按变压器高压侧 70%额定电流整定。

（2）变压器启动通风保护动作时间取 9s，动作于启动变压器辅助冷却器，变压器厂家对启动通风有明确要求的按厂家要求执行。

2. 闭锁调压

（1）变压器高压侧闭锁调压动作电流定值一般按躲过变压器额定电流整定，可靠系数取 1.2。

（2）动作时间取 0s，动作于闭锁调压，变压器厂家对闭锁调压有明确要求的按厂家要求执行。主变压器低压侧无分支，接地变压器接于主变压器低压侧引线时的继电保护配置图如图 8-1 所示。主变压器低压侧双分支，接地变压器接于主变压器低压侧引线时的继电保护配置图如图 8-2 所示。

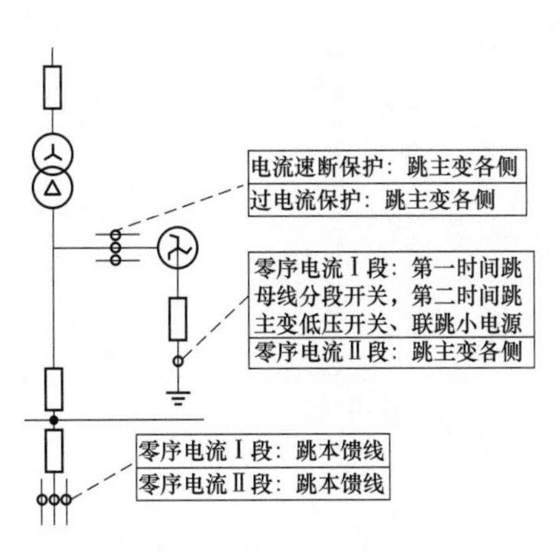


图 8-1　主变压器低压侧无分支，接地变压器接于主变压器低压侧引线时的继电保护配置图

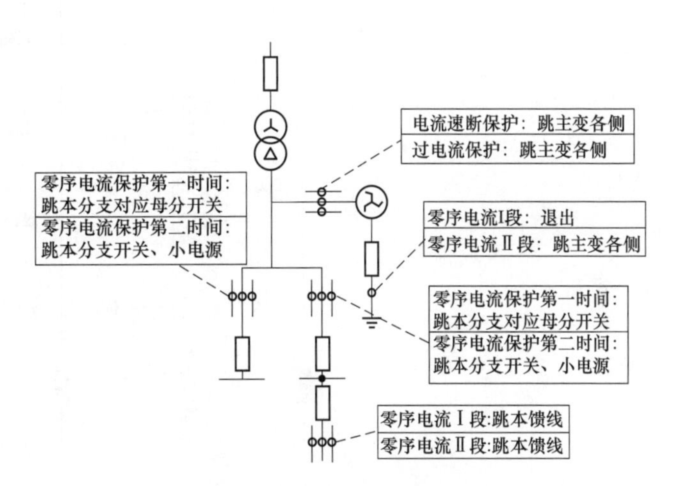


图 8-2　主变压器低压侧双分支，接地变压器接于主变压器低压侧引线时的继电保护配置图

## 七、算例

（一）算例描述

220kV 余家湾变电站 1 号主变压器，型号 SFSZ-240000/220，容量 240/240/120MVA，额定电压 230.121/11kV，短路阻抗 1%～2%$U_k$＝13.15，1%～3%$U_k$＝61.32，2%～3%$U_k$＝47.7。220kV 余家湾变电站一次接线图如图 8-3 所示。

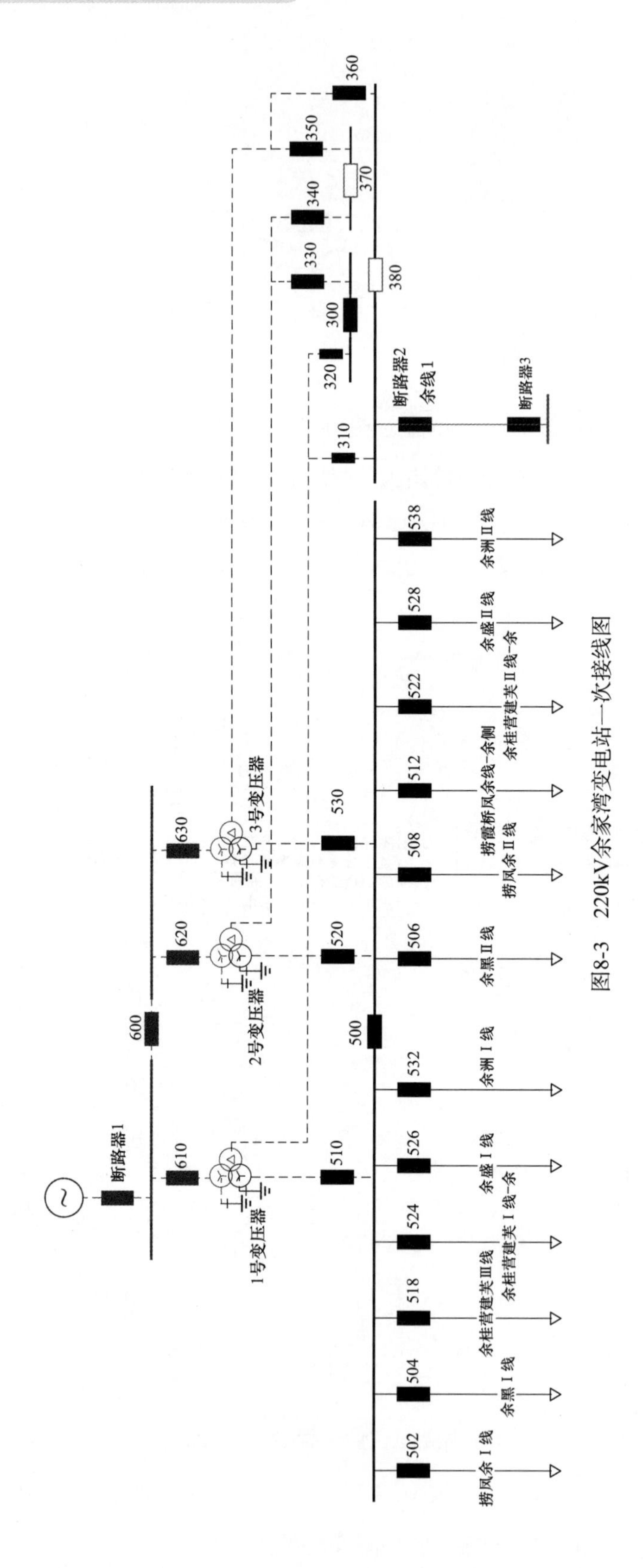


图8-3 220kV余家湾变电站一次接线图

（二）计算过程

1. 差动保护定值

（1）纵差差动速断电流定值（$I_{op}$），定值：5

1）躲过变压器初始励磁涌流或外部短路最大不平衡电流整定；120MVA 以上：$K=2\sim5$，容量越大，系统电抗越大，$K$ 取值越小。

$$I_{op}=K=5=5I_e$$

$K$：额定电流倍数，5。

2）按正常运行方式下保护安装处两相短路计算灵敏系数校验

$$I_{op}\leqslant 0.866\times I_{kmax}\div K_{sen}\div I_e=0.866\times 27372.12\div 1.2\div 602.47=32.79I_e$$

式中 $I_{kmax}$——保护出口相间短路流过本侧保护电流最大值（A），27372.12，$I_{kmax}$的方式描述，大方式：余家湾变，开环支路：余洲Ⅱ线，余黑Ⅱ线，在余家湾变电站1号变压器的高压侧保护出口处发生三相相间短路；

$K_{sen}$——灵敏系数，1.2；

$I_e$——变压器高压侧额定电流（A），602.47。

使用优先原则

定值 $I_{op}=5I_e$。

（2）纵差保护启动电流定值（$I_{opqd}$）——定值：0.5

最小动作电流应大于变压器额定负载时的不平衡电流，一般取（0.2～0.5）$I_e$。

$$I_{opqd}=K_k=0.5=0.5$$

$K_k$：可靠系数，可取0.4～0.6，0.5。

定值 $I_{opqd}=0.5$

2. 高压侧后备保护定值

（1）高压侧复闭过流Ⅱ段

TV 变比：220000/100V　TA 变比：1200/1A

详细计算过程如下：

1）按躲过变压器本侧额定电流整定

$$I_{dz}2\geqslant K_k\times I_e/K_f=1.2\times 602.47/0.95=761.01$$

2）低电压元件按规程整定（低压元件）

$$U_{dy2}=K_k\times U_e=0.7\times 230\times 1000=161000$$

3）按躲过正常运行时出现的不平衡电压整定（负序电压）

$$U_{22}=K_{k}\times U_{e}=0.06\times 230\times 1000=13800$$

4）3 时限与中压侧复压闭锁方向过流保护第二时限配合

与余家湾变电站 1 号变压器复闭过流保护Ⅱ段配合

$$T_{3}\geqslant T_{dz}+\Delta t=3.6+0.3=3.9$$

5）时限与低压侧复压闭锁过流保护第二时限配合

与余家湾变电站 1 号变压器复闭过流保护Ⅱ段配合

$$T_{3}\geqslant T_{dz}+\Delta t=2.1+0.3=2.4$$

定值区间：$I_{dz2}\geqslant 761.01$

取值规则：取下限值

$$I_{dz2}=761.01\text{A}$$

时间区间：$0.3\leqslant T_{1}\leqslant 99$

$$T_{1}=10\text{s}$$

$$U_{dy2}=161000\text{V}$$

$$U_{22}=13800\text{V}$$

复闭过流Ⅱ段整定结果：

Ⅱ段定值：$I_{dz2}=761.01(\text{A})$

Ⅱ段二次值：$I'_{dz2}=I_{dz2}/\text{TA}=761.01/(1200/1)=0.63(\text{A})$

Ⅱ段低电压定值：$U_{dy2}=161000(\text{V})$

Ⅱ段低电压二次值：$U'_{dy2}=U_{dy2}/\text{TV}=161000/(220000/100)=73.18(\text{V})$

Ⅱ段负序电压定值：$U_{22}=13800(\text{V})$

Ⅱ段负序电压二次值：$U'_{22}=U_{22}/\text{TV}=13800/(220000/100)=6.27(\text{V})$

Ⅱ段时间定值：$T_{1}=10(\text{s})$　作用：退出

Ⅱ段时间定值：$T_{2}=10(\text{s})$　作用：退出

Ⅱ段时间定值：$T_{3}=3.9(\text{s})$　作用：跳各侧

6）校核低压侧母线故障灵敏度（电流定值）

校核低压侧母线故障灵敏度（电流定值）

$$K_{lm}\leqslant I_{dmin}/I_{dz}=610.4/761.01=0.8$$

$I_{dmin}=610.4$　大方式，余家湾变，开环支路：余黑Ⅰ线，余洲Ⅰ线；在余家湾变电站 1

号变压器的低压侧发生两相相间短路

$K_{lm}=0.8<1.3$，不满足灵敏性要求；

7）校验低压侧母线故障灵敏度（低压元件）

校验低压侧母线故障灵敏度（低压元件）

$$K_{lm}\geqslant U_{dy}/U_{Amax}=161000/(132.79\times 1000)=1.21$$

$U_{Amax}=132.79$　小方式，余家湾变，开环支路：余洲Ⅱ线，余黑Ⅱ线；在余家湾变电站1号变压器的低压侧发生单相接地短路

$K_{lm}=1.21<1.3$，不满足灵敏性要求；

8）校验低压侧母线故障灵敏度（负压元件）

校验低压侧母线故障灵敏度（负压元件）

$$K_{lm}\geqslant U_{2min}/U_{2}=3.07\times 1000/13800=0.22$$

$U_{2min}=3.07$　小方式，余家湾变，开环支路：余洲Ⅱ线，余黑Ⅱ线；在余家湾变电站1号变压器的低压侧发生两相相间短路

$K_{lm}=0.22<1.3$，不满足灵敏性要求；

（2）高压侧复闭过流Ⅲ段

TV变比：220000/100V　TA变比：1200/1A

详细计算过程如下：

1）取本侧保护复压闭锁方向过流保护电流定值

$$I_{dz3}\geqslant I'_{dz}2=761.01=761.01$$

2）取本侧保护复压闭锁方向过流保护低电压定值

$$U_{dy3}=U'_{dy}=161000=161000$$

3）取本侧保护复压闭锁方向过流保护负序电压定值

$$U_{23}=U'_{2}=13800=13800$$

4）2时限与高压侧复压闭锁方向过流保护动作3时限配合

$$T_{2}\geqslant T_{dz}+\Delta t=3.9+0.3=4.2$$

定值区间：$I_{dz3}\geqslant 761.01$

取值规则：取下限值

$$I_{dz3}=761.01A$$

时间区间：$0.6\leqslant T_{1}\leqslant 99$

$$T_1 = 10\text{s}$$

$$U_{dy3} = 161000\text{V}$$

$$U_{23} = 13800\text{V}$$

复闭过流Ⅲ段整定结果：

Ⅲ段定值：$I_{dz3}=761.01(\text{A})$

Ⅲ段二次值：$I'_{dz3} = I_{dz3}/\text{TA} = 761.01/(1200/1) = 0.63(\text{A})$

Ⅲ段低电压定值：$U_{dy3}=161000(\text{V})$

Ⅲ段低电压二次值：$U'_{dy3} = U_{dy3}/\text{TV} = 161000/(220000/100) = 73.18(\text{V})$

Ⅲ段负序电压定值：$U_{23}=13800(\text{V})$

Ⅲ段负序电压二次值：$U'_{23} = U_{23}/\text{TV} = 13800/(220000/100) = 6.27(\text{V})$

Ⅲ段时间定值：$T_1=10(s)$　　作用：退出

Ⅲ段时间定值：$T_2=4.2(\text{s})$　　作用：跳各侧

Ⅲ段时间定值：$T_3=10(\text{s})$　　作用：退出

(3) 高压侧零序电流Ⅰ段

TV 变比：220000/100V　TA 变比：1200/1A

详细计算过程如下：

1）按与中压侧零序方向过流保护配合整定

与余家湾变电站 1 号变压器零序电流保护Ⅰ段配合

$$I_{dz01} \geqslant K_{ph} \times K_{fz0max} \times I'_{dz0}/n = 1.1 \times 0.76 \times 5323.94/1.9 = 2342.53$$

$$T_1 \geqslant T' + \Delta t = 3.5 + 0.3 = 3.8\text{s}$$

$K_{fz0max}=0.76$　小方式，余家湾变，开环支路：余黑Ⅰ线，余洲Ⅰ线；在余家湾变电站 1 号变压器的中压侧发生故障。

2）2 时限与中压侧零序方向过流 2 时限配合

3）与余家湾变电站 1 号变压器零序电流保护Ⅰ段配合

$$T_3 \geqslant T + \Delta t = 3.5 + 0.3 = 3.8$$

定值区间：$I_{dz01} \geqslant 2342.53$

取值规则：采用人工给定定值

$$I_{dz01} = 550\text{A}$$

时间区间：$3.8 \leqslant T_1 \leqslant 99$

$$T_1 = 10\text{s}$$

零序电流Ⅰ段整定结果：

Ⅰ段定值：$I_{dz01}=550(A)$

Ⅰ段二次值：$I'_{dz01}=I_{dz01}/TA=550/(1200/1)=0.46(A)$

Ⅰ段时间定值：$T_1=10(s)$　　作用：退出

Ⅰ段时间定值：$T_2=10(s)$　　作用：退出

Ⅰ段时间定值：$T_3=3.8(s)$　　作用：跳各侧

(4) 高压侧零序电流Ⅱ段

TV 变比：220000/100V　TA 变比：1200/1A

详细计算过程如下：

1）按保证高压侧母线金属性接地短路故障时有规定的灵敏度整定

$$I_{dz02}\leqslant 3\times I_{d0min}/K_{lm}=3\times 315.29/1.5=630.58$$

$I_{d0min}=315.29$　小方式，余家湾变，开环支路：余黑Ⅰ线，余洲Ⅰ线；在余家湾变电站1号变压器的高压侧发生两相接地短路

2）取零序方向过流保护定值

$$I_{dz02}\leqslant I=550=550$$

3）3时限取高压侧（中性点）零序过流保护动作2时限

$$T_3\geqslant T=4.8=4.8$$

定值区间：$0\leqslant I_{dz02}\leqslant 550$

取值规则：取上限值

$$I_{dz02}=550A$$

时间区间：$0.3\leqslant T_1\leqslant 99$

$$T_1=10s$$

零序电流Ⅱ段整定结果：

Ⅱ段定值：$I_{dz02}=550(A)$

Ⅱ段二次值：$I'_{dz02}=I_{dz02}/TA=550/(1200/1)=0.46(A)$

Ⅱ段时间定值：$T_1=10(s)$　　作用：退出

Ⅱ段时间定值：$T_2=10(s)$　　作用：退出

Ⅱ段时间定值：$T_3=4.8(s)$　　作用：跳各侧

(5) 高压侧零序电流Ⅲ段

TV 变比：220000/100V　TA 变比：300/1A

详细计算过程如下：

1）按保证高压侧母线金属性接地短路故障时有规定的灵敏度整定

$$I_{dz03} \leqslant 3 \times I_{d0min}/K_{lm} = 3 \times 315.29/1.5 = 630.58$$

$I_{d0min}$=315.29　小方式，余家湾变，开环支路：余黑Ⅰ线，余洲Ⅰ线；在余家湾变电站1号变压器的高压侧发生两相接地短路

2）取零序方向过流保护定值

$$I_{dz03} \leqslant I = 550 = 550$$

3）时限与高压侧出线接地距离保护最长时间配合

$$T_2 \geqslant T = 4.8 = 4.8$$

定值区间：$0 \leqslant I_{dz03} \leqslant 550$

取值规则：取上限值

$$I_{dz03} = 550\text{A}$$

时间区间：$0.6 \leqslant T_1 \leqslant 99$

$$T_1 = 10\text{s}$$

零序电流Ⅲ段整定结果：

Ⅲ段定值：$I_{dz03}$=550(A)

Ⅲ段二次值：$I'_{dz03} = I_{dz03}/\text{TA} = 550/(300/1) = 1.83(\text{A})$

Ⅲ段时间定值：$T_1$=10(s)　　作用：退出

Ⅲ段时间定值：$T_2$=4.8(s)　　作用：跳各侧

Ⅲ段时间定值：$T_3$=10(s)　　作用：退出

3. 中压侧后备保护定值

（1）中压侧复闭过流Ⅱ段

TV 变比：110000/100V　TA 变比：1600/1A

详细计算过程如下：

1）按躲过变压器本侧额定电流整定

$$I_{dz2} \geqslant K_k \times I_e/K_f = 1.2 \times 1145.19/0.95 = 1446.56$$

2）与本侧出线相间故障后备保护最长动作时限配合整定

与捞凤余Ⅰ线相间距离Ⅲ段配合

$$T_1 \geqslant T_{line} + \Delta t = 2.7 + 0.3 = 3$$

$$T_1 \geqslant T' + \Delta t = 2.7 + 0.3 = 3\text{s}$$

与余桂营建芙Ⅰ线—余相间距离Ⅲ段配合

$$T_1 \geqslant T_{line} + \Delta t = 3.3 + 0.3 = 3.6$$

$$T_1 \geqslant T' + \Delta t = 3.3 + 0.3 = 3.6s$$

与余桂营建芙Ⅱ线—余相间距离Ⅲ段配合

$$T_1 \geqslant T_{line} + \Delta t = 3.3 + 0.3 = 3.6$$

$$T_1 \geqslant T' + \Delta t = 3.3 + 0.3 = 3.6s$$

与捞凤余Ⅱ线相间距离Ⅲ段配合

$$T_1 \geqslant T_{line} + \Delta t = 2.7 + 0.3 = 3$$

$$T_1 \geqslant T' + \Delta t = 2.7 + 0.3 = 3s$$

与捞霞桥凤余线—余侧相间距离Ⅲ段配合

$$T_1 \geqslant T_{line} + \Delta t = 3.3 + 0.3 = 3.6$$

$$T_1 \geqslant T' + \Delta t = 3.3 + 0.3 = 3.6s$$

与余桂营建芙Ⅲ线相间距离Ⅲ段配合

$$T_1 \geqslant T_{line} + \Delta t = 2.9 + 0.3 = 3.2$$

$$T_1 \geqslant T' + \Delta t = 2.9 + 0.3 = 3.2s$$

与余黑Ⅱ线相间距离Ⅲ段配合

$$T_1 \geqslant T_{line} + \Delta \mathrm{t} = 3 + 0.3 = 3.3$$

$$T_1 \geqslant T' + \Delta t = 3 + 0.3 = 3.3s$$

与余黑Ⅰ线相间距离Ⅲ段配合

$$T_1 \geqslant T_{line} + \Delta t = 3 + 0.3 = 3.3$$

$$T_1 \geqslant T' + \Delta t = 3 + 0.3 = 3.3s$$

与余洲Ⅰ线相间距离Ⅲ段配合

$$T_1 \geqslant T_{line} + \Delta t = 3.3 + 0.3 = 3.6$$

$$T_1 \geqslant T' + \Delta t = 3.3 + 0.3 = 3.6s$$

与余洲Ⅱ线相间距离Ⅲ段配合

$$T_1 \geqslant T_{line} + \Delta t = 3.3 + 0.3 = 3.6$$

$$T_1 \geqslant T' + \Delta t = 3.3 + 0.3 = 3.6s$$

3）低电压元件按规程整定（低压元件）

$$U_{dy2} = K_k \times U_e = 0.7 \times 121 \times 1000 = 84700$$

4）按躲过正常运行时出现的不平衡电压整定（负序电压）

$$U_{22} = K_k \times U_e = 0.06 \times 121 \times 1000 = 7260$$

5）若上一级220kV线路距离Ⅲ段保护范围伸出变压器中低压侧时，取时间上限额

$$T_1 \leqslant T = 3.3 = 3.3$$

定值区间：$I_{dz2} \geqslant 1446.56$

取值规则：取下限值

$$I_{dz2} = 1446.56\text{A}$$

时间区间：$3.6 \leqslant T_1 \leqslant 3.3$

$$T_1 = 3.3\text{s}$$

$$U_{dy2} = 84700\text{V}$$

$$U_{22} = 7260\text{V}$$

复闭过流Ⅱ段整定结果：

Ⅱ段定值：$I_{dz2} = 1446.56(\text{A})$

Ⅱ段二次值：$I'_{dz2}t = I_{dz2}/\text{TA} = 1446.56/(1600/1) = 0.9(\text{A})$

Ⅱ段低电压定值：$U_{dy2} = 84700(V)$

Ⅱ段低电压二次值：$U'_{dy2} = U_{dy2}/\text{TV} = 84700/(110000/100) = 77(\text{V})$

Ⅱ段负序电压定值：$U_{22} = 7260(\text{V})$

Ⅱ段负序电压二次值：$U'_{22} = U_{22}/\text{TV} = 7260/(110000/100) = 6.6(\text{V})$

Ⅱ段时间定值：$T_1 = 3.3(\text{s})$　　作用：跳母联（分段）

Ⅱ段时间定值：$T_2 = 3.6(\text{s})$　　作用：跳本侧

Ⅱ段时间定值：$T_3 = 10(\text{s})$　　作用：退出

6）校核本侧出线末端故障灵敏度（电流定值）

校核本侧捞凤余Ⅰ线末端故障灵敏度（电流定值）

$$I_{dz2} \leqslant I_{dmin}/I_{dz} = 3141.18/1446.56 = 2.17$$

$I_{dmin} = 3141.18$　大方式，余家湾变，开环支路：余黑Ⅰ线，余洲Ⅰ线；在捞凤余Ⅰ线的捞刀河变电站110kVⅠ母线侧发生两相相间短路

$K_{lm} = 2.17 \geqslant 1.2$，满足灵敏性要求；

校核本侧余桂营建芙Ⅰ线-余末端故障灵敏度（电流定值）

$$I_{dz2} \leqslant I_{dmin}/I_{dz} = 3572.93/1446.56 = 2.47$$

$I_{dmin}$=3572.93　大方式，余家湾变，开环支路：余黑Ⅰ线，余洲Ⅰ线；在余桂营建芙Ⅰ线-芙的芙蓉变电站110kVⅡ母线侧发生两相相间短路

$K_{lm}$=2.47≥1.2，满足灵敏性要求；

校核本侧余桂营建芙Ⅱ线-余末端故障灵敏度（电流定值）

$$I_{dz2} \leqslant I_{dmin}/I_{dz} = 3545.41/1446.56 = 2.45$$

$I_{dmin}$=3545.41　大方式，余家湾变，开环支路：余黑Ⅰ线，余洲Ⅰ线；在余桂营建芙Ⅱ线营侧的侧发生两相相间短路

$K_{lm}$=2.45≥1.2，满足灵敏性要求；

校核本侧捞凤余Ⅱ线末端故障灵敏度（电流定值）

$$I_{dz2} \leqslant I_{dmin}/I_{dz} = 3045.2/1446.56 = 2.11$$

$I_{dmin}$=3045.2　大方式，余家湾变，开环支路：余黑Ⅰ线，余洲Ⅰ线；在捞凤余Ⅱ线的捞刀河变电站110kVⅡ母线侧发生两相相间短路

$K_{lm}$=2.11≥1.2，满足灵敏性要求；

校核本侧捞霞桥凤余线-余侧末端故障灵敏度（电流定值）

$$I_{dz2} \leqslant I_{dmin}/I_{dz} = 1563.01/1446.56 = 1.08$$

$I_{dmin}$=1563.01　大方式，余家湾变，开环支路：余黑Ⅰ线，余洲Ⅰ线；在捞霞桥凤余线-桥侧的桥头驿变电站110kVⅠ母线侧发生两相相间短路

$K_{lm}$=1.08<1.2，不满足灵敏性要求；

校核本侧余桂营建芙Ⅲ线末端故障灵敏度（电流定值）

$$I_{dz2} \leqslant I_{dmin}/I_{dz} = 3534.45/1446.56 = 2.44$$

$I_{dmin}$=3534.45　大方式，余家湾变，开环支路：余黑Ⅰ线，余洲Ⅰ线；在余桂营建芙Ⅲ线的芙蓉变电站110kVⅠ母线侧发生两相相间短路

$K_{lm}$=2.44≥1.2，满足灵敏性要求；

校核本侧余黑Ⅱ线末端故障灵敏度（电流定值）

$$I_{dz2} \leqslant I_{dmin}/I_{dz} = 4260.41/1446.56 = 2.95$$

$I_{dmin}$=4260.41　大方式，余家湾变，开环支路：余黑Ⅰ线，余洲Ⅰ线；在余黑Ⅱ线的黑石渡变电站110kV母线Ⅱ侧发生两相相间短路

$K_{lm}$=2.95≥1.2，满足灵敏性要求；

校核本侧余黑Ⅰ线末端故障灵敏度（电流定值）

$$I_{dz2} \leqslant I_{dmin}/I_{dz} = 4276.51/1446.56 = 2.96$$

$I_{dmin}$=4276.51 大方式，余家湾变，开环支路：余洲Ⅱ线，余黑Ⅱ线；在余黑Ⅰ线的黑石渡变电站 110kV 母线Ⅰ侧发生两相相间短路

$K_{lm}$=2.96≥1.2，满足灵敏性要求；

校核本侧余洲Ⅰ线末端故障灵敏度（电流定值）

$$I_{dz2} \leqslant I_{dmin}/I_{dz} = 4441.8/1446.56 = 3.07$$

$I_{dmin}$=4441.8 大方式，余家湾变，开环支路：余洲Ⅱ线，余黑Ⅱ线；在余洲Ⅰ线的三角洲变电站 110kV 母线Ⅱ侧发生两相相间短路

$K_{lm}$=3.07≥1.2，满足灵敏性要求；

校核本侧余洲Ⅱ线末端故障灵敏度（电流定值）

$$I_{dz2} \leqslant I_{dmin}/I_{dz} = 4408.29/1446.56 = 3.05$$

$I_{dmin}$=4408.29 大方式，余家湾变，开环支路：余黑Ⅰ线，余洲Ⅰ线；在余洲Ⅱ线的三角洲变电站 110kV 母线Ⅲ侧发生两相相间短路

$K_{lm}$=3.05≥1.2，满足灵敏性要求；

校核本侧余盛Ⅱ线末端故障灵敏度（电流定值）

$$I_{dz2} \leqslant I_{dmin}/I_{dz} = 4540.27/1446.56 = 3.14$$

$I_{dmin}$=4540.27 大方式，余家湾变，开环支路：余黑Ⅰ线，余洲Ⅰ线；在余盛Ⅱ线的侧发生两相相间短路

$K_{lm}$=3.14≥1.2，满足灵敏性要求；

校核本侧余盛Ⅰ线末端故障灵敏度（电流定值）

$$I_{dz2} \leqslant I_{dmin}/I_{dz} = 4537/1446.56 = 3.14$$

$I_{dmin}$=4537 大方式，余家湾变，开环支路：余黑Ⅰ线，余洲Ⅰ线；在余盛Ⅰ线的侧发生两相相间短路

$K_{lm}$=3.14≥1.2，满足灵敏性要求；

7）校验本侧出线末端故障灵敏度（低压元件）

校验本侧捞风余Ⅰ线末端故障灵敏度（低压元件）

$$U_{dy2} \geqslant U_{dy}/U_{Amax} = 84700/(51.75 \times 1000) = 1.64$$

$U_{Amax}$=51.75 大方式，余家湾变，开环支路：余洲Ⅱ线，余黑Ⅱ线；在捞风余Ⅰ线的捞刀河变电站 110kVⅠ母线侧发生单相接地短路

$K_{lm}=1.64\geqslant1.2$，满足灵敏性要求；

校验本侧余桂营建芙Ⅰ线-余末端故障灵敏度（低压元件）

$$U_{dy2}\geqslant U_{dy}/U_{Amax}=84700/(45.88\times1000)=1.85$$

$U_{Amax}=45.88$　大方式，余家湾变，开环支路：余洲Ⅱ线，余黑Ⅱ线；在余桂营建芙Ⅰ线营侧的侧发生单相接地短路

$K_{lm}=1.85\geqslant1.2$，满足灵敏性要求；

校验本侧余桂营建芙Ⅱ线-余末端故障灵敏度（低压元件）

$$U_{dy2}\geqslant U_{dy}/U_{Amax}=84700/(45.37\times1000)=1.87$$

$U_{Amax}=45.37$　大方式，余家湾变，开环支路：余洲Ⅱ线，余黑Ⅱ线；在余桂营建芙Ⅱ线-芙的芙蓉变电站110kVⅠ母线侧发生单相接地短路

$K_{lm}=1.87\geqslant1.2$，满足灵敏性要求；

校验本侧捞凤余Ⅱ线末端故障灵敏度（低压元件）

$$U_{dy2}\geqslant U_{dy}/U_{Amax}=84700/(51.7\times1000)=1.64$$

$U_{Amax}=51.7$　大方式，余家湾变，开环支路：余洲Ⅱ线，余黑Ⅱ线；在捞凤余Ⅱ线的捞刀河变电站110kVⅡ母线侧发生单相接地短路

$K_{lm}=1.64\geqslant1.2$，满足灵敏性要求；

校验本侧捞霞桥凤余线-余侧末端故障灵敏度（低压元件）

$$U_{dy2}\geqslant U_{dy}/U_{Amax}=84700/(58.94\times1000)=1.44$$

$U_{Amax}=58.94$　大方式，余家湾变，开环支路：余洲Ⅱ线，余黑Ⅱ线；在捞霞桥凤余线-桥侧的桥头驿变电站110kVⅠ母线侧发生单相接地短路

$K_{lm}=1.44\geqslant1.2$，满足灵敏性要求；

校验本侧余桂营建芙Ⅲ线末端故障灵敏度（低压元件）

$$U_{dy2}\geqslant U_{dy}/U_{Amax}=84700/(45.88\times1000)=1.85$$

$U_{Amax}=45.88$　大方式，余家湾变，开环支路：余洲Ⅱ线，余黑Ⅱ线；在余桂营建芙Ⅲ线的营盘变电站110kVⅠ母线侧发生单相接地短路

$K_{lm}=1.85\geqslant1.2$，满足灵敏性要求；

校验本侧余黑Ⅱ线末端故障灵敏度（低压元件）

$$U_{dy2}\geqslant U_{dy}/U_{Amax}=84700/(44.06\times1000)=1.92$$

$U_{Amax}=44.06$　大方式，余家湾变，开环支路：余黑Ⅰ线，余洲Ⅰ线；在余黑Ⅱ线的黑

石渡变电站 110kV 母线Ⅱ侧发生单相接地短路

$K_{lm}$=1.92≥1.2，满足灵敏性要求；

校验本侧余黑Ⅰ线末端故障灵敏度（低压元件）

$$U_{dy2} \geqslant U_{dy}/U_{Amax} = 84700/(43.63 \times 1000) = 1.94$$

$U_{Amax}$=43.63　大方式，余家湾变，开环支路：余洲Ⅱ线，余黑Ⅱ线；在余黑Ⅰ线的黑石渡变电站 110kV 母线Ⅰ侧发生单相接地短路

$K_{lm}$=1.94≥1.2，满足灵敏性要求；

校验本侧余洲Ⅰ线末端故障灵敏度（低压元件）

$$U_{dy2} \geqslant U_{dy}/U_{Amax} = 84700/(41.08 \times 1000) = 2.06$$

$U_{Amax}$=41.08　大方式，余家湾变，开环支路：余洲Ⅱ线，余黑Ⅱ线；在余洲Ⅰ线的三角洲变电站 110kV 母线Ⅱ侧发生单相接地短路

$K_{lm}$=2.06≥1.2，满足灵敏性要求；

校验本侧余洲Ⅱ线末端故障灵敏度（低压元件）

$$U_{dy2} \geqslant U_{dy}/U_{Amax} = 84700/(41.19 \times 1000) = 2.06$$

$U_{Amax}$=41.19　大方式，余家湾变，开环支路：余黑Ⅰ线，余洲Ⅰ线；在余洲Ⅱ线的三角洲变电站 110kV 母线Ⅲ侧发生单相接地短路

$K_{lm}$=2.06≥1.2，满足灵敏性要求；

校验本侧余盛Ⅱ线末端故障灵敏度（低压元件）

$$U_{dy2} \geqslant U_{dy}/U_{Amax} = 84700/(40.26 \times 1000) = 2.1$$

$U_{Amax}$=40.26　大方式，余家湾变，开环支路：余洲Ⅱ线，余黑Ⅱ线；在余盛Ⅱ线的侧发生单相接地短路

$K_{lm}$=2.1≥1.2，满足灵敏性要求；

校验本侧余盛Ⅰ线末端故障灵敏度（低压元件）

$$U_{dy2} \geqslant U_{dy}/U_{Amax} = 84700/(41.08 \times 1000) = 2.06$$

$U_{Amax}$=41.08　大方式，余家湾变，开环支路：余洲Ⅱ线，余黑Ⅱ线；在余盛Ⅰ线的侧发生单相接地短路

$K_{lm}$=2.06≥1.2，满足灵敏性要求；

8）校验本侧出线末端故障灵敏度（负压元件）

校验本侧捞风余Ⅰ线末端故障灵敏度（负压元件）

$$U_{22} \geqslant U_{2min}/U_2 = 9.32 \times 1000/7260 = 1.28$$

$U_{2min}$＝9.32 大方式，余家湾变，开环支路：余洲Ⅱ线，余黑Ⅱ线；在捞凤余Ⅰ线的捞刀河变电站110kVⅠ母线侧发生单相接地短路

$K_{lm}$＝1.28≥1.2，满足灵敏性要求；

校验本侧余桂营建芙Ⅰ线-余末端故障灵敏度（负压元件）

$$U_{22} \geqslant U_{2min}/U_2 = 13.37 \times 1000/7260 = 1.84$$

$U_{2min}$＝13.37 大方式，余家湾变，开环支路：余洲Ⅱ线，余黑Ⅱ线；在余桂营建芙Ⅰ线营侧的侧发生单相接地短路

$K_{lm}$＝1.84≥1.2，满足灵敏性要求；

校验本侧余桂营建芙Ⅱ线-余末端故障灵敏度（负压元件）

$$U_{22} \geqslant U_{2min}/U_2 = 13.65 \times 1000/7260 = 1.88$$

$U_{2min}$＝13.65 大方式，余家湾变，开环支路：余洲Ⅱ线，余黑Ⅱ线；在余桂营建芙Ⅱ线营侧的侧发生单相接地短路

$K_{lm}$＝1.88≥1.2，满足灵敏性要求；

校验本侧捞凤余Ⅱ线末端故障灵敏度（负压元件）

$$U_{22} \geqslant U_{2min}/U_2 = 9.26 \times 1000/7260 = 1.28$$

$U_{2min}$＝9.26 大方式，余家湾变，开环支路：余洲Ⅱ线，余黑Ⅱ线；在捞凤余Ⅱ线的捞刀河变电站110kVⅡ母线侧发生单相接地短路

$K_{lm}$＝1.28≥1.2，满足灵敏性要求；

校验本侧捞霞桥凤余线-余侧末端故障灵敏度（负压元件）

$$U_{22} \geqslant U_{2min}/U_2 = 4.46 \times 1000/7260 = 0.61$$

$U_{2min}$＝4.46 大方式，余家湾变，开环支路：余洲Ⅱ线，余黑Ⅱ线；在捞霞桥凤余线-桥侧的桥头驿变电站110kVⅠ母线侧发生单相接地短路

$K_{lm}$＝0.61＜1.2，不满足灵敏性要求；

校验本侧余桂营建芙Ⅲ线末端故障灵敏度（负压元件）

$$U_{22} \geqslant U_{2min}/U_2 = 13.41 \times 1000/7260 = 1.85$$

$U_{2min}$＝13.41 大方式，余家湾变，开环支路：余洲Ⅱ线，余黑Ⅱ线；在余桂营建芙Ⅲ线的营盘变电站110kVⅠ母线侧发生单相接地短路

$K_{lm}$＝1.85≥1.2，满足灵敏性要求；

校验本侧余黑Ⅱ线末端故障灵敏度（负压元件）

$$U_{22} \geqslant U_{2min}/U_2 = 14.58 \times 1000/7260 = 2.01$$

$U_{2min}$=14.58　大方式，余家湾变，开环支路：余黑Ⅰ线，余洲Ⅰ线；在余黑Ⅱ线的黑石渡变电站 110kV 母线Ⅱ侧发生单相接地短路

$K_{lm}$=2.01≥1.2，满足灵敏性要求；

校验本侧余黑Ⅰ线末端故障灵敏度（负压元件）

$$U_{22} \geqslant U_{2min}/U_2 = 15.05 \times 1000/7260 = 2.07$$

$U_{2min}$=15.05　大方式，余家湾变，开环支路：余洲Ⅱ线，余黑Ⅱ线；在余黑Ⅰ线的黑石渡变电站 110kV 母线Ⅰ侧发生单相接地短路

$K_{lm}$=2.07≥1.2，满足灵敏性要求；

校验本侧余洲Ⅰ线末端故障灵敏度（负压元件）

$$U_{22} \geqslant U_{2min}/U_2 = 17.56 \times 1000/7260 = 2.42$$

$U_{2min}$=17.56　大方式，余家湾变，开环支路：余洲Ⅱ线，余黑Ⅱ线；在余洲Ⅰ线的三角洲变电站 110kV 母线Ⅱ侧发生单相接地短路

$K_{lm}$=2.42≥1.2，满足灵敏性要求；

校验本侧余洲Ⅱ线末端故障灵敏度（负压元件）

$$U_{22} \geqslant U_{2min}/U_2 = 17.45 \times 1000/7260 = 2.4$$

$U_{2min}$=17.45　大方式，余家湾变，开环支路：余黑Ⅰ线，余洲Ⅰ线；在余洲Ⅱ线的三角洲变电站 110kV 母线Ⅲ侧发生单相接地短路

$K_{lm}$=2.4≥1.2，满足灵敏性要求；

校验本侧余盛Ⅱ线末端故障灵敏度（负压元件）

$$U_{22} \geqslant U_{2min}/U_2 = 18.72 \times 1000/7260 = 2.58$$

$U_{2min}$=18.72　小方式，余家湾变，开环支路：余洲Ⅱ线，余黑Ⅱ线；在余盛Ⅱ线的侧发生两相接地短路

$K_{lm}$=2.58≥1.2，满足灵敏性要求；

校验本侧余盛Ⅰ线末端故障灵敏度（负压元件）

$$U_{22} \geqslant U_{2min}/U_2 = 18.08 \times 1000/7260 = 2.49$$

$U_{2min}$=18.08　大方式，余家湾变，开环支路：余洲Ⅱ线，余黑Ⅱ线；在余盛Ⅰ线的侧发生单相接地短路

$K_{lm}=2.49\geqslant 1.2$，满足灵敏性要求；

(2) 中压侧复闭过流Ⅲ段。

TV 变比：110000/100V　TA 变比：1600/1A

详细计算过程如下：

1) 取本侧保护复压闭锁方向过流保护电流定值

$$I_{dz3} \geqslant I'_{dz2} = 1446.56 = 1446.56$$

2) 取本侧保护复压闭锁方向过流保护低电压定值

$$U_{dy3} = U'_{dy} = 84700 = 84700$$

3) 取本侧保护复压闭锁方向过流保护负序电压定值

$$U_{23} = U'_2 = 7260 = 7260$$

4) 2 时限取高压侧复压闭锁过流保护 2 时限

与余家湾变电站 1 号变压器复闭过流保护Ⅲ段配合

$$T_2 \geqslant I'_{dz} = 4.2 = 4.2$$

定值区间：$I_{dz3}\geqslant 1446.56$

取值规则：取下限值

$$I_{dz3} = 1446.56\text{A}$$

时间区间：$0.6\leqslant T_1\leqslant 99$

$$T_1 = 10\text{s}$$

$$U_{dy3} = 84700\text{V}$$

$$U_{23} = 7260\text{V}$$

复闭过流Ⅲ段整定结果：

Ⅲ段定值：$I_{dz3}=1446.56(\text{A})$

Ⅲ段二次值：$I'_{dz3} = I_{dz3}/\text{TA} = 1446.56/(1600/1) = 0.9(\text{A})$

Ⅲ段低电压定值：$U_{dy3}=84700(\text{V})$

Ⅲ段低电压二次值：$U'_{dy3} = U_{dy3}/\text{TV} = 84700/(110000/100) = 77(\text{V})$

Ⅲ段负序电压定值：$U_{23}=7260(\text{V})$

Ⅲ段负序电压二次值：$U'_{23} = U_{23}/\text{TV} = 7260/(110000/100) = 6.6(\text{V})$

Ⅲ段时间定值：$T_1=10(\text{s})$　　作用：退出

Ⅲ段时间定值：$T_2=4.2(\text{s})$　　作用：跳各侧

Ⅲ段时间定值：$T_3$=10(s)　作用：退出

5）校核低压侧母线故障灵敏度（电流定值）

校核低压侧母线故障灵敏度（电流定值）

$$K_{lm} \leqslant I_{dmin}/I_{dz} = 606.47/1446.56 = 0.42$$

$I_{dmin}$=606.47　大方式，余家湾变，开环支路：余黑Ⅰ线，余洲Ⅰ线；在余家湾变电站1号变压器的低压侧发生三相相间短路

$K_{lm}$=0.42<1.3，不满足灵敏性要求；

（3）中压侧零序电流Ⅰ段

TV变比：110000/100V　TA变比：1600/1A

详细计算过程如下：

1）按保证本侧母线金属性接地短路故障时有规定的灵敏度

$$I_{dz01} \leqslant 3 \times I_{d0min}/K_{lm} = 3 \times 2661.97/1.5 = 5323.94$$

$I_{d0min}$=2661.97　小方式，余家湾变，开环支路：余黑Ⅰ线，余洲Ⅰ线；在余家湾变电站1号变压器的中压侧发生单相接地短路

2）与中压侧出线零序电流末段配合

与捞凤余Ⅰ线零序过流Ⅲ段配合

$$I_{dz01} \geqslant K_k \times K_{fzmax} \times I'_{dz04} = 1.1 \times 1 \times 300 = 330$$

$$T_1 \geqslant T' + \Delta t = 2.7 + 0.3 = 3s$$

$K_{fzmax}$=1　小方式，余家湾变，开环支路：余洲Ⅱ线，余黑Ⅱ线；在捞凤余Ⅰ线的捞刀河变电站110kVⅠ母线侧跳开，跳开处发生故障

与余桂营建芙Ⅰ线-余零序过流Ⅲ段配合

$$I_{dz01} \geqslant K_k \times K_{fzmax} \times I'_{dz04} = 1.1 \times 1 \times 1800 = 1980$$

$$T_1 \geqslant T' + \Delta t = 0.6 + 0.3 = 0.9s$$

$K_{fzmax}$=1　小方式，余家湾变，开环支路：余洲Ⅱ线，余黑Ⅱ线；在余桂营建芙Ⅰ线-桂的侧发生故障

与余桂营建芙Ⅱ线-余零序过流Ⅲ段配合

$$I_{dz01} \geqslant K_k \times K_{fzmax} \times I'_{dz04} = 1.1 \times 1 \times 1800 = 1980$$

$$T_1 \geqslant T' + \Delta t = 0.6 + 0.3 = 0.9s$$

$K_{fzmax}$=1　小方式，余家湾变，开环支路：余洲Ⅱ线，余黑Ⅱ线；在余桂营建芙Ⅱ线-建

的侧跳开，跳开处发生故障

与捞凤余Ⅱ线零序过流Ⅲ段配合

$$I_{dz01} \geqslant K_k \times K_{fzmax} \times I'_{dz04} = 1.1 \times 1 \times 300 = 330$$

$$T_1 \geqslant T' + \Delta t = 2.7 + 0.3 = 3s$$

$K_{fzmax}=1$　小方式，余家湾变，开环支路：余洲Ⅱ线，余黑Ⅱ线；在捞凤余Ⅱ线的侧跳开，跳开处发生故障

与捞霞桥凤余线-余侧零序过流Ⅲ段配合

$$I_{dz01} \geqslant K_k \times K_{fzmax} \times I'_{dz04} = 1.1 \times 1 \times 1099.08 = 1208.99$$

$$T_1 \geqslant T' + \Delta t = 0.3 + 0.3 = 0.6s$$

$K_{fzmax}=1$　小方式，余家湾变，开环支路：余洲Ⅱ线，余黑Ⅱ线；在捞霞桥凤余线-凤侧的侧跳开，跳开处发生故障

与余桂营建芙Ⅲ线零序过流Ⅲ段配合

$$I_{dz01} \geqslant K_k \times K_{fzmax} \times I'_{dz04} = 1.1 \times 1 \times 270 = 297$$

$$T_1 \geqslant T' + \Delta t = 2.9 + 0.3 = 3.2s$$

$K_{fzmax}=1$　小方式，余家湾变，开环支路：余洲Ⅱ线，余黑Ⅱ线；在余桂营建芙Ⅲ线的营盘变电站110kVⅠ母线侧跳开，跳开处发生故障

与余黑Ⅱ线零序过流Ⅲ段配合

$$I_{dz01} \geqslant K_k \times K_{fzmax} \times I'_{dz04} = 1.1 \times 1 \times 1680 = 1848$$

$$T_1 \geqslant T' + \Delta t = 0.3 + 0.3 = 0.6s$$

$K_{fzmax}=1$　小方式，余家湾变，开环支路：余黑Ⅰ线，余洲Ⅰ线；在余黑Ⅱ线的黑石渡变电站110kV母线Ⅱ侧发生故障

与余黑Ⅰ线零序过流Ⅲ段配合

$$I_{dz01} \geqslant K_k \times K_{fzmax} \times I'_{dz04} = 1.1 \times 1 \times 1680 = 1848$$

$$T_1 \geqslant T' + \Delta t = 0.3 + 0.3 = 0.6s$$

$K_{fzmax}=1$　小方式，余家湾变，开环支路：余洲Ⅱ线，余黑Ⅱ线；在余黑Ⅰ线的黑石渡变电站110kV母线Ⅰ侧发生故障

与余洲Ⅰ线零序过流Ⅲ段配合

$$I_{dz01} \geqslant K_k \times K_{fzmax} \times I'_{dz04} = 1.1 \times 1 \times 1800 = 1980$$

$$T_1 \geqslant T' + \Delta t = 0.6 + 0.3 = 0.9s$$

$K_{fzmax}=1$　小方式，余家湾变，开环支路：余洲Ⅱ线，余黑Ⅱ线；在余洲Ⅰ线的三角洲变电站110kV母线Ⅱ侧跳开，跳开处发生故障

与余洲Ⅱ线零序过流Ⅲ段配合

$$I_{dz01} \geqslant K_k \times K_{fzmax} \times I'_{dz04} = 1.1 \times 1 \times 1800 = 1980$$

$$T_1 \geqslant T' + \Delta t = 0.6 + 0.3 = 0.9s$$

$K_{fzmax}=1$　小方式，余家湾变，开环支路：余黑Ⅰ线，余洲Ⅰ线；在余洲Ⅱ线的三角洲变电站110kV母线Ⅲ侧跳开，跳开处发生故障

定值区间：$1980 \leqslant I_{dz01} \leqslant 5323.94$

取值规则：按选择性较好取值

$$I_{dz01} = 5323.94A$$

时间区间：$3.2 \leqslant T_1 \leqslant 99$

$$T_1 = 3.2s$$

零序电流Ⅰ段整定结果：

Ⅰ段定值：$I_{dz01}=5323.94$(A)

Ⅰ段二次值：$I'_{dz01} = I_{dz01}/TA = 5323.94/(1600/1) = 3.33$(A)

Ⅰ段时间定值：$T_1=3.2$(s)　　作用：跳母联（分段）

Ⅰ段时间定值：$T_2=3.5$(s)　　作用：跳本侧

Ⅰ段时间定值：$T_3=10$(s)　　作用：退出

3）校验中压侧出线末端接地故障灵敏度

校验中压侧捞凤余Ⅰ线末端接地故障灵敏度

$$K_{lm} \geqslant 3 \times I_{d0min}/I_{dz01} = 3 \times 1488.31/5323.94 = 0.84$$

$I_{d0min}=1488.31$　小方式，余家湾变，开环支路：余黑Ⅰ线，余洲Ⅰ线；在捞凤余Ⅰ线的捞刀河变电站110kVⅠ母线侧发生两相接地短路

$K_{lm}=0.84<1.2$，不满足灵敏性要求；

校验中压侧余桂营建芙Ⅰ线-余末端接地故障灵敏度

$$K_{lm} \geqslant 3 \times I_{d0min}/I_{dz01} = 3 \times 2083.9/5323.94 = 1.17$$

$I_{d0min}=2083.9$　小方式，余家湾变，开环支路：余黑Ⅰ线，余洲Ⅰ线；在余桂营建芙Ⅰ线营侧的侧发生单相接地短路

$K_{lm}=1.17<1.2$，不满足灵敏性要求；

校验中压侧余桂营建芙Ⅱ线-余末端接地故障灵敏度

$$K_{lm} \geqslant 3 \times I_{d0min}/I_{dz01} = 3 \times 2109.29/5323.94 = 1.19$$

$I_{d0min}$=2109.29　小方式，余家湾变，开环支路：余黑Ⅰ线，余洲Ⅰ线；在余桂营建芙Ⅱ线营侧的侧发生单相接地短路

$K_{lm}$=1.19<1.2，不满足灵敏性要求；

校验中压侧捞凤余Ⅱ线末端接地故障灵敏度

$$K_{lm} \geqslant 3 \times I_{d0min}/I_{dz01} = 3 \times 1496.72/5323.94 = 0.84$$

$I_{d0min}$=1496.72　小方式，余家湾变，开环支路：余黑Ⅰ线，余洲Ⅰ线；在捞凤余Ⅱ线的捞刀河变电站110kVⅡ母线侧发生两相接地短路

$K_{lm}$=0.84<1.2，不满足灵敏性要求；

校验中压侧捞霞桥凤余线-余侧末端接地故障灵敏度

$$K_{lm} \geqslant 3 \times I_{d0min}/I_{dz01} = 3 \times 806.54/5323.94 = 0.45$$

$I_{d0min}$=806.54　小方式，余家湾变，开环支路：余黑Ⅰ线，余洲Ⅰ线；在捞霞桥凤余线-桥侧的桥头驿变电站110kVⅠ母线侧发生两相接地短路

$K_{lm}$=0.45<1.2，不满足灵敏性要求；

校验中压侧余桂营建芙Ⅲ线末端接地故障灵敏度

$$K_{lm} \geqslant 3 \times I_{d0min}/I_{dz01} = 3 \times 2099.47/5323.94 = 1.18$$

$I_{d0min}$=2099.47　小方式，余家湾变，开环支路：余黑Ⅰ线，余洲Ⅰ线；在余桂营建芙Ⅲ线的营盘变电站110kVⅠ母线侧发生单相接地短路

$K_{lm}$=1.18<1.2，不满足灵敏性要求；

校验中压侧余黑Ⅱ线末端接地故障灵敏度

$$K_{lm} \geqslant 3 \times I_{d0min}/I_{dz01} = 3 \times 2160.16/5323.94 = 1.22$$

$I_{d0min}$=2160.16　小方式，余家湾变，开环支路：余黑Ⅰ线，余洲Ⅰ线；在余黑Ⅱ线的黑石渡变电站110kV母线Ⅱ侧发生两相接地短路

$K_{lm}$=1.22≥1.2，满足灵敏性要求；

校验中压侧余黑Ⅰ线末端接地故障灵敏度

$$K_{lm} \geqslant 3 \times I_{d0min}/I_{dz01} = 3 \times 2229.43/5323.94 = 1.26$$

$I_{d0min}$=2229.43　小方式，余家湾变，开环支路：余洲Ⅱ线，余黑Ⅱ线；在余黑Ⅰ线的黑石渡变电站110kV母线Ⅰ侧发生两相接地短路

$K_{lm}=1.26\geqslant1.2$，满足灵敏性要求；

校验中压侧余洲Ⅰ线末端接地故障灵敏度

$$K_{lm}\geqslant 3\times I_{d0min}/I_{dz01}=3\times 2422.61/5323.94=1.37$$

$I_{d0min}=2422.61$　小方式，余家湾变，开环支路：余洲Ⅱ线，余黑Ⅱ线；在余洲Ⅰ线的三角洲变电站110kV母线Ⅱ侧发生单相接地短路

$K_{lm}=1.37\geqslant1.2$，满足灵敏性要求；

校验中压侧余洲Ⅱ线末端接地故障灵敏度

$$K_{lm}\geqslant 3\times I_{d0min}/I_{dz01}=3\times 2415.33/5323.94=1.36$$

$I_{d0min}=2415.33$　小方式，余家湾变，开环支路：余黑Ⅰ线，余洲Ⅰ线；在余洲Ⅱ线的三角洲变电站110kV母线Ⅲ侧发生单相接地短路

$K_{lm}=1.36\geqslant1.2$，满足灵敏性要求；

校验中压侧余盛Ⅱ线末端接地故障灵敏度

$$K_{lm}\geqslant 3\times I_{d0min}/I_{dz01}=3\times 2504.01/5323.94=1.41$$

$I_{d0min}=2504.01$　小方式，余家湾变，开环支路：余黑Ⅰ线，余洲Ⅰ线；在余盛Ⅱ线的侧发生单相接地短路

$K_{lm}=1.41\geqslant1.2$，满足灵敏性要求；

校验中压侧余盛Ⅰ线末端接地故障灵敏度

$$K_{lm}\geqslant 3\times I_{d0min}/I_{dz01}=3\times 2455.8/5323.94=1.38$$

$I_{d0min}=2455.8$　小方式，余家湾变，开环支路：余黑Ⅰ线，余洲Ⅰ线；在余盛Ⅰ线的侧发生单相接地短路

$K_{lm}=1.38\geqslant1.2$，满足灵敏性要求；

（4）中压侧零序电流Ⅱ段

TV变比：110000/100V　TA变比：1600/1A

详细计算过程如下：

1）取零序方向过流保护定值

$$I_{dz02}\leqslant I=5323.94=5323.94$$

2）3时限取高压侧（中性点）零序过流保护动作2时限

3）与余家湾变电站1号变压器零序电流保护Ⅲ段配合

$$T_3\geqslant T'_{dz}=4.8=4.8$$

定值区间：$0 \leqslant I_{dz02} \leqslant 5323.94$

取值规则：取上限值

$$I_{dz02} = 5323.94\text{A}$$

时间区间：$0.3 \leqslant T_1 \leqslant 99$

$$T_1 = 10\text{s}$$

零序电流Ⅱ段整定结果：

Ⅱ段定值：$I_{dz02} = 5323.94(\text{A})$

Ⅱ段二次值：$I'_{dz02} = I_{dz02}/\text{TA} = 5323.94/(1600/1) = 3.33(\text{A})$

Ⅱ段时间定值：$T_1 = 10(\text{s})$　　作用：退出

Ⅱ段时间定值：$T_2 = 10(\text{s})$　　作用：退出

Ⅱ段时间定值：$T_3 = 4.8(\text{s})$　　作用：跳各侧

（5）中压侧零序电流Ⅲ段

TV 变比：110000/100V　TA 变比：600/1A

详细计算过程如下：

1）取零序方向过流保护定值

$$I_{dz03} \leqslant I = 5323.94 = 5323.94$$

2）3 时限取高压侧（中性点）零序过流保护动作 2 时限

3）与余家湾变电站 1 号变压器零序电流保护Ⅲ段配合

$$T_3 \geqslant T'_{dz} = 4.8 = 4.8$$

定值区间：$0 \leqslant I_{dz03} \leqslant 5323.94$

取值规则：取上限值

$$I_{dz03} = 5323.94\text{A}$$

时间区间：$0.6 \leqslant T_1 \leqslant 99$

$$T_1 = 10\text{s}$$

零序电流Ⅲ段整定结果：

Ⅲ段定值：$I_{dz03} = 5323.94(\text{A})$

Ⅲ段二次值：$I'_{dz03} = I_{dz03}/\text{TA} = 5323.94/(600/1) = 8.87(\text{A})$

Ⅲ段时间定值：$T_1 = 10(\text{s})$　　作用：退出

Ⅲ段时间定值：$T2 = 4.8(\text{s})$　　作用：跳各侧

Ⅲ段时间定值：$T_3 = 10(\text{s})$　　作用：退出

4. 低压侧后备保护定值

(1) 低压侧限时速断

TV 变比：10000/100V　TA 变比：4000/1A

详细计算过程如下：

1）按躲过变压器本侧额定电流整定

$$I_{dz1} \geqslant K_k \times I_e / K_f = 1.2 \times 6298.55/0.95 = 7956.06$$

2）按保变压器本侧母线故障有灵敏度整定

$$I_{dz1} \leqslant I_{dmin} / K_{lm} = 16519.06/1.5 = 11012.71$$

$I_{dmin}$=16519.06　小方式，余家湾变，开环支路：余黑Ⅰ线，余洲Ⅰ线；在余家湾变电站1号变压器的低压侧发生两相相间短路

3）与变压器本侧出线速断保护配合

与余线Ⅰ阶段电流Ⅰ段配合

$$I_{dz1} \geqslant K_{ph} \times K_{fz} \times I'_{dz} = 1.1 \times 1 \times 3000 = 3300$$

$$T_1 \geqslant T' + \Delta t = 0 + 0.3 = 0.3\text{s}$$

$K_{fz}$=1　小方式，余家湾变，开环支路：余洲Ⅱ线，余黑Ⅱ线；在余线Ⅰ的余家湾变电站10kV母线侧跳开，跳开处发生故障

4）时间上限额

$$T_1 \leqslant T = 0.6 = 0.6$$

定值区间：7956.06$\leqslant I_{dz1} \leqslant$11012.71

取值规则：按选择性较好取值

$$I_{dz1} = 11012.71\text{A}$$

时间区间：0.3$\leqslant T_1 \leqslant$0.6

$$T_1 = 0.3\text{s}$$

限时速断整定结果：

Ⅰ段定值：$I_{dz1}$=11012.71(A)

Ⅰ段二次值：$I'_{dz1} = I_{dz1}/\text{TA} = 11012.71/(4000/1) = 2.75(\text{A})$

Ⅰ段时间定值：$T_1$=0.3(s)　　作用：跳母联（分段）

Ⅰ段时间定值：$T_2$=0.6(s)　　作用：跳本侧

Ⅰ段时间定值：$T_3$=0.9(s)　　作用：跳各侧

(2) 低压侧复闭过流Ⅱ段

TV变比：10000/100V　TA变比：4000/1A

详细计算过程如下：

1）按躲过变压器本侧额定电流整定

$$I_{dz2} \geqslant K_k \times I_e / K_f = 1.2 \times 6298.55/0.95 = 7956.06$$

2）与本侧出线后备保护最长动作时限配合整定

与余线Ⅰ阶段电流Ⅲ段配合

$$T_1 \geqslant T_{line} + \Delta t = 1.5 + 0.3 = 1.8$$

$$T_1 \geqslant T' + \Delta t = 1.5 + 0.3 = 1.8s$$

3）低电压元件按规程整定（低压元件）

$$U_{dy2} = K_k \times U_e = 0.7 \times 11 \times 1000 = 7700$$

4）按躲过正常运行时出现的不平衡电压整定（负序电压）

$$U_{22} = K_k \times U_e = 0.06 \times 11 \times 1000 = 660$$

5）若上一级220kV线路距离Ⅲ段保护范围伸出变压器中低压侧时，取时间上限额

$$T_1 \leqslant T = 3.3 = 3.3$$

定值区间：$I_{dz2} \geqslant 7956.06$

取值规则：取下限值

$$I_{dz2} = 7956.06A$$

时间区间：$1.8 \leqslant T_1 \leqslant 3.3$

$$T_1 = 1.8s$$

$$U_{dy2} = 7700V$$

$$U_{22} = 660V$$

复闭过流Ⅱ段整定结果：

Ⅱ段定值：$I_{dz2} = 7956.06(A)$

Ⅱ段二次值：$I'_{dz2} = I_{dz2}/TA = 7956.06/(4000/1) = 1.99(A)$

Ⅱ段低电压定值：$U_{dy2} = 7700(V)$

Ⅱ段低电压二次值：$U'_{dy2} = U_{dy2}/TV = 7700/(10000/100) = 77(V)$

Ⅱ段负序电压定值：$U_{22} = 660(V)$

Ⅱ段负序电压二次值：$U'_{22} = U_{22}/TV = 660/(10000/100) = 6.6(V)$

Ⅱ段时间定值：$T_1=1.8(s)$　作用：跳母联（分段）

Ⅱ段时间定值：$T_2=2.1(s)$　作用：跳本侧

Ⅱ段时间定值：$T_3=2.4(s)$　作用：跳各侧

6）校核本侧出线末端故障灵敏度（电流定值）

校核本侧余线Ⅰ末端故障灵敏度（电流定值）

$$I_{dz2}\leqslant I_{dmin}/I_{dz}=2600.44/7956.06=0.33$$

$I_{dmin}=2600.44$　大方式，余家湾变，开环支路：余黑Ⅰ线，余洲Ⅰ线；在余线Ⅰ的余家湾变电站10kV5母线侧发生两相相间短路

$K_{lm}=0.33<1.2$，不满足灵敏性要求；

7）校验本侧出线末端故障灵敏度（低压元件）

校验本侧余线Ⅰ末端故障灵敏度（低压元件）

$$U_{dy2}\geqslant U_{dy}/U_{Amax}=7700/(6.06\times1000)=1.27$$

$U_{Amax}=6.06$　小方式，余家湾变，开环支路：余洲Ⅱ线，余黑Ⅱ线；在余线Ⅰ的余家湾变电站10kV5母线侧发生单相接地短路

$K_{lm}=1.27\geqslant1.2$，满足灵敏性要求；

8）校验本侧出线末端故障灵敏度（负压元件）

校验本侧余线Ⅰ末端故障灵敏度（负压元件）

$$U_{22}\geqslant U_{2min}/U_2=0.45\times1000/660=0.68$$

$U_{2min}=0.45$　大方式，余家湾变，开环支路：余洲Ⅱ线，余黑Ⅱ线；在余线Ⅰ的余家湾变电站10kV5母线侧发生两相相间短路

$K_{lm}=0.68<1.2$，不满足灵敏性要求。

（三）定值通知单

长沙电网继电保护定值通知单见表8-1。

**表8-1　长沙电网继电保护定值通知单**

编号：余家湾变电站-220kV1号变压器压器保护-WBH801T2DGG（A套）-202001

| 保护型号 | WBH-801T2-DG-G | | | | |
|---|---|---|---|---|---|
| 版本号 | V2.00 | 校验码 | D3FF | 程序生成时间 | 2015.12.01 |
| 变压器型号 | SFSZ-240000/220 | 容量（MVA） | 240/240/120 | 电压（kV） | 230/121/11 |
| $U_k$（%） | $U_{高-中}=13.15$　$U_{高-低}=61.32$　$U_{中-低}=47.7$ | | | | |
| 备注： | | | | | |

续表

| 整定： | | 审核： | | 批准： | | 日期： | 2020年9月3日 |
|---|---|---|---|---|---|---|---|
| 1 | 设备参数 | | | | | | |
| 序号 | 名称 | | | 单位 | 定值 | | 备注 |
| 1.01 | 被保护设备 | | | | 1号变压器 | | |
| 1.02 | 定值区号 | | | | 1 | | |
| 1.03 | 主变压器高中压侧额定容量 | | | MVA | 240 | | |
| 1.04 | 主变压器低压侧额定容量 | | | MVA | 120 | | |
| 1.05 | 中压侧接线方式钟点数 | | | | 12 | | |
| 1.06 | 低压侧接线方式钟点数 | | | | 11 | | |
| 1.07 | 高压侧额定电压 | | | kV | 230 | | |
| 1.08 | 中压侧额定电压 | | | kV | 121 | | |
| 1.09 | 低压侧额定电压 | | | kV | 11 | | |
| 1.10 | 高压侧TV一次值 | | | kV | 220 | | |
| 1.11 | 中压侧TV一次值 | | | kV | 110 | | |
| 1.12 | 低压侧TV一次值 | | | kV | 10 | | |
| 1.13 | 高压1侧TA一次值 | | | A | 1200 | | |
| 1.14 | 高压1侧TA二次值 | | | A | 1 | | |
| 1.15 | 高压2侧TA一次值 | | | A | 1200 | | |
| 1.16 | 高压2侧TA二次值 | | | A | 1 | | |
| 1.17 | 高压侧零序TA一次值 | | | A | 300 | | |
| 1.18 | 高压侧零序TA二次值 | | | A | 1 | | |
| 1.19 | 高压侧间隙TA一次值 | | | A | 150 | | |
| 1.20 | 高压侧间隙TA二次值 | | | A | 1 | | |
| 1.21 | 中压侧TA一次值 | | | A | 1600 | | |
| 1.22 | 中压侧TA二次值 | | | A | 1 | | |
| 1.23 | 中压侧零序TA一次值 | | | A | 600 | | |
| 1.24 | 中压侧零序TA二次值 | | | A | 1 | | |
| 1.25 | 中压侧间隙TA一次值 | | | A | 300 | | |
| 1.26 | 中压侧间隙TA二次值 | | | A | 1 | | |
| 1.27 | 低压1分支TA一次值 | | | A | 4000 | | |
| 1.28 | 低压1分支TA二次值 | | | A | 1 | | |
| 1.29 | 低压2分支TA一次值 | | | A | 4000 | | |
| 1.30 | 低压2分支TA二次值 | | | A | 1 | | |
| 2 | 差动保护定值 | | | | | | |
| 序号 | 名称 | | | 单位 | 定值 | | 备注 |
| 2.01 | 纵差差动速断电流定值 | | | $I_e$ | 5 | | |
| 2.02 | 纵差保护启动电流定值 | | | $I_e$ | 0.5 | | |
| 3 | 差动保护控制字 | | | | | | |
| 序号 | 名称 | | | 单位 | 定值 | | 备注 |
| 3.01 | 纵差差动速断 | | | | 1 | | |
| 3.02 | 纵差差动保护 | | | | 1 | | |
| 3.03 | TA断线闭锁差动保护 | | | | 0 | | |

续表

| 4 | 高压侧后备保护定值 | | | |
|---|---|---|---|---|
| 序号 | 名称 | 单位 | 定值 | 备注 |
| 4.01 | 高低电压闭锁定值 | V | 73.18 | |
| 4.02 | 高负序电压闭锁定值 | V | 3.62 | |
| 4.03 | 高复压过流Ⅰ段定值 | A | 20 | |
| 4.04 | 高复压过流Ⅰ段1时限 | s | 10 | |
| 4.05 | 高复压过流Ⅰ段2时限 | s | 10 | |
| 4.06 | 高复压过流Ⅰ段3时限 | s | 10 | |
| 4.07 | 高复压过流Ⅱ段定值 | A | 0.63 | |
| 4.08 | 高复压过流Ⅱ段1时限 | s | 10 | |
| 4.09 | 高复压过流Ⅱ段2时限 | s | 10 | |
| 4.10 | 高复压过流Ⅱ段3时限 | s | 3.9 | |
| 4.11 | 高复压过流Ⅲ段定值 | A | 0.63 | |
| 4.12 | 高复压过流Ⅲ段1时限 | s | 10 | |
| 4.13 | 高复压过流Ⅲ段2时限 | s | 4.2 | |
| 4.14 | 高零序过流Ⅰ段定值 | A | 0.46 | |
| 4.15 | 高零序过流Ⅰ段1时限 | s | 10 | |
| 4.16 | 高零序过流Ⅰ段2时限 | s | 10 | |
| 4.17 | 高零序过流Ⅰ段3时限 | s | 3.8 | |
| 4.18 | 高零序过流Ⅱ段定值 | A | 0.46 | |
| 4.19 | 高零序过流Ⅱ段1时限 | s | 10 | |
| 4.20 | 高零序过流Ⅱ段2时限 | s | 10 | |
| 4.21 | 高零序过流Ⅱ段3时限 | s | 4.8 | |
| 4.22 | 高零序过流Ⅲ段定值 | A | 1.83 | |
| 4.23 | 高零序过流Ⅲ段1时限 | s | 10 | |
| 4.24 | 高零序过流Ⅲ段2时限 | s | 4.8 | |
| 4.25 | 高间隙过流时间 | s | 1 | |
| 4.26 | 高零序过压时间 | s | 0.5 | |
| 5 | 高压侧后备保护控制字 | | | |
| 序号 | 名称 | 单位 | 定值 | 备注 |
| 5.01 | 高复压过流Ⅰ段带方向 | | 1 | |
| 5.02 | 高复压过流Ⅰ段指向母线 | | 0 | |
| 5.03 | 高复压过流Ⅰ段经复压闭锁 | | 1 | |
| 5.04 | 高复压过流Ⅱ段带方向 | | 1 | |
| 5.05 | 高复压过流Ⅱ段指向母线 | | 0 | |
| 5.06 | 高复压过流Ⅱ段经复压闭锁 | | 1 | |
| 5.07 | 高复压过流Ⅲ段经复压闭锁 | | 1 | |
| 5.08 | 高复压过流Ⅰ段1时限 | | 0 | |
| 5.09 | 高复压过流Ⅰ段2时限 | | 0 | |
| 5.10 | 高复压过流Ⅰ段3时限 | | 0 | |
| 5.11 | 高复压过流Ⅱ段1时限 | | 0 | |
| 5.12 | 高复压过流Ⅱ段2时限 | | 0 | |

续表

| 5 | 高压侧后备保护控制字 | | | |
|---|---|---|---|---|
| 序号 | 名称 | 单位 | 定值 | 备注 |
| 5.13 | 高复压过流Ⅱ段3时限 | | 1 | |
| 5.14 | 高复压过流Ⅲ段1时限 | | 0 | |
| 5.15 | 高复压过流Ⅲ段2时限 | | 1 | |
| 5.16 | 高零序过流Ⅰ段带方向 | | 1 | |
| 5.17 | 高零序过流Ⅰ段指向母线 | | 0 | |
| 5.18 | 高零序过流Ⅰ段采用自产零流 | | 1 | |
| 5.19 | 高零序过流Ⅱ段带方向 | | 0 | |
| 5.20 | 高零序过流Ⅱ段指向母线 | | 0 | |
| 5.21 | 高零序过流Ⅱ段采用自产零流 | | 1 | |
| 5.22 | 高零序过流Ⅲ段采用自产零流 | | 0 | |
| 5.23 | 高零序过流Ⅰ段1时限 | | 0 | |
| 5.24 | 高零序过流Ⅰ段2时限 | | 0 | |
| 5.25 | 高零序过流Ⅰ段3时限 | | 1 | |
| 5.26 | 高零序过流Ⅱ段1时限 | | 0 | |
| 5.27 | 高零序过流Ⅱ段2时限 | | 0 | |
| 5.28 | 高零序过流Ⅱ段3时限 | | 1 | |
| 5.29 | 高零序过流Ⅲ段1时限 | | 0 | |
| 5.30 | 高零序过流Ⅲ段2时限 | | 1 | |
| 5.31 | 高零序电压采用自产零压 | | 0 | |
| 5.32 | 高间隙过流 | | 1 | |
| 5.33 | 高零序过压 | | 1 | |
| 5.34 | 高压侧失灵经主变压器跳闸 | | 1 | |
| 6 | 中压侧后备保护定值 | | | |
| 序号 | 名称 | 单位 | 定值 | 备注 |
| 6.01 | 中低电压闭锁定值 | V | 77 | |
| 6.02 | 中负序电压闭锁定值 | V | 3.81 | |
| 6.03 | 中复压过流Ⅰ段定值 | A | 20 | |
| 6.04 | 中复压过流Ⅰ段1时限 | s | 10 | |
| 6.05 | 中复压过流Ⅰ段2时限 | s | 10 | |
| 6.06 | 中复压过流Ⅰ段3时限 | s | 10 | |
| 6.07 | 中复压过流Ⅱ段定值 | A | 0.9 | |
| 6.08 | 中复压过流Ⅱ段1时限 | s | 3.3 | |
| 6.09 | 中复压过流Ⅱ段2时限 | s | 3.6 | |
| 6.10 | 中复压过流Ⅱ段3时限 | s | 10 | |
| 6.11 | 中复压过流Ⅲ段定值 | A | 0.9 | |
| 6.12 | 中复压过流Ⅲ段1时限 | s | 10 | |
| 6.13 | 中复压过流Ⅲ段2时限 | s | 4.2 | |
| 6.14 | 中零序过流Ⅰ段定值 | A | 3.33 | |
| 6.15 | 中零序过流Ⅰ段1时限 | s | 3.2 | |
| 6.16 | 中零序过流Ⅰ段2时限 | s | 3.5 | |

续表

| 6 | 中压侧后备保护定值 | | | |
|---|---|---|---|---|
| 序号 | 名称 | 单位 | 定值 | 备注 |
| 6.17 | 中零序过流Ⅰ段3时限 | s | 10 | |
| 6.18 | 中零序过流Ⅱ段定值 | A | 3.33 | |
| 6.19 | 中零序过流Ⅱ段1时限 | s | 10 | |
| 6.20 | 中零序过流Ⅱ段2时限 | s | 10 | |
| 6.21 | 中零序过流Ⅱ段3时限 | s | 4.8 | |
| 6.22 | 中零序过流Ⅲ段定值 | A | 8.87 | |
| 6.23 | 中零序过流Ⅲ段1时限 | s | 10 | |
| 6.24 | 中零序过流Ⅲ段2时限 | s | 4.8 | |
| 6.25 | 中间隙过流1时限 | s | 3.6 | |
| 6.26 | 中间隙过流2时限 | s | 3.9 | |
| 6.27 | 中零序过压1时限 | s | 0.3 | |
| 6.28 | 中零序过压2时限 | s | 0.5 | |
| 7 | 中压侧后备保护控制字 | | | |
| 序号 | 名称 | 单位 | 定值 | 备注 |
| 7.01 | 中复压过流Ⅰ段带方向 | | 1 | |
| 7.02 | 中复压过流Ⅰ段指向母线 | | 1 | |
| 7.03 | 中复压过流Ⅰ段经复压闭锁 | | 1 | |
| 7.04 | 中复压过流Ⅱ段带方向 | | 1 | |
| 7.05 | 中复压过流Ⅱ段指向母线 | | 1 | |
| 7.06 | 中复压过流Ⅱ段经复压闭锁 | | 1 | |
| 7.07 | 中复压过流Ⅲ段经复压闭锁 | | 1 | |
| 7.08 | 中复压过流Ⅰ段1时限 | | 0 | |
| 7.09 | 中复压过流Ⅰ段2时限 | | 0 | |
| 7.10 | 中复压过流Ⅰ段3时限 | | 0 | |
| 7.11 | 中复压过流Ⅱ段1时限 | | 1 | |
| 7.12 | 中复压过流Ⅱ段2时限 | | 1 | |
| 7.13 | 中复压过流Ⅱ段3时限 | | 0 | |
| 7.14 | 中复压过流Ⅲ段1时限 | | 0 | |
| 7.15 | 中复压过流Ⅲ段2时限 | | 1 | |
| 7.16 | 中零序过流Ⅰ段带方向 | | 1 | |
| 7.17 | 中零序过流Ⅰ段指向母线 | | 1 | |
| 7.18 | 中零序过流Ⅰ段采用自产零流 | | 1 | |
| 7.19 | 中零序过流Ⅱ段带方向 | | 0 | |
| 7.20 | 中零序过流Ⅱ段指向母线 | | 1 | |
| 7.21 | 中零序过流Ⅱ段采用自产零流 | | 1 | |
| 7.22 | 中零序过流Ⅲ段采用自产零流 | | 0 | |
| 7.23 | 中零序过流Ⅰ段1时限 | | 1 | |
| 7.24 | 中零序过流Ⅰ段2时限 | | 1 | |
| 7.25 | 中零序过流Ⅰ段3时限 | | 0 | |
| 7.26 | 中零序过流Ⅱ段1时限 | | 0 | |
| 7.27 | 中零序过流Ⅱ段2时限 | | 0 | |

续表

| 7 | 中压侧后备保护控制字 | | | |
|---|---|---|---|---|
| 序号 | 名称 | 单位 | 定值 | 备注 |
| 7.28 | 中零序过流Ⅱ段3时限 | | 1 | |
| 7.29 | 中零序过流Ⅲ段1时限 | | 0 | |
| 7.30 | 中零序过流Ⅲ段2时限 | | 1 | |
| 7.31 | 中零序电压采用自产零压 | | 0 | |
| 7.32 | 中间隙过流1时限 | | 1 | |
| 7.33 | 中间隙过流2时限 | | 1 | |
| 7.34 | 中零序过压1时限 | | 1 | |
| 7.35 | 中零序过压2时限 | | 1 | |
| 7.36 | 中压侧失灵经主变压器跳闸 | | 0 | |
| 8 | 低压1分支后备保护定值 | | | |
| 序号 | 名称 | 单位 | 定值 | 备注 |
| 8.01 | 低1低电压闭锁定值 | V | 77 | |
| 8.02 | 低1负序电压闭锁定值 | V | 3.81 | |
| 8.03 | 低1复压过流Ⅰ段定值 | A | 2.75 | |
| 8.04 | 低1复压过流Ⅰ段1时限 | s | 0.3 | |
| 8.05 | 低1复压过流Ⅰ段2时限 | s | 0.6 | |
| 8.06 | 低1复压过流Ⅰ段3时限 | s | 0.9 | |
| 8.07 | 低1复压过流Ⅱ段定值 | A | 1.99 | |
| 8.08 | 低1复压过流Ⅱ段1时限 | s | 1.8 | |
| 8.09 | 低1复压过流Ⅱ段2时限 | s | 2.1 | |
| 8.10 | 低1复压过流Ⅱ段3时限 | s | 2.4 | |
| 9 | 低压1分支后备保护控制字 | | | |
| 序号 | 名称 | 单位 | 定值 | 备注 |
| 9.01 | 低1复压过流Ⅰ段带方向 | | 0 | |
| 9.02 | 低1复压过流Ⅰ段指向母线 | | 1 | |
| 9.03 | 低1复压过流Ⅰ段经复压闭锁 | | 0 | |
| 9.04 | 低1复压过流Ⅱ段经复压闭锁 | | 1 | |
| 9.05 | 低1复压过流Ⅰ段1时限 | | 1 | |
| 9.06 | 低1复压过流Ⅰ段2时限 | | 1 | |
| 9.07 | 低1复压过流Ⅰ段3时限 | | 1 | |
| 9.08 | 低1复压过流Ⅱ段1时限 | | 1 | |
| 9.09 | 低1复压过流Ⅱ段2时限 | | 1 | |
| 9.10 | 低1复压过流Ⅱ段3时限 | | 1 | |
| 9.11 | 低1零序过压告警 | | 1 | |
| 10 | 低压2分支后备保护定值 | | | |
| 序号 | 名称 | 单位 | 定值 | 备注 |
| 10.01 | 低2低电压闭锁定值 | V | 77 | |
| 10.02 | 低2负序电压闭锁定值 | V | 3.81 | |
| 10.03 | 低2复压过流Ⅰ段定值 | A | 20 | |
| 10.04 | 低2复压过流Ⅰ段1时限 | s | 10 | |
| 10.05 | 低2复压过流Ⅰ段2时限 | s | 10 | |

续表

| 10 | 低压 2 分支后备保护定值 | | | |
|---|---|---|---|---|
| 序号 | 名称 | 单位 | 定值 | 备注 |
| 10.06 | 低 2 复压过流Ⅰ段 3 时限 | s | 10 | |
| 10.07 | 低 2 复压过流Ⅱ段定值 | A | 20 | |
| 10.08 | 低 2 复压过流Ⅱ段 1 时限 | s | 10 | |
| 10.09 | 低 2 复压过流Ⅱ段 2 时限 | s | 10 | |
| 10.10 | 低 2 复压过流Ⅱ段 3 时限 | s | 10 | |
| 11 | 低压 2 分支后备保护控制字 | | | |
| 序号 | 名称 | 单位 | 定值 | 备注 |
| 11.01 | 低 2 复压过流Ⅰ段带方向 | | 0 | |
| 11.02 | 低 2 复压过流Ⅰ段指向母线 | | 1 | |
| 11.03 | 低 2 复压过流Ⅰ段经复压闭锁 | | 0 | |
| 11.04 | 低 2 复压过流Ⅱ段经复压闭锁 | | 0 | |
| 11.05 | 低 2 复压过流Ⅰ段 1 时限 | | 0 | |
| 11.06 | 低 2 复压过流Ⅰ段 2 时限 | | 0 | |
| 11.07 | 低 2 复压过流Ⅰ段 3 时限 | | 0 | |
| 11.08 | 低 2 复压过流Ⅱ段 1 时限 | | 0 | |
| 11.09 | 低 2 复压过流Ⅱ段 2 时限 | | 0 | |
| 11.10 | 低 2 复压过流Ⅱ段 3 时限 | | 0 | |
| 11.11 | 低 2 零序过压告警 | | 0 | |
| 12 | 自定义控制字 | | | |
| 序号 | 名称 | 单位 | 定值 | 备注 |
| 12.01 | 增量差动保护 | | 1 | |

| 13 | 跳闸矩阵定值 | | | | | | | | | | | | | | | | | |
|---|---|---|---|---|---|---|---|---|---|---|---|---|---|---|---|---|---|---|
| 序号 | 名称 | B15 | B14 | B13 | B12 | B11 | B10 | B9 | B8 | B7 | B6 | B5 | B4 | B3 | B2 | B1 | B0 | 定值 |
| | | 备用 | 跳闸备用4 | 跳闸备用3 | 跳闸备用2 | 跳闸备用1 | 闭锁低压2分支备自投 | 闭锁低压1分支备自投 | 闭锁中压侧备自投 | 跳低压2分段 | 跳低压2分支 | 跳低压1分段 | 跳低压1分支 | 跳中压侧母联 | 跳中压侧 | 跳高压侧母联 | 跳高压侧 | |
| 13.01 | 主保护 | 0 | 0 | 0 | 0 | 0 | 0 | 0 | 0 | 0 | 0 | 0 | 1 | 0 | 1 | 0 | 1 | 0015 |
| 13.02 | 高复压过流Ⅰ段 1 时限 | 0 | 0 | 0 | 0 | 0 | 0 | 0 | 0 | 0 | 0 | 0 | 0 | 0 | 0 | 0 | 0 | 0000 |
| 13.03 | 高复压过流Ⅰ段 2 时限 | 0 | 0 | 0 | 0 | 0 | 0 | 0 | 0 | 0 | 0 | 0 | 0 | 0 | 0 | 0 | 0 | 0000 |
| 13.04 | 高复压过流Ⅰ段 3 时限 | 0 | 0 | 0 | 0 | 0 | 0 | 0 | 0 | 0 | 0 | 0 | 0 | 0 | 0 | 0 | 0 | 0000 |
| 13.05 | 高复压过流Ⅱ段 1 时限 | 0 | 0 | 0 | 0 | 0 | 0 | 0 | 0 | 0 | 0 | 0 | 0 | 0 | 0 | 0 | 0 | 0000 |
| 13.06 | 高复压过流Ⅱ段 2 时限 | 0 | 0 | 0 | 0 | 0 | 0 | 0 | 0 | 0 | 0 | 0 | 0 | 0 | 0 | 0 | 0 | 0000 |
| 13.07 | 高复压过流Ⅱ段 3 时限 | 0 | 0 | 0 | 0 | 0 | 0 | 0 | 0 | 0 | 0 | 0 | 1 | 0 | 1 | 0 | 1 | 0015 |
| 13.08 | 高复压过流Ⅲ段 1 时限 | 0 | 0 | 0 | 0 | 0 | 0 | 0 | 0 | 0 | 0 | 0 | 0 | 0 | 0 | 0 | 0 | 0000 |
| 13.09 | 高复压过流Ⅲ段 2 时限 | 0 | 0 | 0 | 0 | 0 | 0 | 0 | 0 | 0 | 0 | 0 | 1 | 0 | 1 | 0 | 1 | 0015 |
| 13.10 | 高零序过流Ⅰ段 1 时限 | 0 | 0 | 0 | 0 | 0 | 0 | 0 | 0 | 0 | 0 | 0 | 0 | 0 | 0 | 0 | 0 | 0000 |
| 13.11 | 高零序过流Ⅰ段 2 时限 | 0 | 0 | 0 | 0 | 0 | 0 | 0 | 0 | 0 | 0 | 0 | 0 | 0 | 0 | 0 | 0 | 0000 |

续表

| 13.12 | 高零序过流Ⅰ段3时限 | 0 | 0 | 0 | 0 | 0 | 0 | 0 | 0 | 0 | 0 | 0 | 1 | 0 | 1 | 0 | 1 | 0015 |
|---|---|---|---|---|---|---|---|---|---|---|---|---|---|---|---|---|---|---|
| 13.13 | 高零序过流Ⅱ段1时限 | 0 | 0 | 0 | 0 | 0 | 0 | 0 | 0 | 0 | 0 | 0 | 0 | 0 | 0 | 0 | 0 | 0000 |
| 13.14 | 高零序过流Ⅱ段2时限 | 0 | 0 | 0 | 0 | 0 | 0 | 0 | 0 | 0 | 0 | 0 | 0 | 0 | 0 | 0 | 0 | 0000 |
| 13.15 | 高零序过流Ⅱ段3时限 | 0 | 0 | 0 | 0 | 0 | 0 | 0 | 0 | 0 | 0 | 0 | 1 | 0 | 1 | 0 | 1 | 0015 |
| 13.16 | 高零序过流Ⅲ段1时限 | 0 | 0 | 0 | 0 | 0 | 0 | 0 | 0 | 0 | 0 | 0 | 0 | 0 | 0 | 0 | 0 | 0000 |
| 13.17 | 高零序过流Ⅲ段2时限 | 0 | 0 | 0 | 0 | 0 | 0 | 0 | 0 | 0 | 0 | 0 | 1 | 0 | 1 | 0 | 1 | 0015 |
| 13.18 | 高间隙过流 | 0 | 0 | 0 | 0 | 0 | 0 | 0 | 0 | 0 | 0 | 0 | 1 | 0 | 1 | 0 | 1 | 0015 |
| 13.19 | 高零序过压 | 0 | 0 | 0 | 0 | 0 | 0 | 0 | 0 | 0 | 0 | 0 | 1 | 0 | 1 | 0 | 1 | 0015 |
| 13.20 | 高失灵联跳 | 0 | 0 | 0 | 0 | 0 | 0 | 0 | 0 | 0 | 0 | 0 | 1 | 0 | 1 | 0 | 1 | 0015 |
| 13.21 | 中复压过流Ⅰ段1时限 | 0 | 0 | 0 | 0 | 0 | 0 | 0 | 0 | 0 | 0 | 0 | 0 | 0 | 0 | 0 | 0 | 0000 |
| 13.22 | 中复压过流Ⅰ段2时限 | 0 | 0 | 0 | 0 | 0 | 0 | 0 | 0 | 0 | 0 | 0 | 0 | 0 | 0 | 0 | 0 | 0000 |
| 13.23 | 中复压过流Ⅰ段3时限 | 0 | 0 | 0 | 0 | 0 | 0 | 0 | 0 | 0 | 0 | 0 | 0 | 0 | 0 | 0 | 0 | 0000 |
| 13.24 | 中复压过流Ⅱ段1时限 | 0 | 0 | 0 | 0 | 0 | 0 | 0 | 0 | 0 | 0 | 0 | 0 | 1 | 0 | 0 | 0 | 0008 |
| 13.25 | 中复压过流Ⅱ段2时限 | 0 | 0 | 0 | 0 | 0 | 0 | 0 | 0 | 0 | 0 | 0 | 0 | 0 | 1 | 0 | 0 | 0004 |
| 13.26 | 中复压过流Ⅱ段3时限 | 0 | 0 | 0 | 0 | 0 | 0 | 0 | 0 | 0 | 0 | 0 | 0 | 0 | 0 | 0 | 0 | 0000 |
| 13.27 | 中复压过流Ⅲ段1时限 | 0 | 0 | 0 | 0 | 0 | 0 | 0 | 0 | 0 | 0 | 0 | 0 | 0 | 0 | 0 | 0 | 0000 |
| 13.28 | 中复压过流Ⅲ段2时限 | 0 | 0 | 0 | 0 | 0 | 0 | 0 | 0 | 0 | 0 | 0 | 1 | 0 | 1 | 0 | 1 | 0015 |
| 13.29 | 中零序过流Ⅰ段1时限 | 0 | 0 | 0 | 0 | 0 | 0 | 0 | 0 | 0 | 0 | 0 | 0 | 1 | 0 | 0 | 0 | 0008 |
| 13.30 | 中零序过流Ⅰ段2时限 | 0 | 0 | 0 | 0 | 0 | 0 | 0 | 0 | 0 | 0 | 0 | 0 | 0 | 1 | 0 | 0 | 0004 |
| 13.31 | 中零序过流Ⅰ段3时限 | 0 | 0 | 0 | 0 | 0 | 0 | 0 | 0 | 0 | 0 | 0 | 0 | 0 | 0 | 0 | 0 | 0000 |
| 13.32 | 中零序过流Ⅱ段1时限 | 0 | 0 | 0 | 0 | 0 | 0 | 0 | 0 | 0 | 0 | 0 | 0 | 0 | 0 | 0 | 0 | 0000 |
| 13.33 | 中零序过流Ⅱ段2时限 | 0 | 0 | 0 | 0 | 0 | 0 | 0 | 0 | 0 | 0 | 0 | 0 | 0 | 0 | 0 | 0 | 0000 |
| 13.34 | 中零序过流Ⅱ段3时限 | 0 | 0 | 0 | 0 | 0 | 0 | 0 | 0 | 0 | 0 | 0 | 1 | 0 | 1 | 0 | 1 | 0015 |
| 13.35 | 中零序过流Ⅲ段1时限 | 0 | 0 | 0 | 0 | 0 | 0 | 0 | 0 | 0 | 0 | 0 | 0 | 0 | 0 | 0 | 0 | 0000 |
| 13.36 | 中零序过流Ⅲ段2时限 | 0 | 0 | 0 | 0 | 0 | 0 | 0 | 0 | 0 | 0 | 0 | 1 | 0 | 1 | 0 | 1 | 0015 |
| 13.37 | 中间隙过流1时限 | 0 | 0 | 0 | 0 | 0 | 0 | 0 | 0 | 0 | 0 | 0 | 0 | 0 | 1 | 0 | 0 | 0004 |
| 13.38 | 中间隙过流2时限 | 0 | 0 | 0 | 0 | 0 | 0 | 0 | 0 | 0 | 0 | 0 | 1 | 0 | 1 | 0 | 1 | 0015 |
| 13.39 | 中零序过压1时限 | 0 | 0 | 0 | 0 | 0 | 0 | 0 | 0 | 0 | 0 | 0 | 0 | 0 | 1 | 0 | 0 | 0004 |
| 13.40 | 中零序过压2时限 | 0 | 0 | 0 | 0 | 0 | 0 | 0 | 0 | 0 | 0 | 0 | 1 | 0 | 1 | 0 | 1 | 0015 |
| 13.41 | 中失灵联跳 | 0 | 0 | 0 | 0 | 0 | 0 | 0 | 0 | 0 | 0 | 0 | 0 | 0 | 0 | 0 | 0 | 0000 |
| 13.42 | 低1复压过流Ⅰ段1时限 | 0 | 0 | 0 | 0 | 0 | 0 | 1 | 0 | 0 | 0 | 1 | 0 | 0 | 0 | 0 | 0 | 0220 |
| 13.43 | 低1复压过流Ⅰ段2时限 | 0 | 0 | 0 | 0 | 0 | 0 | 1 | 0 | 0 | 0 | 0 | 1 | 0 | 0 | 0 | 0 | 0210 |
| 13.44 | 低1复压过流Ⅰ段3时限 | 0 | 0 | 0 | 0 | 0 | 0 | 1 | 0 | 0 | 0 | 0 | 1 | 0 | 1 | 0 | 1 | 0215 |
| 13.45 | 低1复压过流Ⅱ段1时限 | 0 | 0 | 0 | 0 | 0 | 0 | 1 | 0 | 0 | 0 | 1 | 0 | 0 | 0 | 0 | 0 | 0220 |
| 13.46 | 低1复压过流Ⅱ段2时限 | 0 | 0 | 0 | 0 | 0 | 0 | 1 | 0 | 0 | 0 | 0 | 1 | 0 | 0 | 0 | 0 | 0210 |
| 13.47 | 低1复压过流Ⅱ段3时限 | 0 | 0 | 0 | 0 | 0 | 0 | 1 | 0 | 0 | 0 | 0 | 1 | 0 | 1 | 0 | 1 | 0215 |
| 13.48 | 低2复压过流Ⅰ段1时限 | 0 | 0 | 0 | 0 | 0 | 0 | 0 | 0 | 0 | 0 | 0 | 0 | 0 | 0 | 0 | 0 | 0000 |
| 13.49 | 低2复压过流Ⅰ段2时限 | 0 | 0 | 0 | 0 | 0 | 0 | 0 | 0 | 0 | 0 | 0 | 0 | 0 | 0 | 0 | 0 | 0000 |
| 13.50 | 低2复压过流Ⅰ段3时限 | 0 | 0 | 0 | 0 | 0 | 0 | 0 | 0 | 0 | 0 | 0 | 0 | 0 | 0 | 0 | 0 | 0000 |
| 13.51 | 低2复压过流Ⅱ段1时限 | 0 | 0 | 0 | 0 | 0 | 0 | 0 | 0 | 0 | 0 | 0 | 0 | 0 | 0 | 0 | 0 | 0000 |
| 13.52 | 低2复压过流Ⅱ段2时限 | 0 | 0 | 0 | 0 | 0 | 0 | 0 | 0 | 0 | 0 | 0 | 0 | 0 | 0 | 0 | 0 | 0000 |
| 13.53 | 低2复压过流Ⅱ段3时限 | 0 | 0 | 0 | 0 | 0 | 0 | 0 | 0 | 0 | 0 | 0 | 0 | 0 | 0 | 0 | 0 | 0000 |
| 13.54 | 公共绕组零序过流跳闸 | 0 | 0 | 0 | 0 | 0 | 0 | 0 | 0 | 0 | 0 | 0 | 0 | 0 | 0 | 0 | 0 | 0000 |

# 第九章　110kV线路保护整定计算原则

110kV 线路保护一般由纵联差动保护、距离保护、零序保护等组成。

## 一、启动元件

在保护装置中，启动元件主要用于系统故障检测、开放故障处理逻辑及开放出口继电器的正电源功能，启动元件动作后，在满足复归条件后返回。

1. 突变量电流启动元件

(1) 按保证最小运行方式下本线路末端金属性短路故障时流过保护安装处的短路电流有不小于 4.0 的灵敏度系数整定。

(2) 按躲过正常负荷电流波动的最大值整定，一般一次值取 60～120A，二次值不小于 $0.05I_n$（其中 $I_n$ 为 TA 二次额定电流，A）。

2. 零序电流启动元件

(1) 按保证最小运行方式下本线路末端金属性接地故障时流过保护安装处的零序电流有不小于 4.0 的灵敏度系数整定。

(2) 一般一次值取 60～120A，要求不大于零序电流保护定值，二次值不小于 $0.05I_n$（其中 $I_n$ 为 TA 二次额定电流，A）。

(3) 采用纵联保护时，保证线路两侧一次值相同。

(4) 若本线路有钢厂、铝厂或 T 接有电铁牵引站等冲击负荷造成突变量启动元件频繁起动，则突变量电流启动元件定值一般一次值取 180～240A。

## 二、纵联电流差动保护

纵联电流差动保护是用某种通信通道将输电线两端（或多端）的保护装置纵向联结起来，将各端的电气量（电流、功率方向等）传送到对端，将两端（或多端）的电气量比较，以判断故障在本线路范围内还是在线路范围外，从而决定是否切断保护线路。

1. 差动动作电流定值

（1）按保护最小运行方式下本线路末端金属性短路故障时流过保护安装处的短路电流有不小于2.0的灵敏度系数整定。

（2）按保证最小运行方式下本线路末端高阻接地（经50Ω电阻接地）故障时流过保护安装处的短路电流有不小于1.5的灵敏度系数整定。

（3）按躲过线路正常最大负荷下不平衡电流整定。

（4）线路两侧一次值相同，一般取120～240A。

2. 零序差动电流定值

（1）按保证最小运行方式下本线路末端金属性接地故障时流过保护安装处的零序电流有不小于2.0的灵敏度系数整定。

（2）按保证最小运行方式下本线路末端高阻接地（经50Ω电阻接地）故障时流过保护安装处的零序电流有不小于1.5的灵敏度系数整定。

（3）线路两侧一次值相同，一般取120～240A。

3. TA断线后分相差动定值

按可靠躲过本线路事故最大负荷电流整定，可靠系数取1.3。

4. TA断线不闭锁差动保护。

5. 两侧一次整定值相同。

## 三、距离保护

距离保护是以反映从故障点到保护安装处之间阻抗大小的阻抗元件为主要元件，动作时间具有阶梯特性的相间保护装置。当故障点至保护安装处之间的实际阻抗大于预定值时，表示故障点在保护范围之内，保护不动作；当上述阻抗小于预定值时，表示故障点在保护范围之内，保护动作。当再配以方向元件及时间元件，即组成了具有阶梯特性的距离保护装置。

1. 距离Ⅰ段

（1）接地距离Ⅰ段按躲本线路末端故障有0.7的可靠系数整定。相间距离Ⅰ段按躲本线路末端故障有0.8～0.85的可靠系数整定。时间取0s。

（2）若为T接线路，优先取最小线路正序阻抗值，也可取其他侧线路正序阻抗值，但不应伸出相邻变压器低压侧。时间取0.15s。

（3）按单回线送变压器终端方式，送电侧保护伸入受端变压器整定。时间若保护装置允许，取 0.15s，否则宜退出重合闸。

$$Z_{DZI} \leqslant K_k Z_1 + K_{kt} Z'_T \tag{9-1}$$

式中 $Z_{DZI}$——距离Ⅰ段阻抗值，Ω；

$Z_1$——线路正序阻抗，Ω；

$K_k$——可靠系数，接地距离Ⅰ段取 0.7，相间距离Ⅰ段取 0.8～0.85；

$K_{kt}$——躲变压器阻抗可靠系数（下同），取 0.7；

$Z'_T$——相邻变压器并联等值正序阻抗，Ω。

（4）单回线送变压器终端方式下若按原则（1）整定能满足相邻线路的配合关系，则取值按原则（1）整定。

（5）单回线送变压器终端方式，距离Ⅰ段投入。

（6）若线路配备全线速断保护，长度小于 5km 的线路距离Ⅰ段保护退出。

（7）没有配备全线速断保护且长度小于 5km 的线路，距离Ⅰ段保护投入并备案。

（8）若为单侧电源线路则不经振荡闭锁。

2. 距离Ⅱ段

（1）按本线路末端故障有足够灵敏度整定。20km 以下线路灵敏度系数不小于 1.5，20～50km 线路不小于 1.4，50km 以上线路不小于 1.3。若线路为 T 接线路，取最大线路正序阻抗值。

（2）按与相邻线路距离Ⅰ段配合整定。时间取与相邻线路距离Ⅰ段时间配合。

$$Z_{DZII} \leqslant K_k Z_1 + K_k K_Z Z'_{DZI} \tag{9-2}$$

式中 $Z_{DZII}$——距离Ⅱ段阻抗值，Ω；

$K_k$——可靠系数，接地距离取 0.7～0.8，相间距离取 0.8～0.85；

$K_Z$——助增系数，接地距离为最小正序助增系数选用正序助增系数与零序助增系数两者中的较小值；相间距离为最小正序助增系数；

$Z'_{DZI}$——相邻线路距离Ⅰ段动作阻抗，Ω。

（3）与相邻线路距离Ⅱ段配合整定。时间取与相邻线路距离Ⅱ段时间配合。

（4）按躲相邻变压器其他侧母线故障整定。

$$Z_{DZII} \leqslant K_k Z_1 + K_{kt} K_Z Z'_T \tag{9-3}$$

式中 $K_{kt}$取 0.7。

（5）若为单侧电源线路则不经振荡闭锁。

3. 距离Ⅲ段

（1）按与相邻线路距离Ⅱ段配合整定。时间取与相邻线路距离Ⅱ段动作时间配合。

（2）按与相邻线路距离Ⅲ段配合整定。时间取与相邻线路距离Ⅲ段动作时间配合。

（3）按躲最小负荷阻抗整定。

$$Z_{DZⅢ} \leqslant K_k \frac{Z_{fh.min}}{\cos(\alpha_1 - \Phi)} \tag{9-4}$$

$$Z_{fh.min} = \frac{0.9U_n}{\sqrt{3}I_{fh.max}}$$

式中　$Z_{DZⅢ}$——距离Ⅲ段阻抗值，Ω；

$Z_{fh.min}$——最小负荷阻抗，Ω；

$\alpha_1$——线路正序阻抗角，°；

$\Phi$——负荷阻抗角，一般取 30°；

$U_n$——平均额定电压，kV；

$I_{fh.max}$——最大负荷电流，取线路热稳电流和 TA 一次值中较小值，A。

$K_k$ 取 0.7。

（4）按力争对相邻线路末端接地故障及相邻变压器低压侧母线相间故障有规定灵敏度整定。时间取与相邻线路距离Ⅲ段动作时间或变压器高压侧指向变压器的过流保护最长动作时限配合。

$$Z_{DZⅢ} \geqslant K_{sen}(Z_1 + K_Z Z'_1) \text{ 或 } Z_{DZⅢ} \geqslant K_{sen}(Z_1 + K_Z Z'_T) \tag{9-5}$$

式中　$K_{sen}$——灵敏度系数，取 1.2；

$K_Z$——最大助增系数；

$Z'_1$——相邻线路正序阻抗；

$Z'_T$——相邻单台变压器等值正序阻抗，Ω。

（5）主电源侧时间不大于 3.3s，如上一级 220kV 线路距离Ⅲ段伸出相邻 220kV 变压器中压侧母线，则时间不大于 3.0s。

（6）对相邻线路做远后备时，可按相继动作考虑。

（7）若保护装置设有负荷限制电阻定值，则原则（3）可不考虑。

（8）双侧电源线路要求时间不小于 1.5s。

4. 负荷限制电阻

（1）按躲最小负荷电阻整定。

$$R_{dz}=K_k\frac{Z_{fh.min}\sin(\alpha_1-\Phi)}{\sin\alpha_1}$$
$$Z_{fh.min}=\frac{0.9U_n}{\sqrt{3}I_{fh.max}} \tag{9-6}$$

式中 $R_{dz}$——负荷限制电阻值，Ω。

$K_k$ 取 0.7。

（2）若线路保护厂家对负荷限制电阻有特殊要求的参考厂家要求整定。

## 四、零序保护

零序电流保护是反应大接地电流系统的线路发生接地故障时，零序电流分量大小和方向的电流保护，可作为一种主要的接地短路保护。

（1）零序电流保护按保证最小运行方式下本线路末端高阻接地（经 50Ω 电阻接地）故障时流过保护安装处的零序电流整定。一次值不大于 300A。时间不小于本线路接地距离Ⅲ段时限。

（2）按与相邻线路零序保护配合整定。时间取与相邻线路零序保护动作时限配合。

$$I_{DZ.0}\geqslant\frac{K_kK_FI'_{DZ.0}}{n_a} \tag{9-7}$$

式中 $I_{DZ.0}$——零序电流整定值，A；

$K_F$——最大零序分支系数；

$I'_{DZ.0}$——相邻线路零序保护动作值（一次值），A；

$n_a$——线路电流互感器变比。

$K_k$ 取 1.1；

（3）按躲本线路最大负荷时的不平衡电流整定。

$$I_{DZ.0}\geqslant\frac{0.1K_kI_{fh.max}}{n_a} \tag{9-8}$$

式中 $K_k$ 取 1.5。

（4）按躲本线路末端变压器其他各侧三相短路最大不平衡电流整定。

$$I_{DZ.0}\geqslant\frac{0.1K_kI_{k.max}}{n_a} \tag{9-9}$$

式中 $I_{k.max}$——本线路末端变压器其他各侧三相短路时流经本线路的最大短路电流，A。

$K_k$ 取 1.5；

（5）按保证相邻线路末端金属性接地故障有不小于 1.2 的灵敏度系数整定（可按相继动作考虑）。

$$I_{DZ.0} \leqslant \frac{3I_{0.min}}{K_{sen} n_a} \tag{9-10}$$

式中 $I_{0.min}$——相邻线路末端金属性接地故障的最小零序短路电流，A；

$K_{sen}$取 1.2。

（6）主电源侧时间不大于 3.3s。

（7）使用具备带方向功能的一段零序保护，其余零序保护段退出。

（8）正常运行方式下 220kV 变电站的 110kV 出线对侧无主变压器中性点接地，则其零序保护方向退出；任何方式下仅由一侧电源供电的 110kV 线路零序保护方向退出；其余 110kV 线路零序保护方向投入。

（9）零序加速段定值取值同零序电流保护定值。

## 五、TV 断线过流保护

TV 断线仅在线路正常运行时投入，保护启动后不进行 TV 断线检测。判别 TV 断线后退出距离保护；同时自动投入 TV 断线相过流和 TV 断线零序过流保护。

1. TV 断线相过流定值

（1）按保证最小运行方式下本线路末端金属性短路故障时流过保护安装处的短路电流有不小于 1.5 的灵敏度系数整定。时间与距离Ⅱ段时间相同。

（2）按可靠躲过本线路的最大负荷电流整定。

（3）按躲最大运行方式下相邻变压器其他侧母线金属性短路故障时流过保护安装处的三相短路电流整定。

（4）TV 断线相过流保护若设两段，则取值相同。

2. TV 断线零序过流定值

TV 断线零序过流保护退出。

## 六、重合闸

据统计，架空输电线路上有 90％的故障是瞬时性的故障，等继电保护动作将输电线路两端（或单端）的断路器跳开后，将因故跳开的断路器按需要重新合闸的自动装置就称作自动重合闸装置。

（1）采用三相一次重合闸。时间取 3.5s，大型电厂出线的重合闸时间根据实际情况适当延长，可整定为 10s。

（2）采用重合闸后加速方式。

（3）双侧电源的线路，应有一侧设为检同期重合方式。一般大电网系统侧采用检无压、检同期重合闸，另一侧采用检同期重合方式。

（4）保护装置具备检无压（“检定线路无压”或“检定母线无压”）检同期条件时，大电网系统侧采用检线路无压、检同期重合方式，另一侧采用检线路有压母线无压、检同期重合方式。

（5）无压检定。

1）按正常额定电压下有 2～4 的灵敏度整定。

2）一般整定为 $0.3U_{n}$。

3）同期角度检定：线路检同期合闸角一般整定为 30°。

（6）非同期（无检定）。

本侧无线路 TV 且对侧无电源则投入非同期（无检定）方式。

## 七、算例

### （一）算例描述

110kV 下浣线，首端为 110kV 下东变电站，受端为 110kV 浣溪变电站，总长度 28.20km。

### （二）计算过程

1. 变化量启动电流定值（$I_{qd}$），定值：180/0.3

（1）保证本线路末端金属性短路故障时有规定的灵敏度。

$$I_{qd} \leqslant I_{dmin} \div K_{sen} = 1937.935 \div 4 = 484.48\text{A}$$

式中 $I_{dmin}$——本支路末端金属性短路流过本侧保护相电流最小值（A），1937.935，$I_{dmin}$ 的方式描述，小方式，下东变电站供电，开环支路：竹深段线，下浪皂Ⅱ线（T—浪），下马线；在下浣线的 110kV 浣溪变电站 110kV 母线Ⅰ侧发生两相相间短路；

$K_{sen}$——灵敏系数，4。

（2）按躲过正常负荷电流波动的最大值整定，一般一次值取 60～120A，二次值不小于 $0.05I_{n}$

$$I_{qd}=\text{if}((I_{kmin}\div K_{sen})\geqslant 120)\{\text{Min}(120,I_{kmin}\div K_{sen})\}\text{else}\{\text{Min}(60,I_{kmin}\div K_{sen})\}$$
$$=\text{if}((1937.935\div 4)\geqslant 120)\{\text{Min}(120,1937.935\div 4)\}$$
$$\text{else}\{\text{Min}(60,1937.935\div 4)\}=120\text{A}$$

式中　$I_{qd}$——一般一次值取60～120A，120；

$I_{kmin}$——本支路末端金属性短路流过本侧保护相电流最小值（A），1937.935，$I_{kmin}$的方式描述，小方式，下东变电站供电，开环支路：竹深段线，下浪皂Ⅱ线（T—浪），下马线，在下浣线的110kV浣溪变电站110kV母线Ⅰ侧发生两相相间短路；

$K_{sen}$——4.0；

$I_n$——TA一次侧电流（A），600。

采用人工给定定值

定值 $I_{qd}$＝180A

$I_{qd}$二次值＝0.3A

2. 零序启动电流定值（$I_{0QD}$）——定值：120/0.2

（1）保证本线路末端金属性接地故障时有规定的灵敏度

$$I_{0QD}\leqslant 3\times I_{0min}\div K_{sen}=3\times 348.7119\div 4=261.53$$

式中　$I_{0min}$——本支路末端接地短路流过本侧保护零序电流最小值（A），348.7119，$I_{0min}$的方式描述，小方式，下东变电站供电，开环支路：竹深段线，下浪皂Ⅱ线（T—浪），下马线，在下浣线的110kV浣溪变电站110kV母线Ⅰ侧发生单相接地短路；

$K_{sen}$——灵敏系数，4.0。

（2）一般一次值取60～120A，要求不大于零序电流保护定值，二次值不小于$0.05I_n$

$$I_{0QD}\leqslant \text{Min}(I_0,\text{if}((3\times I_{0kmin}\div K_{sen})\geqslant 120)\{\text{Min}(120,3\times I_{0kmin}\div K_{sen})\}$$
$$\text{else}\{\text{Min}(3\times I_{0kmin}\div K_{sen},60)\})=\text{Min}(256.6,\text{if}((3\times 348.7119\div 4)\geqslant 120)$$
$$\{\text{Min}(120,3\times 348.7119\div 4)\}\text{else}\{\text{Min}(3\times 348.7119\div 4,60)\})=120$$

式中　$I_0$——线路零序电流保护Ⅲ段定值，256.6；

$I_{0kmin}$——本支路末端接地短路流过本侧保护零序电流最小值（A），348.7119，$I_{0kmin}$的方式描述，小方式，下东变电站供电，开环支路：竹深段线，下浪皂Ⅱ线（T—浪），下马线，在下浣线的110kV浣溪变电站110kV母线Ⅰ侧发生单相接地短路；

$K_{sen}$——灵敏系数，4.0。

$I_{qd}$取120。

定值 $I_{0QD}$＝120。

二次值 $I_{0QD}=120\div(600\div1)=0.2$。

3. 差动动作电流定值（$I_{cdz}$）——定值：240/0.4

（1）保证本线路末端金属性短路故障时有规定的灵敏度

$$I_{cdz}\leqslant I_{kmin}\div K_{sen}=1937.935\div2=968.97A$$

式中 $I_{kmin}$——本支路末端金属性短路流过本侧保护相电流最小值（A），1937.935，$I_{kmin}$的方式描述，小方式，下东变电站供电，开环支路：竹深段线，下浪皂Ⅱ线（T—浪），下马线，在下浣线的110kV浣溪变电站110kV母线Ⅰ侧发生两相相间短路；

$K_{sen}$——灵敏系数，2.0。

（2）保证本线路末端高阻接地故障时有规定的灵敏度

$$I_{cdz}\leqslant I_{kmin}\div K_{sen}=1024\div1.5=682.7A$$

（3）一般取120～240A

$$I_{cdz}\leqslant I_{cd}=240=240A$$

$I_{cd}$一般取120～240A，240。

（4）躲过线路正常最大负荷下不平衡电流

$$I_{cdz}\geqslant0.1\times K_k\times I_{fhmax}=0.1\times1.5\times600=90A$$

式中 $I_{fhmax}$——最大负荷电流（A），600；

$K_k$——可靠系数，1.5。

采用人工给定定值；

定值 $I_{cdz}$=240A。

$I_{cdz}$二次值=0.4A。

4. TA断线后分相差动定值（$I_{TAdx}$）——定值：780/1.3

可靠躲过本线路事故最大负荷电流

$$I_{TAdx}\geqslant K_k\times I_{fhmax}=1.3\times600=780A$$

式中 $K_k$——可靠系数，1.3；

$I_{fhmax}$——最大负荷电流（A），600。

定值 $I_{TAdx}$=780A。

二次值 $I_{TAdx}=780\div(600\div1)=1.3A$。

5. 本侧识别码（$M_b$）——定值：1288

本变电站所有110kV线路各套保护间不重复（取二次信息）

$$M_b = M_b = 1288 = 1288$$

式中 $M_b$——线路二次信息定值项本侧纵联码，1288；

定值 $M_b$=1288。

6. 对侧识别码（$M_d$）——定值：5734

本变电站所有 110kV 线路各套保护间不重复（取二次信息）

$$M_d = M_d = 5734 = 5734$$

式中 $M_d$——线路二次信息定值项对侧纵联码，5734；

定值 $M_d$=5734。

7. 线路正序阻抗定值（$Z_{l1}$）——定值：11.26/6.14

取线路正序阻抗二次值

$$Z_{l1} = Z_{l1} = 11.2585 = 11.26\Omega$$

式中 $Z_{l1}$——正序阻抗，11.2585；

定值 $Z_{l1}$=11.26Ω；

二次值 $Z_{l1} = 11.26 \div (110000 \div 100) \times (600 \div 1) = 6.14\Omega$。

8. 线路正序灵敏角（$\alpha_1$）——定值：73

取线路正序阻抗角

$$\alpha_1 = \alpha = 73.3823 = 73.38^\circ$$

式中 $\alpha$——线路正序阻抗角（角度），73.3823。

采用人工给定定值；

定值 $\alpha_1$=73°。

9. 线路零序阻抗定值（$Z_{l0}$）——定值：33.78/18.43

取线路零序阻抗二次值

$$Z_{l0} = Z_{l0} = 33.7756 = 33.78\Omega$$

式中 $Z_{l0}$——零序阻抗，33.7756。

定值 $Z_{l0}$=33.78Ω。

二次值 $Z_{l0} = 33.78 \div (110000 \div 100) \times (600 \div 1) = 18.43\Omega$。

10. 线路零序灵敏角（$\alpha_0$）——定值：73

取线路零序阻抗角

$$\alpha_0 = \alpha = 73.3826 = 73.38^\circ$$

式中　$\alpha$——线路零序序阻抗角（角度），73.3826；

采用人工给定定值

定值 $\alpha_0$=73°。

11. 线路总长度（$L$）——定值：28.2

线路实际长度

$$L = L = 28.202 = 28.2\text{km}$$

式中　$L$——线路长度，28.202；

定值 $L$=28.2km。

12. 接地距离Ⅰ段定值（$Z_{j1}$）——定值：7.88/4.3

按躲线路末端故障整定

$$Z_{\text{dz1}} \leqslant K_{\text{k}} \times Z_{\text{l}} = 0.7 \times 11.2585 = 7.88$$

式中　$Z_{\text{l}}$=11.2585　取线路本身阻抗。

$Z$——线路接地距离保护Ⅰ段定值，7.88。

定值 $Z_{j1}$=7.88Ω。

二次值 $Z_{j1} = 7.88 \div (110000 \div 100) \times (600 \div 1) = 4.3\Omega$。

13. 接地距离Ⅱ段定值（$Z_{j2}$）——定值：15.76/8.6

（1）按本线路末端故障有足够灵敏度整定

$$Z_{\text{dz2}} \geqslant K_{\text{lm}} \times Z_{\text{l}} = 1.4 \times 11.2585 = 15.76$$

$Z_{\text{l}}$=11.2585　取线路本身阻抗

（2）按躲相邻变压器其他侧故障整定。

1）按躲相邻 110kV 浣溪变电站 1 号变压器中压侧故障整定

$$Z_{\text{dz2}} \leqslant K_{\text{k}} \times Z_{\text{l}} + K'_{\text{b}} \times K_{\text{zz}} \times Z'_{\text{b}} = 0.8 \times 11.2585 + 0.7 \times 1.0434 \times 24.5957 = 26.97$$

$Z_{\text{l}}$=11.2585　取线路本身阻抗；

$K_{\text{zz}}$=1.0434　小方式，下东变电站供电，开环支路：段深线，马云线，下浪皂Ⅱ线（T—浪）；在 110kV 浣溪变电站 1 号变压器的中压侧发生故障。

2）按躲相邻 110kV 浣溪变电站 1 号变压器低压侧故障整定

$$Z_{\text{dz2}} \leqslant K_{\text{k}} \times Z_{\text{l}} + K'_{\text{b}} \times K_{\text{zz}} \times Z'_{\text{b}} = 0.8 \times 11.2585 + 0.7 \times 1.0434 \times 44.8103 = 41.74$$

$Z_{\text{l}}$=11.2585　取线路本身阻抗

$K_{zz}=1.0434$　小方式，下东变电站供电，开环支路：段深线，马云线，下浪皂Ⅱ线（T—浪）；在110kV浣溪变电站1号变压器的低压侧发生故障。

（3）与相邻线路相间距离Ⅰ/Ⅱ段配合

与浣沔线距离Ⅱ段配合

$$Z_{dz2} \leqslant K_k \times Z_l + K'_k \times K_{zz} \times Z'_{dz2} = 0.8 \times 11.2585 + 0.8 \times 1 \times 19.58 = 24.67$$

$$T_2 \geqslant T' + \Delta t = 0.6 + 0.3 = 0.9\text{s}$$

$Z_L=11.2585$　取线路本身阻抗

$K_z=1$　大方式，下东变电站供电，开环支路：竹深段线，下浪皂Ⅱ线（T—浪），下马线；在浣沔线的沔渡变电站110kV母线Ⅰ侧跳开，跳开处发生故障。

（4）时间下限额

$$T_2 \geqslant T = 0.6 = 0.6$$

（5）时间上限额

$$T_2 \leqslant T = 1.2 = 1.2$$

定值区间：$15.76 \leqslant Z_{dz2} \leqslant 24.67$

按优先原则取值

$$Z_{dz2} = 15.76\Omega$$

定值区间为（15.76，24.67）按优先原则取值：15.76Ω

时间区间：$0.9 \leqslant T_2 \leqslant 1.2$

$T_2=0.9\text{s}$

距离Ⅱ段整定结果：

Ⅱ段定值：$Z_{dz2}=15.76(\Omega)$

Ⅱ段二次值：$Z'_{dz2} = Z_{dz2} \times \text{TA}/\text{TV} = 15.76 \times (600/1)/(110000/100) = 8.6(\Omega)$

Ⅱ段时间定值：$T_2=0.9(\text{s})$

$$Z_{j2} = Z = 15.76 = 15.76\Omega$$

$Z$——线路接地距离保护Ⅱ段定值，15.76

定值 $Z_{j2}=15.76\Omega$

二次值 $Z_{j2} = 15.76 \div (110000 \div 100) \times (600 \div 1) = 8.6\Omega$

14. 接地距离Ⅱ段时间（$T_{j2}$）——定值：0.9

$$T_{j2} = T = 0.9 = 0.9\text{s}$$

$T$：线路接地距离保护Ⅱ段延时，0.9

定值 $T_{j2}$=0.9s

15. 接地距离Ⅲ段定值（$Z_{j3}$）——定值：71.28/38.88

（1）按线路末端故障有灵敏度整定

$$Z_{dz3} \geqslant K_{lm} \times Z_l = 3 \times 11.2585 = 33.78$$

$Z_L$=11.2585　取线路本身阻抗

（2）按力争对相邻线路（浣沔线）末端故障有规定灵敏度整定。

$$Z_{dz3} \geqslant K_{lm} \times (Z_l + K_z \times Z_l') = 1.2 \times (11.2585 + 1.0486 \times 13.9842) = 31.11$$

$Z_l$=11.2585　取线路本身阻抗

$K_z$=1.0486　小方式，下东变电站供电，开环支路：竹深段线，下浪皂Ⅱ线（T—浪），下马线；在浣回沔线的回龙仙变电站 110kV 母线Ⅰ侧发生故障。

（3）按力争对相邻变压器有规定灵敏度整定。

1）按力争对相邻 110kV 浣溪变电站 1 号变压器中压侧故障有规定灵敏度整定

$$Z_{dz3} \geqslant K_{lm} \times (Z_l + K_z \times Z_b') = 1.2 \times (11.2585 + 1.0743 \times 24.5957) = 45.22$$

$Z_l$=11.2585　取线路本身阻抗

$K_z$=1.0743　大方式，下东变电站供电，开环支路：竹深段线，下浪皂Ⅱ线（T—浪），下马线；在 110kV 浣溪变电站 1 号变压器的中压侧发生故障。

2）按力争对相邻 110kV 浣溪变电站 1 号变压器低压侧故障有规定灵敏度整定

$$Z_{dz3} \geqslant K_{lm} \times (Z_l + K_z \times Z_b') = 1.2 \times (11.2585 + 1.0743 \times 44.8103) = 71.28$$

$Z_l$=11.2585　取线路本身阻抗

$K_z$=1.0743　大方式，下东变电站供电，开环支路：竹深段线，下浪皂Ⅱ线（T—浪），下马线；在 110kV 浣溪变电站 1 号变压器的低压侧发生故障。

（4）按躲最小负荷阻抗整定

$$Z_{dz3} \leqslant K_k \times 0.9 \times U_e / 1.732 / I_{fhmax} / \cos(\alpha_1 - \Phi)$$

$$= 0.7 \times 0.9 \times 115000 / 1.732 / 600 / \cos(73.4195\text{-}30) = 95.98$$

（5）与相邻线路相间距离Ⅱ/Ⅲ段配合。

1）与浣沔线相间距离Ⅱ段配合

$$Z_{dz3} \leqslant K_k \times Z_l + K_k' \times K_{zz} \times Z_{dz}' = 0.8 \times 11.2585 + 0.8 \times 1 \times 19.58 = 24.67$$

$$T_3 \geqslant T' + \Delta t = 0.6 + 0.3 = 0.9\text{s}$$

$Z_1=11.2585$　取线路本身阻抗；

$K_{zz}=1$　大方式，下东变电站供电，开环支路：竹深段线，下浪皂Ⅱ线（T—浪），下马线；在浣沔线的沔渡变电站 110kV 母线Ⅰ侧跳开，跳开处发生故障；

此配合定值和其他原则整定出来的定值冲突，建议尝试其他配合。

2）与浣沔线相间距离Ⅲ段配合

$$Z_{dz3} \leqslant K_k \times Z_1 + K_k' \times K_{zz} \times Z_{dz}' = 0.8 \times 11.2585 + 0.8 \times 1 \times 96.7 = 86.37$$

$$T_3 \geqslant T' + \Delta t = 3 + 0.3 = 3.3s$$

$Z_1=11.2585$　取线路本身阻抗

$K_{zz}=1$　大方式，下东变电站供电，开环支路：竹深段线，下浪皂Ⅱ线（T—浪），下马线；在浣沔线的沔渡变电站 110kV 母线Ⅰ侧跳开，跳开处发生故障。

（6）与相邻变压器过流保护最长时间配合。

与 110kV 浣溪变电站 1 号变压器复闭过流保护Ⅱ段配合

$$T_3 \geqslant T + \Delta t = 2.4 + 0.3 = 2.7$$

$$T_3 \geqslant T' + \Delta t = 2.4 + 0.3 = 2.7s$$

（7）时间下限额

$$T_3 \geqslant T = 1.5 = 1.5$$

（8）时间上限额

$$T_3 \leqslant T = 3.3 = 3.3$$

定值区间：$71.28 \leqslant Z_{dz3} \leqslant 86.37$

按灵敏度较高取值

$$Z_{dz3} = 71.28\Omega$$

定值区间为（71.28，86.37）按灵敏度较高取值：71.28Ω

时间区间：$3.3 \leqslant T_3 \leqslant 3.3$

$$T_3=3.3s$$

距离Ⅲ段整定结果：

Ⅲ段定值：$Z_{dz3}=71.28(\Omega)$

Ⅲ段时间定值：$T_3=3.3(s)$

$Z$——线路接地距离保护Ⅲ段定值，71.28；

定值 $Z_{j3}=71.28\Omega$；

二次值 $Z_{j3}=71.28\div(110000\div100)\times(600\div1)=38.88\Omega$。

16. 接地距离Ⅲ段时间（$T_{j3}$）——定值：3.3

$$T_{j3}=T=3.3=3.3\text{s}$$

式中 $T$——线路接地距离保护Ⅲ段延时，3.3。

定值 $T_{j3}=3.3\text{s}$

17. 相间距离Ⅰ段定值（$Z_{x1}$）——定值：9.01/4.91

按躲本线路末端故障整定

$$Z_{dz1}\leqslant K_k\times Z_1=0.8\times11.2585=9.01$$

$Z_1=11.2585$ 取线路本身阻抗

$Z_{x1}=Z=9.01=9.01\Omega$

式中 $Z$——线路相间距离保护Ⅰ段定值，9.01。

定值 $Z_{x1}=9.01\Omega$

二次值 $Z_{x1}=9.01\div(110000\div100)\times(600\div1)=4.91\Omega$

18. 相间距离Ⅱ段定值（$Z_{x2}$）——定值：15.76/8.6

取值同接地距离Ⅱ段阻抗定值

$$Z_{x2}=Z=15.76=15.76\Omega$$

式中 $Z$——线路相间距离保护Ⅱ段定值，15.76。

定值 $Z_{x2}=15.76\Omega$

二次值 $Z_{x2}=15.76\div(110000\div100)\times(600\div1)=8.6\Omega$

19. 相间距离Ⅱ段时间（$T_{x2}$）——定值：0.9

取值同接地距离Ⅱ段时间定值

$$T_{x2}=T=0.9=0.9\text{s}$$

式中 $T$——线路相间距离保护Ⅱ段延时，0.9。

定值 $T_{x2}=0.9\text{s}$。

20. 相间距离Ⅲ段定值（$Z_{x3}$）——定值：71.28/38.88

取值同接地距离Ⅲ段阻抗定值

$$Z_{x3}=Z=71.28=71.28\Omega$$

式中 $Z$——线路相间距离保护Ⅲ段定值，71.28。

定值 $Z_{x3}=71.28\Omega$

二次值 $Z_{x3} = 71.28 \div (110000 \div 100) \times (600 \div 1) = 38.88\Omega$

21. 相间距离Ⅲ段时间（$T_{x3}$）——定值：3.3

取值同接地距离Ⅲ段时间定值

$$T_{x3} = t = 3.3 = 3.3\text{s}$$

式中 $T$——线路相间距离保护Ⅲ段延时，3.3；

定值 $T_{x3}$=3.3s。

22. 零序过流Ⅰ段定值（$I_{01}$）——定值：20

退出，取最大值

$$I_{01} = 20 \times I_n = 20 \times 1 = 20\text{A}$$

式中 $I_n$——TA二次侧电流（A），1；

定值 $I_{01}$=20A。

23. 零序过流Ⅰ段时间（$T_{01}$）——定值：10

退出，取最大值

$$T_{01} = t = 10 = 10$$

$t$：10；

定值 $T_{01}$=10。

24. 零序过流Ⅱ段定值（$I_{02}$）——定值：20

退出，取最大值

$$I_{02} = K \times I_n = 20 \times 1 = 20\text{A}$$

$K$：20；

式中 $I_n$——TA二次侧电流（A），1；

定值 $I_{02}$=20A。

25. 零序过流Ⅱ段时间（$T_{02}$）——定值：10

退出，取最大值

$$T_{02} = t = 10 = 10\text{s}$$

$t$：10；

定值 $T_{02}$=10s。

26. 零序过流Ⅲ段定值（$I_{03}$）——定值：256.6/0.43

（1）按躲最大负荷产生的不平衡电流整定

$$I_{03} \geqslant K_k \times K_{bph} \times I_{fhmax} = 1.5 \times 0.1 \times 600 = 90$$

（2）按躲相邻变压器其他侧三相短路产生的不平衡电流整定

按躲相邻 110kV 浣溪变电站 1 号变压器其他侧三相短路产生的不平衡电流整定

$$I_{03} \geqslant K_{k} \times K_{bph} \times I_{max} = 1.5 \times 0.1 \times 1421.296 = 213.19$$

$I_{max}$=1421.296　大方式，下东变电站供电，开环支路：段深线，下浪皂Ⅱ线（T—浪），马云线，在 110kV 浣溪变电站 1 号变压器压器的中压侧发生三相相间短路。

（3）按保证相邻线路末端故障有灵敏度整定。

按保证相邻浣沔线末端故障有灵敏度整定

$$I_{03} \leqslant 3 \times I_{0min}/K_{lm} = 3 \times 123.1184/1.2 = 307.8$$

$I_{0min}$=123.1184　小方式下东变电站供电，开环支路：竹深段线，下浪皂Ⅱ线（T—浪），下马线；在浣沔线的沔渡变电站 110kV 母线Ⅰ侧发生单相接地短路。

（4）按一次值不大于 300A 取值。

（5）本线路经高电阻接地故障有灵敏度

$$I_{03} \leqslant 3 \times I_{0min}/K_{lm} = 3 \times 348.7119/1.5 = 697.42$$

$I_{0min}$=348.7119　小方式，下东变电站供电，开环支路：竹深段线，下浪皂Ⅱ线（T—浪），下马线；在下浣线的 110kV 浣溪变电站 110kV 母线Ⅰ侧发生单相接地短路。

定值区间：$213.19 \leqslant I_{03} \leqslant 300$。

取值规则：采用人工给定定值

$$I_{03} = 256.6\text{A}$$

时间区间：$0.6 \leqslant T_{3} \leqslant 99$

$$T_{3} = 3.3\text{s}$$

零序电流Ⅲ段整定结果：

Ⅲ段定值：$I_{03}$=256.6(A)；

Ⅲ段时间定值：$T_{3}$=3.3(s)；

二次值 $I_{03} = 256.6 \div (600 \div 1) = 0.43$A。

27. 零序过流Ⅲ段时间（$T_{03}$）——定值：3.3

$$T_{03} = t = 3.3 = 3.3\text{s}$$

$t$：线路零序电流保护Ⅲ段延时，3.3；

定值 $T_{03}$=3.3s。

28. 零序过流Ⅳ段定值（$I_{04}$）——定值：0.43

退出，采用人工给定定值

定值 $I_{04}$ =0.43A

29. 零序过流Ⅳ段时间（$T_{04}$）——定值：10

退出，取最大值

$$T_{04} = t = 10 = 10\text{s}$$

$t$：一般取值，10

定值 $T_{04}$ =10s

30. 零序过流加速段定值（$I_{0j}$）——定值：256.6/0.43

取零序Ⅲ段定值

$$I_{0j} = I_0 = 256.6 = 256.6\text{A}$$

式中　$I_0$——线路零序电流保护Ⅲ段定值，256.6

定值 $I_{0j}$ =256.6A

二次值 $I_{0j} = 256.6 \div (600 \div 1) = 0.43\text{A}$

31. TV 断线相过流定值（$I_{dx}$）——定值：780/1.3

（1）保证本线路末端金属性短路故障有规定的灵敏度

$$I_{dx} \leqslant I_{kmin} \div K_{sen} = 1937.935 \div 1.5 = 1291.96\text{A}$$

式中　$I_{kmin}$——本支路末端金属性短路流过本侧保护相电流最小值（A），1937.935，$I_{kmin}$ 的方式描述，小方式，下东变电站供电，开环支路：竹深段线，下浪皂Ⅱ线（T—浪），下马线，在下浣线的 110kV 浣溪变电站 110kV 母线Ⅰ侧发生两相相间短路；

$K_{sen}$——灵敏系数，1.5。

（2）躲相邻变压器其他侧母线短路故障的最大短路电流。

1 号变压器：

$$I_{dx} \geqslant K_k \times I_{kmax} = 1.3 \times 1421.296 = 1847.69\text{A}$$

式中　$I_{kmax}$——相邻变压器末端相间短路流过本侧保护相电流最大值（A），1421.296，$I_{kmax}$ 的方式描述，大方式，下东变电站供电，开环支路：段深线，下浪皂Ⅱ线（T—浪），马云线，在 110kV 浣溪变电站 1 号变压器压器的中压侧发生三相相间短路；

$K_k$——可靠系数，1.3。

（3）可靠躲过本线路的最大负荷电流

$$I_{dx} \geqslant K_k \times I_{fhmax} = 1.3 \times 600 = 780\text{A}$$

式中　$I_{fhmax}$——最大负荷电流（A），600；

$K_k$——可靠系数，1.3。

使用优先原则

定值 $I_{dx}$=780A。

二次值 $I_{dx}=780\div(600\div1)=1.3A$。

32. TV 断线零序过流定值（$I_{0dx}$）——定值：20

退出，取最大值

$$I_{0dx}=20\times I_n=20\times1=20A$$

式中　$I_n$——TA 二次侧电流（A），1；

定值 $I_{0dx}$=20A。

33. TV 断线过流时间（$T_{dx}$）——定值：0.9

按与距离Ⅱ段动作时间相同取值

$$T_{dx}=t=0.9=0.9s$$

式中　$t$——线路相间距离保护Ⅱ段延时，0.9；

定值 $T_{dx}$=0.9s。

34. 过负荷定值（$I_{gfh}$）——定值：1.1

退出，取最大值

$$I_{gfh}=20\times I_n=20\times1=20A$$

式中　$I_n$——TA 二次侧电流（A），1。

采用人工给定定值

定值 $I_{gfh}$=1.1A。

35. 过负荷时间（$T_{gfh}$）——定值：6

退出，取最大值

$$T_{gfh}=t=10=10s$$

$t$：一般取值，10。

采用人工给定定值

定值 $T_{gfh}$=6s。

36. 重合闸时间（$T_{ch}$）——定值：3.5

按取 3.5s 整定，大型电厂出线的重合闸时间根据实际情况适当延长，可整定为 10s

$$T_{ch}=t=3.5=3.5s$$

$t$ 一般取值，3.5

定值 $T_{ch}=3.5\text{s}$

37. 同期合闸角（$\alpha_t$）——定值：30

按取 30°整定

$$\alpha_t = \alpha = 30 = 30^\circ$$

式中 $\alpha$——同期合闸角，30。

定值 $\alpha_t=30^\circ$。

38. 振荡闭锁过流（$I_{zdbx}$）——定值：900/1.5

按躲过线路正常最大负荷电流整定

$$I_{zdbx} = K_k \times I_{fmax} = 1.5 \times 600 = 900\text{A}$$

式中 $K_k$——可靠系数，1.5；

$I_{fmax}$——最大负荷电流（A），600。

定值 $I_{zdbx}=900\text{A}$。

二次值 $I_{zdbx} = 900 \div (600 \div 1) = 1.5\text{A}$。

39. 负荷限制电阻定值（$R_{dz}$）——定值：30.56/16.67

按照规范整定

$$R_{dz} = K_k \times 0.42 \times 0.9 \times U_n \times 1000 \div \text{Sqrt}(3) \div I_{fmax} \div \text{Sin}(\alpha_1)$$

$$= 0.7 \times 0.42 \times 0.9 \times 115 \times 1000 \div \text{Sqrt}(3) \div 600 \div \text{Sin}(73.3823) = 30.56\Omega$$

$K_k$ 取值 0.7

$\alpha_1$：线路正序阻抗角（角度），73.3823

式中 $I_{fmax}$——最大负荷电流（A），600；

$U_n$——基准电压（kV），115；

定值 $R_{dz}=30.56\Omega$。

二次值 $R_{dz} = 30.56 \div (110000 \div 100) \times (600 \div 1) = 16.67\Omega$

40. 零序补偿系数 $K_Z$（$K_Z$）——定值：0.67

$$K_Z = (Z_0 - Z_1)/(3Z_1)$$

$$K_Z = (Z_0 - Z_1) \div (3 \times Z_1) = (33.7756—11.2585) \div (3 \times 11.2585) = 0.67$$

式中 $Z_0$——零序阻抗，33.7756；

$Z_1$——正序阻抗，11.2585。

定值 $K_Z$=0.67。

41. 相间距离附加段定值（$Z_{xfj}$）——定值：0.05

退出不用

$$Z_{xfj} \geqslant 0.05 \div I_n = 0.05 \div 1 = 0.05\Omega$$

$I_n$——TA 二次侧电流（A），1；

定值 $Z_{xfj}$=0.05Ω。

42. 相间距离附加段时间（$T_{xfj}$）——定值：10

退出不用

$$T_{xfj} = t = 10 = 10\text{s}$$

$t$：10；

定值 $T_{xfj}$=10s。

（三）定值通知单

株洲电网继电保护定值通知单见表 9-1。

**表 9-1　　株洲电网继电保护定值通知单**

编号：下东变电站-110kV 下浣线 524 线路保护-WXH813AG-202001

| 保护型号 | WXH-813A-G | | | | |
|---|---|---|---|---|---|
| 版本号 | V2.01 | 校验码 | 9EA6 | 程序生成时间 | 2017.07.20 |
| 线路长度 | 28.20km | 正序阻抗 | 11.26∠73.38°Ω | 零序阻抗 | 33.78∠73.38°Ω |
| TA 变比 | 600/1 | TV 变比 | 110000/100 | | |

| 整定： | | 审核： | | 批准： | | 日期： | ××年 1 月 6 日 |
|---|---|---|---|---|---|---|---|

| 1 | 设备参数 | | | |
|---|---|---|---|---|
| 序号 | 名称 | 单位 | 定值 | 备注 |
| 1.01 | 定值区号 | | 1 | |
| 1.02 | 被保护设备 | | 下浣线 | |
| 1.03 | TV 一次值 | kV | 110 | |
| 1.04 | TA 一次值 | A | 600 | |
| 1.05 | TA 二次值 | A | 1 | |
| 1.06 | 通道类型 | | 专用光纤 | |
| 2.01 | 变化量启动电流定值 | A | 0.3 | |
| 2.02 | 零序启动电流定值 | A | 0.2 | |
| 2.03 | 差动动作电流定值 | A | 0.4 | |
| 2.04 | TA 断线后分相差动定值 | A | 1.3 | |
| 2.05 | 本侧识别码 | | 1288 | |

续表

| 2 | 保护定值 | | | |
|---|---|---|---|---|
| 序号 | 名称 | 单位 | 定值 | 备注 |
| 2.06 | 对侧识别码 | | 5734 | |
| 2.07 | 线路正序阻抗定值 | Ω | 6.14 | |
| 2.08 | 线路正序灵敏角 | ° | 73 | |
| 2.09 | 线路零序阻抗定值 | Ω | 18.43 | |
| 2.10 | 线路零序灵敏角 | ° | 73 | |
| 2.11 | 线路总长度 | km | 28.2 | |
| 2.12 | 接地距离Ⅰ段定值 | Ω | 4.3 | |
| 2.13 | 接地距离Ⅱ段定值 | Ω | 8.6 | |
| 2.14 | 接地距离Ⅱ段时间 | s | 0.9 | |
| 2.15 | 接地距离Ⅲ段定值 | Ω | 38.88 | |
| 2.16 | 接地距离Ⅲ段时间 | s | 3.3 | |
| 2.17 | 相间距离Ⅰ段定值 | Ω | 4.91 | |
| 2.18 | 相间距离Ⅱ段定值 | Ω | 8.6 | |
| 2.19 | 相间距离Ⅱ段时间 | s | 0.9 | |
| 2.20 | 相间距离Ⅲ段定值 | Ω | 38.88 | |
| 2.21 | 相间距离Ⅲ段时间 | s | 3.3 | |
| 2.22 | 零序过流Ⅰ段定值 | Ω | 20 | |
| 2.23 | 零序过流Ⅰ段时间 | A | 10 | |
| 2.24 | 零序过流Ⅱ段定值 | A | 20 | |
| 2.25 | 零序过流Ⅱ段时间 | s | 10 | |
| 2.26 | 零序过流Ⅲ段定值 | A | 0.43 | |
| 2.27 | 零序过流Ⅲ段时间 | s | 3.3 | |
| 2.28 | 零序过流Ⅳ段定值 | A | 0.43 | |
| 2.29 | 零序过流Ⅳ段时间 | s | 10 | |
| 2.30 | 零序过流加速段定值 | A | 0.43 | |
| 2.31 | TV 断线相过流定值 | A | 1.3 | |
| 2.32 | TV 断线零序过流定值 | A | 20 | |
| 2.33 | TV 断线过流时间 | s | 0.9 | |
| 2.34 | 过负荷定值 | A | 1.1 | |
| 2.35 | 过负荷时间 | s | 6 | |
| 2.36 | 重合闸时间 | s | 3.5 | |
| 2.37 | 同期合闸角 | ° | 30 | |
| 2.38 | 振荡闭锁过流 | A | 1.5 | |
| 2.39 | 负荷限制电阻定值 | Ω | 16.67 | |
| 2.40 | 零序补偿系数 KZ | | 0.67 | |

续表

| 2 | 保护定值 | | | |
|---|---|---|---|---|
| 2.41 | 相间距离附加段定值 | Ω | 0.05 | |
| 2.42 | 相间距离附加段时间 | Ω | 10 | |
| 3 | 控制字 | | | |
| 序号 | 名称 | 单位 | 定值 | 备注 |
| 3.01 | 纵联差动保护 | | 1 | |
| 3.02 | TA 断线闭锁差动 | | 0 | |
| 3.03 | 通信内时钟 | | 1 | |
| 3.04 | 振荡闭锁元件 | | 1 | |
| 3.05 | 距离保护Ⅰ段 | | 1 | |
| 3.06 | 距离保护Ⅱ段 | | 1 | |
| 3.07 | 距离保护Ⅲ段 | | 1 | |
| 3.08 | 重合加速距离Ⅲ段 | | 0 | |
| 3.09 | 不对称相继速动 | | 0 | |
| 3.10 | 零序过流Ⅰ段 | | 0 | |
| 3.11 | 零序过流Ⅱ段 | | 0 | |
| 3.12 | 零序过流Ⅲ段 | | 1 | |
| 3.13 | 零序过流Ⅳ段 | | 0 | |
| 3.14 | 零序过流Ⅰ段经方向 | | 0 | |
| 3.15 | 零序过流Ⅱ段经方向 | | 0 | |
| 3.16 | 零序过流Ⅲ段经方向 | | 1 | |
| 3.17 | 重合闸检同期 | | 0 | |
| 3.18 | 重合闸检线无压母有压 | | 1 | |
| 3.19 | 重合闸检线有压母无压 | | 0 | |
| 3.20 | 重合闸检线无压母无压 | | 1 | |
| 3.21 | Ⅲ段及以上闭锁重合闸 | | 0 | |
| 3.22 | 多相故障闭锁重合闸 | | 0 | |
| 3.23 | 停用重合闸 | | 0 | |
| 3.24 | TV 断线闭锁重合闸 | | 0 | |
| 3.25 | TWJ 启动重合闸 | | 1 | |
| 3.26 | 冲击性负荷 | | 1 | |
| 3.27 | 远跳受启动元件控制 | | 1 | |
| 3.28 | 相间距离附加段 | | 0 | |
| 4 | 软压板 | | | |
| 序号 | 名称 | 单位 | 定值 | 备注 |
| 4.01 | 纵联差动保护 | | 1 | |
| 4.02 | 距离保护 | | 1 | |
| 4.03 | 零序过流保护 | | 1 | |
| 4.04 | 停用重合闸 | | 0 | |
| 4.05 | 远方投退压板 | | 0 | |
| 4.06 | 远方切换定值区 | | 0 | |
| 4.07 | 远方修改定值 | | 0 | |

# 第十章　110kV电铁专供线路保护整定计算原则

110kV 电铁专供线路一般由距离保护、零序保护、TV 断线过流保护等组成。

本原则仅适用于电铁专供线路。

## 一、启动元件

在保护装置中，启动元件主要用于系统故障检测、开放故障处理逻辑及开放出口继电器的正电源功能，启动元件动作后，在满足复归条件后返回。

1. 突变量电流启动元件

（1）按保证最小运行方式下本线路末端金属性短路故障时流过保护安装处的短路电流有不小于 4.0 的灵敏度系数整定。

（2）按躲过正常负荷电流波动的最大值整定，一般一次值取 60～120A。如冲击负荷造成突变量启动元件频繁起动，则一次值可取 180～240A。

2. 零序电流启动元件

（1）按保证最小运行方式下本线路末端金属性接地故障时流过保护安装处的零序电流有不小于 4.0 的灵敏度系数整定。

（2）一般一次值取 60～120A，要求不大于零序电流保护定值，二次值不小于 $0.05I_n$。

## 二、距离保护

距离保护是以反映从故障点到保护安装处之间阻抗大小的阻抗元件为主要元件，动作时间具有阶梯特性的保护装置。当故障点至保护安装处之间的实际阻抗大于预定值时，表示故障点在保护范围之内，保护不动作；当上述阻抗小于预定值时，表示故障点在保护范围之内，保护动作。当再配以方向元件及时间元件，即组成了具有阶梯特性的距离保护装置。

1. 距离Ⅰ段

（1）接地距离Ⅰ段按躲本线路末端故障有 0.7 的可靠系数整定。相间距离Ⅰ段按躲本线路末端故障有 0.8～0.85 的可靠系数整定。时间取 0s。

（2）若为 T 接线路，优先取最小线路正序阻抗值，也可取其他侧线路正序阻抗值，但不应伸出相邻变压器低压侧。时间取 0.15s。

（3）按单回线送变压器终端方式，送电侧保护伸入受端变压器整定。时间若保护装置允许，取 0.15s，否则宜退出重合闸。

$$Z_{DZ\mathrm{I}} \leqslant K_k Z_1 + K_{kt} Z'_T \tag{10-1}$$

式中 $Z_{DZ\mathrm{I}}$——距离Ⅰ段阻抗值，Ω；

$Z_1$——线路正序阻抗，Ω；

$K_k$——可靠系数，接地距离Ⅰ段取 0.7，相间距离Ⅰ段取 0.8～0.85；

$K_{kt}$——躲变压器阻抗可靠系数，取 0.7；

$Z'_T$——相邻变压器并联等值正序阻抗，Ω。

（4）单回线送变压器终端方式下若按原则（1）整定能满足相邻线路的配合关系，则取值按原则（1）整定。

（5）距离Ⅰ段不经振荡闭锁。

2. 距离Ⅱ段

（1）按本线路末端故障有足够灵敏度整定。20km 以下线路灵敏度系数不小于 1.5，20～50km 线路不小于 1.4，50km 以上线路不小于 1.3。若线路为 T 接线路，取最大线路正序阻抗值。时间与本线路距离Ⅰ段动作时限配合。

（2）按躲相邻变压器其他侧母线故障整定。

$$Z_{DZ\mathrm{II}} \leqslant K_k Z_1 + K_{kt} K_Z Z'_T \tag{10-2}$$

式中 $Z_{DZ\mathrm{II}}$——距离Ⅱ段阻抗值，Ω；

$K_Z$——助增系数，选用正序助增系数与零序助增系数两者中的较小值。

$K_k$ 取 0.8。

$K_{kt}$取 0.7。

（3）若（1）与（2）有冲突时，以（1）为主，时间取 1.2s，要求相邻变压器高压侧有不大于 0.9s 的保变压器低压侧故障有灵敏度的保护段。

（4）距离Ⅱ段不经振荡闭锁。

3. 距离Ⅲ段

（1）按保证本线路末端故障有 2.0～3.0 的灵敏度系数整定。时间与本线路距离Ⅱ段动作时限配合。

（2）按躲最小负荷阻抗整定。

$$Z_{DZⅢ} \leqslant K_k \frac{Z_{fh.min}}{\cos(\alpha_1 - \Phi)}$$

$$Z_{fh.min} = \frac{0.9U_n}{\sqrt{3}I_{fh.max}} \tag{10-3}$$

式中　$Z_{DZⅢ}$——距离Ⅲ段阻抗值，Ω；

$Z_{fh.min}$——最小负荷阻抗，Ω；

$\alpha_1$——线路正序阻抗角，°；

$\Phi$——负荷阻抗角，一般取30°；

$U_n$——平均额定电压，kV；

$I_{fh.max}$——本线路最大负荷电流，一般取线路热稳电流和TA一次值较小值，A。

$K_k$取0.7；

（3）按力争对相邻变压器低压侧母线相间故障有规定灵敏度整定。时间取与变压器高压侧指向变压器的过流保护最长动作时限配合。

$$Z_{DZⅢ} \geqslant K_{sen}(Z_1 + K_Z Z'_T) \tag{10-4}$$

式中　$K_{sen}$——灵敏度系数，取1.2；

$K_Z$——最大助增系数；

$Z'_T$——相邻单台变压器等值正序阻抗，Ω。

（4）距离Ⅲ段不经振荡闭锁。

（5）要求相邻变压器高压侧有不大于0.9s的保变压器低压侧故障有灵敏度的保护段，本线路距离Ⅲ段动作时限取1.2s。

（6）若保护装置设有负荷限制电阻定值，则（2）可不考虑。

4. 负荷限制电阻

（1）按躲最小负荷电阻整定。

$$R_{dz} = K_k \frac{Z_{fh.min}\sin(\alpha_1 - \Phi)}{\sin\alpha_1}$$

$$Z_{fh.min} = \frac{0.9U_n}{\sqrt{3}I_{fh.max}} \tag{10-5}$$

式中　$R_{dz}$——负荷限制电阻值，Ω；

$K_k$取0.7。

（2）若线路保护厂家对负荷限制电阻有特殊要求的参考厂家要求整定。

## 三、零序保护

零序电流保护由零序Ⅱ段保护和零序Ⅲ段保护组成。

1. 零序Ⅱ段保护

按保证本线路末端接地故障时有规定的灵敏度整定。

$$I_{0.\mathrm{dz}\mathrm{II}} \leqslant \frac{3I_{\mathrm{gz.0.min}}}{K_{\mathrm{sen}} n_{\mathrm{a}}} \tag{10-6}$$

式中 $I_{0.\mathrm{dz}\mathrm{II}}$——零序Ⅱ段电流整定值，A；

$I_{\mathrm{gz.0.min}}$——最小运行方式下本线路末端接地故障时流过保护安装处的零序电流，A；

$n_{\mathrm{a}}$——线路电流互感器变比。

$K_{\mathrm{sen}}$取 1.5；

2. 零序Ⅲ段保护

（1）按保证最小运行方式下本线路末端高阻接地（经 50Ω 电阻接地）故障时流过保护安装处的零序电流整定。一次值不大于 300A。时间与本线路接地距离Ⅲ段时限配合。

（2）按躲本线路最大负荷时的不平衡电流整定。

$$I_{0.\mathrm{dz}\mathrm{III}} \geqslant \frac{01K_{\mathrm{k}} I_{\mathrm{fh.max}}}{n_{\mathrm{a}}} \tag{10-7}$$

式中 $I_{0.\mathrm{dz}\mathrm{III}}$——零序Ⅲ段电流整定值，A；

$K_{\mathrm{k}}$ 取 1.5。

（3）按躲本线路末端变压器其他各侧三相短路最大不平衡电流整定。

$$I_{0.\mathrm{dz}\mathrm{III}} \geqslant \frac{0.1K_{\mathrm{k}} I_{\mathrm{k.max}}}{n_{\mathrm{a}}} \tag{10-8}$$

式中 $I_{\mathrm{k.max}}$——本线路末端变压器低压侧三相短路时流经本线路的最大短路电流，A。

$K_{\mathrm{k}}$ 取 1.5；

（4）使用两段零序保护，其余零序保护段退出。

（5）零序保护方向退出。

（6）零序加速段定值取值同零序Ⅲ段保护定值。

## 四、TV 断线过流保护

TV 断线仅在线路正常运行时投入，保护启动后不进行 TV 断线检测。判别 TV 断线后退出距离保护；同时自动投入 TV 断线相过流和 TV 断线零序过流保护。

1. TV 断线相过流定值

（1）按保证最小运行方式下本线路末端金属性短路故障时流过保护安装处的短路电流有不小于 1.5 的灵敏度系数整定。时间与距离Ⅱ段时间相同。

（2）按可靠躲过本线路的最大负荷电流整定。

（3）按躲最大运行方式下相邻变压器其他侧母线金属性短路故障时流过保护安装处的三相短路电流整定。

（4）TV 断线相过流保护若设两段，则取值相同。

2. TV 断线零序过流定值

取值同零序Ⅱ段定值。

## 五、重合闸

（1）采用三相一次重合闸。时间取 3.5s。

（2）采用重合闸后加速方式。

（3）重合闸采用非同期（无检定）方式。

## 六、算例

### （一）算例描述

110kV 李牵线为电铁专供线路，线型 LGJ-120，长度为 12.94km，TA 变比为 600/5，正序阻抗为 11.47∠60.43°Ω，零序阻抗为 30.57∠68.25°Ω。所带 110kV 低庄牵引站 2 号主变压器为 40MVA，短路电压百分比 7.84%。

### （二）计算过程

1. 线路正序阻抗角——定值：60

取线路正序阻抗角

$$\alpha_1 = \alpha = 60.43005 = 60.43^\circ$$

$\alpha$：线路正序阻抗角（角度），60.43005

采用人工给定定值

定值 $\alpha_1 = 60^\circ$

2. 距离保护电阻定值——定值:35.01667/3.82

躲最小负荷电阻

$$R_{dz} = K_k \times \sin(\alpha_1 - \Phi) \times 0.9 \times U_n \times 1000 \div \mathrm{Sqrt}(3) \div I_{fmax} \div \mathrm{Sin}(\alpha_1)$$
$$= 0.7 \times \sin(60.43005-30) \times 0.9 \times 115 \times 1000 \div \mathrm{Sqrt}(3) \div 380$$
$$\div \mathrm{Sin}(60.43005) = 64.1\Omega$$

式中 $\alpha_1$——线路正序阻抗角（角度），60.43005；

$I_{fmax}$——最大负荷电流（A），380；

$U_n$——基准电压（kV），115；

$\Phi$——负荷阻抗角，30；

$K_k$ 取 0.7。

采用人工给定定值

定值 $R_{dz}$=35.01667Ω

$R_{dz}$二次值=3.82Ω

3. 零序辅助启动门坎——定值:120/1

（1）保证本线路末端金属性接地故障时有规定的灵敏度

$$I_{0QD} \leqslant 3 \times I_{0min} \div K_{sen} = 3 \times 327.2581 \div 4 = 245.44\mathrm{A}$$

式中 $I_{0min}$——本支路末端接地短路流过本侧保护零序电流最小值（A），327.2581，$I_{0min}$的方式描述，小方式，怀化地调 220kV 田家变电站供电，开环支路：田李Ⅱ线，田李Ⅰ线，田荣线，清杨线，在李牵线的低庄牵引变电站 110kVⅡ母侧发生两相接地短路；

$K_{sen}$——灵敏系数，4.0。

（2）一般一次值取 60～120A，要求不大于零序电流保护定值，二次值不小于 $0.05I_n$

$$I_{0QD} \leqslant \mathrm{Min}(I_0, \mathrm{if}((3 \times I_{0kmin} \div K_{sen}) \geqslant 120)\{\mathrm{Min}(120, 3 \times I_{0kmin} \div K_{sen})\}$$
$$\mathrm{else}\{\mathrm{Min}(3 \times I_{0kmin} \div K_{sen}, 60)\}) = \mathrm{Min}(240, \mathrm{if}((3 \times 327.2581 \div 4)$$
$$\geqslant 120)\{\mathrm{Min}(120, 3 \times 327.2581 \div 4)\}\mathrm{else}\{\mathrm{Min}(3 \times 327.2581 \div 4, 60)\}) = 120\mathrm{A}$$

式中 $I_0$——线路零序电流保护Ⅲ段定值，240；

$I_{0kmin}$——本支路末端接地短路流过本侧保护零序电流最小值（A），327.2581，$I_{0kmin}$的方式描述，小方式，怀化地调 220kV 田家变电站供电，开环支路：田李Ⅱ线，田李Ⅰ线，田荣线，清杨线，在李牵线的低庄牵引变电站 110kVⅡ母侧发生两相接地短路；

$K_{sen}$——灵敏系数，4.0；

$I_{qd}$取 120。

定值 $I_{0QD}$=120A

二次值 $I_{0QD} = 120 \div (600 \div 5) = 1A$ 。

4. 零序电阻补偿系数 $K_R$——定值:0.33

$$K_R = (R_0 - R_1)/(3R_1)$$

$$K_R = (R_0 - R_1) \div (3 \times R_1) = (11.32602 - 5.6607) \div (3 \times 5.6607) = 0.33$$

$R_0$——零序电阻，11.32602；

$R_1$——正序电阻，5.6607；

定值 $K_R$=0.33。

5. 零序电抗补偿系数 $K_X$——定值:0.62

$$K_X = (X_0 - X_1)/(3X_1)$$

$$K_X = (X_0 - X_1) \div (3 \times X_1) = (28.39394 - 9.97681) \div (3 \times 9.97681) = 0.62$$

$X_0$——零序电抗，28.39394；

$X_1$——正序电抗，9.97681；

定值 $K_X$=0.62。

6. 相间距离Ⅰ段阻抗——定值:9.18/1

按躲本线路末端故障整定

$$Z_{dz1} \leqslant K_k \times Z_l = 0.8 \times 11.47084 = 9.18$$

$Z_l$=11.47084　取线路本身阻抗

定值区间：$0 \leqslant Z_{dz1} \leqslant 9.18$

取值规则：取上限值

$$Z_{dz1} = 9.18\Omega$$

时间区间：$0 \leqslant T_1 \leqslant 99$

$$T_1 = 0s$$

相间距离Ⅰ段整定结果：

Ⅰ段定值：$Z_{dz1}$=9.18(Ω)

Ⅰ段二次值：$Z'_{dz1} = Z_{dz1} \times TA/TV = 9.18 \times (600/5)/(110000/100) = 1(\Omega)$

Ⅰ段时间定值：$T_1$=0(s)。

7. 相间距离Ⅱ段阻抗——定值:20/2.18

(1) 按本线路末端故障有足够灵敏度整定

$$Z_{dz2} \geqslant K_{lm} \times Z_l = 1.4 \times 11.47084 = 16.06$$

$Z_l=11.47084$　取线路本身阻抗。

（2）按躲相邻变压器其他侧故障整定。

按躲相邻低庄牵引变电站 2 号变压器低压侧故障整定

$$Z_{dz2} \leqslant K_k \times Z_l + K'_b \times K_{zz} \times Z'_b$$
$$= 0.8 \times 11.47084 + 0.7 \times 1 \times 23.71639 = 25.78$$

$Z_l=11.47084$　取线路本身阻抗；

$K_{zz}=1$　小方式—主变压器中压并列运行，220kV 田家变电站供电，开环支路：田湘线，清杨线，田杨线，田李Ⅰ线；在低庄牵引变电站 2 号变压器的低压侧发生故障。

定值区间：$16.06 \leqslant Z_{dz2} \leqslant 25.78$

取值规则：采用人工给定定值

$$Z_{dz2}=20\Omega$$

时间区间：$0.3 \leqslant T_2 \leqslant 99$

$$T_2=0.3s$$

相间距离Ⅱ段整定结果：

Ⅱ段定值：$Z_{dz2}=20(\Omega)$

Ⅱ段二次值：$Z'_{dz2} = Z_{dz2} \times TA/TV = 20 \times (600/5)/(110000/100) = 2.18(\Omega)$

Ⅱ段时间定值：$T_2=0.3(s)$。

8. 相间Ⅲ段阻抗定值——定值：80/8.73

（1）按线路末端故障有灵敏度整定

$$Z_{dz3} \geqslant K_{lm} \times Z_l = 2 \times 11.47084 = 22.94$$

$Z_l=11.47084$　取线路本身阻抗。

（2）按力争对相邻变压器有规定灵敏度整定

按力争对相邻低庄牵引变电站 2 号变压器低压侧故障有规定灵敏度整定

$$Z_{dz3} \geqslant K_{lm} \times (Z_l + K_z \times Z'_b) = 1.2 \times (11.47084 + 1 \times 23.71639) = 42.22$$

$Z_l=11.47084$　取线路本身阻抗；

$K_z=1$　小方式，怀化地调 220kV 田家变电站供电，开环支路：田李Ⅱ线，清田线，田湘线，李杨线；在低庄牵引变电站 2 号变压器的低压侧发生故障。

（3）按躲最小负荷阻抗整定

$$Z_{dz3} \leqslant K_k \times 0.9 \times U_e/1.732/I_{fhmax}/\cos(\alpha_1 - \Phi)$$

$$=0.7\times0.9\times115000/1.732/380/cos(60.4607-30)=127.71$$

（4）时间下限额

$$T_3\geqslant T=1.2=1.2$$

定值区间：$42.22\leqslant Z_{dz3}\leqslant127.71$

取值规则：采用人工给定定值

$$Z_{dz3}=80\Omega$$

时间区间：$1.2\leqslant T_3\leqslant99$

$$T_3=1.2s$$

（5）相间距离Ⅲ段整定结果：

Ⅲ段定值：$Z_{dz3}=80(\Omega)$

Ⅲ段二次值：$Z'_{dz3}=Z_{dz3}\times TA/TV=80\times(600/5)/(110000/100)=8.73(\Omega)$

Ⅲ段时间定值：$T_3=1.2(s)$

9. 接地Ⅰ段阻抗定值——定值:8.03/0.88

按躲线路末端故障整定

$$Z_{dz1}\leqslant K_k\times Z_1=0.7\times11.47084=8.03$$

$Z_1=11.47084$　取线路本身阻抗

定值区间：$0\leqslant Z_{dz1}\leqslant8.03$

取值规则：取上限值

$$Z_{dz1}=8.03\Omega$$

时间区间：$0\leqslant T_1\leqslant99$

$$T_1=0s$$

接地距离Ⅰ段整定结果：

Ⅰ段定值：$Z_{dz1}=8.03(\Omega)$

Ⅰ段二次值：$Z'_{dz1}=Z_{dz1}\times TA/TV=8.03\times(600/5)/(110000/100)=0.88(\Omega)$

Ⅰ段时间定值：$T_1=0(s)$

10. 接地Ⅱ段阻抗定值——定值:20/2.18

（1）按保证线路末端故障有灵敏度整定

$$Z_{dz2}\geqslant K_{lm}\times Z_1=1.4\times11.47084=16.06$$

$Z_1=11.47084$　取线路本身阻抗。

（2）按躲相邻变压器其他侧故障整定

按躲相邻低庄牵引变电站 2 号变压器低压侧故障整定

$Z_{dz2} \leqslant K_k \times Z_l + K'_b \times K_{zz} \times Z'_b = 0.8 \times 11.47084 + 0.7 \times 1 \times 23.71639 = 25.78$

$Z_l = 11.47084$　取线路本身阻抗。

$K_{zz} = 1$　大方式，220kV2 号主变压器接地，20kV 田家变电站供电，开环支路：田李Ⅱ线—田侧，田李Ⅰ线—田侧，田荣线，清杨线；在低庄牵引变电站 2 号变压器的低压侧发生故障。

定值区间：$16.06 \leqslant Z_{dz2} \leqslant 25.78$

取值规则：采用人工给定定值

$$Z_{dz2} = 20\Omega$$

时间区间：$0.3 \leqslant T_2 \leqslant 99$

$$T_2 = 0.3\text{s}$$

接地距离Ⅱ段整定结果：

Ⅱ段定值：$Z_{dz2} = 20(\Omega)$

Ⅱ段二次值：$Z'_{dz2} = Z_{dz2} \times \text{TA/TV} = 20 \times (600/5)/(110000/100) = 2.18(\Omega)$

Ⅱ段时间定值：$T_2 = 0.3(\text{s})$

11. 接地Ⅲ段阻抗定值——定值:80/8.73

(1) 按力争对相邻低庄牵引变电站 2 号变压器低压侧故障有规定灵敏度整定

$$Z_{dz3} \geqslant K_{lm} \times (Z_l + K_{zz} \times Z'_b) = 1.2 \times (11.47084 + 1 \times 23.71639) = 42.22$$

$Z_l = 11.47084$　取线路本身阻抗。

$K_{zz} = 1$　小方式，220kV 2 号主变压器接地，220kV 田家变电站供电，开环支路：田李Ⅱ线—田侧，田李Ⅰ线—田侧，田荣线，清杨线；在低庄牵引变电站 2 号变压器的低压侧发生故障。

(2) 按躲最小负荷阻抗整定

$$Z_{dz3} \leqslant K_k \times 0.9 \times U_e/1.732/I_{fhmax}/\cos(\alpha_1 - \Phi)$$
$$= 0.7 \times 0.9 \times 115000/1.732/380/\cos(60.4607 - 30) = 127.71$$

定值区间：$42.22 \leqslant Z_{dz3} \leqslant 127.71$

取值规则：采用人工给定定值

$$Z_{dz3} = 80\Omega$$

时间区间：$1.2 \leqslant T_3 \leqslant 99$

$$T_3 = 1.2\text{s}$$

接地距离Ⅲ段整定结果：

Ⅲ段定值：$Z_{dz3}=80(\Omega)$

Ⅲ段二次值：$Z'_{dz3}=Z_{dz3}\times TA/TV=80\times(600/5)/(110000/100)=8.73(\Omega)$

Ⅲ段时间定值：$T_3=1.2(s)$

12. 零序电流Ⅱ段——定值:5.42

按保证线路末端故障有灵敏度整定

$$I_{02}\leqslant 3\times I_{0min}/K_{lm}=3\times 327.2622/1.5=654.52$$

$I_{0min}=327.2622$　小方式，220kV 田家变电站供电，开环支路：田李Ⅱ线，田李Ⅰ线，田荣线，清杨线；在李牵线的低庄牵引变电站 110kVⅡ母侧发生两相接地短路。

定值区间：$0\leqslant I_{02}\leqslant 654.52$

取值规则：采用人工给定定值

$$I_{02}=650.4A$$

时间区间：$0.3\leqslant T_2\leqslant 99$

$$T_2=0.3s$$

零序电流Ⅱ段整定结果：

Ⅱ段定值：$I_{02}=650.4(A)$

Ⅱ段二次值：$I'_{02}=I_{02}/TA=650.4/(600/5)=5.42(A)$

Ⅱ段时间定值：$T_2=0.3(s)$

13. 零序电流Ⅲ段——定值:2

（1）按躲最大负荷产生的不平衡电流整定

$$I_{03}\geqslant K_k\times K_{bph}\times I_{fhmax}=1.5\times 0.1\times 1000=150$$

（2）按躲相邻变压器其他侧三相短路产生的不平衡电流整定

按躲相邻低庄牵引变电站 2 号变压器其他侧三相短路产生的不平衡电流整定

$$I_{03}\geqslant K_k\times K_{bph}\times I_{max}=1.5\times 0.1\times 1528.851=229.33$$

$I_{max}=1528.851$　大方式，怀化地调 220kV 田家变电站供电，开环支路：清田线，田李Ⅱ线，田荣线，田杨线；在低庄牵引变电站 2 号变压器的低压侧发生两相相间短路

（3）按一次值不大于 300A 取值

$$I_{03}\leqslant I=300=300$$

（4）与本线路接地距离Ⅲ段时间配合

$$T_3=1.2+0.3=1.5$$

（5）本线路经高电阻接地故障有灵敏度

$$I_{03} \leqslant 3 \times I_{0\min}/K_{\rm lm} = 3 \times 259.871/1.5 = 519.74$$

$I_{0\min}$=259.871　小方式，220kV 田家变电站供电，开环支路：清杨线，田荣线，李杨线，田李Ⅰ线；（接地电阻为 50Ω）在李牵线的低庄牵引变电站 110kVⅡ母侧发生单相接地短路

定值区间：229.33≤$I_{03}$≤300

取值规则：采用人工给定定值

$$I_{03}=240\text{A}$$

时间区间：1.5≤$T_3$≤3.3

$$T_3=1.5\text{s}$$

14. 过流保护Ⅰ段电流——定值:807.6/6.73

（1）保证本线路末端金属性短路故障有规定的灵敏度

$$I_{\rm dx} \leqslant I_{\rm kmin} \div K_{\rm sen} = 1212.554 \div 1.5 = 808.37\text{A}$$

式中　$I_{\rm kmin}$——本支路末端金属性短路流过本侧保护相电流最小值（A），1212.554，$I_{\rm kmin}$的方式描述，小方式，220kV 田家变电站供电，开环支路：清杨线，田荣线，李杨线，田李Ⅰ线，在李牵线的低庄牵引变电站 110kVⅡ母侧发生单相接地短路；

$K_{\rm sen}$——灵敏系数，1.5。

（2）躲相邻变压器其他侧母线短路故障的最大短路电流

2 号变压器：

$$I_{\rm dx} \geqslant K_{\rm k} \times I_{\rm kmax} = 1.3 \times 1528.851 = 1987.51\text{A}$$

式中　$I_{\rm kmax}$——相邻变压器末端相间短路流过本侧保护相电流最大值（A），1528.851，$I_{\rm kmax}$的方式描述，大方式，怀化地调 220kV 田家变电站供电，开环支路：田荣线，田李Ⅱ线，田杨线，清田线，在低庄牵引变电站 2 号变压器的低压侧发生三相相间短路；

$K_{\rm k}$——可靠系数，1.3。

（3）可靠躲过本线路的最大负荷电流

$$I_{\rm dx} \geqslant K_{\rm k} \times I_{\rm fhmax} = 1.3 \times 380 = 494\text{A}$$

式中　$I_{\rm fhmax}$——最大负荷电流（A），380；

$K_{\rm k}$——可靠系数，1.3。

（4）过流保护Ⅰ段时间按与距离Ⅱ段动作时间相同取值

$$T_{\rm dx} = t = 0.3 = 0.3\text{s}$$

式中　$t$——线路相间距离保护Ⅱ段延时，0.3；

定值 $T_{dx}=0.3s$。

采用人工给定定值

定值 $I_{dx}=807.6A$；

$I_{dx}$二次值=6.73A。

15. 过流保护Ⅱ段电流（$I_{zdbx}$）——定值：807.6/6.73

取值同过流保护Ⅰ段电流定值

16. 测距系数——定值:20.76

按公式 $L/X_1 \times N_{TV}/N_{TA}$整定

$$C_j = L \div X_1 \times (N_v \div N_a) = 22.6 \div 9.97681 \times (1100 \div 120) = 20.76$$

式中 $L$——线路长度，22.6；

$X_1$——正序电抗，9.97681；

$N_a$——TA变比，120；

$N_v$——TV变比，1100；

定值 $C_j=20.76$。

17. 零序加速段电流——定值:240/2

取零序Ⅲ段原理定值

$$I_{0j} = I = 240 = 240A$$

$I$——线路零序电流保护Ⅲ段定值，240；

定值 $I_{0j}=240A$；

二次值 $I_{0j} = 240 \div (600 \div 5) = 2A$。

18. 零序加速段时间——定值:0.3

按经验值取值

$$T_{lxj} = T = 0.3 = 0.3s$$

$T$一般取值，0.3；

定值 $T_{lxj}=0.3s$。

19. 重合闸检无压定值——定值:30

按装置说明书取值

$$C_{hzw} = K = 30 = 30V$$

$K$一般取值，30

定值 $C_{hzw}$=30V

20. 重合闸时间——定值:3.5

按取3.5s整定，大型电厂出线的重合闸时间根据实际情况适当延长，可整定为10s

$$T_{ch} = t = 3.5 = 3.5\text{s}$$

$t$ 一般取值，3.5；

定值 $T_{ch}$=3.5s。

21. 低周减载频率——定值:45

退出，取最小值

$$D_{zjz} = K = 45 = 45\text{Hz}$$

$K$ 一般取值，45；

定值 $D_{zjz}$=45Hz。

22. 低周减载时间（$T_{dzjz}$）——定值：20

退出，取最大值

$$T_{dzjz} = T = 20 = 20\text{s}$$

$T$ 一般取值，20；

定值 $T_{dzjz}$=20s。

23. 低周减载闭锁电压（$U_{dzjz}$）——定值：60

退出，取最大值

$$U_{dzjz} = U = 60 = 60\text{V}$$

$U$ 一般取值，60；

定值 $U_{dzjz}$=60V。

24. 低周减载闭锁滑差（$D_{zjzh}$）——定值：20

退出，取最大值

$$D_{zjzh} = K = 20 = 20\text{Hz/S}$$

$K$ 一般取值，20；

定值 $D_{zjzh}$=20Hz/s。

25. 低压减载电压（$U_{dy}$）——定值：20

退出，取最小值

$$U_{dy} = U = 20 = 20\text{V}$$

$U$ 一般取值，20；

定值 $U_{dy}=20V$。

26. 低压减载时间（$T_{dujz}$）——定值：20

退出，取最大值

$$T_{dujz}=T=20=20s$$

$T$ 一般取值，20；

定值 $T_{dujz}=20s$。

27. 闭锁电压变化率（$B_{sdy}$）——定值：60

退出，取最大值

$$B_{sdy}=K=60=60V/s$$

$K$ 一般取值，60；

定值 $B_{sdy}=60V/s$。

28. 失灵启动电流（$I_{sl}$）——定值：200

退出，取最大值

$$I_{sl}=I=200=200A$$

$I$ 一般取值，200；

定值 $I_{sl}=200A$。

（三）定值通知单

怀化电网继电保护定值通知单见表 10-1。

**表 10-1　　怀化电网继电保护定值通知单**

编号：李家坡变电站-110kV 李牵线线路保护-PSL621C-202001

| 保护型号 | PSL-621C | | | | |
|---|---|---|---|---|---|
| 版本号 | V4.53 | 校验码 | FCF9 | 程序生成时间 | |
| 线路长度 | 22.60km | 正序阻抗 | 11.47∠60.43°Ω | 零序阻抗 | 30.57∠68.25°Ω |
| TA 变比 | 600/5 | TV 变比 | 110000/100 | | |

备注：

| 整定： | | 审核： | | 批准： | | 日期： | ××××年9月3日 |
|---|---|---|---|---|---|---|---|
| 1 | 距离保护 Ver：4.53 CRC：FCF9 | | | | | | |

| 序号 | 名称 | 单位 | 定值 | 备注 |
|---|---|---|---|---|
| 1.01 | 控制字 | | 8061 | |
| 1.02 | 线路正序阻抗角 | ° | 60 | |
| 1.03 | 距离保护电阻定值 | Ω | 3.82 | |

续表

| 1 | 距离保护　　Ver：4.53　　CRC：FCF9 | | | |
|---|---|---|---|---|
| 序号 | 名称 | 单位 | 定值 | 备注 |
| 1.04 | 零序辅助启动门坎 | A | 2.05 | |
| 1.05 | 零序电阻补偿系数 | | 0.33 | |
| 1.06 | 零序电抗补偿系数 | | 0.62 | |
| 1.07 | 相间距离Ⅰ段阻抗 | Ω | 1 | |
| 1.08 | 相间距离Ⅱ段阻抗 | Ω | 2.18 | |
| 1.09 | 相间距离Ⅲ段阻抗 | Ω | 8.73 | |
| 1.10 | 相间距离Ⅰ段时间 | s | 0 | |
| 1.11 | 相间距离Ⅱ段时间 | s | 0.3 | |
| 1.12 | 相间距离Ⅲ段时间 | s | 1.2 | |
| 1.13 | 接地距离Ⅰ段阻抗 | Ω | 0.88 | |
| 1.14 | 接地距离Ⅱ段阻抗 | Ω | 2.18 | |
| 1.15 | 接地距离Ⅲ段阻抗 | Ω | 8.73 | |
| 1.16 | 接地距离Ⅰ段时间 | s | 0 | |
| 1.17 | 接地距离Ⅱ段时间 | s | 0.3 | |
| 1.18 | 接地距离Ⅲ段时间 | s | 1.2 | |
| 1.19 | 过流保护Ⅰ段电流 | A | 6.73 | |
| 1.20 | 过流保护Ⅱ段电流 | A | 6.73 | |
| 1.21 | 过流保护Ⅰ段时间 | s | 0.3 | |
| 1.22 | 过流保护Ⅱ段时间 | s | 0.3 | |
| 1.23 | 测距系数 | km/Ω | 20.76 | |

| 2 | 距离控制字 | | |
|---|---|---|---|
| 序号 | 置1时的含义 | 置0时的含义 | 定值 |
| D15 | 电流、电压求和自检功能投入 | 电流、电压求和自检功能退出 | 1 |
| D14 | TA额定电流为1A | TA额定电流为5A | 0 |
| D13 | 备用 | 备用 | 0 |
| D12 | 备用 | 备用 | 0 |
| D11 | 备用 | 备用 | 0 |
| D10 | 备用 | 备用 | 0 |
| D9 | 距离Ⅲ段合闸加速延时1.5s动作 | 距离Ⅲ段合闸加速瞬时动作 | 0 |
| D8 | 过流保护投入 | 过流保护退出 | 0 |
| D7 | 距离Ⅲ段偏移特性投入 | 距离Ⅲ段偏移特性退出 | 0 |
| D6 | TV断线时健全相距离保护投入 | TV断线时健全相距离保护退出 | 1 |
| D5 | TV断线时过流保护投入 | TV断线时过流保护退出 | 1 |
| D4 | 不对称故障相继速动功能投入 | 不对称故障相继速动功能退出 | 0 |
| D3 | 双回线相继加速动功能投入 | 双回线相继加速动功能退出 | 0 |
| D2 | 振荡闭锁功能投入 | 振荡闭锁功能退出 | 0 |
| D1 | 后加速Ⅲ段投入 | 后加速Ⅲ段退出 | 0 |
| D0 | 后加速Ⅱ段投入 | 后加速Ⅱ段退出 | 1 |

续表

| 3 | 零序保护　Ver：4.52　CRC：07D1 | | | |
|---|---|---|---|---|
| 序号 | 名称 | 单位 | 定值 | 备注 |
| 3.01 | 控制字 | | 8001 | |
| 3.02 | 零序不灵敏Ⅰ段电流 | 电流 | 200 | |
| 3.03 | 零序Ⅰ段电流 | 电流 | 200 | |
| 3.04 | 零序Ⅱ段电流 | 电流 | 5.42 | |
| 3.05 | 零序Ⅲ段电流 | 电流 | 2 | |
| 3.06 | 零序Ⅳ段电流 | 电流 | 2 | |
| 3.07 | 零序加速段电流 | 电流 | 2 | |
| 3.08 | 零序Ⅰ段时间 | s | 1 | |
| 3.09 | 零序Ⅱ段时间 | s | 0.3 | |
| 3.10 | 零序Ⅲ段时间 | s | 1.5 | |
| 3.11 | 零序Ⅳ段时间 | s | 20 | |
| 3.12 | 零序加速段时间 | s | 0.3 | |
| 3.13 | 重合闸检同期定值 | ° | 30 | |
| 3.14 | 重合闸检无压定值 | V | 30 | |
| 3.15 | 重合闸时间 | s | 3.5 | |
| 3.16 | 低周减载频率 | Hz | 45 | |
| 3.17 | 低周减载时间 | s | 20 | |
| 3.18 | 低周减载闭锁电压 | V | 60 | |
| 3.19 | 低周减载闭锁滑差 | Hz/s | 20 | |
| 3.20 | 低压减载电压 | V | 20 | |
| 3.21 | 低压减载时间 | s | 20 | |
| 3.22 | 闭锁电压变化率 | V/s | 60 | |
| 3.23 | 失灵启动电流 | A | 200 | |

| 4 | 零序控制字 | | |
|---|---|---|---|
| 序号 | 置1时的含义 | 置0时的含义 | 定值 |
| D15 | 电流、电压求和自检功能投入 | 电流、电压求和自检功能退出 | 1 |
| D14 | TA额定电流为1A | TA额定电流为5A | 0 |
| D13 | 备用 | 备用 | 0 |
| D12 | 加速段经二次谐波制动 | 加速段不经二次谐波制动 | 0 |
| D11 | 零序电流Ⅰ段带方向 | 零序电流Ⅰ段不带方向 | 0 |
| D10 | 零序电流Ⅱ段带方向 | 零序电流Ⅱ段不带方向 | 0 |
| D9 | 零序电流Ⅲ段带方向 | 零序电流Ⅲ段不带方向 | 0 |
| D8 | 零序电流Ⅳ段带方向 | 零序电流Ⅳ段不带方向 | 0 |
| D7 | 零序电流加速段带方向 | 零序电流加速段不带方向 | 0 |
| D6 | 零序保护经无$3U_0$突变量闭锁 | 零序保护不经无$3U_0$突变量闭锁 | 0 |
| D5 | TV断线时零序保护延时动作 | TV断线时零序保护不延时动作 | 0 |
| D4 | 备用 | 备用 | 0 |
| D3 | 备用 | 备用 | 0 |
| D2 | 重合闸方式 | 重合闸方式 | 0 |
| D1 | | | 0 |
| D0 | 开关偷跳重合 | 开关偷跳不重合 | 1 |

续表

| 4 | 零序控制字 | | |
|---|---|---|---|
| 序号 | 置1时的含义 | 置0时的含义 | 定值 |

| 位1 | 位2 | 重合闸方式 |
|---|---|---|
| 0 | 0 | 允许非同期重合 |
| 0 | 1 | 检同期方式 |
| 1 | 0 | 检无压方式，有压时不重合 |
| 1 | 1 | 检无压方式，自动转检同期 |

# 第十一章　110kV母线保护整定计算原则

110kV 母线保护一般由差动保护、母联失灵保护、母联死区保护组成。

## 一、差动保护

1. 比例制动差动电流定值

（1）按保证母线发生金属性短路故障母联断路器跳闸前后有 2.0 的灵敏度系数整定。

$$I_{dz} \leqslant \frac{I_{k.min}}{K_{sen} n_a} \tag{11-1}$$

式中　$I_{dz}$——差动电流整定值，A；

$I_{k.min}$——任一单回供电线路、单台供电变压器运行时本母线发生金属性短路故障时流过保护安装处的最小短路电流，A；

$K_{sen}$——灵敏度系数，取 2.0。

$n_a$ 为基准电流互感器变比。

（2）按躲过母线上所有出线、主变压器任一元件电流二次回路断线时的最大差电流整定。

$$I_{dz} \geqslant \frac{K_k I_{fh.max}}{n_a} \tag{11-2}$$

式中　$K_k$——可靠系数，一般取 1.1～1.3；

$I_{fh.max}$——母线上各元件在正常运行情况下的最大负荷电流，A。

（3）一般一次值不小于 600A。

（4）时间取值为 0s。

（5）动作出口为跳故障母线上的所有断路器及母联断路器。

（6）TA 断线时闭锁母差。

（7）无须整定的其他原理的差动保护可投入。

（8）若（1）与（2）冲突时，按（1）取值。

2. 比率制动系数

比率制动系数按可靠躲过外部故障时最大不平衡差电流和保证任意条件下母线在母联（分段）断路器断开和合上的情况下均能可靠动作，一般取：0.3～0.7。

3. 电流回路异常告警

（1）按躲过正常运行时最大不平衡电流整定，可整定为电流互感器额定电流的0.02～0.1倍，一般取$0.05I_n$。

式中　$I_n$——基准电流互感器的二次额定电流，A。

（2）时间取大于母线所有连接元件保护的最长动作时限，一般可整定为7s。

（3）电流回路异常告警动作于信号，不出口。

4. 电流回路断线闭锁

（1）按躲过正常运行时最大不平衡电流整定，可整定为电流互感器额定电流的0.05～0.1倍，一般取$0.08I_n$。

（2）时间取大于母线所有连接元件保护的最长动作时限，一般可整定为：7s。

（3）电流回路断线闭锁母线保护。

5. 低电压闭锁元件

（1）按躲正常运行时最低运行电压整定，一般可整定为母线额定运行电压的0.6～0.7倍。

$$U_{1.dz} = 70\%U_n \tag{11-3}$$

式中　$U_{1.dz}$——低电压整定值，V；

$U_n$——母线二次额定电压，V。

（2）低电压继电器的灵敏度系数按下式进行校验：

$$K_{sen} = \frac{U_{1.dz}n_v}{U_{m.1.max}} \tag{11-4}$$

式中　$n_v$——母线电压互感器变比；

$U_{m.1.max}$——最大运行方式下母线故障时保护安装处的最高残压，kV；

$K_{sen}$不小于2。

（3）若为线电压固定取70V；若为相电压固定取40V。

6. 零序电压闭锁元件

（1）零序电压按躲过正常运行时出现的最大不平衡电压整定，一般可整定为4～12V，取：

$$U_{0.dz}(3U_0) = 5V \tag{11-5}$$

式中　$U_{0.dz}$——零序电压闭锁整定值，V。

（2）零序电压的灵敏度系数按下式进行校验

$$K_{sen}=\frac{U_{0.min}}{U_{0.dz}n_v} \tag{11-6}$$

式中 $U_{0.min}$——母线金属性短路时，保护安装处的最小零序电压，kV；

$K_{sen}$不小于 2。

7. 负序电压闭锁元件

（1）负序电压按躲过正常运行时出现的最大不平衡电压整定，一般可整定为 4～12V，取

$$U_{2.dz}=4V$$

（2）负序电压继电器的灵敏度系数按下式进行校验

$$K_{sen}=\frac{U_{2.min}}{U_{2.dz}n_v} \tag{11-7}$$

式中 $U_{2.min}$——母线金属性短路时，保护安装处的最小负序电压，kV；

$K_{sen}$不小于 2。

（3）负序电压取相电压。

## 二、母联失灵保护

（1）母联失灵电流按保证任一单回线路运行时母线发生金属性短路故障时的最小短路电流有不小于 1.5 的灵敏度系数整定。

$$I_{sl.dz}\leqslant\frac{I_{k.min}}{K_{sen}n_a} \tag{11-8}$$

式中 $I_{sl.dz}$——母联失灵电流整定值，A；

$I_{k.min}$——任一单回线路运行时母线发生金属性短路故障时的最小短路电流，A；

$K_{sen}$——不小于 1.5。

（2）按有无电流的原则整定，一般取 $0.1I_n$。

（3）时间一般取 0.2s。

（4）母联失灵保护出口跳所连母线上的所有断路器。

## 三、母联死区保护

（1）不需要整定。

（2）时间一般取 0.15s。

（3）母联死区保护出口跳所连其他母线上的所有断路器。

## 四、母线保护内的母联过流保护、母联非全相保护

不采用。

## 五、算例

### （一）参数

110kV楚东桥变电站110kV母线上所联设备有504、506、500、510，TA变比均为600/5，110kV楚东桥变电站一次接线图如图11-1所示。求110kV母线保护配置情况。

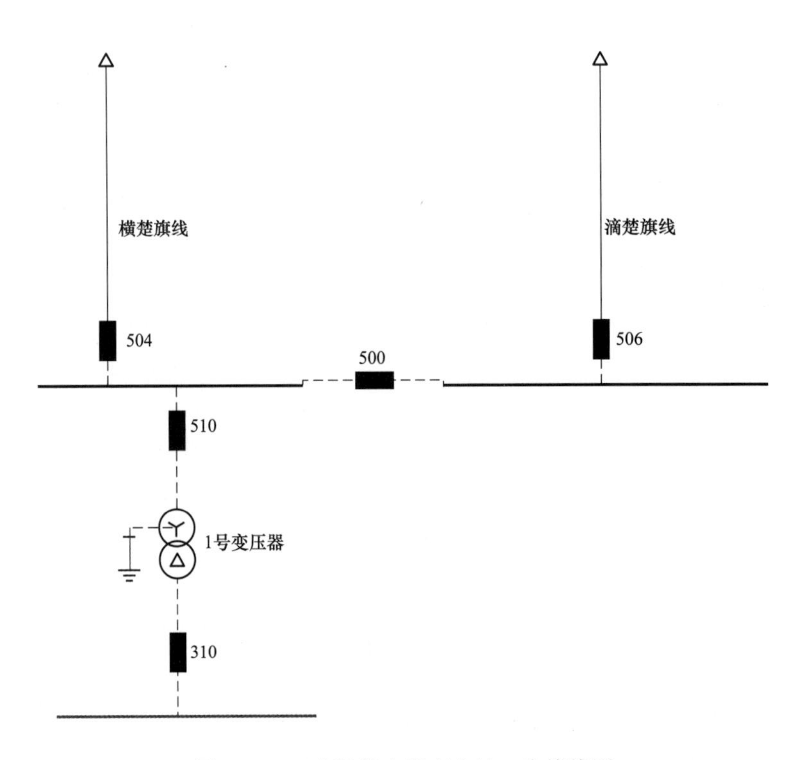


图11-1　110kV楚东桥变电站一次接线图

### （二）计算过程

1. 各支路TA（500）

（1）支路1TA一次值（$TA_{11}$）——定值：600。

取对应支路TA一次值

$$TA_{11}=TA=600=600A$$

式中　TA——TA一次侧电流（A），600；

定值 $TA_{11}=600A$。

支路1TA二次值（$TA_{12}$）——定值：5

取对应支路TA二次值

$$TA_{12}=TA=5=5A$$

式中　TA——TA二次侧电流（A），5；

采用人工给定定值

定值 $TA_{12}=5A$。

（2）各支路TA（510）。

支路1TA一次值（$TA_{11}$）——定值：600

取对应支路TA一次值

$TA_{11}=TA=600=600A$

式中　TA——TA一次侧电流（A），600；

定值 $TA_{11}=600A$。

支路1TA二次值（$TA_{12}$）——定值：5

取对应支路TA二次值

$$TA_{12}=TA=5=5A$$

式中　TA——TA二次侧电流（A），5；

定值 $TA_{12}=5A$。

（3）各支路TA（504）。

支路1TA一次值（$TA_{11}$）——定值：600

取对应支路TA一次值

$$TA_{11}=TA=600=600A$$

式中　TA——TA一次侧电流（A），600；

定值 $TA_{11}=600A$。

支路1TA二次值（$TA_{12}$）——定值：5

取对应支路TA二次值

$$TA_{12}=TA=5=5A$$

式中　TA——TA二次侧电流（A），5；

定值 $TA_{12}=5A$。

(4) 各支路 TA (506)。

支路 1TA 一次值 ($TA_{11}$)——定值：600

取对应支路 TA 一次值

$$TA_{11}=TA=600=600A$$

式中 TA——TA 一次侧电流 (A)，600；

定值 $TA_{11}=600A$。

支路 1TA 二次值 ($TA_{12}$)——定值：5

取对应支路 TA 二次值

$$TA_{12}=TA=5=5A$$

TA——TA 二次侧电流 (A)，5

定值 $TA_{12}=5A$

2. 母差保护定值

(1) 差动保护启动电流定值 ($I_{cd}$)——定值：900/7.5。

(2) 一般一次值不小于 600A。

$$I_{cd} \geqslant \text{Max}(I, I_{kmin} \div K_{sen}) = \text{Max}(600, 2384.662 \div 2) = 1192.33A$$

$I$ 取值 600。

式中 $I_{kmin}$——母线金属性故障时最小短路相电流，A，取值 2384.662，$I_{kmin}$的方式描述，小方式，横店村变电站供电，开环支路：团板横线；横楚旗线检修，在楚东桥变电站 110kVⅡ母发生两相相间短路；

$K_{sen}$——灵敏系数，2.0。

(3) 躲过母线上所有出线、主变压器任一元件电流二次回路断线时的最大差电流。

1) 1 号变压器：

$$I_{cd} \geqslant K_k \times I_{fhmax} = 1.3 \times 262.4396 = 341.17A$$

式中 $I_{fhmax}$——所连支路最大负荷电流，A，取值 262.4396；

$K_k$——可靠系数，取值 1.3。

2) 横楚旗线：

$$I_{cd} \geqslant K_k \times I_{fhmax} = 1.3 \times 600 = 780A$$

式中 $I_{fhmax}$——所连支路最大负荷电流 (A)，600；

$K_k$——可靠系数，取值 1.3。

3）滴楚旗线：

$$I_{cd} \geqslant K_k \times I_{fhmax} = 1.3 \times 545 = 708.5\text{A}$$

式中　$I_{fhmax}$——所连支路最大负荷电流，A，545；

$K_k$——可靠系数，1.3。

（4）保证母线发生金属性短路故障母联断路器跳闸前后有规定的灵敏度。

$$I_{cd} \leqslant I_{dmin} \div K_{sen} = 2384.662 \div 2 = 1192.33\text{A}$$

式中　$I_{dmin}$——母线金属性故障时最小短路相电流，A，取值 2384.662，$I_{dmin}$的方式描述，小方式，横店村变电站供电，开环支路：团板横线，横楚旗线检修，在楚东桥变电站 110kVⅡ母发生两相相间短路；

$K_{sen}$——灵敏系数，2。

取定值 $I_{cd}$=900A

$I_{cd}$二次值=7.5A

3. TA 断线闭锁定值（$I_{dxbs}$）——定值：0.4

按躲过正常运行时最大不平衡电流整定，一般可整定为电流互感器额定电流的 0.05～0.1 倍，取：0.08$I_n$

$$I_{dxbs} = K \times I_n = 0.08 \times 5 = 0.4\text{A}$$

式中　$K$——一般取值，0.08。

$I_n$——TA 二次侧电流（A），5。

定值 $I_{dxbs}$=0.4A。

4. TA 断线告警定值（$I_{TAdx}$）——定值：0.25

按躲过正常运行时最大不平衡电流整定，一般可整定为电流互感器额定电流的 0.02～0.1 倍，取：0.05$I_n$

$$I_{TAdx} = K \times I_n = 0.05 \times 5 = 0.25\text{A}$$

式中　$I_n$——TA 二次侧电流（A），5。

$K$ 一般取值，0.05。

定值 $I_{TAdx}$=0.25A。

5. 母联分段失灵电流定值（$I_{msl}$）——定值：60/0.5

（1）按有无电流的原则整定，一般取 0.1$I_n$。

$$\begin{aligned} I_{msl} &= \text{Max}[(0.05 \times I_n), \text{Min}(I_{kmin} \div K_{sen}, K \times I_n)] \\ &= \text{Max}[0.05 \times 600, \text{Min}(2384.662 \div 1.5, 0.1 \times 600)] = 60\text{A} \end{aligned}$$

式中 $K$——一般取值，0.1；

$I_n$——TA 一次侧电流（A），600；

$I_{kmin}$——母线金属性故障时最小短路相电流（A），2384.662，$I_{kmin}$的方式描述：小方式，横店村变电站供电，开环支路：团板横线，横楚旗线检修，在楚东桥变电站110kVⅡ母发生两相相间短路；

$K_{sen}$——灵敏系数，1.5。

（2）保证任一单回线路运行时母线短路故障有规定的灵敏度

$$I_{msl} \leqslant I_{dmin} \div K_{sen} = 2384.662 \div 1.5 = 1589.78\text{A}$$

式中 $I_{dmin}$——母线金属性故障时最小短路相电流，A，取值 2384.662，$I_{dmin}$的方式描述，小方式，横店村变电站供电，开环支路：团板横线；横楚旗线检修，在楚东桥变电站 110kVⅡ母发生两相相间短路；

$K_{sen}$——灵敏系数，1.5。

定值 $I_{msl}$=60A

二次值 $I_{msl} = 60 \div (600 \div 5) = 0.5$A。

（3）母联分段失灵时间（$T_{msl}$）——定值：0.2

取固定时间 0.2s

$$T_{msl} = t = 0.2 = 0.2\text{s}$$

$t$ 一般取值 0.2；

定值 $T_{msl}$=0.2s。

6. 失灵保护定值

（1）低电压闭锁定值（$U_1$）——定值：0。

退出，取最小值

定值 $U_1$=0V。

（2）零序电压闭锁定值（$U_0$）——定值：57.7。

退出，取最大值

定值 $U_0$=57.7V。

（3）负序电压闭锁定值（$U_2$）——定值：57.7。

退出，取最大值

定值 $U_2$=57.7V。

7. 三相失灵相电流定值（$I_{sl}$）——定值：100

退出，取最大值

$$I_{sl}=20\times I_n=20\times 5=100\text{A}$$

$I_n$——TA 二次侧电流（A），5

定值 $I_{sl}$=100A。

8. 失灵零序电流定值（$I_{sl0}$）——定值：100

退出，取最大值

$$I_{sl0}=20\times I_n=20\times 5=100\text{A}$$

$I_n$——TA 二次侧电流（A），5；

定值 $I_{sl0}$=100A。

9. 失灵负序电流定值（$I_{sl2}$）——定值：100

退出，取最大值

$$I_{sl2}=20\times I_n=20\times 5=100\text{A}$$

$I_n$——TA 二次侧电流（A），5；

定值 $I_{sl2}$=100A。

10. 失灵保护 1 时限（$T_{sl1}$）——定值：10

退出，取最大值

$$T_{sl1}=t=10=10\text{s}$$

$t$ 一般取值 10；

定值 $T_{sl1}$=10s。

11. 失灵保护 2 时限（$T_{sl2}$）——定值：10

退出，取最大值

$$T_{sl2}=t=10=10\text{s}$$

$t$ 一般取值 10；

定值 $T_{sl2}$=10s。

（三）定值通知单

电网继电保护定值通知单见表 11-1。

**表 11-1** **电网继电保护定值通知单**

编号：楚东桥变电站－110kV 母线保护－WMH801ALDAG-202001

| 保护型号 | WMH-801AL-DA-G | | | | |
|---|---|---|---|---|---|
| 版本号 | V2.02 | 校验码 | 477B | 程序生成时间 | 2016.06.20 |
| 基准 TA 变比 | 600/5 | TV 变比 | 110000/100 | | |
| | | | | | |

备注：

| 整定： | | 审核： | | 批准： | | 日期： | ××××年 7 月 4 日 |
|---|---|---|---|---|---|---|---|

| 1 | 设备参数 | | | |
|---|---|---|---|---|
| 序号 | 名称 | 单位 | 定值 | 备注 |
| 1.01 | 定值区号 | | 现场整定 | |
| 1.02 | 被保护设备 | | 现场整定 | |
| 1.03 | TV 一次额定值 | kV | 110 | |
| 1.04 | 支路 1TA 一次值 | A | 600 | 500 |
| 1.05 | 支路 1TA 二次值 | A | 5 | |
| 1.06 | 支路 2TA 一次值 | A | 0 | |
| 1.07 | 支路 2TA 二次值 | A | 5 | |
| 1.08 | 支路 3TA 一次值 | A | 0 | |
| 1.09 | 支路 3TA 二次值 | A | 5 | |
| 1.10 | 支路 4TA 一次值 | A | 600 | 510 |
| 1.11 | 支路 4TA 二次值 | A | 5 | |
| 1.12 | 支路 5TA 一次值 | A | 0 | |
| 1.13 | 支路 5TA 二次值 | A | 5 | |
| 1.14 | 支路 6TA 一次值 | A | 0 | |
| 1.15 | 支路 6TA 二次值 | A | 5 | |
| 1.16 | 支路 7TA 一次值 | A | 600 | 504 |
| 1.17 | 支路 7TA 二次值 | A | 5 | |
| 1.18 | 支路 8TA 一次值 | A | 0 | |
| 1.19 | 支路 8TA 二次值 | A | 5 | |
| 1.20 | 支路 9TA 一次值 | A | 0 | |
| 1.21 | 支路 9TA 二次值 | A | 5 | |
| 1.22 | 支路 10TA 一次值 | A | 0 | |
| 1.23 | 支路 10TA 二次值 | A | 5 | |
| 1.24 | 支路 11TA 一次值 | A | 0 | |
| 1.25 | 支路 11TA 二次值 | A | 5 | |
| 1.26 | 支路 12TA 一次值 | A | 0 | |
| 1.27 | 支路 12TA 二次值 | A | 5 | |
| 1.28 | 支路 13TA 一次值 | A | 0 | |
| 1.29 | 支路 13TA 二次值 | A | 5 | |
| 1.30 | 支路 14TA 一次值 | A | 0 | |
| 1.31 | 支路 14TA 二次值 | A | 5 | |
| 1.32 | 支路 15TA 一次值 | A | 0 | |

续表

| 1 | 设备参数 | | | |
|---|---|---|---|---|
| 序号 | 名称 | 单位 | 定值 | 备注 |
| 1.33 | 支路15TA二次值 | A | 5 | |
| 1.34 | 支路16TA一次值 | A | 600 | 506 |
| 1.35 | 支路16TA二次值 | A | 5 | |
| 1.36 | 支路17TA一次值 | A | 0 | |
| 1.37 | 支路17TA二次值 | A | 5 | |
| 1.38 | 支路18TA一次值 | A | 0 | |
| 1.39 | 支路18TA二次值 | A | 5 | |
| 1.40 | 支路19TA一次值 | A | 0 | |
| 1.41 | 支路19TA二次值 | A | 5 | |
| 1.42 | 支路20TA一次值 | A | 0 | |
| 1.43 | 支路20TA二次值 | A | 5 | |
| 1.44 | 支路21TA一次值 | A | 0 | |
| 1.45 | 支路21TA二次值 | A | 5 | |
| 1.46 | 支路22TA一次值 | A | 0 | |
| 1.47 | 支路22TA二次值 | A | 5 | |
| 1.48 | 支路23TA一次值 | A | 0 | |
| 1.49 | 支路23TA二次值 | A | 5 | |
| 1.51 | 支路23TA一次值 | A | 0 | |
| 1.52 | 支路23TA二次值 | A | 5 | |
| 1.53 | 基准TA一次值 | A | 600 | |
| 1.54 | 基准TA二次值 | A | 5 | |
| 2 | 母差保护定值 | | | |
| 序号 | 名称 | 单位 | 定值 | 备注 |
| 2.01 | 差动保护启动电流定值 | A | 7.5 | |
| 2.02 | TA断线告警定值 | A | 0.25 | |
| 2.03 | TA断线闭锁定值 | A | 0.4 | |
| 2.04 | 母联分段失灵电流定值 | A | 0.5 | |
| 2.05 | 母联分段失灵时间 | s | 0.2 | |
| 3 | 失灵保护定值 | | | |
| 序号 | 名称 | 单位 | 定值 | 备注 |
| 3.01 | 低电压闭锁定值 | V | 0 | |
| 3.02 | 零序电压闭锁定值 | V | 57.7 | |
| 3.03 | 负序电压闭锁定值 | V | 57.7 | |
| 3.04 | 三相失灵相电流定值 | A | 100 | |
| 3.05 | 失灵零序电流定值 | A | 100 | |
| 3.06 | 失灵负序电流定值 | A | 100 | |
| 3.07 | 失灵保护1时限 | s | 10 | |
| 3.08 | 失灵保护2时限 | s | 10 | |

续表

| 4 | 控制字 | | | |
|---|---|---|---|---|
| 序号 | 名称 | 单位 | 定值 | 备注 |
| 4.01 | 差动保护 | | 1 | |
| 4.02 | 失灵保护 | | 0 | |
| 4.03 | 非直接接地系统 | | 0 | |
| 5 | 软压板 | | | |
| 序号 | 名称 | 单位 | 定值 | 备注 |
| 5.01 | 差动保护软压板 | | 1 | |
| 5.02 | 失灵保护软压板 | | 0 | |
| 5.03 | 母线互联软压板 | | 0 | |
| 5.04 | 母联分列软压板 | | 0 | |
| 5.05 | 分段 1 分列软压板 | | 0 | |
| 5.06 | 分段 2 分列软压板 | | 0 | |
| 5.07 | 远方投退压板软压板 | | 0 | |
| 5.08 | 远方切换定值区软压板 | | 0 | |
| 5.09 | 远方修改定值软压板 | | 0 | |

# 第十二章　110kV母联（分段）断路器保护整定计算原则

当用 110kV 母联（分段）断路器对母线进行充电时，母线有故障本装置将会动作切除故障。

110kV 母联（分段）断路器保护仅在对母线充电时投入，正常运行时退出。

## 一、充电保护

1. 过电流元件

（1）按保证被充电母线在任一单回供电线路、单台供电变压器运行时本母线发生金属性短路故障时流过保护安装处的最小短路电流有不小于 2.0 的灵敏度系数整定。时间取 0s 或装置最小值。

$$I_{1cd.dz} \leqslant \frac{I_{k.min}}{K_{sen} n_a} \tag{12-1}$$

式中　$I_{1cd.dz}$——充电过电流整定值，A；

$I_{k.min}$——任一单回供电线路、单台供电变压器运行时本母线发生金属性短路故障时流过保护安装处的最小短路电流，A；

$K_{sen}$——灵敏度系数，取 2.0；

$n_a$——母联（分段断路器）电流互感器变比。

（2）一般一次值取 300A。

（3）过电流元件出口跳母联或分段断路器。

2. 零序电流元件

（1）按保证被充电母线在单一单回线路运行时本母线发生金属性接地短路故障时流过保护安装处的最小零序电流有不小于 2.0 的灵敏度系数整定。时间取 0s 或装置最小值。

$$I_{0cd.dz} \leqslant \frac{3I_{0.min}}{K_{sen} n_a} \tag{12-2}$$

式中　$I_{0cd.dz}$——充电零序电流整定值，A；

$I_{0.min}$——任一单回线路运行时本母线发生金属性接地短路故障时流过保护安装处的最小零序电流，A；

$K_{sen}$取2.0。

（2）一般一次值不大于300A。

（3）零序电流元件出口跳母联或分段断路器。

注：若未配备单独的充电保护装置，则母差保护装置内的充电保护按此原则整定。

## 二、算例

### （一）参数

110kV竹园变电站110kV母联500，TA变比为600/1，求其充电保护定值。

### （二）计算过程

1. 充电过流Ⅰ段电流定值（$I_1$）——定值：300/0.5

（1）保证被充电母线发生两相金属性短路故障时有规定的灵敏度。

$$\leqslant 3567/2 = 1783.5\text{A}$$

其中3567为小方式下，竹园变电站110kV母线发生两相金属性故障短路电流。

（2）一般一次值取300A。

$$I_1 = I_{dz} = 300 = 300\text{A}$$

$I_{dz}$——一般取值，300；

定值 $I_1 = 300\text{A}$

二次值 $I_1 = 300 \div (600 \div 1) = 0.5\text{A}$。

2. 充电过流Ⅰ段时间（$T_1$）——定值：0.01

跳母联或分段断路器

$T_1 = t = 0.01 = 0.01(\text{s})$(装置最小值)

$t$：一般取值，0.01

定值 $T_1 = 0.01\text{s}$

3. 充电过流Ⅱ段电流定值（$I_2$）——定值：300/0.5

同充电过流Ⅰ段电流定值

$$I_2 \leqslant I = 300 = 300\text{A}$$

$I$：本装置定值：$I_1$（充电过流Ⅰ段电流定值），300

定值 $I_2$＝300A

二次值 $I_2 = 300 \div (600 \div 1) = 0.5\text{A}$

4. 充电零序过流电流定值（$I_0$）——定值：300/0.5

（1）保证被充电母线发生金属性接地故障时，有足够的灵敏度整定。

$$\leqslant 2844/2 = 1422\text{A}$$

其中 2844 为小方式下，竹园变电站 110kV 母线发生单相金属性接地故障短路电流。

（2）保证母线发生单相高阻接地故障时能可靠切除，一般不大于 300A（一次值）。

$$I_0 = I = 300 = 300\text{A}$$

$I$：一般取值，300

定值 $I_0$＝300A

二次值 $I_0 = 300 \div (600 \div 1) = 0.5\text{A}$

5. 充电过流Ⅱ段时间（$T_2$）——定值：0.01

同充电过流Ⅰ段时间定值

$$T_2 = t = 0.01 = 0.01\text{s}$$

$t$：本装置定值：$T_1$（充电过流Ⅰ段时间），0.01

定值 $T_2$＝0.01s

（三）定值通知单

长沙电网继电保护定值通知单见表 12-1。

**表 12-1　　长沙电网继电保护定值通知单**

编号：竹园变电站-110kV500 母联保护-PSL633UAFAG-202001

| 保护型号 | PSL-633UA-FA-G | | | | |
|---|---|---|---|---|---|
| 版本号 | V3.00 | 校验码 | B7E2 | 程序生成时间 | 2014.07.30 |
| TA 变比 | 600/1 | TV 变比 | 110000/100 | | |
| 备注： | | | | | |

| 整定： | | 审核： | | 批准： | | 日期： | ××××年 9 月 4 日 |
|---|---|---|---|---|---|---|---|

| 1 | 设备参数定值 | | | |
|---|---|---|---|---|
| 序号 | 名称 | 单位 | 定值 | 备注 |
| 1.01 | 定值区号 | | 现场整定 | |
| 1.02 | 被保护设备 | | 500 | |
| 1.03 | TA 一次额定电流 | A | 600 | |
| 1.04 | TA 二次额定电流 | A | 1 | |

续表

| 2 | 保护定值 | | | |
|---|---|---|---|---|
| 序号 | 名称 | 单位 | 定值 | 备注 |
| 2.01 | 充电过流Ⅰ段电流定值 | A | 0.5 | |
| 2.02 | 充电过流Ⅰ段时间 | A | 0.01 | |
| 2.03 | 充电过流Ⅱ段电流定值 | A | 0.5 | |
| 2.04 | 充电零序过流电流定值 | A | 0.5 | |
| 2.05 | 充电过流Ⅱ段时间 | s | 0.01 | |
| 3 | 控制字 | | | |
| 序号 | 名称 | 单位 | 定值 | 备注 |
| 3.01 | 充电过流保护Ⅰ段 | | 1 | |
| 3.02 | 充电过流保护Ⅱ段 | | 1 | |
| 3.03 | 充电零序过流 | | 1 | |

# 第十三章　110kV三绕组降压变压器整定计算原则

常见的 110kV 三绕组降压变压器保护由差动保护、高压侧后备保护、中压侧后备保护、低压侧后备保护、辅助保护五部分组成，对于低电阻接地系统的 110kV 三绕组降压变压器还有低压侧引线处接地变压器保护。

## 一、纵差保护

变压器纵差保护作为变压器绕组故障时变压器的主保护，差动保护的保护区时构成差动保护的各侧电流互感器之间所包围的部分。包括变压器本身、电流互感器与变压器之间的引出线。

变压器纵差保护设计有电磁感应关系的各侧电流，它的构成原理是磁势平衡原理。设置变压器各侧电流以变压器为正方向，正常运行时或外部故障时根据磁势平衡原理，各侧电流相量和为零，即流入变压器的电流等于流出变压器的电流，此时纵差保护不动作。当变压器内部故障时，各侧电流的相量和等于短路点的短路电流，纵差保护动作切除故障变压器。

对于目前的微机型变压器差动保护装置，一般采用利用变压器励磁涌流特征的制动特性，以躲过变压器励磁涌流对差动保护的影响。

### （一）最小动作电流

最小动作电流应大于变压器额定负载时的不平衡电流，取 0.2～0.5 倍基准侧额定电流。

### （二）起始制动电流

起始制动电流宜取 0.8～1.0 倍基准侧额定电流。

### （三）比率制动系数

（1）比率制动系数按躲过变压器出口三相短路时的最大不平衡差流整定，一般取 0.4～0.5。

（2）纵差保护的灵敏度系数按下式进行校验：

$$K_{sen}=\frac{I_{k.min}^{(2)}}{I_{OP}} \tag{13-1}$$

式中 $I_{k.min}^{(2)}$——最小运行方式下变压器中低侧母线两相金属性短路流过基准侧的电流，A；

2）根据 $I_{k.min}^{(2)}$ 可得到相应的制动电流 $I_{res}$，根据动作曲线即可计算出对应的动作电流 $I_{op}$；

$K_{sen}$——灵敏度系数，要求不小于 2。

（四）二次谐波制动比

二次谐波制动比一般整定为 0.15～0.20。

（五）差动速断电流

（1）差动速断电流按躲过变压器初始励磁涌流或外部短路最大不平衡电流整定，一般取

$$K \times I_n$$

式中 $K$——可靠系数，根据变压器容量和系统电抗大小按如下情况取值：

6.3MVA 以下：$K=7\sim12$

6.3～31.5MVA：$K=4.5\sim7$

40～120MVA：$K=3\sim6$

容量越大，系统电抗越大，$K$ 取值越小；

$I_n$——变压器差动保护基准侧额定电流，一般取高压侧，A。

（2）按正常运行方式下保护安装处两相短路来校验差动速断电流是否满足不小于 1.2 的灵敏度系数。

（六）差流越限整定

差流越限定值按 0.5 倍最小动作电流取值。时间取 6s，动作于信号。

备注：（1）一般取高压侧为变压器差动保护基准侧。

（2）纵差保护为瞬时动作，出口跳变压器高、中、低压三侧断路器。

（3）对于 110kV 变压器纵差保护应选用二次谐波原理，不采用三次谐波识别励磁涌流方式（若配置双套主、后备一体电器量保护，每一套纵差保护应选取不同的励磁涌流识别方式，如一套选用波形对称原理，另一套选用二次谐波原理）。

（4）TA 断线不闭锁差动保护。

（5）零序比率差动保护不用。

（6）各侧过流保护一般不用。

## 二、高压侧后备保护

对于 110kV 三绕组降压变压器高压侧后备保护一般有复压闭锁（方向）过流保护、零序方向过流保护、中性点零序过流保护、间隙电流电压保护、过负荷保护组成。

（一）复压闭锁方向过流保护

对升压变压器、大容量降压变压器、系统间的联络变压器以及其他负荷电流变化较大的变压器等，均可能出现短时间的过负荷运行方式。对于发生故障时，会有低电压或负序电压电压产生，因此以低电压或负序电压为电压闭锁判据，可确保在有故障时可靠切除，而对于过负荷运行方式而确保变压器不动作。

保护由相间功率方向元件、过电流元件及复合电压元件构成。复合电压元件由相间低电压元件和负序电压元件的“或”逻辑构成。

（1）复压闭锁方向过流保护电流继电器的动作电流按躲过变压器的额定电流整定，可靠系数取1.3。

$$I_{g.11.op}=\frac{K_{rel}I_{g.n}}{K_{r}n_{g.a}} \tag{13-2}$$

式中　$I_{g.11.op}$——变压器高压侧复压闭锁方向过流整定值，A；

$K_{rel}$——可靠系数，取1.3；

$I_{g.n}$——变压器高压侧额定电流，A；

$K_{r}$——返回系数，取0.95；

$n_{g.a}$——变压器高压侧电流互感器变比。

（2）电流继电器的灵敏度系数按下式进行校验

$$K_{sen}=\frac{I_{gd.min}^{(2)}}{I_{g.11.op}n_{g.a}} \tag{13-3}$$

式中　$I_{gd.min}^{(2)}$——最小运行方式下变压器低压侧母线两相金属性短路时流过保护安装处的短路电流，A；

$K_{sen}$不小于1.3。

（3）复压闭锁方向过流的低电压继电器动作电压按0.7～0.8倍高压侧额定电压整定。

$$U_{g.11.op}=\frac{(0.7\sim 0.8)\times U_{g.n}}{n_{g.v}} \tag{13-4}$$

式中　$U_{g.11.op}$——变压器高压侧低电压整定值，V；

$U_{g.n}$——变压器高压侧额定电压，kV；

$n_{g.v}$——变压器高压侧电压互感器变比。

（4）低电压继电器的灵敏度系数按下式进行校验：

$$K_{sen}=\frac{U_{g.11.op}n_{g.v}}{U_{g.1.max}} \tag{13-5}$$

式中 $U_{g.1.max}$——变压器中、低压侧母线金属性短路时，保护安装处的最高残压，kV；

$K_{sen}$不小于1.3。

（5）复压闭锁方向过流的负序电压继电器动作电压按躲过正常运行时出现的不平衡电压整定，一般取0.04～0.08倍高压侧额定电压。

$$U_{g.21.op}=\frac{(0.04\sim0.08)U_{g.n}}{n_{g.v}} \tag{13-6}$$

式中 $U_{g.21.op}$——变压器高压侧负序电压整定值，V。

（6）负序电压继电器的灵敏度系数按下式进行校验：

$$K_{sen}=\frac{U_{g.2.min}}{U_{g.21.op}n_{g.v}} \tag{13-7}$$

式中 $U_{g.2.min}$——变压器中、低压侧母线金属性短路时，保护安装处的最小负序电压，kV；

$K_{sen}$不小于1.3。

（7）高压侧复压闭锁方向过流动作时间按与变压器中压侧复压闭锁过流保护第二时限配合整定。

（8）高压侧复压闭锁方向过流动作时间按与变压器低压侧负压闭锁过流保护第二时限配合整定。

（9）高压侧复压闭锁方向过流动作时间按与上一级线路距离Ⅲ段保护最短时间反配。

（10）高压侧复压闭锁方向过流出口跳变压器高、中、低压三侧断路器。

（11）高压侧复压闭锁方向过流方向一般指向变压器。

（12）高压侧复压闭锁方向过流方向元件（电压量）取高压侧。

（13）复合电压为高、中、低压三侧复合电压“或”。

（14）高压侧复压闭锁方向过流保护若设两段时限，则第一时限退出，第二时限投入。

（15）若中、低压侧无电源或有电源但在最大运行方式下对高压侧母线三相金属性短路故障的灵敏度系数小于1.3，高压侧复压闭锁方向过流保护不用。

（16）阻抗保护不用。

（二）复压闭锁过流保护

（1）复压闭锁过流保护的电流继电器取值同复压闭锁方向过流保护定值。

（2）复压闭锁过流保护的低电压继电器取值同复压闭锁方向过流保护定值。

（3）复压闭锁过流保护的负序电压继电器取值同复压闭锁方向过流保护定值。

（4）高压侧复压闭锁过流保护的时间取值同高压侧复压闭锁方向过流保护动作时限。

（5）高压侧复压闭锁过流保护的时间按与变压器高压侧母线所有出线相间故障后备保护的最长动作时限配合整定。

（6）高压侧复压闭锁过流保护出口跳变压器高、中、低压三侧断路器。

（7）高压侧复压闭锁过流保护不设方向元件。

（8）复合电压为高、中、低压三侧复合电压“或”。

（9）若中、低压侧无电源或有电源但在最大运行方式下对高压侧母线三相金属性短路故障的灵敏度系数小于1.3，动作时间按原则16.2.2.4取值。

（三）过负荷保护

（1）过负荷保护电流继电器的动作电流按变压器长期允许的负荷电流下能可靠返回的条件整定。时间按躲变压器后备保护最大延时进行整定，取6s。

$$I_{g.13.op}=\frac{K_{rel}I_{g.n}}{K_r n_{g.a}} \tag{13-8}$$

式中　$I_{g.13.op}$——变压器高压侧过负荷电流整定值，A；

$n_g$——变压器高压侧电流互感器变比；

$K_{rel}$取1.05；

$K_r$取0.95。

（2）过负荷保护动作于信号，不出口跳闸。

（3）过负荷保护设一段时限。

（四）零序方向过流保护

对于中性点直接接地的变压器，应装设零序电流（方向）保护，作为变压器和相邻元件（包括母线）接地短路故障的后备保护。

（1）零序方向过流保护按最小运行方式下变压器高压侧母线金属性接地短路时流过保护安装处的零序电流有不小于1.5的灵敏度系数整定。

$$I_{g.01.op}\leqslant\frac{I_{g.0.min}}{K_{sen}n_{g.a}} \tag{13-9}$$

式中　$I_{g.01.op}$——变压器高压侧零序方向过流整定值，A；

$I_{g.0.min}$——最小运行方式下变压器高压侧母线金属性接地短路时流过保护安装处的零序电流，A；

$K_{sen}$取1.5。

（2）零序方向过流保护按与变压器高压侧母线所有出线零序电流保护配合整定。

$$I_{g.01.op} \geqslant \frac{K_{rel}K_{0.fz}I_{g.0}}{n_{g.a}} \tag{13-10}$$

式中　$K_{0.fz}$——变压器高压侧对高压侧出线的最大零序分支系数；

$I_{g.0}$——变压器高压侧出线零序电流保护整定值（一次值），A。

$K_{rel}$取 1.1；

（3）零序方向过流保护设二段时限。第一时限按与变压器高压侧母线所有出线接地故障后备保护最长动作时限（$T_{g.0.max}$）配合整定，出口跳高压侧母联（分段）断路器。第二时限按与本保护第一时限限配合整定，出口跳变压器高压侧断路器。

（4）零序方向过流保护方向指向变压器高压侧母线。

（5）零序方向过流保护方向元件（电压）自产。

（6）零序方向过流保护不设零序电压闭锁。

（7）零序方向过流保护的零序电流为变压器高压侧自产。

（8）若变压器高压侧为单母线、无母联（分段）断路器，则第一时限退出、第二时限按第一时限原则整定，动作出口跳变压器高压侧断路器。

（五）中性点零序过流保护

（1）中性点零序过流保护整定按与变压器高压侧零序方向过流保护相同一次值取值。时间与高压侧零序方向过流保护第二动作时限配合整定。出口跳变压器高、中、低压三侧断路器。

（2）中性点零序过流保护不设方向元件。

（3）中性点零序过流保护不设零序电压闭锁。

（4）中性点零序过流保护的零序电流为变压器高压侧中性点零序电流互感器测量值。

（5）中性点零序过流保护只设一段时限。

（六）间隙电流电压保护

对于中性点直接接地的变压器，装设零序电流（方向）保护，作为接地短路故障的后备保护。对于中性点不接地的半绝缘变压器，装设间隙保护作为接地短路故障的后备保护。

为了避免系统发生接地故障时，中性点不接地的变压器由于某种原因中性点电压升高造成中性点绝缘的损坏，在变压器中性点安装一个放电间隙，放电间隙的另一端接地。当中性点电压升高至一定值时，放电间隙击穿接地，保护了变压器中性点的绝缘安全。当放电间隙击穿接地以后，放电间隙处将流过一个电流，该电流由于是在相当于中性点接地的线上流过，利用该电流可以构成间隙零序电流保护。

1. 间隙电压保护

（1）采用常规电压互感器的间隙过压保护应采用母线开口三角电压，过电压保护二次动作值取180V；采用电子式电压互感器的间隙过压保护采用自产零序电压，过电压保护二次动作值取120V（或装置固定值）。

（2）高压侧电压互感器开口三角绕组每相额定电压为100V。

（3）间隙电压保护时间为0.5s，出口跳变压器高、中、低压三侧断路器。

2. 间隙电流保护

（1）间隙电流保护动作一次值取100A。

（2）间隙电流保护时间为4.5s，出口跳变压器高、中、低压三侧断路器。

（3）若间隙过压与间隙过流保护共用同一动作时间则按4.5s整定。

## 三、中压侧后备保护

### （一）限时速断保护

对于某些变压器在其后备保护范围内发生短路故障时会产生极大的短路电流，为了避免该短路电流对变压器绕组造成冲击变形，因此可以设置三段式短时限的纯过流保护来有效保护变压器，称为限时速断保护。

（1）限时速断保护按保证最小运行方式下变压器中压侧母线发生金属性短路故障时流过保护安装处的最小短路电流有不小于1.3的灵敏度系数整定。

$$I_{z.1.op} \leqslant \frac{I_{d.min}}{K_{sen} n_{z.a}} \tag{13-11}$$

式中　$I_{z.1.op}$——变压器中压侧限时速断整定值，A；

$I_{d.min}$——最小运行方式下，变压器中压侧母线发生金属性短路故障时流过保护安装处的最小短路电流，A；

$n_{z.a}$——变压器中压侧电流互感器变比。

$K_{sen}$取1.3。

（2）限时速断按与中压侧所有出线速动段配合整定。

$$I_{z.1.op} \geqslant \frac{K_{rel} K_{1.fz} I_{d.max}}{n_{z.a}} \tag{13-12}$$

式中　$K_{1.fz}$——变压器中压侧对中压侧出线的最大正序分支系数；

$I_{d.max}$——变压器中压侧所有出线速动段整定值中的最大值（一次值），A。

$K_{rel}$取1.1。

（3）限时速断按躲过变压器中压侧额定负荷电流整定。

$$I_{z.1.op} \geqslant \frac{K_{rel} I_{z.n}}{K_r n_{z.a}} \tag{13-13}$$

式中　$I_{z.n}$——变压器中压侧额定电流，A。

$K_{rel}$取1.2；

$K_r$取0.95。

（4）限时速断设三段时限。第一时限按与中压侧所有出线速动段的动作时间配合且不大于1.2s，出口跳变压器中压侧母联（分段）断路器并闭锁主变压器中压侧备自投。第二时限按与限时速断第一时限配合整定，出口跳变压器中压侧断路器并闭锁主变压器中压侧备自投。第三时限按与限时速断第二时限配合整定，出口跳变压器高、中、低压三侧断路器并闭锁主变压器中压侧备自投。

（5）限时速断保护不采用复合电压闭锁。

（6）若变压器中压侧为单母线、无母联（分段）断路器，则第一时限退出、第二时限按第一时限原则整定，动作出口跳变压器中压侧断路器，第三时限按第二时限原则整定，动作出口跳变压器高、中、低压三侧断路器。

（7）要求变压器中压侧所有间隔速动段的最长动作时限不大于0.9s。

（8）若中压侧有电源且在最大运行方式下对变压器其他侧母线三相金属性短路故障的灵敏度系数不小于1.3，该保护方向元件投入，方向指向变压器中压侧母线，方向元件（电压量）取中压侧，否则方向元件退出。

（9）若本保护需带方向时，装置不具备方向元件功能，则限时速断保护退出。

（10）若设置限时速断保护后造成变压器中压侧出线逐级配合困难，可将限时速断保护退出不用。

（二）复压闭锁方向过流保护

（1）复压闭锁方向过流保护电流继电器的动作电流按躲过变压器的额定电流整定，可靠系数取1.2。

$$I_{z.2.op} = \frac{K_{rel} I_{z.n}}{K_r n_{z.a}} \tag{13-14}$$

式中　$I_{z.2.op}$——变压器中压侧复压闭锁方向过流整定值，A；

$K_{rel}$取1.2；

$K_r$ 取 0.95。

（2）电流继电器的灵敏度系数按下式进行校验：

$$K_{sen}=\frac{I_{zc.min}^{(2)}}{I_{z.2.op}n_{z.a}} \tag{13-15}$$

式中　$I_{zc.min}^{(2)}$——最小运行方式下变压器中压侧母线所有出线末端两相金属性短路时流过保护安装处的短路电流，A；

$K_{sen}$不小于 1.2。

（3）复压闭锁方向过流的低电压继电器动作电压按 0.7～0.8 倍中压侧额定电压整定。

$$U_{z.11.op}=\frac{(0.7\sim0.8)\times U_{z.n}}{n_{z.v}} \tag{13-16}$$

式中　$U_{z.11.op}$——变压器中压侧低电压整定值，V；

$U_{z.n}$——变压器中压侧额定电压，kV；

$n_{z.v}$——变压器中压侧电压互感器变比。

（4）低电压继电器的灵敏度系数按下式进行校验：

$$K_{sen}=\frac{U_{z.1.op}n_{z.v}}{U_{z.1.max}} \tag{13-17}$$

式中　$U_{z.1.max}$——变压器中压侧母线所有出线末端金属性短路时，保护安装处的最高残压，kV；

$K_{sen}$不小于 1.2。

（5）复压闭锁方向过流的负序电压继电器动作电压按躲过正常运行时出现的不平衡电压整定，一般取 0.04～0.08 倍中压侧额定电压。

$$U_{z.21.op}=\frac{(0.04\sim0.08)U_{z.n}}{n_{z.v}} \tag{13-18}$$

式中　$U_{z.21.op}$——变压器中压侧负序电压整定值，V。

（6）负序电压继电器的灵敏度系数按下式进行校验：

$$K_{sen}=\frac{U_{z.2.min}}{U_{z.21.op}n_{z.v}} \tag{13-19}$$

式中　$U_{z.2.min}$——变压器中压侧母线所有出线末端金属性短路时，保护安装处的最小负序电压，kV；

$K_{sen}$不小于 1.2。

（7）中压侧复压闭锁方向过流保护设两段时限。第一时限按与变压器中压侧母线所有出线相间故障后备保护最长动作时限（$T_{z.1.max}$）配合整定，出口跳变压器中压侧母联（分段）断路器并闭锁主变压器中压侧备自投。第二时限按与中压侧复压闭锁方向过流保护的第一时限配合整定，出口跳变压器中压侧断路器并闭锁主变压器中压侧备自投。

（8）中压侧复压闭锁方向过流保护方向指向变压器中压侧母线。

（9）中压侧复压闭锁方向过流保护方向元件（电压量）取中压侧。

（10）中压侧复压闭锁方向过流保护复合电压为高、中、低压三侧复合电压“或”。

（11）若变压器中压侧为单母线、无母联（分段）断路器，则第一时限退出、第二时限按第一时限原则整定，动作出口跳变压器中压侧断路器。

（12）若中压侧无电源，中压侧复压闭锁方向过流保护方向元件退出。

（13）阻抗保护不用。

（14）若低电压和负序电压元件灵敏度均不满足要求时，可采用以下处理方式：(1）取消复压元件、在满足电流元件灵敏度的前提下最大可能地提高过流定值并备案；(2）仅备案处理。

（三）复压闭锁过流保护

（1）复压闭锁过流保护的电流继电器取值同复压闭锁方向过流保护定值。

电流继电器的灵敏度系数按下式进行校验：

$$K_{sen}=\frac{I_{zd.min}^{(2)}}{I_{z.2.op}n_{z.a}} \tag{13-20}$$

式中　$I_{zd.min}^{(2)}$——最小运行方式下变压器低压侧母线两相金属性短路时流过保护安装处的短路电流（中压侧有电源情况下），A；

$K_{sen}$不小于1.3。

（2）复压闭锁过流保护的低电压继电器取值同复压闭锁方向过流保护定值。

（3）复压闭锁过流保护的负序电压继电器取值同复压闭锁方向过流保护定值。

（4）中压侧复压闭锁过流保护设一段时限，时间取值同高压侧复压闭锁过流保护动作时限。

（5）中压侧复压闭锁过流保护出口跳变压器高、中、低压三侧断路器并闭锁主变压器中压侧备自投。

（6）中压侧复压闭锁过流保护复合电压为高、中、低压三侧复合电压“或”。

（7）中压侧复压闭锁过流保护不设方向元件。

（四）过负荷保护

（1）过负荷保护电流继电器的动作电流按变压器长期允许的负荷电流下能可靠返回的条件整定。时间按躲变压器后备保护最大延时进行整定，取 6s。

$$I_{z.4.op}=\frac{K_{rel}I_{z.n}}{K_{r}n_{z.a}} \quad (13\text{-}21)$$

式中　$I_{z.4.op}$——变压器中压侧过负荷电流整定值，A；

$K_{rel}$取 1.05；

$K_{r}$ 取 0.95。

（2）过负荷保护动作于信号，不出口跳闸。

（3）过负荷保护设一段时限。

（五）接地告警

对于小电流接地系统，当变电站出线或母线发生单相接地时，不会形成相关保护动作的故障电流，但此时母线电压会发生不平衡，从而产生不平衡电压即零序电压。利用零序电压我们可以知道单相接地故障的发生，指导开展相应的处置工作。

（1）零序电压定值按躲过正常运行时的最大不平衡电压整定：一般取 20V，时间为 6s，动作于信号。

（2）接地告警仅用于小电流接地系统。

## 四、低压侧后备保护

（一）限时速断

（1）限时速断按保证最小运行下变压器低压侧母线发生金属性短路时流过保护的最小短路电流有不小于 1.3 的灵敏度系数整定。

$$I_{d.1.op}\leqslant\frac{I_{d.min}}{K_{sen}n_{d.a}} \quad (13\text{-}22)$$

式中　$I_{d.1.op}$——变压器低压侧限时速断整定值，A；

$I_{d.min}$——最小运行方式下，变压器低压侧母线发生金属性短路时流过保护的最小短路电流，A；

$n_{d.a}$——变压器低压侧电流互感器变比；

$K_{sen}$取 1.3。

（2）限时速断按与低压侧所有出线速动段配合整定。

$$I_{d.1.op} \geqslant \frac{K_{rel} K_{1.fz} I_{d.max}}{n_{d.a}} \tag{13-23}$$

式中　$K_{1.fz}$——变压器低压侧对低压侧出线的最大正序分支系数；

$I_{d.max}$——变压器低压侧所有出线速动段整定值中的最大值（一次值），A。

$K_{rel}$取1.1。

（3）限时速断按躲过变压器低压侧额定负荷电流整定。

$$I_{d.1.op} \geqslant \frac{K_{rel} I_{d.n}}{K_r n_{d.a}} \tag{13-24}$$

式中　$I_{d.n}$——变压器低压侧额定电流，A；

$K_r$ 取0.95；

$K_{rel}$取1.2。

（4）限时速断设三段时限。第一时限按与低压侧所有出线速动段的动作时间配合且不大于0.6s，出口跳变压器低压侧母联（分段）断路器并闭锁主变压器低压侧备自投。第二时限按与限时速断第一时限配合整定，出口跳变压器低压侧断路器并闭锁主变压器低压侧备自投。第三时限按与限时速断第二时限配合整定，出口跳变压器高、中、低压三侧断路器并闭锁主变压器低压侧备自投。

（5）限时速断保护不采用复合电压闭锁。

（6）若变压器低压侧为单母线、无母联（分段）断路器，则第一时限退出、第二时限按第一时限原则整定，动作出口跳变压器低压侧断路器，第三时限按第二时限原则整定，动作出口跳变压器高、中、低压三侧断路器。

（7）一般要求变压器低压侧所有间隔速动段的最长动作时限不大于0.3s。

（二）复压闭锁过流保护

（1）复压闭锁过流保护电流继电器的动作电流按躲过变压器的额定电流整定，可靠系数取1.2。

$$I_{d.2.op} = \frac{K_{rel} I_{d.n}}{K_r n_{d.a}} \tag{13-25}$$

式中　$K_{rel}$取1.2；

$K_r$ 取0.95。

（2）电流继电器的灵敏度系数按下式进行校验：

$$K_{sen} = \frac{I_{dc.min}^{(2)}}{I_{d.2.op} n_{d.a}} \tag{13-26}$$

式中　$I_{dc.min}^{(2)}$——最小运行方式下变压器低压侧母线所有出线末端两相金属性短路时流过保护安装处的最小短路电流，A；

$K_{sen}$不小于1.2。

（3）复压闭锁过流的低电压继电器动作电压按0.5～0.7倍低压侧额定电压整定。

$$U_{d.1.op}=\frac{(0.5\sim0.7)\times U_{d.n}}{n_{d.v}} \tag{13-27}$$

式中　$U_{d.1.op}$——变压器低压侧低电压整定值，V；

$U_{d.n}$——变压器低压侧额定电压，kV；

$n_{d.v}$——变压器低压侧电压互感器变比。

（4）低电压继电器的灵敏度系数按下式进行校验：

$$K_{sen}=\frac{U_{d.1.op}n_{d.v}}{U_{d.1.max}} \tag{13-28}$$

式中　$U_{d.1.max}$——变压器低压侧母线所有出线末端金属性短路时，保护安装处的最高残压，kV；

$K_{sen}$不小于1.2。

（5）复压闭锁过流的负序电压继电器动作电压按躲过正常运行时出现的不平衡电压整定，一般取0.04～0.08倍低压侧额定电压。

$$U_{d.2.op}=\frac{(0.04\sim0.08)U_{d.n}}{n_{d.v}} \tag{13-29}$$

式中　$U_{d.2.op}$——变压器低压侧负序电压整定值，V。

（6）负序电压继电器的灵敏度系数按下式进行校验：

$$K_{sen}=\frac{U_{d.2.min}}{U_{d.2.op}n_{d.v}} \tag{13-30}$$

式中　$U_{d.2.min}$——变压器低压侧母线所有出线末端金属性短路时，保护安装处的最小负序电压，kV；

$K_{sen}$不小于1.2。

（7）低压侧复压闭锁过流保护设三段时限。第一时限按与低压侧所有出线后备保护的最长动作时限（$T_{d.max}$）配合整定，出口跳变压器低压侧母联（分段）断路器并闭锁主变压器低压侧备自投。第二时限按与本保护第一时限配合整定，出口跳变压器低压侧断路器并闭锁主变压器低压侧备自投。第三时限按与本保护第二时限配合整定，出口跳变压器高、中、低压三侧断路器并闭锁主变压器低压侧备自投。

（8）低压侧复压闭锁过流保护复合电压为低压侧电压。

(9) 若低压侧有电源且在最大运行方式下对变压器其他侧母线三相金属性短路故障的灵敏度系数不小于1.3，该保护方向元件投入，方向指向变压器低压侧母线，方向元件（电压量）取低压侧，否则方向元件退出。

(10) 若变压器低压侧为单母线、无母联（分段）断路器，则第一时限退出、第二时限按第一时限原则整定，动作出口跳变压器低压侧断路器；第三时限按第二时限原则整定，动作出口跳变压器高、中、低压三侧断路器。

(11) 若低电压和负序电压元件灵敏度均不满足要求时，可采用以下处理方式：(1) 取消复压元件、在满足电流元件灵敏度的前提下最大可能地提高过流定值并备案；(2) 仅备案处理。

（三）过负荷保护

(1) 过负荷保护电流继电器的动作电流按变压器低压侧长期允许的负荷电流下能可靠返回的条件整定。时间按躲变压器后备保护最大延时进行整定，取6s。

$$I_{d.3.op}=\frac{K_{rel}I_{d.n}}{K_{r}n_{d.a}} \tag{13-31}$$

式中 $I_{d.3.op}$——变压器低压侧过负荷电流整定值，A；

$K_{rel}$取1.05；

$K_{r}$取0.95。

(2) 过负荷保护动作于信号，不出口跳闸。

(3) 过负荷保护设一段时限。

（四）接地告警

(1) 零序电压定值按躲过正常运行时的最大不平衡电压整定：一般取20V，时间为6s，动作于信号。

(2) 接地告警仅用于小电流接地系统。

## 五、低压侧引线处接地变压器保护

（一）电流速断保护

(1) 按躲过接地变压器初始励磁涌流整定。

$$I_{dz.I}=\frac{(7\sim 10)I_{n}}{n_{jd.a}} \tag{13-32}$$

式中　$I_{dz.I}$——接地变压器电流速断整定值，A；

$I_n$——接地变压器高压侧额定电流，A；

$n_{jd.a}$——接地变高压侧电流互感器变比。

（2）按躲过区外单相接地故障时流过接地变压器的最大故障相电流（最大运行方式下接地变电源侧母线单相接地故障时流过保护安装处的最大故障相电流）整定。

$$I_{dz.I} \geqslant \frac{K_{rel} I_{k.max}^{(1)}}{n_{jd.a}} \tag{13-33}$$

式中　$I_{k.max}^{(1)}$——最大运行方式下接地变电源侧母线单相接地故障时流过保护安装处的最大故障相电流，A；

$K_{rel}$取1.3。

（3）按躲过接地变压器低压侧故障时（流过接地变压器的最大故障电流最大运行方式下接地变压器低压侧短路故障时流过保护安装处的最大故障电流）整定。

$$I_{dz.I} \geqslant \frac{K_{rel} I_{D.max}}{n_{jd.a}} \tag{13-34}$$

式中　$I_{D.max}$——最大运行方式下接地变压器低压侧短路故障时流过保护安装处的最大故障电流，A；

$K_{rel}$取1.3。

（4）保证最小运行方式下接地变压器电源侧短路故障时流过保护安装处的电流有2.0的灵敏度系数。

$$K_{sen} = \frac{I_{k.min}}{I_{dz.I} n_{jd.a}} \tag{13-35}$$

式中　$I_{k.min}$——最小运行方式下接地变压器电源侧短路故障时流过保护安装处的电流，A；

$K_{sen}$取2.0。

（5）电流速断保护时间为0s，出口跳主变压器各侧断路器。

（二）过流保护

（1）过流保护按躲过接地变压器额定电流整定，可靠系数取1.3。

$$I_{dz.II} \geqslant \frac{K_{rel} I_n}{n_{jd.a}} \tag{13-36}$$

式中　$I_{dz.II}$——接地变压器过流保护整定值，A；

$K_{rel}$取1.3。

（2）过流保护按躲过区外单相接地时流过接地变压器的最大故障相电流（最大运行方式

下接地变压器电源侧母线单相接地故障时流过保护安装处的最大故障相电流）整定。

$$I_{dz.\,\mathrm{II}} \geqslant \frac{K_{rel} I_{k.\,max}^{(1)}}{n_{jd.\,a}} \tag{13-37}$$

式中 $I_{k.\,max}^{(1)}$——最大运行方式下接地变压器电源侧母线单相接地故障时流过保护安装处的最大故障相电流，A；

$K_{rel}$取 1.3。

（3）保证接地变压器低压侧故障时有不小于 2.0 的灵敏度系数。

$$K_{sen} = \frac{I_{D.\,min}^{(2)}}{I_{dz.\,\mathrm{II}}\, n_{jd.\,a}} \tag{13-38}$$

式中 $I_{D.\,min}^{(2)}$——最小运行方式下接地站用变低压侧金属性两相短路故障时流过保护安装处的最小故障相电流，A；

$K_{sen}$不小于 2.0。

（4）过流保护时间宜大于主变压器低压侧复压闭锁过流保护跳各侧断路器时间，一般取 1.5～2.5s。出口跳主变压器各侧断路器。

（5）速度保护和过流保护适用于图 13-1 和图 13-2 接线的低电阻接地系统。

（6）若 110kV 变压器保护装置没有包含低压侧接地变保护功能，则投入单独的接地变保护。

（7）仅对不具备软件滤零措施的保护装置，要求过流定值躲过区外单相接地故障时流过接地变压器的最大故障相电流。

（三）零序电流Ⅰ段

（1）零序电流Ⅰ段按保证线末单相金属性接地故障时不小于 2.0 的灵敏度系数整定。

$$I_{0.\,\mathrm{I}} \leqslant \frac{I_{0.\,min}^{(1)}}{K_{sen}\, n_{jd.\,a}} \tag{13-39}$$

式中 $I_{0.\,\mathrm{I}}$——接地变压器零序电流Ⅰ段整定值，A；

$I_{0.\,min}^{(1)}$——最小运行方式下所有出线末端单相金属性接地故障时流过保护安装处的零序电流，A；

$K_{sen}$取 2.0。

（2）零序电流Ⅰ段按与相邻元件零序电流Ⅱ段配合整定。

$$I_{0.\,\mathrm{I}} \geqslant \frac{K_{rel} I'_{0\,\mathrm{II}}}{n_{jd.\,n}} \tag{13-40}$$

式中 $I'_{0\,\mathrm{II}}$——相邻元件零序电流Ⅱ段中的最大整定值（一次值），A；

$K_{rel}$取 1.1。

（3）零序电流Ⅰ段设二段时限。第一时限与相邻元件零序电流Ⅱ段的最长动作时间配合，出口跳低压侧（本分支）母联或分段断路器。第二时限与本保护第一时限配合，出口跳主变压器（本分支）同侧断路器。

（四）零序电流Ⅱ段

（1）零序电流Ⅱ段定值取值同接地变压器零序电流Ⅰ段定值。

（2）零序电流Ⅱ段时间与接地变压器零序电流Ⅰ段第二时限配合，出口跳主变压器各侧断路器。

（3）零序电流Ⅰ段和零序电流Ⅱ段适用于图13-1和图13-2接线的低电阻接地系统。

（4）零序电流Ⅰ段和零序电流Ⅱ段应闭锁主变压器低压侧备自投。

（5）若110kV变压器保护装置没有包含低压侧接地变保护功能，则投入单独的接地变保护。

（6）对图13-2接线，若110kV变压器保护装置包含低压侧分支零序电流保护，则投入各低压侧分支零序电流保护，退出接地变零序电流Ⅰ段保护。

（7）零序电流保护应采用接地变中性点零序电流互感器。

## 六、辅助保护

（一）启动通风

（1）一般按变压器高压侧70%额定电流整定。

（2）启动通风时间取9s，动作于启动变压器辅助冷却器。

（3）变压器厂家对启动通风有明确要求的按厂家要求执行。

（二）闭锁调压

（1）一般按躲过变压器额定电流整定。

$$I_{f.2.op}=\frac{K_{rel}I_{g.n}}{n_{g.a}} \tag{13-41}$$

式中 $I_{f.2.op}$——变压器闭锁调压整定值，A；

$I_{g.n}$——变压器高压侧额定电流，A；

$n_{g.a}$——变压器高压侧电流互感器变比。

$K_{rel}$取1.2。

（2）调压闭锁时间取0s或装置最小值，动作于闭锁调压。

（3）变压器厂家对闭锁调压有明确要求的按厂家要求执行。接地变接于主变压器低压侧引线，且主变压器无分支时的继电保护配置图如图 13-1 所示。接地变接于主变压器低压侧引线，且主变压器双分支时的继电保护配置图如图 13-2 所示。

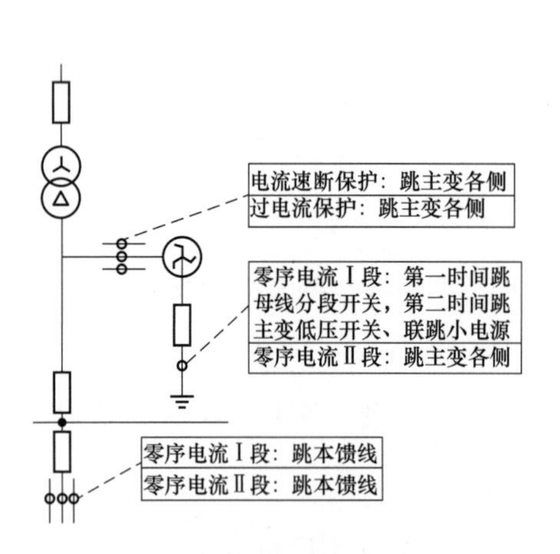


图 13-1 接地变接于主变压器低压侧引线，且主变压器无分支时的继电保护配置图

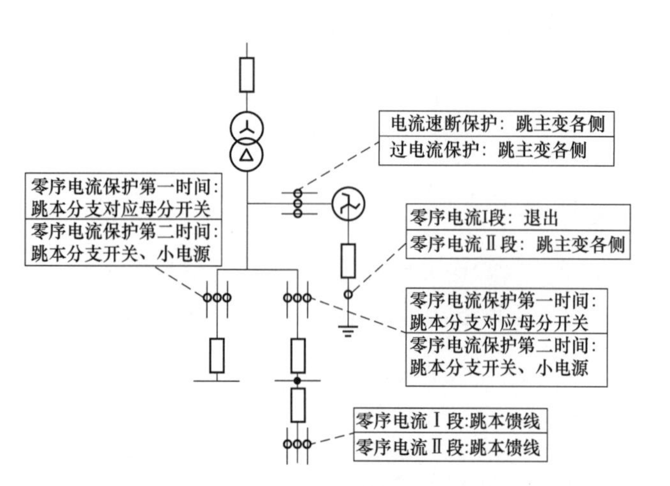


图 13-2 接地变接于主变压器低压侧引线，且主变压器双分支时的继电保护配置图

## 七、算例

### （一）算例描述

110kV 辰溪变电站，1 号主变压器型号为 SSZ10-31500，1%－2%$U_k$＝10.16，1%～3%$U_k$＝17.2，2%～3%$U_k$＝6.3，变压器额定电压：110±8×1.25%/38.5±2×2.5%/11。2 号主变压器型号为 1 号主变压器型号为 SSZ10-31500，$U_{k1}$－2%＝9.97，$U_{k1}$－3%＝17.97，$U_{k2}$－3%＝6.24，变压器额定电压：110±8×1.25%/38.5±2×2.5%/11。正常运行方式下，1、2 号主变压器 110kV 中性点不接地运行。110kV 辰溪变电站一次接线图如图 13-3 所示。

### （二）计算过程

1. 差动保护定值

（1）速断定值（$I_{sd}$）——定值：1157.36/14.47。

躲过变压器初始励磁涌流或外部短路最大不平衡电流整定：6.3～31.5MVA：$K$＝4.5～7；40～120MVA：$K$＝3～6；容量越大，系统电抗越大，$K$ 取值越小

$$I_{sd} = K \times I_e = 7 \times 165.337 = 1157.36$$

式中　$K$——额定电流倍数，取值7

$I_e$——变压器高压侧额定电流，A，取值165.337

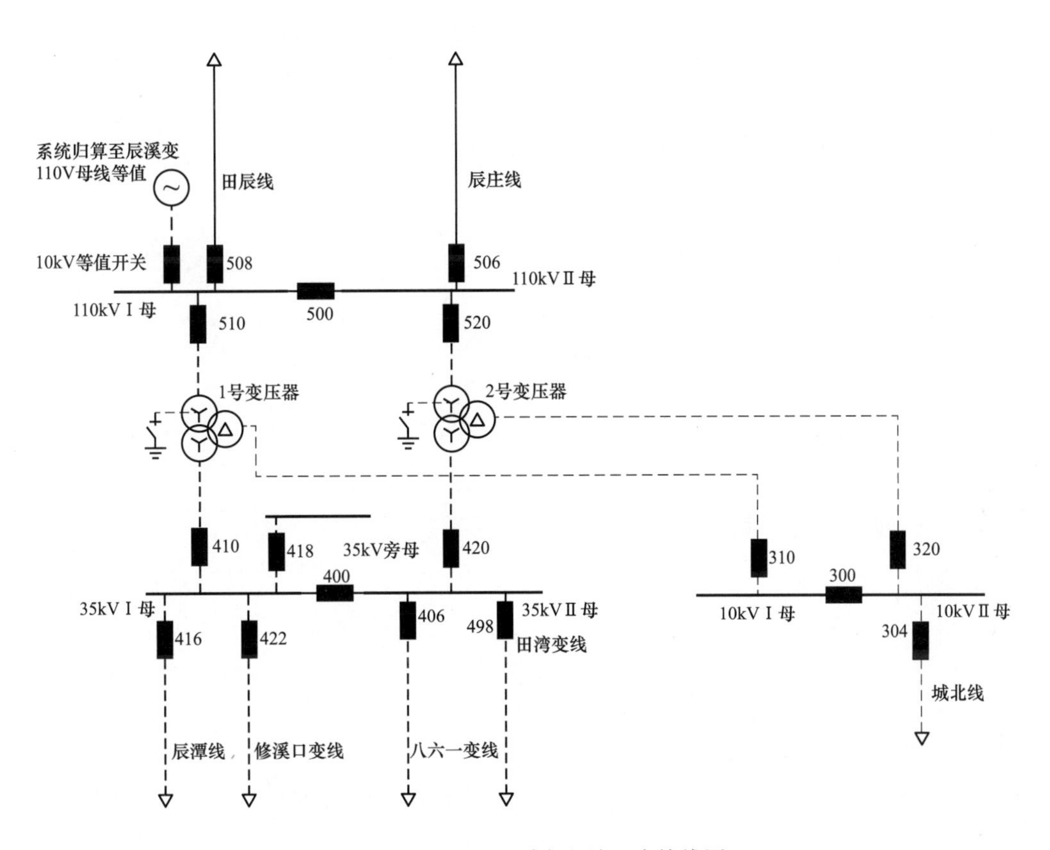


图13-3　110kV辰溪变电站一次接线图

（2）按正常运行方式下保护安装处两相短路计算灵敏系数校验。

$I_{sd}=0.866\times I_{kmax}\div(K_{sen}\times I_e)=0.866\times4817.313\div(1.2\times165.337)=21.03\text{A}$

式中　$I_{kmax}$——变压器外部短路短路最大电流，A，需要归算到高压侧的有名值，取值4817.313；$I_{kmax}$的方式描述，大方式，220kV田家变电站供电，开环支路：田李Ⅱ线（田），田李Ⅰ线（田），田荣线，清杨线：辰溪变电站2号变压器检修，在辰溪变电站1号变压器的高压侧保护出口处发生三相相间短路。

$I_e$——变压器高压侧额定电流，A，取值165.337；

$K_{sen}$——灵敏系数，取值1.2。

定值 $I_{sd}$=1157.36A

$I_{sd}$ 二次定值 = 1157.36 ÷ (400 ÷ 5) = 14.47A。

（3）差动定值（$I_{cd}$）——定值：82.67/1.03。

最小动作电流应大于变压器额定负载时的不平衡电流，一般取（0.2～0.5）$I_e$。

$$I_{cd} = K_{rel} \times I_e = 0.5 \times 165.337 = 82.67\text{A}$$

式中 $K_{rel}$——可靠系数，0.5；

$I_e$——变压器高压侧额定电流（A），165.337。

定值 $I_{cd}$=82.67A；

二次值 $I_{cd} = 82.67 \div (400 \div 5) = 1.03\text{A}$。

（4）拐点定值（$I_{gd}$）——定值：132.27/1.65

按变压器高压侧额定电流的0.8～1倍整定。

$$I_{gd} = K_{rel} \times I_e = 0.8 \times 165.337 = 132.27\text{A}$$

式中 $K_{rel}$——可靠系数，0.8；

$I_e$——变压器高压侧额定电流（A），165.337。

定值 $I_{gd}$=132.27A。

二次值 $I_{gd} = 132.27 \div (400 \div 5) = 1.65\text{A}$。

（5）差流告警（$I_{gj}$）——定值：41.34/0.52

按0.5倍最小动作电流取值

$$I_{gj} = K_{rel} \times I_{opmin} = 0.5 \times 82.67 = 41.34\text{A}$$

式中 $K_{rel}$——可靠系数，0.5；

$I_{opmin}$——本装置定值：$I_{cd}$（差动定值），82.67。

定值 $I_{gj}$=41.34A。

二次值 $I_{gj} = 41.34 \div (400 \div 5) = 0.52\text{A}$ 。

（6）谐波制动 $K_2$（$K_2$）——定值：0.15

一般整定为0.15～0.2

$$K_2 = K = 0.15 = 0.15$$

$K$ 一般取值，0.15；

定值 $K_2$=0.15。

（7）比率制动 $K_1$（$K_1$）——定值：0.5

可靠躲过外部短路引起的最大不平衡电流，一般取固定斜率0.5

$$K_1 = K_1 = 0.5 = 0.5$$

$K_1$ 一般取值，0.5。

（8）比率制动校核

$K_1 = I_d \div [K \times I_e + K_s \times (I_r - K_1 \times I_e)]$

$= 477.2746 \div (0.5 \times 165.337 + 0.5 \times (238.6374 - 0.8 \times 165.337)) = 3.51$

式中　$I_d$——$|I_h + I_m + I_l|$最小值(折算到高压侧,单位A),477.2746，$I_d$的方式描述，小方式，凉水井变电站供电：在辰溪变电站1号变压器的低压侧保护出口处发生两相相间短路；

$I_r$——$0.5(|I_h| + |I_m| + |I_l|)$最小值(折算到高压侧,单位A),238.6374，$I_r$的方式描述，小方式，凉水井变电站供电：在辰溪变电站1号变压器的低压侧保护出口处发生两相相间短路；

$I_e$——变压器高压侧额定电流（A），165.337；

$K_s$——斜率，0.5；

$K$——额定电流倍数，0.5；

$K_1$——拐点电流倍数，0.8。

使用优先原则

定值$K_1$=0.5。

（9）中平系数（$K_q$）——定值：0.53

中压侧电流的平衡系数为

$$K_q = U_q \times TA_q \div (U_h \times TA_h) = 38500 \times 600 \div (110000 \times 400) = 0.53$$

式中　$U_q$——变压器中压侧额定电压，V，取值38500；

$U_h$——变压器高压侧额定电压，V，取值110000；

$TA_q$——本装置定值：$ITA_q$（中压侧TA一次额定值），取值600；

$TA_h$——本装置定值：$ITA_1$（高压侧TA一次额定值），取值400。

定值$K_q$=0.53。

（10）低平系数（$K_l$）——定值：0.63

低压侧电流的平衡系数为

$$K_l = U_l \times TA_l \div (U_h \times TA_h)$$
$$= 11000 \times 2500 \div (110000 \times 400) = 0.63$$

式中　$U_l$——变压器低压侧额定电压（V），11000；

$U_h$——变压器高压侧额定电压（V），110000；

$TA_l$——本装置定值：$ITA_l$（低压侧 TA 一次额定值），2500；

$TA_h$——本装置定值：$ITA_l$（高压侧 TA 一次额定值），400。

2. 高压侧后备保护

（1）整定支路：辰溪变电站 1 号变压器整定辰溪变电站 1 号变压器高压侧复闭过流Ⅱ段

TV 变比：110000/100V　TA 变比：400/5A

详细计算过程如下：

1）按躲过变压器本侧额定电流整定

$$I_{dz2} \geqslant K_k \times I_e / K_f = 1.3 \times 165.337/0.95 = 226.25$$

2）低电压元件按规程整定（低压元件）

$$U_{dy2} = K_k \times U_e = 0.7 \times 110 \times 1000 = 77000$$

3）按躲过正常运行时出现的不平衡电压整定（负序电压）

$$U_{22} = K_k \times U_e = 0.06 \times 110 \times 1000 = 6600$$

4）时限与上级线路距离Ⅲ段动作时间反配

与辰庄线相间距离Ⅲ段配合

$$T_3 \leqslant T_{line} - \Delta t = 3.3 - 0.3 = 3.0$$

与田辰线相间距离Ⅲ段配合

$$T_3 \leqslant T_{line} - \Delta t = 3.6 - 0.3 = 3.3$$

5）时限与中压侧复压闭锁方向过流保护第二时限配合

与辰溪变电站 1 号变压器复闭过流保护Ⅱ段配合

$$T_3 \geqslant T_{dz} + \Delta t = 2.4 + 0.3 = 2.7$$

6）时限与低压侧复压闭锁过流保护第二时限配合

与辰溪变电站 1 号变压器复闭过流保护Ⅱ段配合

$$T_3 \geqslant T_{dz} + \Delta t = 1.6 + 0.3 = 1.9$$

定值区间：$I_{dz2} \geqslant 226.25$

取值规则：取下限值

$$I_{dz2} = 226.25A$$

时间区间：$0.3 \leqslant T_1 \leqslant 99$

$$T_1 = 10s$$

$$U_{dy2} = 77000V$$

$$U_{22} = 6600\text{V}$$

复闭过流Ⅱ段整定结果：

Ⅱ段定值：$I_{dz2} = 226.25(\text{A})$

Ⅱ段二次值：$I'_{dz2} = I_{dz2}/\text{TA} = 226.25/(400/5) = 2.83(\text{A})$

Ⅱ段低电压定值：$U_{dy2} = 77000(\text{V})$

Ⅱ段低电压二次值：$U'_{dy2} = U_{dy2}/\text{TV} = 77000/(110000/100) = 70(\text{V})$

Ⅱ段负序电压定值：$U_{22} = 6600(\text{V})$

Ⅱ段负序电压二次值：$U'_{22} = U_{22}/\text{TV} = 6600/(110000/100) = 6(\text{V})$

Ⅱ段时间定值：$T_1 = 10(\text{s})$　作用:退出

Ⅱ段时间定值：$T_2 = 10(\text{s})$　作用:退出

Ⅱ段时间定值：$T_3 = 2.7(\text{s})$　作用:跳各侧

7）校核低压侧母线故障灵敏度（电流定值）

校核低压侧母线故障灵敏度（电流定值）

$$K_{lm} \leqslant I_{dmin}/I_{dz} = 315.3257/226.25 = 1.39$$

$I_{dmin}$=315.3257　小方式，主变压器中压并列运行，凉水井变电站供电：田辰线检修，在辰溪变电站1号变压器的低压侧发生三相相间短路

$K_{lm}$=1.39≥1.3，满足灵敏性要求；

8）校验低压侧母线故障灵敏度（低压元件）

校验低压侧母线故障灵敏度（低压元件）

$$K_{lm} \geqslant U_{dy}/U_{Amax} = 77000/(66.40056 \times 1000) = 1.16$$

$U_{Amax}$=66.40056　小方式，凉水井变电站供电：在辰溪变电站1号变压器的低压侧发生单相接地短路

$K_{lm}$=1.16<1.3，不满足灵敏性要求；

9）校验中压侧母线故障灵敏度（低压元件）

校验中压侧母线故障灵敏度（低压元件）

$$K_{lm} \geqslant U_{dy}/U_{Amax} = 77000/(66.39622 \times 1000) = 1.16$$

$U_{Amax}$=66.39622　小方式，220kV田家变电站供电，开环支路：清杨线，田荣线，李杨线，田李Ⅰ线（李）；在辰溪变电站1号变压器的中压侧发生单相接地短路

$K_{lm}$=1.16<1.3，不满足灵敏性要求；

10）校验低压侧母线故障灵敏度（负压元件）

校验低压侧母线故障灵敏度（负压元件）

$$K_{lm} \geqslant U_{2min}/U_2 = 5.39772 \times 1000/6600 = 0.82$$

$U_{2min}$=5.39772　大方式，220kV 田家变电站供电，开环支路：田李Ⅱ线（田），田李Ⅰ线（田），田荣线，清杨线；辰溪变电站 2 号变压器检修，在辰溪变电站 1 号变压器的低压侧发生两相相间短路；

$K_{lm}$=0.82<1.3，不满足灵敏性要求。

11）校验中压侧母线故障灵敏度（负压元件）

校验中压侧母线故障灵敏度（负压元件）

$$K_{lm} \geqslant U_{2min}/U_2 = 8.73604 \times 1000/6600 = 1.32$$

$U_{2min}$=8.73604　大方式，220kV 田家变电站供电，开环支路：田李Ⅱ线（田），田李Ⅰ线（田），田荣线，清杨线；辰溪变电站 2 号变压器检修，在辰溪变电站 1 号变压器的中压侧发生两相相间短路；

$K_{lm}$=1.32≥1.3，满足灵敏性要求。

12）校验最大运行方式下高压侧母线三相金属性短路故障的灵敏度（中、低压侧无电源）

校验最大运行方式下高压侧母线三相金属性短路故障的灵敏度

无法取出电气量：$I_{dmin}$，变压器高压侧故障，流过本侧的电流

$K_{lm}$=0<1.3，不满足灵敏性要求。

(2) 整定辰溪变电站 1 号变压器高压侧复闭过流Ⅲ段

TV 变比：110000/100V　TA 变比：400/5A

详细计算过程如下：

1）取本侧保护复压闭锁方向过流保护电流定值

$$I_{dz3} \geqslant I'_{dz2} = 226.25 = 226.25$$

2）取本侧保护复压闭锁方向过流保护低电压定值

$$U_{dy3} = U'_{dy} = 77000 = 77000$$

3）取本侧保护复压闭锁方向过流保护负序电压定值

$$U_{23} = U'_2 = 6600 = 6600$$

4）2时限取高压侧复压闭锁过流方向保护3时限

$$T_2 \geqslant I'_{dz} = 2.7 = 2.7$$

5）2时限与本侧出线相间故障后备保护最长动作时限配合整定

与辰庄线相间距离Ⅲ段配合

$$T_2 \geqslant T_{line} + \Delta t = 3.3 + 0.3 = 3.6$$

与田辰线相间距离Ⅲ段配合

$$T_2 \geqslant T_{line} + \Delta t = 3 + 0.3 = 3.3$$

定值区间：$I_{dz3} \geqslant 226.25$

取值规则：取下限值

$$I_{dz3} = 226.25\text{A}$$

时间区间：$0.6 \leqslant T_1 \leqslant 99$

$$T_1 = 10\text{s}$$

$$U_{dy3} = 77000\text{V}$$

$$U_{23} = 6600\text{V}$$

复闭过流Ⅲ段整定结果：

Ⅲ段定值：$I_{dz3} = 226.25(\text{A})$

Ⅲ段二次值：$I'_{dz3} = I_{dz3}/\text{TA} = 226.25/(400/5) = 2.83(\text{A})$

Ⅲ段低电压定值：$U_{dy3} = 77000(\text{V})$

Ⅲ段低电压二次值：$U'_{dy3} = U_{dy3}/\text{TV} = 77000/(110000/100) = 70(\text{V})$

Ⅲ段负序电压定值：$U_{23} = 6600(\text{V})$

Ⅲ段负序电压二次值：$U'_{23} = U_{23}/\text{TV} = 6600/(110000/100) = 6(\text{V})$

Ⅲ段时间定值：$T_1 = 10(\text{s})$　作用:退出

Ⅲ段时间定值：$T_2 = 2.7(\text{s})$　作用:跳各侧

Ⅲ段时间定值：$T_3 = 10(\text{s})$　作用:退出

（3）整定辰溪变电站1号变压器高压侧零序电流Ⅰ段

TV变比：110000/100V　TA变比：400/5A

详细计算过程如下：

1）按保证本侧母线单相金属性接地短路故障时有规定的灵敏度整定

无法取出电气量：$I_{d0min}$，变压器高压侧母线故障流过本侧的零序电流

2）按与变压器高压侧母线所有出线零序电流保护配合整定

与辰庄线零序过流Ⅲ段配合

无法取出电气量：$K_{fz0max}$，变压器高压侧对高压侧出线分支系数

与田辰线零序过流Ⅲ段配合

无法取出电气量：$K_{fz0max}$，变压器高压侧对高压侧出线分支系数

定值区间：$I_{dz01} \geqslant 0$

取值规则：取下限值

$$I_{dz01} = 0\text{A}$$

时间区间：$0 \leqslant T_1 \leqslant 99$

$$T_1 = 10\text{s}$$

零序电流Ⅰ段整定结果：

Ⅰ段定值：$I_{dz01} = 0(A)$

Ⅰ段二次值：$I'_{dz01} = I_{dz01}/\text{TA} = 0/(400/5) = 0(\text{A})$

Ⅰ段时间定值：$T_1 = 10(\text{s})$　作用:退出

Ⅰ段时间定值：$T_2 = 10(\text{s})$　作用:退出

Ⅰ段时间定值：$T_3 = 10(\text{s})$　作用:退出

（4）整定辰溪变电站1号变压器高压侧零序电流Ⅲ段

TV变比：110000/100V　TA变比：400/5A

详细计算过程如下：

1）取零序方向过流保护定值

无法取出电气量：$I$，定值限额

2）2时限与高压侧零序方向过流保护2时限配合

$$T_2 \geqslant T + \Delta t = 10 + 0.3 = 10.3$$

定值区间：$I_{dz03} \geqslant 0$

取值规则：取下限值

$$I_{dz03} = 0\text{A}$$

时间区间：$0.6 \leqslant T_1 \leqslant 99$

$$T_1 = 10\text{s}$$

零序电流Ⅲ段整定结果：

Ⅲ段定值：$I_{dz03}=0(A)$

Ⅲ段二次值：$I'_{dz03}=I_{dz03}/TA=0/(400/5)=0(A)$

Ⅲ段时间定值：$T_1=10(s)$ 作用:退出

Ⅲ段时间定值：$T_2=10(s)$ 作用:退出

Ⅲ段时间定值：$T_3=10(s)$ 作用:退出

3. 中压侧后备保护定值

（1）整定辰溪变电站1号变压器中压侧限时速断

TV变比：35000/100V TA变比：600/5A

详细计算过程如下：

1）按躲过变压器本侧额定电流整定

$$I_{dz1}\geqslant K_k\times I_e/K_f=1.2\times 472.3914/0.95$$
$$=596.71$$

2）按保变压器本侧母线故障有灵敏度整定

$$I_{dz1}\leqslant I_{dmin}/K_{lm}=1282.926/1.3=986.87$$

$I_{dmin}=1282.926$ 小方式-主变压器中压并列运行，凉水井变电站供电：在辰溪变电站1号变压器的中压侧发生两相相间短路。

3）与变压器本侧出线速断保护配合

与八六一变线阶段电流Ⅰ段配合

$$I_{dz1}\geqslant K_{ph}\times K_{fz}\times I'_{dz}=1.1\times 1.00001\times 890=979.01$$
$$T_1\geqslant T'+\Delta t=0.9+0.3=1.2s$$

$K_{fz}=1.00001$ 大方式，220kV田家变电站供电，开环支路：田湘线，清杨线，田杨线，田李Ⅰ线（田）；辰溪变电站2号变压器检修，在八六一变线的八六一变电站35kV Ⅰ母侧发生故障。

与辰潭线阶段电流Ⅰ段配合

$$I_{dz1}\geqslant K_{ph}\times K_{fz}\times I'_{dz}=1.1\times 1\times 890=979$$
$$T_1\geqslant T'+\Delta t=0.9+0.3=1.2s$$

$K_{fz}=1$ 小方式-主变压器中压并列运行，220kV田家变电站供电，开环支路：清杨线，田荣线，李杨线，田李Ⅰ线（李）；辰溪变电站2号变压器检修，在辰潭线的潭湾变电站35kVⅡ母侧发生故障。

与田湾变线阶段电流Ⅰ段配合

$$I_{dz1} \geqslant K_{ph} \times K_{fz} \times I'_{dz} = 1.1 \times 1 \times 890 = 979$$

$$T_1 \geqslant T' + \Delta t = 0.9 + 0.3 = 1.2s$$

$K_{fz}=1$　大方式，220kV田家变电站供电，开环支路：田湘线，清杨线，田杨线，田李Ⅰ线（田）；辰溪变电站2号变压器检修，在田湾变线的田湾变电站35kV Ⅰ母侧发生故障。

与修溪口变线阶段电流Ⅰ段配合

$$I_{dz1} \geqslant K_{ph} \times K_{fz} \times I'_{dz} = 1.1 \times 1 \times 890 = 979$$

$$T_1 \geqslant T' + \Delta t = 0.9 + 0.3 = 1.2s$$

$K_{fz}=1$　大方式，220kV田家变电站供电，开环支路：清杨线，田荣线，李杨线，田李Ⅰ线（李）；辰溪变电站2号变压器检修，在修溪口变线的侧发生故障。

4）时间上限额

$$T_1 \leqslant T = 1.2 = 1.2$$

定值区间：$979.01 \leqslant I_{dz1} \leqslant 986.87$

取值规则：按选择性较好取值

$$I_{dz1} = 986.87A$$

时间区间：$1.2 \leqslant T_1 \leqslant 1.2$

$$T_1 = 1.2s$$

限时速断整定结果：

Ⅰ段定值：$I_{dz1} = 986.87(A)$

Ⅰ段二次值：$I'_{dz1} = I_{dz1}/TA = 986.87/(600/5) = 8.22(A)$

Ⅰ段时间定值：$T_1 = 1.2(s)$　作用:跳母联(分段)

Ⅰ段时间定值：$T_2 = 1.5(s)$　作用:跳本侧

Ⅰ段时间定值：$T_3 = 1.8(s)$　作用:跳各侧

(2) 整定辰溪变电站1号变压器中压侧复闭过流Ⅱ段

TV变比：35000/100V　TA变比：600/5A

详细计算过程如下：

1）按躲过变压器本侧额定电流整定

$$I_{dz2} \geqslant K_k \times I_e / K_f = 1.2 \times 472.3914/0.95$$

$$= 596.71$$

2）低电压元件按规程整定（低压元件）

$$U_{dy2}=K_k\times U_e=0.7\times 38.5\times 1000=26950$$

3）按躲过正常运行时出现的不平衡电压整定（负序电压）

$$U_{22}=K_k\times U_e=0.06\times 38.5\times 1000=2310$$

定值区间：$I_{dz2}\geqslant 596.71$

取值规则：取下限值

$$I_{dz2}=596.71\text{A}$$

时间区间：$0.3\leqslant T_1\leqslant 99$

$$T_1=2.1\text{s}$$

$$U_{dy2}=26950\text{V}$$

$$U_{22}=2310\text{V}$$

复闭过流Ⅱ段整定结果：

Ⅱ段定值：$I_{dz2}=596.71(\text{A})$

Ⅱ段二次值：$I'_{dz2t}=I_{dz2}/\text{TA}=596.71/(600/5)=4.97(\text{A})$

Ⅱ段低电压定值：$U_{dy2}=26950(\text{V})$

Ⅱ段低电压二次值：$U'_{dy2}=U_{dy2}/\text{TV}=26950/(35000/100)=77(\text{V})$

Ⅱ段负序电压定值：$U_{22}=2310(\text{V})$

Ⅱ段负序电压二次值：$U'_{22}=U_{22}/\text{TV}=2310/(35000/100)=6.6(\text{V})$

Ⅱ段时间定值：$T_1=2.1(\text{s})$　　作用：跳母联（分段）

Ⅱ段时间定值：$T_2=2.4(\text{s})$　　作用：跳本侧

Ⅱ段时间定值：$T_3=10(\text{s})$　　作用：退出

4）校核本侧出线末端故障灵敏度（电流定值）。

校核本侧八六一变线末端故障灵敏度（电流定值）

$$I_{dz2}\leqslant I_{dmin}/I_{dz}=1172.916/596.71=1.97$$

$I_{dmin}=1172.916$　小方式一主变压器中压并列运行，220kV 田家变电站供电，开环支路：清杨线，田荣线，李杨线，田李Ⅰ线（李）；辰潭线检修，在八六一变线的八六一变电站35kV Ⅰ母侧发生两相相间短路。

$K_{lm}=1.97\geqslant 1.2$，满足灵敏性要求。

校核本侧辰潭线末端故障灵敏度（电流定值）

$$I_{dz2} \leqslant I_{dmin}/I_{dz} = 1137.692/596.71 = 1.91$$

$I_{dmin}$=1137.692　小方式-主变压器中压并列运行，220kV 田家变电站供电，开环支路：清杨线，田荣线，李杨线，田李Ⅰ线（李）；田湾变线检修，在辰潭线的潭湾变电站 35kVⅡ母侧发生两相相间短路。

$K_{lm}$=1.91≥1.2，满足灵敏性要求。

校核本侧田湾变线末端故障灵敏度（电流定值）

$$I_{dz2} \leqslant I_{dmin}/I_{dz} = 997.2744/596.71 = 1.67$$

$I_{dmin}$=997.2744　大方式，220kV 田家变电站供电，开环支路：田李Ⅱ线（李），田荣线，清田线，李杨线；八六一变线检修，在田湾变线的田湾变电站 35kV Ⅰ母侧发生两相相间短路。

$K_{lm}$=1.67≥1.2，满足灵敏性要求。

校核本侧修溪口变线末端故障灵敏度（电流定值）

$$I_{dz2} \leqslant I_{dmin}/I_{dz} = 970.5756/596.71 = 1.63$$

$I_{dmin}$=970.5756　大方式，220kV 田家变电站供电，开环支路：田李Ⅱ线（李），田荣线，清田线，李杨线；辰潭线检修，在修溪口变线的侧发生两相相间短路。

$K_{lm}$=1.63≥1.2，满足灵敏性要求。

5）校验本侧出线末端故障灵敏度（低压元件）

校验本侧八六一变线末端故障灵敏度（低压元件）

$$U_{dy2} \geqslant U_{dy}/U_{Amax} = 26950/(21.36215 \times 1000) = 1.26$$

$U_{Amax}$=21.36215　小方式，220kV 田家变电站供电，开环支路：清杨线，田荣线，李杨线，田李Ⅰ线（李）；田湾变线检修，在八六一变线的八六一变电站 35kV Ⅰ母侧发生单相接地短路。

$K_{lm}$=1.26≥1.2，满足灵敏性要求。

校验本侧辰潭线末端故障灵敏度（低压元件）

$$U_{dy2} \geqslant U_{dy}/U_{Amax} = 26950/(21.36215 \times 1000) = 1.26$$

$U_{Amax}$=21.36215　小方式，220kV 田家变电站供电，开环支路：清杨线，田荣线，李杨线，田李Ⅰ线（李）；田湾变线检修，在辰潭线的潭湾变电站 35kVⅡ母侧发生单相接地短路。

$K_{lm}$=1.26≥1.2，满足灵敏性要求。

校验本侧田湾变线末端故障灵敏度（低压元件）

$$U_{dy2} \geqslant U_{dy}/U_{Amax} = 26950/(21.362 \times 1000) = 1.26$$

$U_{Amax}$=21.362 小方式，220kV 田家变电站供电，开环支路：清杨线，田荣线，李杨线，田李Ⅰ线（李）；在田湾变线的田湾变电站 35kV Ⅰ母侧发生单相接地短路。

$K_{lm}$=1.26≥1.2，满足灵敏性要求。

校验本侧修溪口变线末端故障灵敏度（低压元件）

$$U_{dy2} \geqslant U_{dy}/U_{Amax} = 26950/(21.36214 \times 1000) = 1.26$$

$U_{Amax}$=21.36214 小方式，220kV 田家变电站供电，开环支路：清杨线，田荣线，李杨线，田李Ⅰ线（李）；田湾变线检修，在修溪口变线的侧发生单相接地短路。

$K_{lm}$=1.26≥1.2，满足灵敏性要求。

6）校验本侧出线末端故障灵敏度（负压元件）

校验本侧八六一变线末端故障灵敏度（负压元件）

$$U_{22} \geqslant U_{2min}/U_{2} = 4.92069 \times 1000/2310 = 2.13$$

$U_{2min}$=4.92069 大方式，220kV 田家变电站供电，开环支路：清杨线，田荣线，李杨线，田李Ⅰ线（李）；田湾变线检修，在八六一变线的八六一变电站 35kV Ⅰ母侧发生两相接地短路。

$K_{lm}$=2.13≥1.2，满足灵敏性要求。

校验本侧辰潭线末端故障灵敏度（负压元件）

$$U_{22} \geqslant U_{2min}/U_{2} = 4.76891 \times 1000/2310 = 2.06$$

$U_{2min}$=4.76891 大方式，220kV 田家变电站供电，开环支路：清杨线，田荣线，李杨线，田李Ⅰ线（李）；田湾变线检修，在辰潭线的潭湾变电站 35kVⅡ母侧发生两相接地短路。

$K_{lm}$=2.06≥1.2，满足灵敏性要求。

校验本侧田湾变线末端故障灵敏度（负压元件）

$$U_{22} \geqslant U_{2min}/U_{2} = 4.16131 \times 1000/2310 = 1.8$$

$U_{2min}$=4.16131 大方式，220kV 田家变电站供电，开环支路：田李Ⅱ线（田），田李Ⅰ线（田），田荣线，清杨线；在田湾变线的田湾变电站 35kV Ⅰ母侧发生两相接地短路。

$K_{lm}$=1.8≥1.2，满足灵敏性要求。

校验本侧修溪口变线末端故障灵敏度（负压元件）

$$U_{22} \geqslant U_{2min}/U_{2} = 4.0498 \times 1000/2310 = 1.75$$

$U_{2min}$=4.0498 大方式，220kV 田家变电站供电，开环支路：清杨线，田荣线，李杨线，田李Ⅰ线（李）；田湾变线检修，在修溪口变线的侧发生两相接地短路。

$K_{lm}$=1.75≥1.2，满足灵敏性要求。

（3）整定辰溪变电站1号变压器中压侧复闭过流Ⅲ段。

TV变比：35000/100V TA变比：600/5A

详细计算过程如下：

1）取本侧保护复压闭锁方向过流保护电流定值

$$I_{dz3} \geqslant I'_{dz2} = 596.71 = 596.71$$

2）取本侧保护复压闭锁方向过流保护低电压定值

$$U_{dy3} = U'_{dy} = 26950 = 26950$$

3）取本侧保护复压闭锁方向过流保护负序电压定值

$$U_{23} = U'_{2} = 2310 = 2310$$

4）2时限取高压侧复压闭锁过流保护2时限。

与辰溪变电站1号变压器复闭过流保护Ⅲ段配合

$$T_{2} \geqslant I'_{dz} = 2.7 = 2.7$$

定值区间：$I_{dz3}$≥596.71

取值规则：取下限值

$$I_{dz3}=596.71\text{A}$$

时间区间：0.6≤$T_{1}$≤99

$$T_{1} = 10\text{s}$$

$$U_{dy3} = 26950\text{V}$$

$$U_{23} = 2310\text{V}$$

复闭过流Ⅲ段整定结果：

Ⅲ段定值：$I_{dz3} = 596.71(\text{A})$

Ⅲ段二次值：$I'_{dz3} = I_{dz3}/\text{TA} = 596.71/(600/5) = 4.97(\text{A})$

Ⅲ段低电压定值：$U_{dy3} = 26950(\text{V})$

Ⅲ段低电压二次值：$U'_{dy3} = U_{dy3}/\text{TV} = 26950/(35000/100) = 77(\text{V})$

Ⅲ段负序电压定值：$U_{23} = 2310(\text{V})$

Ⅲ段负序电压二次值：$U'_{23} = U_{23}/\text{TV} = 2310/(35000/100) = 6.6(\text{V})$

Ⅲ段时间定值：$T_1 = 10(s)$　作用:退出

Ⅲ段时间定值：$T_2 = 2.7(s)$　作用:跳各侧

Ⅲ段时间定值：$T_3 = 10(s)$　作用:退出

5）校核低压侧母线故障灵敏度（电流定值）

校核低压侧母线故障灵敏度（电流定值）

$$K_{lm} \leqslant I_{dmin}/I_{dz} = 1101.343/596.71 = 1.85$$

$I_{dmin}=1101.343$　小方式—主变压器中压并列运行，凉水井变电站供电：在辰溪变电站1号变压器的低压侧发生两相相间短路。

$K_{lm}=1.85\geqslant1.3$，满足灵敏性要求。

4. 低压侧后备保护定值

（1）整定辰溪变电站1号变压器低压侧限时速断。

TV变比：10000/100V　TA变比：2500/5A

详细计算过程如下：

1）按躲过变压器本侧额定电流整定

$$I_{dz1} \geqslant K_k \times I_e/K_f = 1.2 \times 1653.37/0.95 = 2088.47$$

2）按保变压器本侧母线故障有灵敏度整定

$$I_{dz1} \leqslant I_{dmin}/K_{lm} = 3709.193/1.3 = 2853.23$$

$I_{dmin}=3709.193$　小方式—主变压器低压并列运行，凉水井变电站供电：在辰溪变电站1号变压器的低压侧发生两相相间短路。

3）与变压器本侧出线速断保护配合

与城北线阶段电流Ⅰ段配合

$$I_{dz1} \geqslant K_{ph} \times K_{fz} \times I'_{dz} = 1.1 \times 1 \times 2500 = 2750$$

$$T_1 \geqslant T' + \Delta t = 0.3 + 0.3 = 0.6s$$

$K_{fz}=1$　大方式，220kV田家变电站供电，开环支路：田李Ⅱ线（田），清田线，田湘线，李杨线；辰溪变电站2号变压器检修，在城北线的侧发生故障。

4）时间上限额

$$T_1 \leqslant T=0.6=0.6$$

定值区间：$2750\leqslant I_{dz1}\leqslant2853.23$

取值规则：按选择性较好取值

$$I_{dz1}=2853.23\text{A}$$

时间区间：$0.6\leqslant T_1\leqslant 0.6$

$$T_1=0.6\text{s}$$

限时速断整定结果：

Ⅰ段定值：$I_{dz1}=2853.23(\text{A})$

Ⅰ段二次值：$I'_{dz1}=I_{dz1}/\text{TA}=2853.23/(2500/5)=5.71(\text{A})$

Ⅰ段时间定值：$T_1=0.6(\text{s})$　作用:跳母联(分段)

Ⅰ段时间定值：$T_2=0.9(\text{s})$　作用:跳本侧

Ⅰ段时间定值：$T_3=1.2(\text{s})$　作用:跳各侧

（2）整定辰溪变电站1号变压器低压侧复闭过流Ⅱ段。

TV变比：10000/100V　TA变比：2500/5A

详细计算过程如下：

1）按躲过变压器本侧额定电流整定

$$I_{dz2}\geqslant K_k\times I_e/K_f=1.2\times 1653.37/0.95=2088.47$$

2）与本侧出线后备保护最长动作时限配合整定

与城北线阶段电流Ⅲ段配合

$$T_1\geqslant T_{line}+\Delta t=1+0.3=1.3$$

$$T_1\geqslant T'+\Delta t=1+0.3=1.3\text{s}$$

3）低电压元件按规程整定（低压元件）

$$U_{dy2}=K_k\times U_e=0.7\times 11\times 1000=7700$$

4）按躲过正常运行时出现的不平衡电压整定（负序电压）

$$U_{22}=K_k\times U_e=0.06\times 11\times 1000=660$$

定值区间：$I_{dz2}\geqslant 2088.47$

取值规则：取下限值

$$I_{dz2}=2088.47\text{A}$$

时间区间：$1.3\leqslant T_1\leqslant 99$

$$T_1=2.1\text{s}$$

$$U_{dy2}=7700\text{V}$$

$$U_{22}=660\text{V}$$

复闭过流Ⅱ段整定结果：

Ⅱ段定值：$I_{dz2} = 2088.47(A)$

Ⅱ段二次值：$I'_{dz2t} = I_{dz2}/TA = 2088.47/(2500/5) = 4.18(A)$

Ⅱ段低电压定值：$U_{dy2} = 7700(V)$

Ⅱ段低电压二次值：$U'_{dy2} = U_{dy2}/TV = 7700/(10000/100) = 77(V)$

Ⅱ段负序电压定值：$U_{22} = 660(V)$

Ⅱ段负序电压二次值：$U'_{22} = U_{22}/TV = 660/(10000/100) = 6.6(V)$

Ⅱ段时间定值：$T_1 = 2.1(s)$　作用:跳母联(分段)

Ⅱ段时间定值：$T_2 = 2.4(s)$　作用:跳本侧

Ⅱ段时间定值：$T_3 = 2.7(s)$　作用:跳各侧

5）校核本侧出线末端故障灵敏度（电流定值）。

校核本侧城北线末端故障灵敏度（电流定值）

$$I_{dz2} \leqslant I_{dmin}/I_{dz} = 1532.466/2088.47 = 0.73$$

$I_{dmin}$=1532.466　小方式，主变压器低压并列运行，凉水井变电站供电：在城北线的侧发生两相相间短路。

$K_{lm}$=0.73<1.2，不满足灵敏性要求。

6）校验本侧出线末端故障灵敏度（低压元件）。

校验本侧城北线末端故障灵敏度（低压元件）

$$U_{dy2} \geqslant U_{dy}/U_{Amax} = 7700/(6.06266 \times 1000) = 1.27$$

$U_{Amax}$=6.06266　小方式，凉水井变电站供电：在城北线的侧发生单相接地短路

$K_{lm}$=1.27⩾1.2，满足灵敏性要求。

7）校验本侧出线末端故障灵敏度（负压元件）。

校验本侧城北线末端故障灵敏度（负压元件）

$$U_{22} \geqslant U_{2min}/U_2 = 0.87359 \times 1000/660 = 1.32$$

$U_{2min}$=0.87359　大方式，220kV 田家变电站供电，开环支路：田李Ⅱ线（田），田李Ⅰ线（田），田荣线，清杨线；在城北线的侧发生两相相间短路。

$K_{lm}$=1.32⩾1.2，满足灵敏性要求。

8）校验最大运行方式下其他侧母线三相金属性短路故障的灵敏度（中、低压侧无电源）

无法取出电气量：$I_{dmin}$，变压器高压侧故障，流过本侧的电流。

$K_{lm}$=0<1.3，不满足灵敏性要求。

（三）定值通知单（见表13-1）

表 13-1　　　　怀化电网继电保护定值通知单

编号：辰溪变电站-110kV1号变压器压器保护-LDS311321A-201901

| 保护型号 | LDS311/321A/321B | | | | |
|---|---|---|---|---|---|
| 版本号 | V1.04 | 校验码 | | 程序生成时间 | |
| 变压器型号 | SSZ10-31500 | 容量（MVA） | 31.5/31.5/31.5 | 电压（kV） | 110/38.5/11 |
| $U_k$(%) | $U_{高-中}$=10.16　$U_{高-低}$=17.2　$U_{中-低}$=6.3 | | | | |

备注：
限时速断因是线路保护，只能实现一个固定出口，故选择跳本侧。

| 整定： | | 审核： | | 批准： | | 日期： | 2019年9月18日 |
|---|---|---|---|---|---|---|---|

| 1 | 差动保护定值　LDS-311，V1.04；<br>高压侧TA：400/5；中压侧TA：600/5；低压侧TA：2500/5 | | | |
|---|---|---|---|---|
| 序号 | 名称 | 单位 | 定值 | 备注 |
| 1.01 | CLT1（控制字一） | | 0010 | |
| 1.02 | CLT2（控制字二） | | 0000 | 备用 |
| 1.03 | CLT3（控制字三） | | 0000 | 备用 |
| 1.04 | 速断定值 | A | 14.47 | |
| 1.05 | 差动定值 | A | 1.03 | |
| 1.06 | 拐点定值 | A | 1.65 | |
| 1.07 | 差流告警 | A | 0.52 | |
| 1.08 | 谐波制动K2 | | 0.15 | |
| 1.09 | 比率制动K1 | | 0.5 | |
| 1.10 | 中平系数 | | 0.53 | |
| 1.11 | 低平系数 | | 0.63 | |
| 2 | 控制字1（TAL1）： | | | |
| 序号 | 名称 | 单位 | 定值 | 备注 |
| 2.01 | 不校正 | | 0 | |
| 2.02 | Y0/Y0/Y接线方式校正 | | 0 | |
| 2.03 | Y0/Δ/Δ－11接线方式校正 | | 0 | |
| 2.04 | Y0/Δ/Δ－1接线方式校正 | | 0 | |
| 2.05 | Y0/Y0/Δ－12－11接线方式校正 | | 1 | |
| 2.06 | Y0/Y/Δ－12－1接线方式校正 | | 0 | |
| 2.07 | TA断线闭锁差动 | | 0 | |
| 2.08 | 保留 | | 0 | |
| 2.09 | 保留 | | 0 | |
| 2.10 | 保留 | | 0 | |
| 2.11 | 保留 | | 0 | |
| 2.12 | 保留 | | 0 | |

续表

| 2 | 控制字 1（TAL1）： | | | |
|---|---|---|---|---|
| 2.13 | 保留 | | 0 | |
| 2.14 | 保留 | | 0 | |
| 2.15 | 保留 | | 0 | |
| 2.16 | 保留 | | 0 | |
| 3 | 高压侧后备保护定值 LDS-321A，V1.03 高压侧 TA：400/5；间隙零序 TA：100/5 | | | |
| 序号 | 名称 | 单位 | 定值 | 备注 |
| 3.01 | CLT1（控制字一） | | 8040 | |
| 3.02 | CLT2（控制字二） | | B15F | |
| 3.03 | CLT3（控制字三） | | 72FD | |
| 3.04 | 过流Ⅰ段Ⅰ | A | 50 | |
| 3.05 | 过流Ⅰ段 T1 | s | 9.99 | 退出 |
| 3.06 | 过流Ⅰ段 T2 | s | 9.99 | 退出 |
| 3.07 | 过流Ⅰ段 T3 | s | 9.99 | 退出 |
| 3.08 | 过流Ⅱ段Ⅰ | A | 50 | |
| 3.09 | 过流Ⅱ段 T1 | s | 9.99 | 退出 |
| 3.10 | 过流Ⅱ段 T2 | s | 9.99 | 退出 |
| 3.11 | 过流Ⅱ段 T3 | s | 9.99 | 退出 |
| 3.12 | 过流Ⅲ段Ⅰ | A | 2.83 | |
| 3.13 | 过流Ⅲ段 T | s | 2.7 | 跳三侧 |
| 3.14 | 复压闭锁 UL | V | 70 | |
| 3.15 | 复压闭锁 U2 | V | 6 | |
| 3.16 | 零流Ⅰ段Ⅰ | A | 50 | |
| 3.17 | 零流Ⅰ段 T1 | s | 9.99 | 退出 |
| 3.18 | 零流Ⅰ段 T2 | s | 9.99 | 退出 |
| 3.19 | 零流Ⅱ段Ⅰ | A | 50 | |
| 3.20 | 零流Ⅱ段 T1 | s | 9.99 | 退出 |
| 3.21 | 零流Ⅱ段 T2 | s | 9.99 | 退出 |
| 3.22 | 零流Ⅲ段Ⅰ | A | 50 | |
| 3.23 | 零流Ⅲ段 T | s | 9.99 | 退出 |
| 3.24 | 零压闭锁 U0 | V | 120 | |
| 3.25 | 零序过压 U0 | V | 300 | |
| 3.26 | 零序过压 T1 | s | 9.99 | 退出 |
| 3.27 | 零序过压 T2 | s | 9.99 | 退出 |
| 3.28 | 零流闭锁 I | A | 20 | |
| 3.29 | 间隙过流 I | A | 5 | |
| 3.30 | 间隙零压 | V | 180 | |
| 3.31 | 间隙过流 T1 | s | 9.99 | 退出 |
| 3.32 | 间隙过流 T2 | s | 4.5 | 跳三侧 |
| 3.33 | 过负荷 I | A | 2.28 | |
| 3.34 | 过负荷 T | s | 6 | |
| 3.35 | 启动通风 I | A | 10 | |

续表

| 3 | 高压侧后备保护定值 LDS-321A，V1.03 高压侧 TA：400/5；间隙零序 TA：100/5 | | | |
|---|---|---|---|---|
| 3.36 | 启动通风 T | s | 99.9 | |
| 3.37 | 闭锁调压 I | A | 2.48 | |
| 3.38 | 闭锁调压 T | s | 0 | 退出 |
| 4 | 控制字 1：8040 | | | |
| 序号 | 名称 | 单位 | 定值 | 备注 |
| 4.01 | 过流Ⅰ段一时限 | | 0 | 退出 |
| 4.02 | 过流Ⅰ段二时限 | | 0 | 退出 |
| 4.03 | 过流Ⅰ段三时限 | | 0 | 退出 |
| 4.04 | 过流Ⅱ段一时限 | | 0 | 退出 |
| 4.05 | 过流Ⅱ段二时限 | | 0 | 退出 |
| 4.06 | 过流Ⅱ段三时限 | | 0 | 退出 |
| 4.07 | 过流Ⅲ段保护 | | 1 | 投入 |
| 4.08 | 零序过流Ⅰ段一时限 | | 0 | 退出 |
| 4.09 | 零序过流Ⅰ段二时限 | | 0 | 退出 |
| 4.10 | 零序过流Ⅱ段一时限 | | 0 | 退出 |
| 4.11 | 零序过流Ⅱ段二时限 | | 0 | 退出 |
| 4.12 | 零序过流Ⅲ段保护 | | 0 | 退出 |
| 4.13 | 零序过压一时限 | | 0 | 退出 |
| 4.14 | 零序过压二时限 | | 0 | 退出 |
| 4.15 | 间隙过流一时限 | | 0 | 退出 |
| 4.16 | 间隙过流二时限 | | 1 | 投入 |
| 5 | 控制字 2：B15F | | | |
| 序号 | 名称 | 单位 | 定值 | 备注 |
| 5.01 | 过流Ⅰ段复合电压闭锁 | | 1 | 投入 |
| 5.02 | 过流Ⅱ段复合电压闭锁 | | 1 | 投入 |
| 5.03 | 过流Ⅲ段复合电压闭锁 | | 1 | 投入 |
| 5.04 | 过流Ⅰ段方向闭锁 | | 1 | 投入 |
| 5.05 | 过流Ⅱ段方向闭锁 | | 1 | 投入 |
| 5.06 | 过流Ⅲ段方向闭锁 | | 0 | 退出 |
| 5.07 | 1：复流方向灵敏度为−30°<br>0：复流方向灵敏度为−45° | | 1 | −30° |
| 5.08 | 1：复流方向指向母线<br>0：复流方向指向变压器 | | 0 | 指向变压器 |
| 5.09 | 1：TV 断线退出方向及复压闭锁<br>0：退出受方向及复压闭锁段 | | 1 | |
| 5.10 | 零序过流Ⅰ段零压闭锁 | | 0 | 退出 |
| 5.11 | 零序过流Ⅱ段零压闭锁 | | 0 | 退出 |
| 5.12 | 零序过流Ⅲ段零压闭锁 | | 0 | 退出 |
| 5.13 | 零序过流Ⅰ段方向闭锁 | | 1 | 投入 |
| 5.14 | 零序过流Ⅱ段方向闭锁 | | 1 | 投入 |
| 5.15 | 零序过流Ⅲ段方向闭锁 | | 0 | 退出 |
| 5.16 | 1：零序方向指向母线<br>0：零序方向指向变压器 | | 1 | 指向母线 |

续表

| 6 | 控制字 3：72FD | | | |
|---|---|---|---|---|
| 序号 | 名称 | 单位 | 定值 | 备注 |
| 6.01 | 1：TV 或 TA 断线退出零序方向及电压闭锁<br>0：TV 或 TA 断线退出受零序方向及电压闭锁段 | | 1 | |
| 6.02 | 零序过压零流闭锁 | | 0 | |
| 6.03 | 间隙保护方式 1：保持，0：不保持 | | 1 | |
| 6.04 | 高压侧复合电压闭锁 | | 1 | |
| 6.05 | 中压侧复合电压闭锁 | | 1 | |
| 6.06 | 低压侧复合电压闭锁 | | 1 | |
| 6.07 | 复压启动输出 | | 1 | |
| 6.08 | 过负荷投入 | | 1 | |
| 6.09 | 启动通风投入 | | 0 | |
| 6.10 | 闭锁调压投入 | | 1 | |
| 6.11 | 备用 | | 0 | |
| 6.12 | 备用 | | 0 | |
| 6.13 | 控制回路断线投入 | | 1 | |
| 6.14 | TA 回路监视投入 | | 1 | |
| 6.15 | TV 断线监视投入 | | 1 | |
| 6.16 | 1：显示角度　0：正常显示 | | 0 | |
| 7 | 中压侧后备保护　LDS-321B　V1.21　TA：600/5 | | | |
| 序号 | 名称 | 单位 | 定值 | 备注 |
| 7.01 | CLT1（控制字一） | | 005F | |
| 7.02 | CLT2（控制字二） | | E1C6 | |
| 7.03 | CLT3（控制字三） | | 0079 | |
| 7.04 | 过流Ⅰ段Ⅰ | A | 8.22 | 限时速断 |
| 7.05 | 过流Ⅰ段 T1 | s | 1.2 | 跳母联 |
| 7.06 | 过流Ⅰ段 T2 | s | 1.5 | 跳本侧 |
| 7.07 | 过流Ⅰ段 T3 | s | 1.8 | 跳三侧 |
| 7.08 | 过流Ⅱ段Ⅰ | A | 4.97 | |
| 7.09 | 过流Ⅱ段 T1 | s | 2.1 | 跳母联 |
| 7.10 | 过流Ⅱ段 T2 | s | 2.4 | 跳本侧 |
| 7.11 | 过流Ⅱ段 T3 | s | 9.99 | |
| 7.12 | 过流Ⅲ段Ⅰ | A | 4.97 | |
| 7.13 | 过流Ⅲ段 T | s | 2.7 | 跳三侧 |
| 7.14 | 复压闭锁 UL | V | 70 | |
| 7.15 | 复压闭锁 U2 | V | 6 | |
| 7.16 | 1 零流Ⅰ | A | 7 | |
| 7.17 | 1 零流 T1 | s | 9.99 | |
| 7.18 | 1 零流 T2 | s | 9.99 | |
| 7.19 | 2 零流Ⅰ | A | 7 | |

续表

| 7 | 中压侧后备保护　LDS-321B　V1.21　TA：600/5 | | | |
|---|---|---|---|---|
| 序号 | 名称 | 单位 | 定值 | 备注 |
| 7.20 | 2零流T1 | s | 9.99 | |
| 7.21 | 2零流T2 | s | 9.99 | |
| 7.22 | 零压闭锁U0 | V | 100 | |
| 7.23 | 零序过压U0 | V | 140 | |
| 7.24 | 零序过压T1 | s | 9.99 | |
| 7.25 | 零序过压T2 | s | 9.99 | |
| 7.26 | 母线充电I | A | 50 | |
| 7.27 | 母线充电T | s | 9.99 | |
| 7.28 | 过负荷I | A | 4.35 | |
| 7.29 | 过负荷T | s | 6 | |
| 7.30 | 启动通风I | A | 10 | |
| 7.31 | 启动通风T | s | 99.9 | |
| 7.32 | 绝缘监察U0 | V | 20 | |
| 7.33 | 绝缘监察T | s | 6 | |
| 7.34 | TV变比 | | 350 | |
| 7.35 | TA变比 | | 120 | |
| 8 | 控制字1：005F | | | |
| 序号 | 名称 | 单位 | 定值 | 备注 |
| 8.01 | 过流Ⅰ段一时限 | | 1 | 投入 |
| 8.02 | 过流Ⅰ段二时限 | | 1 | 投入 |
| 8.03 | 过流Ⅰ段三时限 | | 1 | 投入 |
| 8.04 | 过流Ⅱ段一时限 | | 1 | 投入 |
| 8.05 | 过流Ⅱ段二时限 | | 1 | 投入 |
| 8.06 | 过流Ⅱ段三时限 | | 0 | 退出 |
| 8.07 | 过流Ⅲ段保护 | | 1 | 投入 |
| 8.08 | 零序过流Ⅰ段一时限 | | 0 | 退出 |
| 8.09 | 零序过流Ⅰ段二时限 | | 0 | 退出 |
| 8.10 | 零序过流Ⅱ段一时限 | | 0 | 退出 |
| 8.11 | 零序过流Ⅱ段二时限 | | 0 | 退出 |
| 8.12 | 零序过压一时限 | | 0 | 退出 |
| 8.13 | 零序过压二时限 | | 0 | 退出 |
| 8.14 | 1：零流Ⅰ一时限跳闸<br>0：零流Ⅰ一时限告警 | | 0 | 告警 |
| 8.15 | 1：零流Ⅱ一时限跳闸<br>0：零流Ⅱ一时限告警 | | 0 | 告警 |
| 8.16 | 1：零压一时限跳闸<br>0：零压一时限告警 | | 0 | 告警 |
| 9 | 控制字2：E1C6 | | | |
| 序号 | 名称 | 单位 | 定值 | 备注 |
| 9.01 | 过流Ⅰ段复合电压闭锁 | | 0 | 退出 |
| 9.02 | 过流Ⅱ段复合电压闭锁 | | 1 | 投入 |

续表

| 9 | 控制字 2：E1C6 | | | |
|---|---|---|---|---|
| 序号 | 名称 | 单位 | 定值 | 备注 |
| 9.03 | 过流Ⅲ段复合电压闭锁 | | 1 | 投入 |
| 9.04 | 过流Ⅰ段方向闭锁 | | 0 | 退出 |
| 9.05 | 过流Ⅱ段方向闭锁 | | 0 | 退出 |
| 9.06 | 过流Ⅲ段方向闭锁 | | 0 | 退出 |
| 9.07 | 1：复流方向灵敏度为－30°<br>0：复流方向灵敏度为－45° | | 1 | －30° |
| 9.08 | 1：复流方向指向母线<br>0：复流方向指向变压器 | | 1 | 指向母线 |
| 9.09 | 1：TV 断线退出方向及复压闭锁<br>0：退出受方向及复压闭锁段 | | 1 | |
| 9.10 | 零序过流Ⅰ段零压闭锁 | | 0 | 退出 |
| 9.11 | 零序过流Ⅱ段零压闭锁 | | 0 | 退出 |
| 9.12 | 备用 | | 0 | 退出 |
| 9.13 | 备用 | | 0 | 退出 |
| 9.14 | 绝缘监察投入 | | 1 | 投入 |
| 9.15 | TV 断线监察投入 | | 1 | 投入 |
| 9.16 | 控制回路断线投入 | | 1 | 投入 |
| 10 | 控制字 3：0079 | | | |
| 序号 | 名称 | 单位 | 定值 | 备注 |
| 10.01 | 过负荷投入 | | 1 | |
| 10.02 | 启动通风投入 | | 0 | |
| 10.03 | 保留（B）/闭锁调压投入（C） | | 0 | |
| 10.04 | 高压侧复合电压闭锁 | | 1 | |
| 10.05 | 另侧复合电压闭锁 | | 1 | |
| 10.06 | 本侧复合电压闭锁 | | 1 | |
| 10.07 | 复压启动输出 | | 1 | |
| 10.08 | 保留 | | 0 | |
| 10.09 | 保留 | | 0 | |
| 10.10 | 保留 | | 0 | |
| 10.11 | 保留 | | 0 | |
| 10.12 | 保留 | | 0 | |
| 10.13 | 保留 | | 0 | |
| 10.14 | 保留 | | 0 | |
| 10.15 | 保留 | | 0 | |
| 10.16 | 保留 | | 0 | |
| 11 | 低压侧后备保护　LDS-321B　V1.03　TA：2500/5 | | | |
| 序号 | 名称 | 单位 | 定值 | 备注 |
| 11.01 | CLT1（控制字一） | | 0038 | |
| 11.02 | CLT2（控制字二） | | E1C7 | |
| 11.03 | CLT3（控制字三） | | 0061 | |

续表

| 11 | 低压侧后备保护 LDS-321B V1.03 TA：2500/5 | | | |
|---|---|---|---|---|
| 序号 | 名称 | 单位 | 定值 | 备注 |
| 11.04 | 过流Ⅰ段Ⅰ | | 50 | |
| 11.05 | 过流Ⅰ段 T1 | | 9.99 | 退出 |
| 11.06 | 过流Ⅰ段 T2 | | 9.99 | 退出 |
| 11.07 | 过流Ⅰ段 T3 | | 9.99 | 退出 |
| 11.08 | 过流Ⅱ段Ⅰ | | 4.18 | |
| 11.09 | 过流Ⅱ段 T1 | | 2.1 | 跳母联 |
| 11.10 | 过流Ⅱ段 T2 | | 2.4 | 跳本侧 |
| 11.11 | 过流Ⅱ段 T3 | | 2.7 | 跳三侧 |
| 11.12 | 过流Ⅲ段Ⅰ | | 50 | |
| 11.13 | 过流Ⅲ段 T | | 99.9 | 退出 |
| 11.14 | 复压闭锁 UL | | 70 | |
| 11.15 | 复压闭锁 U2 | | 6 | |
| 11.16 | 1 零流Ⅰ | | 7 | |
| 11.17 | 1 零流 T1 | | 9.99 | |
| 11.18 | 1 零流 T2 | | 9.99 | |
| 11.19 | 2 零流Ⅰ | | 7 | |
| 11.20 | 2 零流 T1 | | 9.99 | |
| 11.21 | 2 零流 T2 | | 9.99 | |
| 11.22 | 零压闭锁 U0 | | 100 | |
| 11.23 | 零序过压 U0 | | 140 | |
| 11.24 | 零序过压 T1 | | 9.99 | |
| 11.25 | 零序过压 T2 | | 9.99 | |
| 11.26 | 母线充电 I | | 50 | |
| 11.27 | 母线充电 T | | 9.99 | |
| 11.28 | 过负荷 I | | 3.65 | |
| 11.29 | 过负荷 T | | 6 | |
| 11.30 | 启动通风 I | | 10 | |
| 11.31 | 启动通风 T | | 99.9 | |
| 11.32 | 绝缘监察 U0 | | 20 | |
| 11.33 | 绝缘监察 T | | 6 | |
| 11.34 | TV 变比 | | 100 | |
| 11.35 | TA 变比 | | 500 | |
| 12 | 控制字 1：0038 | | | |
| 序号 | 名称 | 单位 | 定值 | 备注 |
| 12.01 | 过流Ⅰ段一时限 | | 0 | 退出 |
| 12.02 | 过流Ⅰ段二时限 | | 0 | 退出 |
| 12.03 | 过流Ⅰ段三时限 | | 0 | 退出 |
| 12.04 | 过流Ⅱ段一时限 | | 1 | 投入 |
| 12.05 | 过流Ⅱ段二时限 | | 1 | 投入 |
| 12.06 | 过流Ⅱ段三时限 | | 1 | 投入 |

续表

| 12 | 控制字 1：0038 | | | |
|---|---|---|---|---|
| 序号 | 名称 | 单位 | 定值 | 备注 |
| 12.07 | 过流Ⅲ段保护 | | 0 | 退出 |
| 12.08 | 零序过流Ⅰ段一时限 | | 0 | 退出 |
| 12.09 | 零序过流Ⅰ段二时限 | | 0 | 退出 |
| 12.10 | 零序过流Ⅱ段一时限 | | 0 | 退出 |
| 12.11 | 零序过流Ⅱ段二时限 | | 0 | 退出 |
| 12.12 | 零序过压一时限 | | 0 | 退出 |
| 12.13 | 零序过压二时限 | | 0 | 退出 |
| 12.14 | 1：零流Ⅰ一时限跳闸<br>0：零流Ⅰ一时限告警 | | 0 | 告警 |
| 12.15 | 1：零流Ⅱ一时限跳闸<br>0：零流Ⅱ一时限告警 | | 0 | 告警 |
| 12.16 | 1：零压一时限跳闸<br>0：零压一时限告警 | | 0 | 告警 |
| 13 | 控制字 2：E1C7 | | | |
| 序号 | 名称 | 单位 | 定值 | 备注 |
| 13.01 | 过流Ⅰ段复合电压闭锁 | | 1 | 投入 |
| 13.02 | 过流Ⅱ段复合电压闭锁 | | 1 | 投入 |
| 13.03 | 过流Ⅲ段复合电压闭锁 | | 1 | 投入 |
| 13.04 | 过流Ⅰ段方向闭锁 | | 0 | 退出 |
| 13.05 | 过流Ⅱ段方向闭锁 | | 0 | 退出 |
| 13.06 | 过流Ⅲ段方向闭锁 | | 0 | 退出 |
| 13.07 | 1：复流方向灵敏度为－30°<br>0：复流方向灵敏度为－45° | | 1 | －30° |
| 13.08 | 1：复流方向指向母线<br>0：复流方向指向变压器 | | 1 | 指向母线 |
| 13.09 | 1：TV 断线退出方向及复压闭锁<br>0：退出受方向及复压闭锁段 | | 1 | |
| 13.10 | 零序过流Ⅰ段零压闭锁 | | 0 | 退出 |
| 13.11 | 零序过流Ⅱ段零压闭锁 | | 0 | 退出 |
| 13.12 | 备用 | | 0 | 退出 |
| 13.13 | 备用 | | 0 | 退出 |
| 13.14 | 绝缘监察投入 | | 1 | 投入 |
| 13.15 | TV 断线监察投入 | | 1 | 投入 |
| 13.16 | 控制回路断线投入 | | 1 | 投入 |
| 14 | 控制字 3：0061 | | | |
| 序号 | 名称 | 单位 | 定值 | 备注 |
| 14.01 | 过负荷投入 | | 1 | |
| 14.02 | 启动通风投入 | | 0 | |
| 14.03 | 保留（B）/闭锁调压投入（C） | | 0 | |
| 14.04 | 高压侧复合电压闭锁 | | 0 | |

续表

| 14 | 控制字 3：0061 | | | |
|---|---|---|---|---|
| 序号 | 名称 | 单位 | 定值 | 备注 |
| 14.05 | 另侧复合电压闭锁 | | 0 | |
| 14.06 | 本侧复合电压闭锁 | | 1 | |
| 14.07 | 复压启动输出 | | 1 | |
| 14.08～14.16 | 保留 | | 0 | |
| 15 | 低压侧限时速断保护　LDS-216（线路保护）　V1.03　　TA：2500/5 | | | |
| 序号 | 名称 | 单位 | 定值 | 备注 |
| 15.01 | 控制字 1 | | 0000 | |
| 15.02 | 控制字 2 | | 0000 | |
| 15.03 | 控制字 3 | | 0000 | |
| 15.04 | 过流Ⅰ段 I | | 50 | |
| 15.05 | 过流Ⅰ段 T | | 9.99 | 退出 |
| 15.06 | 过流Ⅱ段 I | | 5.71 | 作限时速断 |
| 15.07 | 过流Ⅱ段 T | | 0.6 | 跳本侧 |
| 15.08 | 过流Ⅲ段 I | | 50 | |
| 15.09 | 过流Ⅲ段 T | | 9.99 | 退出 |
| 15.10 | 低压闭锁 U | | 100 | |
| 15.11 | 重合检无压 | | 100 | |
| 15.12 | 重合检压差 | | 100 | |
| 15.13 | 重合闸合闸角 | | 50 | |
| 15.14 | 重合闸 T | | 9.99 | |
| 15.15 | 后加速 I | | 50 | |
| 15.16 | 后加速 T | | 3 | |
| 15.17 | 过负荷 I | | 10 | |
| 15.18 | 过负荷 T | | 100 | |
| 15.19 | 零流Ⅰ段 I | | 7 | |
| 15.20 | 零流Ⅰ段 T | | 9.99 | |
| 15.21 | 零流Ⅱ段 I | | 7 | |
| 15.22 | 零流Ⅱ段 T | | 9.99 | |
| 15.23 | 低周减载 F | | 46 | |
| 15.24 | 闭锁低周 I | | 10 | |
| 15.25 | 闭锁低周 U | | 50 | |
| 15.26 | $\Delta F/\Delta T$ | | 5 | |
| 15.27 | 低周减载 T1 | | 20 | |
| 15.28 | 低周减载 T2 | | 20 | |
| 15.29 | 失压 U | | 100 | |
| 15.30 | 失压 T | | 999.9 | |
| 15.31 | 绝缘监察 U | | 100 | |
| 15.32 | 绝缘监察 T | | 9.99 | |
| 15.33 | TV 变比 | | 100 | |
| 15.34 | TA 变比 | | 500 | |

续表

| 16 | 控制字 1（TAL1）：0000 | | | |
|---|---|---|---|---|
| 序号 | 名称 | 单位 | 定值 | 备注 |
| 16.01 | 过流Ⅰ段低压闭锁投入 | | 0 | |
| 16.02 | 过流Ⅱ段低压闭锁投入 | | 0 | |
| 16.03 | 过流Ⅲ段低压闭锁投入 | | 0 | |
| 16.04 | 过流Ⅰ段方向闭锁投入 | | 0 | |
| 16.05 | 过流Ⅱ段方向闭锁投入 | | 0 | |
| 16.06 | 过流Ⅲ段方向闭锁投入 | | 0 | |
| 16.07 | 1：TV 断线退出方向及低压闭锁功能<br>0：TV 断线退出方向及低压闭锁段 | | 0 | |
| 16.08 | 1：过流方向阻抗角为−30°<br>0：过流方向阻抗角为−45° | | 0 | |
| 16.09 | 不对应启动重合闸投入 | | 0 | |
| 16.10 | 重合检无压投入 | | 0 | |
| 16.11 | 重合检同期投入 | | 0 | |
| 16.12 | 1：相电压为检同期电压<br>0：线电压为检同期电压 | | 0 | |
| 16.13 | （UAB）UA 为检同期电压 | | 0 | |
| 16.14 | （UBC）UB 为检同期电压 | | 0 | |
| 16.15 | （UCA）UC 为检同期电压 | | 0 | |
| 16.16 | 过流Ⅰ段重合闸退出 | | 0 | |
| 17 | 控制字 2（TAL2）：0000 | | | |
| 序号 | 名称 | 单位 | 定值 | 备注 |
| 17.01 | 过负荷告警 | | 0 | |
| 17.02 | 零流Ⅰ段投入 | | 0 | |
| 17.03 | 零流Ⅰ段告警 | | 0 | |
| 17.04 | 零流Ⅱ段投入 | | 0 | |
| 17.05 | 零流Ⅱ段告警 | | 0 | |
| 17.06 | 有流闭锁低周减载退出 | | 0 | |
| 17.07 | 低压闭锁低周减载退出 | | 0 | |
| 17.08 | 低周减载一时限投入 | | 0 | |
| 17.09 | 低周减载一时限告警 | | 0 | |
| 17.10 | 低周减载二时限投入 | | 0 | |
| 17.11 | 低周减载二时限告警 | | 0 | |
| 17.12 | 小电流接地选线投入 | | 0 | |
| 17.13 | 小电流接地选线用基波 | | 0 | |
| 17.14 | 绝缘监察投入 | | 0 | |
| 17.15 | TV 断线监视投入 | | 0 | |
| 17.16 | 控制回路断线投入 | | 0 | |
| 18 | 控制字 3（TAL3）：0000 | | | |
| 序号 | 名称 | 单位 | 定值 | 备注 |
| 18.01 | 保留 | | 0 | |
| 18.02 | 保留 | | 0 | |

续表

| 18 | 控制字 3（TAL3）：0000 | | | |
|---|---|---|---|---|
| 序号 | 名称 | 单位 | 定值 | 备注 |
| 18.03 | 保留 | | 0 | |
| 18.04 | 保留 | | 0 | |
| 18.05 | 保留 | | 0 | |
| 18.06 | 保留 | | 0 | |
| 18.07 | 保留 | | 0 | |
| 18.08 | 保留 | | 0 | |
| 18.09 | 保留 | | 0 | |
| 18.10 | 保留 | | 0 | |
| 18.11 | 保留 | | 0 | |
| 18.12 | 保留 | | 0 | |
| 18.13 | 保留 | | 0 | |
| 18.14 | 保留 | | 0 | |
| 18.15 | 保留 | | 0 | |
| 18.16 | 显示角度 | | 0 | |
| 19 | 软压板： | | | |
| 序号 | 名称 | 单位 | 定值 | 备注 |
| 19.01 | 过流Ⅰ段压板 | | 退 | |
| 19.02 | 过流Ⅱ段压板 | | 投 | |
| 19.03 | 过流Ⅲ段压板 | | 退 | |
| 19.04 | 重合闸压板 | | 退 | |
| 19.05 | 后加速压板 | | 退 | |
| 19.06 | 过负荷压板 | | 退 | |
| 19.07 | 零序过流压板 | | 退 | |
| 19.08 | 低周减载压板 | | 退 | |
| 19.09 | 失压压板 | | 退 | |
| 19.10 | 低压减载压板 | | 退 | |
| 19.11 | 保留 | | 退 | |
| 19.12 | 保留 | | 退 | |
| 19.13 | 保留 | | 退 | |
| 19.14 | 保留 | | 退 | |
| 19.15 | 保留 | | 退 | |
| 19.16 | 保留 | | 退 | |

# 第十四章　110kV双绕组降压变压器整定计算原则

常见的110kV双绕组降压变压器保护由差动保护、高压侧后备保护、低压侧后备保护、辅助保护四部分组成，对于低电阻接地系统的110kV双绕组降压变压器还有低压侧引线处接地变压器保护。

## 一、纵差保护

变压器纵差保护作为变压器绕组故障时变压器的主保护，差动保护的保护区时构成差动保护的各侧电流互感器之间所包围的部分。包括变压器本身、电流互感器与变压器之间的引出线。

变压器纵差保护设计有电磁感应关系的各侧电流，它的构成原理是磁势平衡原理。设置变压器各侧电流以变压器为正方向，正常运行时或外部故障时根据磁势平衡原理，各侧电流相量和为零，即流入变压器的电流等于流出变压器的电流，此时纵差保护不动作。当变压器内部故障时，各侧电流的相量和等于短路点的短路电流，纵差保护动作切除故障变压器。

对于目前的微机型变压器差动保护装置，一般采用利用变压器励磁涌流特征的制动特性，以躲过变压器励磁涌流对差动保护的影响。

### （一）最小动作电流

最小动作电流应大于变压器额定负载时的不平衡电流，取0.2～0.5倍基准侧额定电流。

### （二）起始制动电流

起始制动电流宜取0.8～1.0倍基准侧额定电流。

### （三）比率制动系数

（1）比率制动系数按躲过变压器出口三相短路时的最大不平衡差流整定，一般取0.4～0.5。

（2）纵差保护的灵敏度系数按下式进行校验：

$$K_{sen}=\frac{I_{k.min}^{(2)}}{I_{OP}} \tag{14-1}$$

式中 $I_{k.min}^{(2)}$——最小运行方式下变压器中低侧母线两相金属性短路流过基准侧的电流，A，根据 $I_{k.min}^{(2)}$ 可得到相应的制动电流 $I_{res}$，根据动作曲线即可计算出对应的动作电流 $I_{op}$；

$K_{sen}$——灵敏度系数，要求不小于 2。

（四）二次谐波制动比

二次谐波制动比一般整定为 0.15～0.20。

（五）差动速断电流

（1）差动速断电流按躲过变压器初始励磁涌流或外部短路最大不平衡电流整定，一般取

$$K\times I_n$$

式中 $K$——可靠系数，根据变压器容量和系统电抗大小按如下情况取值：

6.3MVA 以下：$K$=7～12；

6.3～31.5MVA：$K$=4.5～7；

40～120MVA：$K$=3～6；

容量越大，系统电抗越大，$K$ 取值越小。

$I_n$——变压器差动保护基准侧额定电流，一般取高压侧，A。

（2）按正常运行方式下保护安装处两相短路来校验差动速断电流是否满足不小于 1.2 的灵敏度系数。

（六）差流越限整定

差流越限定值按 0.5 倍最小动作电流取值。时间取 6s，动作于信号。

备注：（1）一般取高压侧为变压器差动保护基准侧。

（2）纵差保护为瞬时动作，出口跳变压器高、中、低压三侧断路器。

（3）对于 110kV 变压器纵差保护应选用二次谐波原理，不采用三次谐波识别励磁涌流方式（若配置双套主、后备一体电器量保护，每一套纵差保护应选取不同的励磁涌流识别方式，如一套选用波形对称原理，另一套选用二次谐波原理）。

（4）TA 断线不闭锁差动保护。

（5）零序比率差动保护不用。

（6）各侧过流保护一般不用。

## 二、高压侧后备保护

对于 110kV 双绕组降压变压器高压侧后备保护一般有复压闭锁（方向）过流保护、零序

方向过流保护、中性点零序过流保护、间隙电流电压保护等组成。

（1）复压闭锁方向过流保护电流继电器的动作电流按躲过变压器的额定电流整定，可靠系数取 1.3。

$$I_{g.11.op}=\frac{K_{rel}I_{g.n}}{K_r n_{g.a}} \tag{14-2}$$

式中　$I_{g.11.op}$——变压器高压侧复压闭锁方向过流整定值，A；

$K_{rel}$——可靠系数，取 1.3；

$I_{g.n}$——变压器高压侧额定电流，A；

$K_r$——返回系数，取 0.95；

$n_{g.a}$——变压器高压侧电流互感器变比。

（2）电流继电器的灵敏度系数按下式进行校验：

$$K_{sen}=\frac{I_{gd.min}^{(2)}}{I_{g.11.op}n_{g.a}} \tag{14-3}$$

式中　$I_{gd.min}^{(2)}$——最小运行方式下变压器低压侧母线两相金属性短路时流过保护安装处的短路电流，A；

$K_{sen}$不小于 1.3。

（3）复压闭锁方向过流的低电压继电器动作电压按 0.7～0.8 倍高压侧额定电压整定。

$$U_{g.11.op}=\frac{(0.7\sim0.8)\times U_{g.n}}{n_{g.v}} \tag{14-4}$$

式中　$U_{g.11.op}$——变压器高压侧低电压整定值，V；

$U_{g.n}$——变压器高压侧额定电压，kV；

$n_{g.v}$——变压器高压侧电压互感器变比。

（4）低电压继电器的灵敏度系数按下式进行校验：

$$K_{sen}=\frac{U_{g.11.op}n_{g.v}}{U_{g.1.max}} \tag{14-5}$$

式中　$U_{g.1.max}$——变压器中、低压侧母线金属性短路时，保护安装处的最高残压，kV；

$K_{sen}$不小于 1.3。

（5）复压闭锁方向过流的负序电压继电器动作电压按躲过正常运行时出现的不平衡电压整定，一般取 0.04～0.08 倍高压侧额定电压。

$$U_{g.21.op}=\frac{(0.04\sim0.08)U_{g.n}}{n_{g.v}} \tag{14-6}$$

式中 $U_{g.21.op}$——变压器高压侧负序电压整定值，V。

（6）负序电压继电器的灵敏度系数按下式进行校验：

$$K_{sen}=\frac{U_{g.2.min}}{U_{g.21.op}n_{g.v}} \tag{14-7}$$

式中 $U_{g.2.min}$——变压器中、低压侧母线金属性短路时，保护安装处的最小负序电压，kV；

$K_{sen}$不小于1.3。

（7）高压侧复压闭锁方向过流动作时间按与变压器低压侧负压闭锁过流保护第二时限配合整定。

（8）高压侧复压闭锁方向过流动作时间按与上一级线路距离Ⅲ段保护最短时间反配。

（9）高压侧复压闭锁方向过流出口跳变压器高、低压两侧断路器。

（10）高压侧复压闭锁方向过流方向一般指向变压器。

（11）高压侧复压闭锁方向过流方向元件（电压量）取高压侧。

（12）复合电压为高、低压两侧复合电压“或”。

（13）高压侧复压闭锁方向过流保护若设两段时限，则第一时限退出，第二时限投入。

（14）若低压侧无电源或有电源但在最大运行方式下对高压侧母线三相金属性短路故障的灵敏度系数小于1.3，高压侧复压闭锁方向过流保护不用。

（15）阻抗保护不用。

（一）复压闭锁（方向）过流保护

（1）复压闭锁过流保护的电流继电器取值同复压闭锁方向过流保护定值。

（2）复压闭锁过流保护的低电压继电器取值同复压闭锁方向过流保护定值。

（3）复压闭锁过流保护的负序电压继电器取值同复压闭锁方向过流保护定值。

（4）高压侧复压闭锁过流保护的时间取值同高压侧复压闭锁方向过流保护动作时限。

（5）高压侧复压闭锁过流保护的时间按与变压器高压侧母线所有出线相间故障后备保护的最长动作时限（$T_{g.1.max}$）配合整定。

（6）高压侧复压闭锁过流保护出口跳变压器高、低压两侧断路器。

（7）高压侧复压闭锁过流保护不设方向元件。

（8）复合电压为高、低压两侧复合电压“或”。

（9）若低压侧无电源或有电源但在最大运行方式下对高压侧母线三相金属性短路故障的灵敏度系数小于1.3，动作时间按按与上一级线路距离Ⅲ段保护最短时间反配取值。

（二）过负荷保护

（1）过负荷保护电流继电器的动作电流按变压器长期允许的负荷电流下能可靠返回的条件整定。时间按躲变压器后备保护最大延时进行整定，取6s。

$$I_{g.13.op}=\frac{K_{rel}I_{g.n}}{K_{r}n_{g.a}} \tag{14-8}$$

式中　$I_{g.13.op}$——变压器高压侧过负荷电流整定值，A；

$K_{rel}$取1.05；

$K_{r}$取0.95。

（2）过负荷保护动作于信号，不出口跳闸。

（3）过负荷保护设一段时限。

（三）零序方向过流保护

对于中性点直接接地的变压器，应装设零序电流（方向）保护，作为变压器和相邻元件（包括母线）接地短路故障的后备保护。

（1）零序方向过流保护按最小运行方式下变压器高压侧母线金属性接地短路时流过保护安装处的零序电流有不小于1.5的灵敏度系数整定。

$$I_{g.01.op}\leqslant\frac{I_{g.0.min}}{K_{sen}n_{g.a}} \tag{14-9}$$

式中　$I_{g.01.op}$——变压器高压侧零序方向过流整定值，A；

$I_{g.0.min}$——最小运行方式下变压器高压侧母线金属性接地短路时流过保护安装处的零序电流，A；

$K_{sen}$取1.5。

（2）零序方向过流保护按与变压器高压侧母线所有出线零序电流保护配合整定。

$$I_{g.01.op}\geqslant\frac{K_{rel}K_{0.fz}I_{g.0}}{n_{g.a}} \tag{14-10}$$

式中　$K_{0.fz}$——变压器高压侧对高压侧出线的最大零序分支系数；

$I_{g.0}$——变压器高压侧出线零序电流保护整定值（一次值），A。

$K_{rel}$取1.1；

（3）零序方向过流保护设二段时限。第一时限按与变压器高压侧母线所有出线接地故障后备保护最长动作时限（$T_{g.0.max}$）配合整定，出口跳高压侧母联（分段）断路器。第二时限按与本保护第一时限配合整定，出口跳变压器高、低压两侧断路器。

（4）零序方向过流保护方向指向变压器高压侧母线。

（5）零序方向过流保护方向元件（电压）自产。

（6）零序方向过流保护不设零序电压闭锁。

（7）零序方向过流保护的零序电流为变压器高压侧自产。

（8）若变压器高压侧为单母线、无母联（分段）断路器，则第一时限退出、第二时限按第一时限原则整定，动作出口跳变压器高、低压两侧断路器。

（四）中性点零序过流保护

（1）中性点零序过流保护整定按与变压器高压侧零序方向过流保护相同一次值取值。时间与高压侧零序方向过流保护第二动作时限配合整定。出口跳变压器高、低压两侧断路器。

（2）中性点零序过流保护不设方向元件。

（3）中性点零序过流保护不设零序电压闭锁。

（4）中性点零序过流保护的零序电流为变压器高压侧中性点零序电流互感器测量值。

（5）中性点零序过流保护只设一段时限。

（五）间隙电流电压保护

对于中性点直接接地的变压器，装设零序电流（方向）保护，作为接地短路故障的后备保护。对于中性点不接地的半绝缘变压器，装设间隙保护作为接地短路故障的后备保护。

为了避免系统发生接地故障时，中性点不接地的变压器由于某种原因中性点电压升高造成中性点绝缘的损坏，在变压器中性点安装一个放电间隙，放电间隙的另一端接地。当中性点电压升高至一定值时，放电间隙击穿接地，保护了变压器中性点的绝缘安全。当放电间隙击穿接地以后，放电间隙处将流过一个电流，该电流由于是在相当于中性点接地的线上流过，利用该电流可以构成间隙零序电流保护。

1. 间隙电压保护

（1）采用常规电压互感器的间隙过压保护应采用母线开口三角电压，过电压保护二次动作值取 180V；采用电子式电压互感器的间隙过压保护采用自产零序电压，过电压保护二次动作值取 120V（或装置固定值）。

（2）高压侧电压互感器开口三角绕组每相额定电压为 100V。

（3）间隙电压保护时间为 0.5s，出口跳变压器高、中、低压三侧断路器。

2. 间隙电流保护

（1）间隙电流保护动作一次值取 100A。

（2）间隙电流保护时间为4.5s，出口跳变压器高、中、低压三侧断路器。

（3）若间隙过压与间隙过流保护共用同一动作时间则按4.5s整定。

## 三、低压侧后备保护

### （一）限时速断

（1）限时速断按保证最小运行下变压器低压侧母线发生金属性短路时流过保护的最小短路电流有不小于1.3的灵敏度系数整定。

$$I_{d.1.op} \leqslant \frac{I_{d.min}}{K_{sen} n_{d.a}} \tag{14-11}$$

式中　$I_{d.1.op}$——变压器低压侧限时速断整定值，A；

$I_{d.min}$——最小运行方式下，变压器低压侧母线发生金属性短路时流过保护的最小短路电流，A；

$n_{d.a}$——变压器低压侧电流互感器变比。

$K_{sen}$取1.3。

（2）限时速断按与低压侧所有出线速动段配合整定。

$$I_{d.1.op} \geqslant \frac{K_{rel} K_{1.fz} I_{d.max}}{n_{d.a}} \tag{14-12}$$

式中　$K_{1.fz}$——变压器低压侧对低压侧出线的最大正序分支系数；

$I_{d.max}$——变压器低压侧所有出线速动段整定值中的最大值（一次值），A。

$K_{rel}$取1.1。

（3）限时速断按躲过变压器低压侧额定负荷电流整定。

$$I_{d.1.op} \geqslant \frac{K_{rel} I_{d.n}}{K_r n_{d.a}} \tag{14-13}$$

式中　$I_{d.n}$——变压器低压侧额定电流，A；

$K_{rel}$取1.2。

$K_r$取0.95。

（4）限时速断设三段时限。第一时限按与低压侧所有出线速动段的动作时间配合且不大于0.6s，出口跳变压器低压侧母联（分段）断路器并闭锁主变压器低压侧备自投。第二时限按与限时速断第一时限配合整定，出口跳变压器低压侧断路器并闭锁主变压器低压侧备自投。第三时限按与限时速断第二时限配合整定，出口跳变压器高、低压两侧断路器并闭锁主变压器低压侧备自投。

（5）限时速断保护不采用复合电压闭锁。

（6）若变压器低压侧为单母线、无母联（分段）断路器，则第一时限退出、第二时限按第一时限原则整定，动作出口跳变压器低压侧断路器，第三时限按第二时限原则整定，动作出口跳变压器高、低压两侧断路器。

（7）一般要求变压器低压侧所有间隔速动段的最长动作时限不大于0.3s。

（二）复压闭锁过流保护

（1）复压闭锁过流保护电流继电器的动作电流按躲过变压器的额定电流整定，可靠系数取1.2。

$$I_{d.2.op}=\frac{K_{rel}I_{d.n}}{K_r n_{d.a}} \tag{14-14}$$

式中 $K_{rel}$取1.2；

$K_r$ 取0.95。

（2）电流继电器的灵敏度系数按下式进行校验：

$$K_{sen}=\frac{I_{dc.min}^{(2)}}{I_{d.2.op}n_{d.a}} \tag{14-15}$$

式中 $I_{dc.min}^{(2)}$——最小运行方式下变压器低压侧母线所有出线末端两相金属性短路时流过保护安装处的最小短路电流，A；

$K_{sen}$不小于1.2。

（3）复压闭锁过流的低电压继电器动作电压按0.5～0.7倍低压侧额定电压整定。

$$U_{d.1.op}=\frac{(0.5\sim0.7)\times U_{d.n}}{n_{d.v}} \tag{14-16}$$

式中 $U_{d.1.op}$——变压器低压侧低电压整定值，V；

$U_{d.n}$——变压器低压侧额定电压，kV；

$n_{d.v}$——变压器低压侧电压互感器变比。

（4）低电压继电器的灵敏度系数按下式进行校验：

$$K_{sen}=\frac{U_{d.1.op}n_{d.v}}{U_{d.1.max}} \tag{14-17}$$

式中 $U_{d.1.max}$——变压器低压侧母线所有出线末端金属性短路时，保护安装处的最高残压，kV；

$K_{sen}$不小于1.2。

（5）复压闭锁过流的负序电压继电器动作电压按躲过正常运行时出现的不平衡电压整

定，一般取0.04～0.08倍低压侧额定电压。

$$U_{d.2.op}=\frac{(0.04\sim0.08)U_{d.n}}{n_{d.v}} \tag{14-18}$$

式中 $U_{d.2.op}$——变压器低压侧负序电压整定值，V。

（6）负序电压继电器的灵敏度系数按下式进行校验：

$$K_{sen}=\frac{U_{d.2.min}}{U_{d.2.op}n_{d.v}} \tag{14-19}$$

式中 $U_{d.2.min}$——变压器低压侧母线所有出线末端金属性短路时，保护安装处的最小负序电压，kV；

$K_{sen}$不小于1.2。

（7）低压侧复压闭锁过流保护设三段时限。第一时限按与低压侧所有出线后备保护的最长动作时限（$T_{d.max}$）配合整定，出口跳变压器低压侧母联（分段）断路器并闭锁主变压器低压侧备自投。第二时限按与本保护第一时限配合整定，出口跳变压器低压侧断路器并闭锁主变压器低压侧备自投。第三时限按与本保护第二时限配合整定，出口跳变压器高、低压两侧断路器并闭锁主变压器低压侧备自投。

（8）低压侧复压闭锁过流保护复合电压为低压侧电压。

（9）若低压侧有电源且在最大运行方式下对变压器高侧母线三相金属性短路故障的灵敏度系数不小于1.3，该保护方向元件投入，方向指向变压器低压侧母线，方向元件（电压量）取低压侧，否则方向元件退出。

（10）若变压器低压侧为单母线、无母联（分段）断路器，则第一时限退出、第二时限按第一时限原则整定，动作出口跳变压器低压侧断路器；第三时限按第二时限原则整定，动作出口跳变压器高、低压两侧断路器。

（11）若低电压和负序电压元件灵敏度均不满足要求时，可采用以下处理方式：(1) 取消复压元件、在满足电流元件灵敏度的前提下最大可能地提高过流定值并备案；(2) 仅备案处理。

（三）过负荷保护

（1）过负荷保护电流继电器的动作电流按变压器低压侧长期允许的负荷电流下能可靠返回的条件整定。时间按躲变压器后备保护最大延时进行整定，取6s。

$$I_{d.3.op}=\frac{K_{rel}I_{d.n}}{K_r n_{d.a}} \tag{14-20}$$

式中 $I_{d.3.op}$——变压器低压侧过负荷电流整定值，A；

$K_{rel}$取 1.05；

$K_r$ 取 0.95。

（2）过负荷保护动作于信号，不出口跳闸。

（3）过负荷保护设一段时限。

（四）接地告警

（1）零序电压定值按躲过正常运行时的最大不平衡电压整定：一般取 20V，时间为 6s，动作于信号。

（2）接地告警仅用于小电流接地系统。

## 四、低压侧引线处接地变压器保护

（一）电流速断保护

（1）按躲过接地变压器初始励磁涌流整定。

$$I_{dz.I}=\frac{(7\sim 10)I_n}{n_{jd.a}} \tag{14-21}$$

式中 $I_{dz.I}$——接地变压器电流速断整定值，A；

$I_n$——接地变压器高压侧额定电流，A；

$n_{jd.a}$——接地变高压侧电流互感器变比。

（2）按躲过区外单相接地故障时流过接地变压器的最大故障相电流（最大运行方式下接地变电源侧母线单相接地故障时流过保护安装处的最大故障相电流）整定。

$$I_{dz.I}\geqslant\frac{K_{rel}I_{k.max}^{(1)}}{n_{jd.a}} \tag{14-22}$$

式中 $I_{k.max}^{(1)}$——最大运行方式下接地变电源侧母线单相接地故障时流过保护安装处的最大故障相电流，A；

$K_{rel}$取 1.3。

（3）按躲过接地变压器低压侧故障时（流过接地变压器的最大故障电流最大运行方式下接地变压器低压侧短路故障时流过保护安装处的最大故障电流）整定。

$$I_{dz.I}\geqslant\frac{K_{rel}I_{D.max}}{n_{jd.a}} \tag{14-23}$$

式中 $I_{D.max}$——最大运行方式下接地变压器低压侧短路故障时流过保护安装处的最大故障电流，A；

$K_{rel}$取 1.3。

（4）保证最小运行方式下接地变压器电源侧短路故障时流过保护安装处的电流有 2.0 的灵敏度系数。

$$K_{sen}=\frac{I_{k.min}}{I_{dz.I}n_{jd.a}} \tag{14-24}$$

式中　$I_{k.min}$——最小运行方式下接地变压器电源侧短路故障时流过保护安装处的电流，A；

$K_{sen}$取 2.0。

（5）电流速断保护时间为 0s，出口跳主变压器各侧断路器。

（二）过流保护

（1）过流保护按躲过接地变压器额定电流整定，可靠系数取 1.3。

$$I_{dz.II}\geqslant\frac{K_{rel}I_{n}}{n_{jd.a}} \tag{14-25}$$

式中　$I_{dz.II}$——接地变压器过流保护整定值，A；

$K_{rel}$取 1.3。

（2）过流保护按躲过区外单相接地时流过接地变压器的最大故障相电流（最大运行方式下接地变压器电源侧母线单相接地故障时流过保护安装处的最大故障相电流）整定。

$$I_{dz.II}\geqslant\frac{K_{rel}I_{k.max}^{(1)}}{n_{jd.a}} \tag{14-26}$$

式中　$I_{k.max}^{(1)}$——最大运行方式下接地变压器电源侧母线单相接地故障时流过保护安装处的最大故障相电流，A；

$K_{rel}$取 1.3。

（3）保证接地变压器低压侧故障时有不小于 2.0 的灵敏度系数。

$$K_{sen}=\frac{I_{D.min}^{(2)}}{I_{dz.II}n_{jd.a}} \tag{14-27}$$

式中　$I_{D.min}^{(2)}$——最小运行方式下接地站用变低压侧金属性两相短路故障时流过保护安装处的最小故障相电流，A；

$K_{sen}$不小于 2.0。

（4）过流保护时间宜大于主变压器低压侧复压闭锁过流保护跳各侧断路器时间，一般取 1.5～2.5s。出口跳主变压器各侧断路器。

（5）速度保护和过流保护适用于图 14-1 和图 14-2 接线的低电阻接地系统。

（6）若 110kV 变压器保护装置没有包含低压侧接地变保护功能，则投入单独的接地变保护。

（7）仅对不具备软件滤零措施的保护装置，要求过流定值躲过区外单相接地故障时流过接地变压器的最大故障相电流。

（三）零序电流Ⅰ段

（1）零序电流Ⅰ段按保证线末单相金属性接地故障时不小于2.0的灵敏度系数整定。

$$I_{0.\mathrm{I}} \leqslant \frac{I_{0.\min}^{(1)}}{K_{\mathrm{sen}} n_{\mathrm{jd.a}}} \tag{14-28}$$

式中 $I_{0.\mathrm{I}}$——接地变压器零序电流Ⅰ段整定值，A；

$I_{0.\min}^{(1)}$——最小运行方式下所有出线末端单相金属性接地故障时流过保护安装处的零序电流，A；

$K_{\mathrm{sen}}$取2.0。

（2）零序电流Ⅰ段按与相邻元件零序电流Ⅱ段配合整定。

$$I_{0.\mathrm{I}} \geqslant \frac{K_{\mathrm{rel}} I'_{0\mathrm{II}}}{n_{\mathrm{jd.n}}} \tag{14-29}$$

式中 $I'_{0\mathrm{II}}$——相邻元件零序电流Ⅱ段中的最大整定值（一次值），A；

$K_{\mathrm{rel}}$取1.1。

（3）零序电流Ⅰ段设二段时限。第一时限与相邻元件零序电流Ⅱ段的最长动作时间配合，出口跳低压侧（本分支）母联或分段断路器。第二时限与本保护第一时限配合，出口跳主变压器（本分支）同侧断路器。

（四）零序电流Ⅱ段

（1）零序电流Ⅱ段定值取值同接地变压器零序电流Ⅰ段定值。

（2）零序电流Ⅱ段时间与接地变压器零序电流Ⅰ段第二时限配合，出口跳主变压器各侧断路器。

（3）零序电流Ⅰ段和零序电流Ⅱ段适用于图14-1和图14-2接线的低电阻接地系统。

（4）零序电流Ⅰ段和零序电流Ⅱ段应闭锁主变压器低压侧备自投。

（5）若110kV变压器保护装置没有包含低压侧接地变保护功能，则投入单独的接地变保护。

（6）对图14-2接线，若110kV变压器保护装置包含低压侧分支零序电流保护，则投入各低压侧分支零序电流保护，退出接地变零序电流Ⅰ段保护。

（7）零序电流保护应采用接地变中性点零序电流互感器。

## 五、辅助保护

### （一）启动通风

（1）一般按变压器高压侧 70%额定电流整定。

（2）启动通风时间取 9s，动作于启动变压器辅助冷却器。

（3）变压器厂家对启动通风有明确要求的按厂家要求执行。

### （二）闭锁调压

（1）一般按躲过变压器额定电流整定。

$$I_{f.2.op}=\frac{K_{rel}I_{g.n}}{n_{g.a}} \tag{14-30}$$

式中　$I_{f.2.op}$——变压器闭锁调压整定值，A；

$I_{g.n}$——变压器高压侧额定电流，A；

$n_{g.a}$——变压器高压侧电流互感器变比。

$K_{rel}$取 1.2；

（2）调压闭锁时间取 0s 或装置最小值，动作于闭锁调压。

（3）变压器厂家对闭锁调压有明确要求的按厂家要求执行。

接地变接于主变压器低压侧引线，且主变压器无分支时的继电保护配置图如图 14-1 所示；接地变接于主变压器低压侧引线，且主变压器双分支时的继电保护配置图如图 14-2 所示。

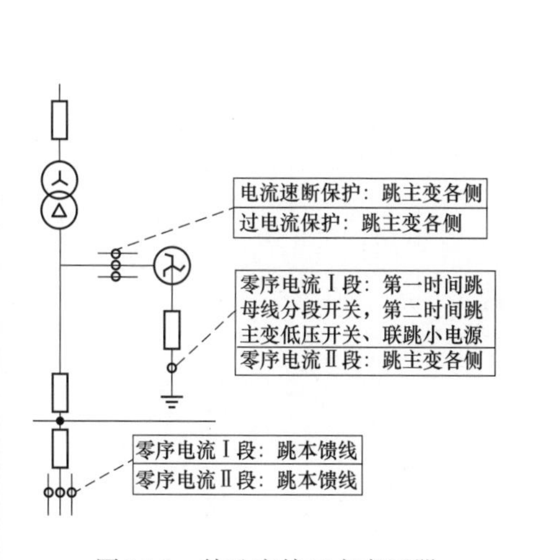


图 14-1　接地变接于主变压器低压侧引线，且主变压器无分支时的继电保护配置图

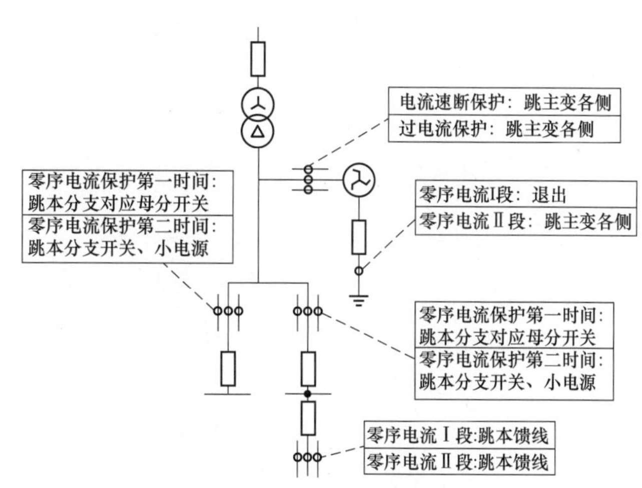


图 14-2　接地变接于主变压器低压侧引线，且主变压器双分支时的继电保护配置图

## 六、算例

### （一）算例描述

110kV 鹤城南变电站，1 号主变压器型号为 SZ-50000/110，额定电压为 110±8×1.25%/10.5kV，短路阻抗 $U_k\%=14.25$。正常运行方式下变电站低压侧无小电源系统上网。110kV 鹤城南变电站一次接线图如图 14-3 所示。

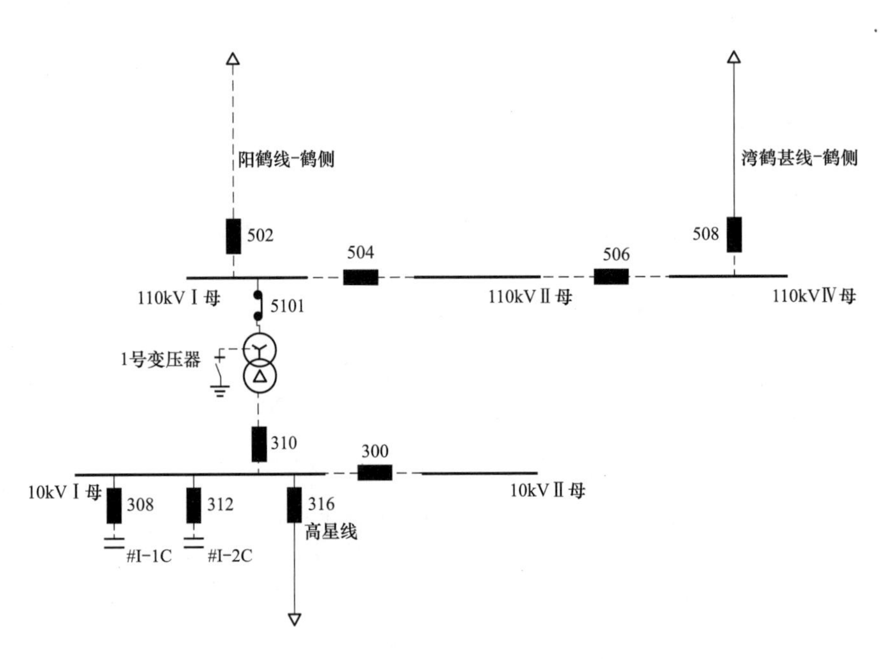


图 14-3　110kV 鹤城南变电站一次接线图

### （二）计算过程

1. 差动保护定值

（1）纵差差动速断电流定值（$I_{op}$）——定值：6。

1）躲过变压器初始励磁涌流或外部短路最大不平衡电流整定：6.3～31.5MVA：$K$=4.5～7；40～120MVA：$K$=3～6；容量越大，系统电抗越大，$K$ 取值越小。

$$I_{op}=K=5=5I_e$$

$K$——额定电流倍数，5。

2）按正常运行方式下保护安装处两相短路计算灵敏系数校验。

$$I_{op}\leqslant 0.866\times I_{kmax}\div K_{sen}\div I_e=0.866\times 8523.77\div 1.2\div 262.4396=23.44I_e$$

$I_{kmax}$——保护出口相间短路流过本侧保护电流最大值（A），8523.77，$I_{kmax}$的方式描述，大方式，怀化地调 220kV 湾潭变电站供电，开环支路：蟒社线，泰桥线，湾长线，新怀线；阳鹤线鹤城南侧检修，在鹤城南变电站 1 号变压器的高压侧保护出口处发生三相相间短路；

$K_{sen}$——灵敏系数，1.2。

$I_e$：变压器高压侧额定电流，A，取值 262.4396

采用人工给定定值

定值 $I_{op}=6I_e$。

(2) 纵差保护启动电流定值（$I_{opqd}$）——定值：0.5。

最小动作电流应大于变压器额定负载时的不平衡电流，一般取（0.2～0.5）$I_e$。

$$I_{opqd} = K_k = 0.5 = 0.5I_e$$

$K_k$——可靠系数，可取 0.4～0.6，0.5。

定值 $I_{opqd}=0.5I_e$

(3) 二次谐波制动系数（$K_{xb}$）——定值：0.15。

一般整定为 0.15～0.2

定值 $K_{xb}=0.15$

2. 高压侧后备保护定值

(1) 1 号变压器高压侧复闭过流Ⅱ段。

TV 变比：110000/100V　TA 变比：800/5A

详细计算过程如下：

1）按躲过变压器本侧额定电流整定。

$$I_{dz2} \geqslant K_k \times I_e / K_f = 1.3 \times 262.4396/0.95 = 359.13$$

2）低电压元件按规程整定（低压元件）。

$$U_{dy2} = K_k \times U_e = 0.7 \times 110 \times 1000 = 77000$$

3）按躲过正常运行时出现的不平衡电压整定（负序电压）。

$$U_{22} = K_k \times U_e = 0.06 \times 110 \times 1000 = 6600$$

4）3 时限与上级线路距离Ⅲ段动作时间反配。

与阳鹤线阳塘侧接地距离Ⅲ段配合

$$T_3 \leqslant T_{line} - \Delta t = 3 - 0.3 = 2.7$$

与湾鹤葛线葛线接地距离Ⅲ段配合

$$T_3 \leqslant T_{line} - \Delta t = 3.3\text{-}0.3 = 3$$

湾鹤葛线湾潭侧接地距离Ⅲ段配合

$$T_3 \leqslant T_{line} - \Delta t = 3\text{-}0.3 = 2.7$$

定值区间：$I_{dz2} \geqslant 359.13$

取值规则：取下限值

$$I_{dz2}=359.13\text{A}$$

时间区间：$0.3\leqslant T_1\leqslant 99$

$$T_1=10\text{s}$$

$$U_{dy2}=77000\text{V}$$

$$U_{22}=6600\text{V}$$

复闭过流Ⅱ段整定结果：

Ⅱ段定值：$I_{dz2}=359.13(\text{A})$

Ⅱ段二次值：$I'_{dz2t}=I_{dz2}/\text{TA}=359.13/(800/5)=2.24(\text{A})$

Ⅱ段低电压定值：$U_{dy2}=77000(\text{V})$

Ⅱ段低电压二次值：$U'_{dy2}=U_{dy2}/\text{TV}=77000/(110000/100)=70(\text{V})$

Ⅱ段负序电压定值：$U_{22}=6600(\text{V})$

Ⅱ段负序电压二次值：$U'_{22}=U_{22}/\text{TV}=6600/(110000/100)=6(\text{V})$

Ⅱ段时间定值：$T_1=10(\text{s})$　作用:退出

Ⅱ段时间定值：$T_2=10(\text{s})$　作用:退出

Ⅱ段时间定值：$T_3=10(\text{s})$　作用:退出

5）校核低压侧母线故障灵敏度（电流定值）。

$$K_{lm}\leqslant I_{dmin}/I_{dz}=1195.452/359.13=3.33$$

$I_{dmin}=1195.452$　小方式，怀化地调 220kV 阳塘变电站供电，开环支路：黄高线，阳怀线；湾鹤葛线鹤城南侧检修，在鹤城南变电站 1 号变压器的低压侧发生两相相间短路。

$K_{lm}=3.33\geqslant 1.3$，满足灵敏性要求；

6）校验最大运行方式下高压侧母线三相金属性短路故障的灵敏度。

低压侧无电源。

（2）1 号变压器高压侧复闭过流Ⅲ段。

TV 变比：110000/100V

TA 变比：800/5A

详细计算过程如下：

1）取本侧保护复压闭锁方向过流保护电流定值。

$$I_{dz3}\geqslant I'_{dz2}=359.13=359.13$$

2）取本侧保护复压闭锁方向过流保护低电压定值。

$$U_{dy3}=U'_{dy}=77000=77000$$

3）取本侧保护复压闭锁方向过流保护负序电压定值。

$$U_{23} = U_2' = 6600 = 6600$$

4）3时限与上级线路距离Ⅲ段动作时间反配。

与阳鹤线阳塘侧接地距离Ⅲ段配合

$$T_3 \leqslant T_{\text{line}} - \Delta t = 3\text{-}0.3 = 2.7$$

与湾鹤葛线葛线接地距离Ⅲ段配合

$$T_3 \leqslant T_{\text{line}} - \Delta t = 3.3\text{-}0.3 = 3$$

与湾鹤葛线湾潭侧接地距离Ⅲ段配合

$$T_3 \leqslant T_{\text{line}} - \Delta t = 3\text{-}0.3 = 2.7$$

定值区间：$I_{dz3} \geqslant 359.13$

取值规则：取下限值

$$I_{dz3} = 359.13\text{A}$$

时间区间：$0.6 \leqslant T_1 \leqslant 99$

$$T_1 = 10\text{s}$$

$$U_{dy3} = 77000\text{V}$$

$$U_{23} = 6600\text{V}$$

复闭过流Ⅲ段整定结果：

Ⅲ段定值：$I_{dz3} = 359.13(\text{A})$

Ⅲ段二次值：$I_{dz3}' = I_{dz3}/\text{TA} = 359.13/(800/5) = 2.24(\text{A})$

Ⅲ段低电压定值：$U_{dy3} = 77000(\text{V})$

Ⅲ段低电压二次值：$U_{dy3}' = U_{dy3}/\text{TV} = 77000/(110000/100) = 70(\text{V})$

Ⅲ段负序电压定值：$U_{23} = 6600(\text{V})$

Ⅲ段负序电压二次值：$U_{23}' = U_{23}/\text{TV} = 6600/(110000/100) = 6(\text{V})$

Ⅲ段时间定值：$T_1 = 10(\text{s})$　作用：退出

Ⅲ段时间定值：$T_2 = 2.7(\text{s})$　作用：跳各侧

Ⅲ段时间定值：$T_3 = 10(\text{s})$　作用：退出

3. 低压侧后备保护定值

(1) 限时速断。

TV变比：10000/100V　TA变比：4000/5A

详细计算过程如下：

1）按躲过变压器本侧额定电流整定。

$$I_{dz1} \geqslant K_k \times I_e / K_f = 1.2 \times 2749.368/0.95 = 3472.89$$

2）按保变压器本侧母线故障有灵敏度整定。

$$I_{dz1} \leqslant I_{dmin} / K_{lm} = 11338.91/1.3 = 8722.24$$

$I_{dmin}$=11338.91　小方式，怀化地调 220kV 阳塘变电站供电，开环支路：黄高线，阳怀线；在鹤城南变电站 1 号变压器的低压侧发生两相相间短路

3）与变压器本侧出线速断保护配合。

与高堰线阶段电流Ⅰ段配合

$$I_{dz1} \geqslant K_k \times I'_{dz} = 1.1\text{-}7200 = 7920$$

4）时间上限额

$$T_1 \leqslant T = 0.6 = 0.6$$

定值区间：3472.89≤$I_{dz1}$≤8722.24

取值规则：采用人工给定定值

$$I_{dz1} = 7984\text{A}$$

时间区间：0≤$T_1$≤0.6

$$T_1 = 0.6\text{s}$$

限时速断整定结果：

Ⅰ段定值：$I_{dz1}$ = 7984(A)

Ⅰ段二次值：$I'_{dz1}$ = $I_{dz1}$/TA = 7984/(4000/5) = 9.98(A)

Ⅰ段时间定值：$T_1$ = 0.6(s)　作用:跳母联(分段)

Ⅰ段时间定值：$T_2$ = 0.9(s)　作用:跳本侧

Ⅰ段时间定值：$T_3$ = 1.2(s)　作用:跳各侧

(2) 低压侧复闭过流Ⅱ段。

TV 变比：10000/100V　TA 变比：4000/5A

详细计算过程如下：

1）按躲过变压器本侧额定电流整定

$$I_{dz2} \geqslant K_k \times I_e / K_f = 1.2 \times 2749.368/0.95 = 3472.89$$

2）与本侧出线后备保护最长动作时限配合整定。

与高堰线阶段电流Ⅲ段配合

$$T_1 = 1.8 + 0.3 = 2.1$$

3）低电压元件按规程整定（低压元件）。

$$U_{dy2} = K_k \times U_e = 0.7 \times 10.5 \times 1000 = 7350$$

4）按躲过正常运行时出现的不平衡电压整定（负序电压）。

$$U_{22} = K_k \times U_e = 0.06 \times 10.5 \times 1000 = 630$$

定值区间：$I_{dz2} \geqslant 3472.89$

取值规则：采用人工给定定值

$$I_{dz2} = 3472.89\text{A}$$

时间区间：$0.3 \leqslant T_1 \leqslant 99$

$$T_1 = 2.1\text{s}$$

$$U_{dy2} = 7000\text{V}$$

$$U_{22} = 600\text{V}$$

复闭过流Ⅱ段整定结果：

Ⅱ段定值：$I_{dz2} = 3472.89(\text{A})$

Ⅱ段二次值：$I'_{dz2t} = I_{dz2}/\text{TA} = 3472.89/(4000/5) = 4.34(\text{A})$

Ⅱ段低电压定值：$U_{dy2} = 7000(\text{V})$

Ⅱ段低电压二次值：$U'_{dy2} = U_{dy2}/\text{TV} = 7000/(10000/100) = 70(\text{V})$

Ⅱ段负序电压定值：$U_{22} = 600(\text{V})$

Ⅱ段负序电压二次值：$U'_{22} = U_{22}/\text{TV} = 600/(10000/100) = 6(\text{V})$

Ⅱ段时间定值：$T_1 = 2.1(\text{s})$　作用:跳母联(分段)

Ⅱ段时间定值：$T_2 = 2.4(\text{s})$　作用:跳本侧

Ⅱ段时间定值：$T_3 = 2.7(\text{s})$　作用:跳各侧

5）校核本侧出线末端故障灵敏度（电流定值）。

校核本侧高堰线末端故障灵敏度（电流定值）

$$I_{dz2} \leqslant I_{dmin}/I_{dz} = 7702.066/3472.89 = 2.22$$

$I_{dmin}=7702.066$　小方式，怀化地调 220kV 阳塘变电站供电，开环支路：黄高线，阳怀线；在高堰线的侧发生两相相间短路

$K_{lm}=2.22\geqslant 1.2$，满足灵敏性要求；

校验本侧高堰线末端故障灵敏度（低压元件）

$$U_{dy2} \geqslant U_{dy}/U_{Amax} = 7000/(6.06239 \times 1000) = 1.15$$

$U_{Amax}$=6.06239　小方式，怀化地调220kV湾潭变电站供电，开环支路：蟒社线，泰桥线，湾长线，新怀线；在高堰线的侧发生单相接地短路

$K_{lm}$=1.15<1.2，不满足灵敏性要求；

校验本侧高堰线末端故障灵敏度（负压元件）

$$U_{22} \geqslant U_{2min}/U_2 = 1.8449 \times 1000/600 = 3.07$$

$U_{2min}$=1.8449　大方式，怀化地调220kV湾潭变电站供电，开环支路：蟒社线，泰桥线，湾长线，新怀线：在高堰线的侧发生两相相间短路

$K_{lm}$=3.07⩾1.2，满足灵敏性要求。

（三）定值通知单

怀化电网继电保护定值通知单见表14-1。

**表14-1　怀化电网继电保护定值通知单**

编号：鹤城南变电站-110kV 1号变压器压器保护-PRS778$T_1$DAG（A套）-202001

| 保护型号 | PRS-778$T_1$-DA-G | | | | |
|---|---|---|---|---|---|
| 版本号 | V1.00 | 校验码 | 5769 | 程序生成时间 | |
| 变压器型号 | SZ-50000/110 | 容量（MVA） | 50/0/50 | 电压（kV） | 110/0/10.5 |
| $U_k$(%) | $U_{高-低}$=14.25 | | | | |

（1）闭锁调压在本体实现，取高压侧套管TA（300/1）定值：1.05A，时间：0s。
（2）过负荷保护固定投入，过负荷保护定值固定为本侧额定电流的1.1倍，时间固定为10s。
（3）零序过压定值固定为70V，时间固定为10s。

| 整定： | | 审核： | | 批准： | | 日期： | 2020年5月27日 |
|---|---|---|---|---|---|---|---|

| 1 | 设备参数 | | | |
|---|---|---|---|---|
| 序号 | 名称 | 单位 | 定值 | 备注 |
| 1.01 | 定值区号 | | 1 | |
| 1.02 | 被保护设备 | | 1号变压器 | |
| 1.03 | 高中压侧额定容量 | | 50 | |
| 1.04 | 低压侧额定容量 | | 50 | |
| 1.05 | 高压侧接线方式 | | 0 | 星形接线 |
| 1.06 | 中压侧接线方式钟点数 | | 12 | |
| 1.07 | 低压侧接线方式钟点数 | | 11 | |
| 1.08 | 高压侧额定电压 | | 110 | |
| 1.09 | 中压侧额定电压 | | 1 | |
| 1.10 | 低压侧额定电压 | | 10.5 | |

续表

| 1 | 设备参数 | | | |
|---|---|---|---|---|
| 序号 | 名称 | 单位 | 定值 | 备注 |
| 1.11 | 高压侧 TV 一次值 | | 110 | |
| 1.12 | 中压侧 TV 一次值 | | 1 | |
| 1.13 | 低压侧 TV 一次值 | | 10 | |
| 1.14 | 高压侧 TA 一次值 | | 800 | 502 |
| 1.15 | 高压侧 TA 二次值 | | 5 | |
| 1.16 | 高压桥 TA 一次值 | | 800 | 504 |
| 1.17 | 高压桥 TA 二次值 | | 5 | |
| 1.18 | 高压侧零序 TA 一次值 | | 100 | 中性点 TA |
| 1.19 | 高压侧零序 TA 二次值 | | 5 | |
| 1.20 | 高压侧间隙 TA 一次值 | | 300 | |
| 1.21 | 高压侧间隙 TA 二次值 | | 5 | |
| 1.22 | 中压侧 TA 一次值 | | 0 | |
| 1.23 | 中压侧 TA 二次值 | | 5 | |
| 1.24 | 中压侧零序 TA 一次值 | | 0 | |
| 1.25 | 中压侧零序 TA 二次值 | | 5 | |
| 1.26 | 低压 1 分支 TA 一次值 | | 4000 | |
| 1.27 | 低压 1 分支 TA 二次值 | | 5 | |
| 1.28 | 低压 2 分支 TA 一次值 | | 0 | |
| 1.29 | 低压 2 分支 TA 二次值 | | 5 | |
| 1.30 | 低压侧零序 TA 一次值 | | 0 | |
| 1.31 | 低压侧零序 TA 二次值 | | 5 | |
| 2 | 差动保护定值 | | | |
| 序号 | 名称 | 单位 | 定值 | 备注 |
| 2.01 | 纵差差动速断电流定值 | $I_e$ | 6 | |
| 2.02 | 纵差保护启动电流定值 | $I_e$ | 0.5 | |
| 2.03 | 二次谐波制动系数 | | 0.15 | |
| 3 | 差动保护控制字 | | | |
| 序号 | 名称 | 单位 | 定值 | 备注 |
| 3.01 | 纵差差动速断 | | 1 | |
| 3.02 | 纵差差动保护 | | 1 | |
| 3.03 | 二次谐波制动 | | 1 | 二次谐波制动 |
| 3.04 | TA 断线闭锁差动保护 | | 0 | |
| 4.01 | 低电压闭锁定值 | V | 70 | 线电压 |
| 4.02 | 负序电压闭锁定值 | V | 3.5 | 相电压 |
| 4.03 | 复压过流Ⅰ段定值 | A | 100 | |
| 4.04 | 复压过流Ⅰ段 1 时限 | s | 10 | |

续表

| 4 | 高压侧后备保护定值 | | | |
|---|---|---|---|---|
| 序号 | 名称 | 单位 | 定值 | 备注 |
| 4.05 | 复压过流Ⅰ段2时限 | s | 10 | |
| 4.06 | 复压过流Ⅰ段3时限 | s | 10 | |
| 4.07 | 复压过流Ⅱ段定值 | A | 100 | |
| 4.08 | 复压过流Ⅱ段1时限 | s | 10 | |
| 4.09 | 复压过流Ⅱ段2时限 | s | 10 | |
| 4.10 | 复压过流Ⅱ段3时限 | s | 10 | |
| 4.11 | 复压过流Ⅲ段定值 | A | 2.24 | |
| 4.12 | 复压过流Ⅲ段1时限 | s | 10 | |
| 4.13 | 复压过流Ⅲ段2时限 | s | 2.7 | 跳502、504、310 |
| 4.14 | 零序过流Ⅰ段定值 | A | 100 | |
| 4.15 | 零序过流Ⅰ段1时限 | s | 10 | |
| 4.16 | 零序过流Ⅰ段2时限 | s | 10 | |
| 4.17 | 零序过流Ⅰ段3时限 | s | 10 | |
| 4.18 | 零序过流Ⅱ段定值 | A | 100 | |
| 4.19 | 零序过流Ⅱ段1时限 | s | 10 | |
| 4.20 | 零序过流Ⅱ段2时限 | s | 10 | |
| 4.21 | 零序过流Ⅱ段3时限 | s | 10 | |
| 4.22 | 零序过流Ⅲ段定值 | A | 100 | |
| 4.23 | 零序过流Ⅲ段1时限 | s | 10 | |
| 4.24 | 零序过流Ⅲ段2时限 | s | 10 | |
| 4.25 | 间隙过流定值 | A | 1.67 | |
| 4.26 | 间隙过流1时限 | s | 10 | |
| 4.27 | 间隙过流2时限 | s | 4.5 | 跳502、504、310 |
| 4.28 | 零序过压定值 | A | 180 | |
| 4.29 | 零序过压1时限 | s | 10 | |
| 4.30 | 零序过压2时限 | s | 0.5 | 跳502、504、310 |
| 5 | 高压侧后备保护控制字 | | | |
| 5.01 | 复压过流Ⅰ段带方向 | | 0 | |
| 5.02 | 复压过流Ⅰ段指向母线 | | 0 | |
| 5.03 | 复压过流Ⅰ段经复压闭锁 | | 0 | |
| 5.04 | 复压过流Ⅱ段带方向 | | 0 | |
| 5.05 | 复压过流Ⅱ段指向母线 | | 0 | |
| 5.06 | 复压过流Ⅱ段经复压闭锁 | | 0 | |
| 5.07 | 复压过流Ⅲ段经复压闭锁 | | 1 | |
| 5.08 | 经其他侧复压闭锁 | | 1 | 经各侧复压闭锁 |
| 5.09 | 复压过流Ⅰ段1时限 | | 0 | |

续表

| 5 | 高压侧后备保护控制字 | | | |
|---|---|---|---|---|
| 5.10 | 复压过流Ⅰ段2时限 | | 0 | |
| 5.11 | 复压过流Ⅰ段3时限 | | 0 | |
| 5.12 | 复压过流Ⅱ段1时限 | | 0 | |
| 5.13 | 复压过流Ⅱ段2时限 | | 0 | |
| 5.14 | 复压过流Ⅱ段3时限 | | 0 | |
| 5.15 | 复压过流Ⅲ段1时限 | | 0 | |
| 5.16 | 复压过流Ⅲ段2时限 | | 1 | |
| 5.17 | 零序过流Ⅰ段带方向 | | 1 | |
| 5.18 | 零序过流Ⅰ段指向母线 | | 1 | |
| 5.19 | 零序过流Ⅰ段采用自产零流 | | 1 | 自产零流 |
| 5.20 | 零序过流Ⅱ段带方向 | | 0 | |
| 5.21 | 零序过流Ⅱ段指向母线 | | 0 | |
| 5.22 | 零序过流Ⅱ段采用自产零流 | | 1 | 自产零流 |
| 5.23 | 零序过流Ⅲ段采用自产零流 | | 0 | 外接零流 |
| 5.24 | 零序过流Ⅰ段1时限 | | 0 | |
| 5.25 | 零序过流Ⅰ段2时限 | | 0 | |
| 5.26 | 零序过流Ⅰ段3时限 | | 0 | |
| 5.27 | 零序过流Ⅱ段1时限 | | 0 | |
| 5.28 | 零序过流Ⅱ段2时限 | | 0 | |
| 5.29 | 零序过流Ⅱ段3时限 | | 0 | |
| 5.30 | 零序过流Ⅲ段1时限 | | 0 | |
| 5.31 | 零序过流Ⅲ段2时限 | | 0 | |
| 5.32 | 零序电压采用自产零压 | | 0 | |
| 5.33 | 间隙过流1时限 | | 0 | |
| 5.34 | 间隙过流2时限 | | 1 | |
| 5.35 | 零序过压1时限 | | 0 | |
| 5.36 | 零序过压2时限 | | 1 | |
| 5.37 | 高压侧失灵经主变压器跳闸 | | 0 | |
| 6 | 中压侧后备保护定值 | | | |
| 序号 | 名称 | 单位 | 定值 | 备注 |
| 6.01 | 低电压闭锁定值 | V | 0 | 线电压 |
| 6.02 | 负序电压闭锁定值 | V | 57.7 | 相电压 |
| 6.03 | 复压过流Ⅰ段定值 | A | 100 | |
| 6.04 | 复压过流Ⅰ段1时限 | s | 10 | |
| 6.05 | 复压过流Ⅰ段2时限 | s | 10 | |
| 6.06 | 复压过流Ⅰ段3时限 | s | 10 | |
| 6.07 | 复压过流Ⅱ段定值 | A | 100 | |
| 6.08 | 复压过流Ⅱ段1时限 | s | 10 | |
| 6.09 | 复压过流Ⅱ段2时限 | s | 10 | |
| 6.10 | 复压过流Ⅱ段3时限 | s | 10 | |
| 6.11 | 复压过流Ⅲ段定值 | A | 100 | |

续表

| 6 | 中压侧后备保护定值 | | | |
|---|---|---|---|---|
| 6.12 | 复压过流Ⅲ段1时限 | s | 10 | |
| 6.13 | 复压过流Ⅲ段2时限 | s | 10 | |
| 6.14 | 零序过流Ⅰ段定值 | A | 100 | |
| 6.15 | 零序过流Ⅰ段1时限 | s | 10 | |
| 6.16 | 零序过流Ⅰ段2时限 | s | 10 | |
| 6.17 | 零序过流Ⅰ段3时限 | s | 10 | |
| 6.18 | 零序过流Ⅱ段定值 | A | 100 | |
| 6.19 | 零序过流Ⅱ段1时限 | s | 10 | |
| 6.20 | 零序过流Ⅱ段2时限 | s | 10 | |
| 6.21 | 零序过流Ⅱ段3时限 | s | 10 | |
| 7 | 中压侧后备保护控制字 | | | |
| 序号 | 名称 | 单位 | 定值 | 备注 |
| 7.01 | 复压过流Ⅰ段带方向 | | 0 | |
| 7.02 | 复压过流Ⅰ段指向母线 | | 0 | |
| 7.03 | 复压过流Ⅰ段经复压闭锁 | | 0 | |
| 7.04 | 复压过流Ⅱ段带方向 | | 0 | |
| 7.05 | 复压过流Ⅱ段指向母线 | | 0 | |
| 7.06 | 复压过流Ⅱ段经复压闭锁 | | 0 | |
| 7.07 | 复压过流Ⅲ段经复压闭锁 | | 0 | |
| 7.08 | 经其他侧复压闭锁 | | 0 | |
| 7.09 | 复压过流Ⅰ段1时限 | | 0 | |
| 7.10 | 复压过流Ⅰ段2时限 | | 0 | |
| 7.11 | 复压过流Ⅰ段3时限 | | 0 | |
| 7.12 | 复压过流Ⅱ段1时限 | | 0 | |
| 7.13 | 复压过流Ⅱ段2时限 | | 0 | |
| 7.14 | 复压过流Ⅱ段3时限 | | 0 | |
| 7.15 | 复压过流Ⅲ段1时限 | | 0 | |
| 7.16 | 复压过流Ⅲ段2时限 | | 0 | |
| 7.17 | 零序过流Ⅰ段采用自产零流 | | 1 | |
| 7.18 | 零序过流Ⅱ段采用自产零流 | | 1 | |
| 7.19 | 零序过流Ⅰ段1时限 | | 0 | |
| 7.20 | 零序过流Ⅰ段2时限 | | 0 | |
| 7.21 | 零序过流Ⅰ段3时限 | | 0 | |
| 7.22 | 零序过流Ⅱ段1时限 | | 0 | |
| 7.23 | 零序过流Ⅱ段2时限 | | 0 | |
| 7.24 | 零序过流Ⅱ段3时限 | | 0 | |
| 7.25 | 零序过压告警 | | 0 | |
| 8 | 低压侧1分支后备保护定值 | | | |
| 序号 | 名称 | 单位 | 定值 | 备注 |
| 8.01 | 低电压闭锁定值 | V | 70 | 线电压 |
| 8.02 | 负序电压闭锁定值 | V | 3.5 | 相电压 |

续表

| 8 | 低压侧 1 分支后备保护定值 | | | |
|---|---|---|---|---|
| 序号 | 名称 | 单位 | 定值 | 备注 |
| 8.03 | 复压过流Ⅰ段定值 | A | 9.98 | 作限时速断 |
| 8.04 | 复压过流Ⅰ段 1 时限 | s | 0.6 | 跳 300 |
| 8.05 | 复压过流Ⅰ段 2 时限 | s | 0.9 | 跳 310 |
| 8.06 | 复压过流Ⅰ段 3 时限 | s | 1.2 | 跳 502、504、310 |
| 8.07 | 复压过流Ⅱ段定值 | A | 4.34 | |
| 8.08 | 复压过流Ⅱ段 1 时限 | s | 2.1 | 跳 300 |
| 8.09 | 复压过流Ⅱ段 2 时限 | s | 2.4 | 跳 310 |
| 8.10 | 复压过流Ⅱ段 3 时限 | s | 2.7 | 跳 502、504、310 |
| 8.11 | 复压过流Ⅲ段定值 | A | 100 | |
| 8.12 | 复压过流Ⅲ段 1 时限 | s | 10 | |
| 8.13 | 复压过流Ⅲ段 2 时限 | s | 10 | |
| 8.14 | 零序过流定值 | A | 100 | |
| 8.15 | 零序过流 1 时限 | s | 10 | |
| 8.16 | 零序过流 2 时限 | s | 10 | |
| 8.17 | 零序过流 3 时限 | s | 10 | |
| 9 | 低压侧 1 分支后备保护控制字 | | | |
| 序号 | 名称 | 单位 | 定值 | 备注 |
| 9.01 | 复压过流Ⅰ段带方向 | | 0 | |
| 9.02 | 复压过流Ⅰ段指向母线 | | 1 | |
| 9.03 | 复压过流Ⅰ段经复压闭锁 | | 0 | |
| 9.04 | 复压过流Ⅱ段带方向 | | 0 | |
| 9.05 | 复压过流Ⅱ段指向母线 | | 1 | |
| 9.06 | 复压过流Ⅱ段经复压闭锁 | | 1 | |
| 9.07 | 复压过流Ⅲ段经复压闭锁 | | 1 | |
| 9.08 | 经其他侧复压闭锁 | | 0 | 经本侧复压闭锁 |
| 9.09 | 复压过流Ⅰ段 1 时限 | | 1 | |
| 9.10 | 复压过流Ⅰ段 2 时限 | | 1 | |
| 9.11 | 复压过流Ⅰ段 3 时限 | | 1 | |
| 9.12 | 复压过流Ⅱ段 1 时限 | | 1 | |
| 9.13 | 复压过流Ⅱ段 2 时限 | | 1 | |
| 9.14 | 复压过流Ⅱ段 3 时限 | | 1 | |
| 9.15 | 复压过流Ⅲ段 1 时限 | | 0 | |
| 9.16 | 复压过流Ⅲ段 2 时限 | | 0 | |
| 9.17 | 零序过流 1 时限 | | 0 | |
| 9.18 | 零序过流 2 时限 | | 0 | |

续表

| 9 | 低压侧 1 分支后备保护控制字 | | | |
|---|---|---|---|---|
| 序号 | 名称 | 单位 | 定值 | 备注 |
| 9.19 | 零序过流 3 时限 | | 0 | |
| 9.20 | 零序过压告警 | | 1 | |
| 10 | 低压侧 2 分支后备保护定值 | | | |
| 序号 | 名称 | 单位 | 定值 | 备注 |
| 10.01 | 低电压闭锁定值 | V | 0 | 线电压 |
| 10.02 | 负序电压闭锁定值 | V | 57.7 | 相电压 |
| 10.03 | 复压过流Ⅰ段定值 | A | 100 | |
| 10.04 | 复压过流Ⅰ段 1 时限 | s | 10 | |
| 10.05 | 复压过流Ⅰ段 2 时限 | s | 10 | |
| 10.06 | 复压过流Ⅰ段 3 时限 | s | 10 | |
| 10.07 | 复压过流Ⅱ段定值 | A | 100 | |
| 10.08 | 复压过流Ⅱ段 1 时限 | s | 10 | |
| 10.09 | 复压过流Ⅱ段 2 时限 | s | 10 | |
| 10.10 | 复压过流Ⅱ段 3 时限 | s | 10 | |
| 10.11 | 复压过流Ⅲ段定值 | A | 100 | |
| 10.12 | 复压过流Ⅲ段 1 时限 | s | 10 | |
| 10.13 | 复压过流Ⅲ段 2 时限 | s | 10 | |
| 10.14 | 零序过流定值 | A | 100 | |
| 10.15 | 零序过流 1 时限 | s | 10 | |
| 10.16 | 零序过流 2 时限 | s | 10 | |
| 10.17 | 零序过流 3 时限 | s | 10 | |
| 11 | 低压侧 2 分支后备保护控制字 | | | |
| 序号 | 名称 | 单位 | 定值 | 备注 |
| 11.01 | 复压过流Ⅰ段带方向 | | 0 | |
| 11.02 | 复压过流Ⅰ段指向母线 | | 1 | |
| 11.03 | 复压过流Ⅰ段经复压闭锁 | | 0 | |
| 11.04 | 复压过流Ⅱ段带方向 | | 0 | |
| 11.05 | 复压过流Ⅱ段指向母线 | | 1 | |
| 11.06 | 复压过流Ⅱ段经复压闭锁 | | 0 | |
| 11.07 | 复压过流Ⅲ段经复压闭锁 | | 0 | |
| 11.08 | 经其他侧复压闭锁 | | 0 | |
| 11.09 | 复压过流Ⅰ段 1 时限 | | 0 | |
| 11.10 | 复压过流Ⅰ段 2 时限 | | 0 | |
| 11.11 | 复压过流Ⅰ段 3 时限 | | 0 | |
| 11.12 | 复压过流Ⅱ段 1 时限 | | 0 | |
| 11.13 | 复压过流Ⅱ段 2 时限 | | 0 | |
| 11.14 | 复压过流Ⅱ段 3 时限 | | 0 | |
| 11.15 | 复压过流Ⅲ段 1 时限 | | 0 | |
| 11.16 | 复压过流Ⅲ段 2 时限 | | 0 | |
| 11.17 | 零序过流 1 时限 | | 0 | |

续表

| 11 | 低压侧 2 分支后备保护控制字 | | | |
| --- | --- | --- | --- | --- |
| 序号 | 名称 | 单位 | 定值 | 备注 |
| 11.18 | 零序过流 2 时限 | | 0 | |
| 11.19 | 零序过流 3 时限 | | 0 | |
| 11.20 | 零序过压告警 | | 0 | |
| 12 | 低压侧中性点零序过流保护定值 | | | |
| 序号 | 名称 | 单位 | 定值 | 备注 |
| 12.01 | 零序过流定值 | A | 100 | |
| 12.02 | 零序过流 1 时限 | s | 10 | |
| 12.03 | 零序过流 2 时限 | s | 10 | |
| 12.04 | 零序过流 3 时限 | s | 10 | |
| 13 | 低压侧中性点零序过流保护控制字 | | | |
| 13.01 | 零序过流 1 时限 | | 0 | |
| 13.02 | 零序过流 2 时限 | | 0 | |
| 13.03 | 零序过流 3 时限 | | 0 | |
| 14 | 自定义保护定值 | | | |
| 序号 | 名称 | 单位 | 定值 | 备注 |
| 14.01 | 启动风冷电流定值 | A | 100 | |
| 14.02 | 启动风冷时间 | s | 200 | |
| 14.03 | 闭锁调压电流定值 | A | 100 | |
| 14.04 | 闭锁调压时间 | s | 200 | |
| 15 | 自定义保护控制字 | | | |
| 序号 | 名称 | 单位 | 定值 | 备注 |
| 15.01 | 接地变在低压引线上 | | 0 | |
| 15.02 | 启动风冷 | | 0 | |
| 15.03 | 闭锁调压 | | 0 | |
| 16 | 功能软压板 | | | |
| 序号 | 名称 | 单位 | 定值 | 备注 |
| 16.01 | 主保护软压板 | | 1 | |
| 16.02 | 高压侧后备保护软压板 | | 1 | |
| 16.03 | 高压侧电压软压板 | | 1 | |
| 16.04 | 中压侧后备保护软压板 | | 0 | |
| 16.05 | 中压侧电压软压板 | | 0 | |
| 16.06 | 低压 1 分支后备保护软压板 | | 1 | |
| 16.07 | 低压 1 分支电压软压板 | | 1 | |
| 16.08 | 低压 2 分支后备保护软压板 | | 0 | |
| 16.09 | 低压 2 分支电压软压板 | | 0 | |
| 16.10 | 低压侧中性点保护软压板 | | 0 | |
| 16.11 | 远方投退压板软压板 | | 1 | |
| 16.12 | 远方切换定值区软压板 | | 0 | |
| 16.13 | 远方修改定值软压板 | | 0 | |

续表

| 17 | 跳闸矩阵定值 | | | | | | | | | | | | | | | | | |
|---|---|---|---|---|---|---|---|---|---|---|---|---|---|---|---|---|---|---|
| 序号 | 名称 | B15<br>备用 | B14<br>跳闸备用3～4 | B13<br>跳闸备用1～2 | B12<br>闭锁低压2分支备自投 | B11<br>闭锁低压1分支备自投 | B10<br>闭锁中压侧备自投 | B9<br>闭锁高压侧备自投 | B8<br>联跳地区电源并网线 | B7<br>跳低压2分支分段 | B6<br>跳低压2分支 | B5<br>跳低压1分支分段 | B4<br>跳低压1分支 | B3<br>跳中压侧分段 | B2<br>跳中压侧 | B1<br>跳高压桥 | B0<br>跳高压侧 | 定值 |
| 17.01 | 主保护 | 0 | 0 | 0 | 0 | 0 | 0 | 0 | 0 | 0 | 0 | 0 | 1 | 0 | 0 | 1 | 1 | 0013 |
| 17.02 | 高复压过流Ⅰ段1时限 | 0 | 0 | 0 | 0 | 0 | 0 | 0 | 0 | 0 | 0 | 0 | 0 | 0 | 0 | 0 | 0 | 0000 |
| 17.03 | 高复压过流Ⅰ段2时限 | 0 | 0 | 0 | 0 | 0 | 0 | 0 | 0 | 0 | 0 | 0 | 0 | 0 | 0 | 0 | 0 | 0000 |
| 17.04 | 高复压过流Ⅰ段3时限 | 0 | 0 | 0 | 0 | 0 | 0 | 0 | 0 | 0 | 0 | 0 | 0 | 0 | 0 | 0 | 0 | 0000 |
| 17.05 | 高复压过流Ⅱ段1时限 | 0 | 0 | 0 | 0 | 0 | 0 | 0 | 0 | 0 | 0 | 0 | 0 | 0 | 0 | 0 | 0 | 0000 |
| 17.06 | 高复压过流Ⅱ段2时限 | 0 | 0 | 0 | 0 | 0 | 0 | 0 | 0 | 0 | 0 | 0 | 0 | 0 | 0 | 0 | 0 | 0000 |
| 17.07 | 高复压过流Ⅱ段3时限 | 0 | 0 | 0 | 0 | 0 | 0 | 0 | 0 | 0 | 0 | 0 | 0 | 0 | 0 | 0 | 0 | 0000 |
| 17.08 | 高复压过流Ⅲ段1时限 | 0 | 0 | 0 | 0 | 0 | 0 | 0 | 0 | 0 | 0 | 0 | 0 | 0 | 0 | 0 | 0 | 0000 |
| 17.09 | 高复压过流Ⅲ段2时限 | 0 | 0 | 0 | 0 | 0 | 0 | 0 | 0 | 0 | 0 | 0 | 1 | 0 | 0 | 1 | 1 | 0013 |
| 17.10 | 高零序过流Ⅰ段1时限 | 0 | 0 | 0 | 0 | 0 | 0 | 0 | 0 | 0 | 0 | 0 | 0 | 0 | 0 | 0 | 0 | 0000 |
| 17.11 | 高零序过流Ⅰ段2时限 | 0 | 0 | 0 | 0 | 0 | 0 | 0 | 0 | 0 | 0 | 0 | 0 | 0 | 0 | 0 | 0 | 0000 |
| 17.12 | 高零序过流Ⅰ段3时限 | 0 | 0 | 0 | 0 | 0 | 0 | 0 | 0 | 0 | 0 | 0 | 0 | 0 | 0 | 0 | 0 | 0000 |
| 17.13 | 高零序过流Ⅱ段1时限 | 0 | 0 | 0 | 0 | 0 | 0 | 0 | 0 | 0 | 0 | 0 | 0 | 0 | 0 | 0 | 0 | 0000 |
| 17.14 | 高零序过流Ⅱ段2时限 | 0 | 0 | 0 | 0 | 0 | 0 | 0 | 0 | 0 | 0 | 0 | 0 | 0 | 0 | 0 | 0 | 0000 |
| 17.15 | 高零序过流Ⅱ段3时限 | 0 | 0 | 0 | 0 | 0 | 0 | 0 | 0 | 0 | 0 | 0 | 0 | 0 | 0 | 0 | 0 | 0000 |
| 17.16 | 高零序过流Ⅲ段1时限 | 0 | 0 | 0 | 0 | 0 | 0 | 0 | 0 | 0 | 0 | 0 | 0 | 0 | 0 | 0 | 0 | 0000 |
| 17.17 | 高零序过流Ⅲ段2时限 | 0 | 0 | 0 | 0 | 0 | 0 | 0 | 0 | 0 | 0 | 0 | 0 | 0 | 0 | 0 | 0 | 0000 |
| 17.18 | 高间隙过流1时限 | 0 | 0 | 0 | 0 | 0 | 0 | 0 | 0 | 0 | 0 | 0 | 0 | 0 | 0 | 0 | 0 | 0000 |
| 17.19 | 高间隙过流2时限 | 0 | 0 | 0 | 0 | 0 | 0 | 0 | 0 | 0 | 0 | 0 | 1 | 0 | 0 | 1 | 1 | 0013 |
| 17.20 | 高零序过压1时限 | 0 | 0 | 0 | 0 | 0 | 0 | 0 | 0 | 0 | 0 | 0 | 0 | 0 | 0 | 0 | 0 | 0000 |
| 17.21 | 高零序过压2时限 | 0 | 0 | 0 | 0 | 0 | 0 | 0 | 0 | 0 | 0 | 0 | 1 | 0 | 0 | 1 | 1 | 0013 |
| 17.22 | 高失灵联跳 | 0 | 0 | 0 | 0 | 0 | 0 | 0 | 0 | 0 | 0 | 0 | 0 | 0 | 0 | 0 | 0 | 0000 |
| 17.23 | 中复压过流Ⅰ段1时限 | 0 | 0 | 0 | 0 | 0 | 0 | 0 | 0 | 0 | 0 | 0 | 0 | 0 | 0 | 0 | 0 | 0000 |
| 17.24 | 中复压过流Ⅰ段2时限 | 0 | 0 | 0 | 0 | 0 | 0 | 0 | 0 | 0 | 0 | 0 | 0 | 0 | 0 | 0 | 0 | 0000 |
| 17.25 | 中复压过流Ⅰ段3时限 | 0 | 0 | 0 | 0 | 0 | 0 | 0 | 0 | 0 | 0 | 0 | 0 | 0 | 0 | 0 | 0 | 0000 |
| 17.26 | 中复压过流Ⅱ段1时限 | 0 | 0 | 0 | 0 | 0 | 0 | 0 | 0 | 0 | 0 | 0 | 0 | 0 | 0 | 0 | 0 | 0000 |
| 17.27 | 中复压过流Ⅱ段2时限 | 0 | 0 | 0 | 0 | 0 | 0 | 0 | 0 | 0 | 0 | 0 | 0 | 0 | 0 | 0 | 0 | 0000 |
| 17.28 | 中复压过流Ⅱ段3时限 | 0 | 0 | 0 | 0 | 0 | 0 | 0 | 0 | 0 | 0 | 0 | 0 | 0 | 0 | 0 | 0 | 0000 |
| 17.29 | 中复压过流Ⅲ段1时限 | 0 | 0 | 0 | 0 | 0 | 0 | 0 | 0 | 0 | 0 | 0 | 0 | 0 | 0 | 0 | 0 | 0000 |
| 17.30 | 中复压过流Ⅲ段2时限 | 0 | 0 | 0 | 0 | 0 | 0 | 0 | 0 | 0 | 0 | 0 | 0 | 0 | 0 | 0 | 0 | 0000 |
| 17.31 | 中零序过流Ⅰ段1时限 | 0 | 0 | 0 | 0 | 0 | 0 | 0 | 0 | 0 | 0 | 0 | 0 | 0 | 0 | 0 | 0 | 0000 |
| 17.32 | 中零序过流Ⅰ段2时限 | 0 | 0 | 0 | 0 | 0 | 0 | 0 | 0 | 0 | 0 | 0 | 0 | 0 | 0 | 0 | 0 | 0000 |
| 17.33 | 中零序过流Ⅰ段3时限 | 0 | 0 | 0 | 0 | 0 | 0 | 0 | 0 | 0 | 0 | 0 | 0 | 0 | 0 | 0 | 0 | 0000 |

续表

| 序号 | 名称 | B15 | B14 | B13 | B12 | B11 | B10 | B9 | B8 | B7 | B6 | B5 | B4 | B3 | B2 | B1 | B0 | 定值 |
|---|---|---|---|---|---|---|---|---|---|---|---|---|---|---|---|---|---|---|
| | | 备用 | 跳闸备用3～4 | 跳闸备用1～2 | 闭锁低压2分支备自投 | 闭锁低压1分支备自投 | 闭锁中压侧备自投 | 闭锁高压侧备自投 | 联跳地区电源并网线 | 跳低压2分支分段 | 跳低压2分支 | 跳低压1分支分段 | 跳低压1分支 | 跳中压侧分段 | 跳中压侧 | 跳高压桥 | 跳高压侧 | |
| 17.34 | 中零序过流Ⅱ段1时限 | 0 | 0 | 0 | 0 | 0 | 0 | 0 | 0 | 0 | 0 | 0 | 0 | 0 | 0 | 0 | 0 | 0000 |
| 17.35 | 中零序过流Ⅱ段2时限 | 0 | 0 | 0 | 0 | 0 | 0 | 0 | 0 | 0 | 0 | 0 | 0 | 0 | 0 | 0 | 0 | 0000 |
| 17.36 | 中零序过流Ⅱ段3时限 | 0 | 0 | 0 | 0 | 0 | 0 | 0 | 0 | 0 | 0 | 0 | 0 | 0 | 0 | 0 | 0 | 0000 |
| 17.37 | 低1复压过流Ⅰ段1时限 | 0 | 0 | 0 | 0 | 1 | 0 | 0 | 0 | 0 | 0 | 1 | 0 | 0 | 0 | 0 | 0 | 0820 |
| 17.38 | 低1复压过流Ⅰ段2时限 | 0 | 0 | 0 | 0 | 1 | 0 | 0 | 0 | 0 | 0 | 0 | 1 | 0 | 0 | 0 | 0 | 0810 |
| 17.39 | 低1复压过流Ⅰ段3时限 | 0 | 0 | 0 | 0 | 1 | 0 | 0 | 0 | 0 | 0 | 0 | 1 | 0 | 0 | 1 | 1 | 0813 |
| 17.40 | 低1复压过流Ⅱ段1时限 | 0 | 0 | 0 | 0 | 1 | 0 | 0 | 0 | 0 | 0 | 1 | 0 | 0 | 0 | 0 | 0 | 0820 |
| 17.41 | 低1复压过流Ⅱ段2时限 | 0 | 0 | 0 | 0 | 1 | 0 | 0 | 0 | 0 | 0 | 0 | 1 | 0 | 0 | 0 | 0 | 0810 |
| 17.42 | 低1复压过流Ⅱ段3时限 | 0 | 0 | 0 | 0 | 1 | 0 | 0 | 0 | 0 | 0 | 0 | 1 | 0 | 0 | 1 | 1 | 0813 |
| 17.43 | 低1复压过流Ⅲ段1时限 | 0 | 0 | 0 | 0 | 0 | 0 | 0 | 0 | 0 | 0 | 0 | 0 | 0 | 0 | 0 | 0 | 0000 |
| 17.44 | 低1复压过流Ⅲ段2时限 | 0 | 0 | 0 | 0 | 0 | 0 | 0 | 0 | 0 | 0 | 0 | 0 | 0 | 0 | 0 | 0 | 0000 |
| 17.45 | 低1零序过流1时限 | 0 | 0 | 0 | 0 | 0 | 0 | 0 | 0 | 0 | 0 | 0 | 0 | 0 | 0 | 0 | 0 | 0000 |
| 17.46 | 低1零序过流2时限 | 0 | 0 | 0 | 0 | 0 | 0 | 0 | 0 | 0 | 0 | 0 | 0 | 0 | 0 | 0 | 0 | 0000 |
| 17.47 | 低1零序过流3时限 | 0 | 0 | 0 | 0 | 0 | 0 | 0 | 0 | 0 | 0 | 0 | 0 | 0 | 0 | 0 | 0 | 0000 |
| 17.48 | 低2复压过流Ⅰ段1时限 | 0 | 0 | 0 | 0 | 0 | 0 | 0 | 0 | 0 | 0 | 0 | 0 | 0 | 0 | 0 | 0 | 0000 |
| 17.49 | 低2复压过流Ⅰ段2时限 | 0 | 0 | 0 | 0 | 0 | 0 | 0 | 0 | 0 | 0 | 0 | 0 | 0 | 0 | 0 | 0 | 0000 |
| 17.50 | 低2复压过流Ⅰ段3时限 | 0 | 0 | 0 | 0 | 0 | 0 | 0 | 0 | 0 | 0 | 0 | 0 | 0 | 0 | 0 | 0 | 0000 |
| 17.51 | 低2复压过流Ⅱ段1时限 | 0 | 0 | 0 | 0 | 0 | 0 | 0 | 0 | 0 | 0 | 0 | 0 | 0 | 0 | 0 | 0 | 0000 |
| 17.52 | 低2复压过流Ⅱ段2时限 | 0 | 0 | 0 | 0 | 0 | 0 | 0 | 0 | 0 | 0 | 0 | 0 | 0 | 0 | 0 | 0 | 0000 |
| 17.53 | 低2复压过流Ⅱ段3时限 | 0 | 0 | 0 | 0 | 0 | 0 | 0 | 0 | 0 | 0 | 0 | 0 | 0 | 0 | 0 | 0 | 0000 |
| 17.54 | 低2复压过流Ⅲ段1时限 | 0 | 0 | 0 | 0 | 0 | 0 | 0 | 0 | 0 | 0 | 0 | 0 | 0 | 0 | 0 | 0 | 0000 |
| 17.55 | 低2复压过流Ⅲ段2时限 | 0 | 0 | 0 | 0 | 0 | 0 | 0 | 0 | 0 | 0 | 0 | 0 | 0 | 0 | 0 | 0 | 0000 |
| 17.56 | 低2零序过流1时限 | 0 | 0 | 0 | 0 | 0 | 0 | 0 | 0 | 0 | 0 | 0 | 0 | 0 | 0 | 0 | 0 | 0000 |
| 17.57 | 低2零序过流2时限 | 0 | 0 | 0 | 0 | 0 | 0 | 0 | 0 | 0 | 0 | 0 | 0 | 0 | 0 | 0 | 0 | 0000 |
| 17.58 | 低2零序过流3时限 | 0 | 0 | 0 | 0 | 0 | 0 | 0 | 0 | 0 | 0 | 0 | 0 | 0 | 0 | 0 | 0 | 0000 |
| 17.59 | 低中性点零序过流1时限 | 0 | 0 | 0 | 0 | 0 | 0 | 0 | 0 | 0 | 0 | 0 | 0 | 0 | 0 | 0 | 0 | 0000 |
| 17.60 | 低中性点零序过流2时限 | 0 | 0 | 0 | 0 | 0 | 0 | 0 | 0 | 0 | 0 | 0 | 0 | 0 | 0 | 0 | 0 | 0000 |
| 17.61 | 低中性点零序过流3时限 | 0 | 0 | 0 | 0 | 0 | 0 | 0 | 0 | 0 | 0 | 0 | 0 | 0 | 0 | 0 | 0 | 0000 |

# 第十五章　110kV及以下并联补偿电抗器保护整定计算原则

在500、220kV变电站，为吸收容性无功功率，限制变压器过电压，通过在变压器低压侧装设并联电抗器，经专用断路器与低压侧母线相连。

并联电抗器可能发生以下故障：①线圈的单相接地和匝间短路；②引线的相间短路和单相接地短路；③由过电压引起的过负荷；④油面降低；⑤温度升高和冷却系统故障。其中④、⑤为非电量保护，不再进行讨论。

## 一、差动保护

（1）仅用于110kV电抗器。

（2）差动保护按躲过不平衡电流整定，一般取0.3～0.5倍电抗器额定电流。时间取0s。

## 二、电流速断保护

（1）电流速断保护按躲过电抗器投入时的励磁涌流整定，一般取不小于3.0～5.0倍电抗器额定电流。时间取0s。

$$I_{DZ.\,I} \geqslant \frac{K_k I_n}{n_a} \tag{15-1}$$

式中　$I_{DZ.\,I}$——电流速断整定值，A；

$I_n$——电抗器额定电流（下同），A；

$K_k$——可靠系数（下同），取3.0～5.0；

$n_a$——电抗器电流互感器变比。

（2）保证正常运行方式下电抗器端部引线两相短路时流过保护安装处的最小短路电流与电流速断保护校核灵敏度系数不小于1.3。

$$K_{sen} = \frac{I_{k.\min}^{(2)}}{I_{DZ.\,I}\, n_a} \tag{15-2}$$

式中　$I_{k.\min}^{(2)}$——正常运行方式下电抗器端部引线两相短路故障时流过保护安装处的最小短路

电流，A；

$K_{sen}$——灵敏度系数，不小于 1.3。

（3）电流速断保护按与上一级变压器本侧限时速断保护反配整定。仅用于 35kV 及以下电抗器。

$$I_{DZ.\,I} \leqslant \frac{I_{d.1.op}}{K_k K_{1.fz} n_a} \tag{15-3}$$

式中　$K_{1.fz}$——上一级变压器本侧对本侧出线的最大正序分支系数（下同）；

$I_{d.1.op}$——上一级变压器本侧限时速断整定值（一次值），A。

$K_k$ 取 1.1；

## 三、过流保护

（1）过流保护按可靠躲过电抗器额定电流整定，一般不小于 1.5～2.0 倍电抗器额定电流。时间一般取 0.5～1s。

$$I_{DZ.\,II} \geqslant \frac{K_k I_n}{n_a} \tag{15-4}$$

式中　$I_{DZ.\,II}$——过流保护整定值，A；

$K_k$ 取 1.5～2.0。

（2）过流保护按与上一级变压器本侧复压闭锁（方向）过流保护反配整定。

$$I_{DZ.\,II} \leqslant \frac{I_{d.2.op}}{K_k K_{1.fz} n_a} \tag{15-5}$$

式中　$K_k$ 取 1.1；

$I_{d.2.op}$——上一级变压器本侧复压闭锁（方向）过流整定值（一次值），A。

## 四、零序电流保护

（1）零序电流保护适用于低电阻接地系统。

（2）零序电流Ⅰ段退出不用。

（3）零序电流Ⅱ段

1）零序电流Ⅱ段按保证在电抗器首端发生单相金属性接地故障时有不小于 2.0 的灵敏度系数整定，一般不大于 100A（一次值）。时间取 0.5～1.0s。

$$I_{0I} \leqslant \frac{I_{0.\min}^{(1)}}{K_{sen} n_a} \tag{15-6}$$

式中 $I_{0.\min}^{(1)}$——最小运行方式下电抗器首端单相金属性接地故障时流过保护安装处的零序电流，A；

$K_{sen}$取 2.0。

2）零序电流Ⅱ段按与接地变压器零序电流Ⅰ段定值反配整定。时间与接地变压器零序电流Ⅰ段时间反配。

$$I_{0\text{Ⅱ}} \leqslant \frac{I'_{0\text{I}}}{K_k n_a} \tag{15-7}$$

式中 $I'_{0\text{I}}$——接地变压器零序电流Ⅰ段保护中的电流定值（一次值），A。

$K_k$ 取 1.1。

## 五、算例

### （一）参数

（1）电抗器参数：①型号：BKSC-10000/10；②电抗值：10.279Ω；③额定电流：577.35A；④额定电压 10000V。

（2）10kV 经消弧线圈接地，母线最小短路电流 14821A

（3）保护型号：PCS-9617A-G，未装设差动保护。

（4）TA 变比：800/1。

### （二）计算过程

1. 过流Ⅰ段定值（$I_{gl1}$）——定值：1732.05/2.17

（1）按躲过电抗器投入时的励磁涌流整定。

$$I_{gl1} = K_k \times I_n = 3 \times 577.35 = 1732.05\text{A}$$

式中 $I_n$——额定电流（A），577.35。

$K_k$ 取 3.0～5.0，3。

（2）与上一级变压器本侧限时速断保护反配。

$$I_{gl1} = I_d \div (K_k \times K_{fz}) = 8000 \div (1.1 \times 1) = 7272.72\text{A}$$

式中 $I_d$——上级变压器限时断定值，8000；

$K_{fz}$——分支系数，1；

$K_k$——配合系数，1.1。

（3）按正常运行方式下电抗器端部引线故障校核灵敏度系数。

$$K_{sen} = 14821 \div 1732.05 = 8.55$$

使用优先原则

定值 $I_{gl1}$=1732.05A；

二次值 $I_{gl1} = 1732.05 = 2.17$A。

2. 过流Ⅰ段时间（$T_{gl1}$）——定值：0

默认值，一般取0s。

$$T_{gl1} = t = 0 = 0\text{s}$$

$t$——动作时间，0。

定值 $T_{gl1}$=0s。

3. 过流Ⅱ段定值（$I_{gl2}$）——定值：866.03/1.08

（1）按可靠躲过电抗器的额定电流整定，可靠系数 $K_k$ 取1.5～2.0

$$I_{gl2} = K_k \times I_n = 1.5 \times 577.35 = 866.03\text{A}$$

式中　$I_n$——额定电流（A），577.35；

$K_k$——可靠系数，1.5。

（2）与上一级变压器本侧复压闭锁（方向）过流保护反配。

$$I_{gl2} = I_d \div (K_k \times K_{fz}) = 6350 \div (1.1 \times 1) = 5772.72\text{A}$$

式中　$I_d$——上级变压器复压闭锁过流定值，6350；

$K_{fz}$——分支系数，1；

$K_k$——配合系数，1.1。

使用优先原则。

定值 $I_{gl2}$=866.03A。

二次值 $I_{gl2} = 866.03 \div (800 \div 1) = 1.08$A。

4. 过流Ⅱ段时间（$T_{gl2}$）——定值：0.5

与上一级变压器本侧复压闭锁（方向）过流保护第一时限反配，时间一般取0.5～1s。

$$T_{gl2} = T - 0.3 = 1.8 - 0.3 = 1.5\text{s}$$

$$T_{gl2} = t = 0.5 = 0.5\text{s}$$

式中　$I_d$——上级本侧复压闭锁（方向）过流保护第一时限，1.8；

$t$ 取0.5；

定值 $T_{gl2}$=0.5s。

5. 零序过流Ⅰ段定值（$I_{gl01}$）——定值：20

一般退出，最大值

$$I_{gl01} = 20 \times I_n = 20 \times 1 = 20A$$

$I_n$——TA二次侧电流（A），1；

定值 $I_{gl01}=20A$。

6. 零序过流Ⅰ段时间（$T_{gl01}$）——定值：100；

一般退出，最大值

$t$——动作时间，100；

定值 $T_{gl01}=100s$。

7. 零序过流Ⅱ段定值（$I_{gl02}$）——定值：20

一般退出，最大值

$$I_{gl02} = 20 \times I_n = 20 \times 1 = 20A$$

$I_n$——TA二次侧电流（A），1；

定值 $I_{gl02}=20A$。

8. 零序过流Ⅱ段时间（$T_{gl02}$）——定值：100

一般退出，最大值

$$T_{gl02} = t = 100 = 100s$$

$t$——动作时间，100；

定值 $T_{gl02}=100s$。

9. 过负荷定值（$I_{gfh}$）——定值：635.09/0.79

一般按1.1倍额定电流

$$I_{gfh} = K_k \times I_e = 1.1 \times 577.35 = 635.09A$$

$I_e$——额定电流（A），577.35；

$K_k$ 取1.1；

定值 $I_{gfh}=635.09A$；

二次值 $I_{gfh} = 635.09 \div (800 \div 1) = 0.79A$。

10. 过负荷时间（$T_{gfh}$）——定值：6

大于保护最长动作时间，默认6s告警

$$T_{gfh} = t = 6 = 6s$$

$t$——告警时间，6；

定值 $T_{gfh}=6s$。

### （三）定值单

长沙电网继电保护定值通知单见表 15-1。

**表 15-1　　长沙电网继电保护定值通知单**

编号：开元变电站-10kV3 号电抗器保护-PCS9647AG-202001

| 保护型号 | PCS-9647A-G | | | | |
|---|---|---|---|---|---|
| 版本号 | V3.00 | 校验码 | E3E1C20B | 程序生成时间 | 2018.06.01 |
| TA 变比 | 800/1 | TV 变比 | 10000/100 | | |

注：电抗器型号：BKSC-10000/10，电抗值 10.279Ω

| 整定： | | 审核： | | 批准： | | 日期： | 2020 年 5 月 19 日 |
|---|---|---|---|---|---|---|---|

| 1 | 基本参数 | | | |
|---|---|---|---|---|
| 序号 | 名称 | 单位 | 定值 | 备注 |
| 1.01 | 定值区号 | | 现场整定 | |
| 1.02 | 被保护设备 | | 3 号电抗器 | |
| 1.03 | TV 一次值 | kV | 10 | |
| 1.04 | 保护 TA 一次值 | A | 800 | |
| 1.05 | 保护 TA 二次值 | A | 1 | |
| 1.06 | 零序 TA 一次值 | A | 800 | |
| 1.07 | 零序 TA 二次值 | A | 1 | |
| 2 | 保护定值 | | | |
| 序号 | 名称 | 单位 | 定值 | 备注 |
| 2.01 | 过流Ⅰ段定值 | A | 2.17 | |
| 2.02 | 过流Ⅰ段时间 | s | 0 | |
| 2.03 | 过流Ⅱ段定值 | A | 1.08 | |
| 2.04 | 过流Ⅱ段时间 | s | 0.5 | |
| 2.05 | 零序过流Ⅰ段定值 | A | 20 | |
| 2.06 | 零序过流Ⅰ段时间 | s | 100 | |
| 2.07 | 零序过流Ⅱ段定值 | A | 20 | |
| 2.08 | 零序过流Ⅱ段时间 | s | 100 | |
| 2.09 | 过负荷定值 | A | 0.79 | |
| 2.10 | 过负荷时间 | s | 6 | |
| 3.01 | 过流Ⅰ段 | | 1 | |
| 3.02 | 过流Ⅱ段 | | 1 | |
| 3.03 | 零序电流采用自产零流 | | 1 | |
| 3.04 | 零序过流Ⅰ段 | | 0 | |

续表

| 3 | 控制字 | | | |
|---|---|---|---|---|
| 序号 | 名称 | 单位 | 定值 | 备注 |
| 3.05 | 零序过流Ⅱ段 | | 0 | 小电阻接地系统置 1 |
| 3.06 | 过负荷 | | 1 | |
| 3.07 | 零序过流告警 | | 0 | |
| 3.08 | 闭锁简易母线保护 | | 0 | |
| 3.09 | TV 断线自检 | | 1 | |
| 4 | 软压板 | | | |
| 序号 | 名称 | 单位 | 定值 | 备注 |
| 4.01 | 非电量 1 | | 0 | |
| 4.02 | 非电量 2 | | 0 | |
| 4.03 | 远方投退压板 | | 0 | |
| 4.04 | 远方切换定值区 | | 0 | |
| 4.05 | 远方修改定值 | | 0 | |

# 第十六章 35kV线路保护整定计算原则

对于35kV线路发生相间短路的基本特征即反应电流突然增大、母线电压突然降低。因此，35kV线路保护一般按三段式过电流保护整定，分别为电流速断保护、延时电流速断保护、过电流保护。三段式保护的第Ⅰ、Ⅱ段为主保护段，第Ⅲ段作为后备保护。

## 一、电流速断保护

三段式保护的第Ⅰ段保护区不小于线路全长的20%，具备快速切除线路近区故障时大电流的能力，动作时间要求短，称为电流速断保护。

(1) 单侧电源线路的电流速断保护定值及双侧电源线路的方向电流速断保护定值，按躲本线路末端故障最大三相短路电流整定，时间取0s。对于允许伸入变压器的终端线路（含T接供电变压器或供电线路），按躲相邻变压器低压侧故障时本线路最大三相短路电流（差动保护作为变压器主保护），时间取0.15s。

$$I_{DZ.\,\mathrm{I}} \geqslant \frac{K_k I^{(3)}_{D1.\max}}{n_a} \tag{16-1}$$

式中 $I_{DZ.\,\mathrm{I}}$——电流速断整定值，A；

$K_k$——可靠系数，取1.3；

$I^{(3)}_{D1.\max}$——本线路末端最大三相短路电流。对于允许伸入变压器的终端线路（含T接供电变压器或供电线路），$I^{(3)}_{D1.\max}$表示变压器低压侧故障时本线路最大三相短路电流（差动保护作为变压器主保护），A；

(2) 双侧电源线路的无方向的电流速断保护定值应按躲过本线路两侧母线最大三相短路电流整定，即按躲本线路首端故障最大三相短路电流整定，时间取0s。

$$I_{DZ.\,\mathrm{I}} \geqslant \frac{K_k I^{(3)}_{D2.\max}}{n_a} \tag{16-2}$$

式中 $K_k$ 取1.3；

$I^{(3)}_{D2.\max}$——本线路首端最大三相短路电流，A。

（3）按与相邻并联运行变压器装设的电流速断保护配合整定。该种情况下是电流速断作为变压器主保护。

$$I_{DZ.\,I} \geqslant \frac{K_k \sum_{1}^{n} I'_{DZ.\,i}}{n_a} \tag{16-3}$$

式中　$n$——并联变压器台数，台；

$I'_{DZ.\,i}$——相邻并联运行的第 $i$ 台变压器装设的电流速断定值（一次值）（电流速断作为变压器主保护），A。

$K_k$ 取 1.1。

（4）按与上一级变压器 35kV 侧限时速断保护反配整定。

$$I_{DZ.\,I} \leqslant \frac{I_{d.\,1.\,op}}{K_k K_{1.\,fz} n_a} \tag{16-4}$$

式中　$K_{1.\,fz}$——上一级变压器 35kV 侧对 35kV 侧出线的最大分支系数；

$I_{d.\,1.\,op}$——上一级变压器 35kV 侧限时速断整定值（一次值），A。

$K_k$ 取 1.1；

（5）若上一级线路电流速断保护伸入本线路时，按与上一级线路电流速断保护反配整定。

$$I_{DZ.\,I} \leqslant \frac{I_{DZ.\,I\,.\,op}}{K_k n_a} \tag{16-5}$$

式中　$K_k$ 取 1.1；

$I_{DZ.\,I\,.\,op}$——上一级线路电流速断定值（一次值），A。

（6）常见运行大方式下被保护线路出口发生三相短路时流过保护安装处的短路电流应与电流速断保护定值有不小于 1.0 的灵敏度系数。

$$K_{sen} = \frac{I^{(3)}_{d.\,max}}{I_{DZ.\,I}\, n_a} \tag{16-6}$$

式中　$I^{(3)}_{d.\,max}$——常见运行大方式下被保护线路出口发生三相短路时流过保护安装处的短路电流，A；

$K_{sen}$——灵敏度系数，取不小于 1.0。

（7）当 4 与 1、2、3 相冲突时，取值按 4 取值，时间不大于 0.9s。

## 二、延时电流速断保护

延时电流速断保护属第Ⅱ段，应保护全线，并与相邻下一级线路保护Ⅰ段或保护Ⅱ段相配合。

（1）延时电流速断保护定值应保证最小运行方式下线路末端发生两相金属性短路时流过保护安装处的最小短路电流有规定的灵敏度。时间取与本线路电流速断保护动作时间配合。

$$I_{DZ.Ⅱ} \leqslant \frac{I_{d.min}}{K_{sen} n_a} \tag{16-7}$$

式中　$I_{DZ.Ⅱ}$——延时电流速断整定值，A；

$K_{sen}$取值原则如下：

a. 20km 以下线路不小于 1.5；

b. 20～50km 线路不小于 1.4；

c. 50km 以上线路不小于 1.3。

$I_{d.min}$——最小运行方式下线路末端发生两相金属性短路时流过保护安装处的最小短路电流，A。

（2）按与相邻线路电流速断保护配合整定。时间与相邻线路最长电流速断保护动作时间配合。

$$I_{DZ.Ⅱ} \geqslant \frac{K_k K_f I'_{DZ.Ⅰ}}{n_a} \tag{16-8}$$

式中　$K_f$——本线路对相邻线路的分支系数；

$I'_{DZ.Ⅰ}$——相邻线路电流速断定值（一次值），A。

$K_k$ 取 1.1。

（3）按与相邻线路电流延时速断保护配合整定。时间与相邻线路最长延时电流速断保护动作时间配合。

$$I_{DZ.Ⅱ} \geqslant \frac{K_k K_f I'_{DZ.Ⅱ}}{n_a} \tag{16-9}$$

式中　$I'_{DZ.Ⅱ}$——相邻线路延时电流速断定值（一次值），A。

$K_k$ 取 1.1。

（4）延时电流速断保护定值按躲最大运行方式下相邻变压器低压侧母线三相短路故障时本线路最大短路电流整定。

$$I_{DZ.Ⅱ} \geqslant \frac{K_k I^{(3)}_{D.max}}{n_a} \tag{16-10}$$

式中　$I^{(3)}_{D.max}$——最大运行方式下相邻变压器低压侧母线三相短路故障时本线路最大短路电流，A。

$K_k$ 取 1.3。

（5）当（1）与（4）有冲突时，以（1）为主，本保护时限还应与相邻变压器低压侧限时速断保护第二时限配合。

## 三、过电流保护

过电流保护是阶段式保护的后备段，除对本线路故障有足够灵敏度外，对相邻线路也应有一定远后备灵敏度。保护动作电流应大于本线路最大负荷电流，并在电流定值及动作时间上与相邻线路后备段相配合。

（1）按躲本线路的最大负荷电流整定。时间与本线路延时电流速断保护动作时间配合。

$$I_{DZ.Ⅲ} \geqslant \frac{K_k I_{fh.max}}{K_f n_a} \tag{16-11}$$

式中 $I_{DZ.Ⅲ}$——过电流整定值，A；

$I_{fh.max}$——本线路的最大负荷电流，一般取线路热稳电流和 TA 一次值较小值，A；

$K_k$ 取 1.2；

$K_f$——返回系数，取 0.85～0.95（微机保护取 0.95，电磁式保护取 0.85）。

（2）按与相邻线路延时电流速断保护配合整定。时间与线路最长延时电流速断保护动作时间配合。

$$I_{DZ.Ⅲ} \geqslant K_k K_f I'_{DZ.Ⅱ} \tag{16-12}$$

式中 $I'_{DZ.Ⅱ}$——相邻线路延时电流速断保护定值，A；

$K_k$ 取 1.1。

（3）按与相邻线路过电流保护配合整定。时间与相邻线路最长过电流保护动作时间配合。

$$I_{DZ.Ⅲ} \geqslant K_k K_f I'_{DZ.Ⅲ} \tag{16-13}$$

式中 $I'_{DZ.Ⅲ}$——相邻线路过电流保护定值，A；

$K_k$ 取 1.1。

（4）作相邻线路或变压器的远后备保护。最小运行方式下相邻线路末端及相邻变压器低压侧母线两相金属性短路时流过保护安装处的最小短路电流应与过电流保护定值有不小于 1.2 的灵敏度系数。时间与相邻变压器最长高后备保护动作时间配合。

$$K_{sen} = \frac{I^{(2)}_{k.min}}{I_{DZ.Ⅲ} n_a} \tag{16-14}$$

式中 $I^{(2)}_{k.min}$——最小运行方式下相邻线路末端及相邻变压器低压侧母线两相金属性短路时流过保护安装处的最小短路电流，A；

$K_{sen}$不小于 1.2。

（5）按与上一级变压器中压侧复压过流保护定值反配整定。时间与上一级变压器 35kV 侧复压闭锁方向过流第一时限反配。

$$I_{DZI.Ⅲ} \leqslant \frac{I_{z.1.op}}{K_k K_{1.fz} n_a} \tag{16-15}$$

式中　$K_{1.fz}$——上一级变压器 35kV 侧对 35kV 侧出线的最大正序分支系数；

$I_{z.1.op}$——上一级变压器 35kV 侧复压闭锁（方向）过流整定值（一次值），A；

$K_k$ 取 1.1。

（6）若（1）与（5）冲突时，按（5）取值。

## 四、重合闸

自动重合闸的采用，是时电力系统运行的实际需要。电力系统采用自动重合闸有两个目的：一是输电线路的故障大多数为瞬时性，因此在线路被断开后再进行一次重合闸，就可能恢复供电；二是保证系统稳定，根据系统实际情况，选择合适的重合闸方式。

（1）35kV 线路采用三相一次重合闸。

（2）35kV 线路采用重合闸后加速方式。

（3）双侧电源的线路，应有一侧设为检同期重合方式。一般大电网系统侧采用检无压、检同期重合闸，另一侧采用检同期重合闸方式。

（4）单侧电源情况下，重合闸采用无检定方式。

（5）重合闸检无压定值按正常额定电压下有 2～4 灵敏度整定，一般整定为 30V。

（6）线路检同期合闸角一般整定 30°。

（7）重合闸时间一般为 2s，容量较大的电厂出线重合闸时间根据实际情况适当延长，可整定为 10s。

（8）全电缆线路重合闸退出，电缆与架空混合主干线线路宜投入重合闸，全架空分支线路应投入重合闸。

## 五、算例

### （一）算例描述

35kV 中毛线，线型为 LGJ-95，长度 5.8km。由 110kV 中方变电站出线供 35kV 毛田变电站。

### （二）计算过程

整定工程：中方变 35kV 中毛线工程

时间：2020 年 07 月 13 日 12：22：38：265

1. 整定中毛线中方变电站侧电流速断保护

TV 变比：35000/100V；

TA 变比：600/5A。

(1) 按躲本线路末端故障最大三相短路电流整定，详细计算过程如下：

$$I_1 \geqslant K_k \times I_{max} = 1.3 \times 3814.153 = 4958.4$$

$I_{max}$=3814.153　大方式，中方县调 110kV 中方变电站供电：在中毛线的毛田变电站 35kVⅡ母线侧发生三相相间短路；

定值区间：$I_1 \geqslant 4958.4$。

取值规则：取下限值

$$I_1 = 4958.4\text{A}$$

时间区间：$0 \leqslant T_1 \leqslant 99$

$$T_1 = 0\text{s}$$

(2) 电流速断保护整定结果：

Ⅰ段定值：$I_1 = 4958.4(\text{A})$

Ⅰ段二次值：$I_1' = I_1/\text{TA} = 4958.4/(600/5) = 41.32(\text{A})$

Ⅰ段时间定值：$T_1 = 0(\text{s})$。

2. 整定中毛线中方变电站侧延时电流速断保护

TV 变比：35000/100V　TA 变比：600/5A

详细计算过程如下：

(1) 按保证线路末端发生两相金属性短路有规定的灵敏度。

$$I_2 \leqslant I_{min}/K_{lm} = 1356.71/1.5 = 904.47$$

$$I_{min} = 1356.71$$

小方式，中方县调 110kV 中方变电站

供电：在中毛线的毛田变电站 35kVⅡ母线侧发生两相相间短路。

(2) 按躲相邻变压器低压侧母线三相短路故障时最大短路电流整定。

1) 按躲相邻毛田变电站 1 号变压器低压侧母线三相短路故障时最大短路电流整定。

$$I_2 \geqslant K_k \times I_{max} = 1.3 \times 2756.96 = 3584.05$$

$$I_{max} = 2756.96$$

大方式，中方县调 110kV 中方变电站

供电：在毛田变电站 1 号变压器的低压侧发生三相相间短路。

2）按躲相邻毛田变电站 2 号变压器低压侧母线三相短路故障时最大短路电流整定。

$$I_2 \geqslant K_k \times I_{max} = 1.3 \times 2756.96 = 3584.05$$

$$I_{max} = 2756.96$$

大方式，中方县调 110kV 中方变电站

供电：在毛田变电站 2 号变压器的低压侧发生三相相间短路

定值区间：$3584.05 \leqslant I_2 \leqslant 904.47$

采用人工给定定值

$$I_2 = 904.46A$$

定值区间为（3584.05，904.47）采用人工给定定值：904.46A

时间区间：$0.3 \leqslant T_2 \leqslant 99$

$$T_2 = 1.2s$$

延时电流速断保护整定结果：

Ⅱ段定值：$I_2 = 904.46(A)$

Ⅱ段二次值：$I'_2 = I_2/TA = 904.46/(600/5) = 7.54(A)$

Ⅱ段时间定值：$T_2 = 1.2(s)$

3. 整定中毛线中方变电站侧过电流保护

TV 变比：35000/100V

TA 变比：600/5A

详细计算过程如下：

（1）按躲本线路最大负荷电流整定。

$$I_3 \geqslant K_k \times I_{fhmax}/K_f = 1.2 \times 335/0.95 = 423.16$$

（2）与相邻线路过电流保护配合。

与桥毛线阶段电流Ⅲ段配合（桥毛线为开环点）。

无法取出电气量：$K_{fz}$，本线路对相邻线路的最大正序分支系数。

（3）与上一级变压器中压侧复压过流保护定值反配。

1）与中方变电站 1 号变压器复闭过流保护Ⅱ段配合。

$$I_3 \leqslant I'_{dz}/(K_{fz} \times K_p) = 378.86/(0.99972 \times 1.1) = 344.51$$

$$T_3 \leqslant T' - \Delta t = 2.1-0.3 = 1.8s$$

$K_{fz}$=0.99972　小方式，中方县调 110kV 中方变电站供电：在中毛线的毛田变电站 35kVⅡ母线侧发生故障。

2）与中方变电站 2 号变压器复闭过流保护Ⅱ段配合。

$$I_3 \leqslant I'_{dz}/(K_{fz} \times K_p) = 596.4/(0.54997 \times 1.1) = 985.84$$

$$T_3 \leqslant T' - \Delta t = 2.1 - 0.3 = 1.8s$$

$$K_{fz} = 0.54997$$

大方式，中方县调 110kV 中方变电站

供电：在中毛线的毛田变电站 35kVⅡ母线侧跳开，跳开处发生故障。

定值区间：423.16⩽$I_3$⩽344.51

采用人工给定定值

$$I_3 = 344A$$

定值区间为（423.16，344.51）采用人工给定定值：344A

时间区间：0.6⩽$T_3$⩽1.8

$$T_3 = 1.8s$$

过电流保护整定结果：

Ⅲ段定值：$I_3 = 344(A)$

Ⅲ段二次值：$I'_3 = I_3/TA = 344/(600/5) = 2.87(A)$

Ⅲ段时间定值：$T_3 = 1.8(s)$ 。

（4）校核相邻变压器其他侧故障灵敏度。

1）校核相邻毛田变电站 1 号变压器其他侧故障灵敏度。

$$K_{lm} \leqslant I_{min}/I'_{dz}3 = 1329.027/344 = 3.86$$

$$I_{min} = 1329.027$$

小方式，中方县调 110kV 中方变电站

供电：在毛田变电站 1 号变压器的低压侧发生三相相间短路。

$K_{lm}$=3.86⩾1.2，满足灵敏性要求；

2）校核相邻毛田变电站 2 号变压器其他侧故障灵敏度

$$K_{lm} \leqslant I_{min}/I'_{dz}3 = 2756.959/344 = 8.01$$

$I_{min}$=2756.959　大方式，中方县调 110kV 中方变电站供电：在毛田变电站 2 号变压器的低压侧发生两相相间短路

$K_{lm}$=8.01⩾1.2，满足灵敏性要求；

### （三）定值通知单

怀化电网继电保护定值通知单见表 16-1。

**表 16-1　　怀化电网继电保护定值通知单**

编号：中方变电站-35kV 中毛线线路保护-CSC211-202001

| 保护型号 | CSC-211 | | | | |
|---|---|---|---|---|---|
| 版本号 | V3.11 | 校验码 | OB15 | 程序生成时间 | |
| 线路长度 | 5.80 | 正序阻抗 | 3.05 | 零序阻抗 | 9.41 |
| TA 变比 | 600/5 | TV 变比 | 35000/100 | 区号 | 1 区 |

备注：

| 整定： | | 审核： | | 批准： | | 日期： | 2020 年 7 月 13 日 |
|---|---|---|---|---|---|---|---|

| 1 | 保护定值 | | | |
|---|---|---|---|---|
| 序号 | 名称 | 单位 | 定值 | 备注 |
| 1.01 | 控制字一 | | 8000 | |
| 1.02 | 控制字二 | | 0200 | |
| 1.03 | 控制字三 | | 0004 | |
| 1.04 | 过流Ⅰ段电流 | A | 41.32 | |
| 1.05 | 过流Ⅰ段时间 | s | 0 | |
| 1.06 | 过流Ⅱ段电流 | A | 7.54 | |
| 1.07 | 过流Ⅱ段时间 | s | 1.2 | |
| 1.08 | 过流Ⅲ段电流 | A | 2.87 | |
| 1.09 | 过流Ⅲ段时间 | s | 1.8 | |
| 1.10 | 过流电压闭锁定值 | V | 70 | |
| 1.11 | 零序Ⅰ段电流 | A | 100 | |
| 1.12 | 零序Ⅰ段时间 | s | 32 | |
| 1.13 | 零序Ⅱ段电流 | A | 100 | |
| 1.14 | 零序Ⅱ段时间 | s | 32 | |
| 1.15 | 零序Ⅲ段电流 | A | 100 | |
| 1.16 | 零序Ⅲ段时间 | s | 32 | |
| 1.17 | 过流加速段电流 | A | 7.54 | |
| 1.18 | 过流加速段时间 | s | 0.2 | |
| 1.19 | 零序加速段电流 | A | 100 | |
| 1.20 | 零序加速段时间 | s | 3 | |
| 1.21 | 电流反时限基准电流 | A | 100 | |
| 1.22 | 电流反时限时间 | s | 250 | |
| 1.23 | 零序反时限基准电流 | A | 100 | |
| 1.24 | 零序反时限时间 | s | 250 | |

续表

| 1 | 保护定值 | | | |
|---|---|---|---|---|
| 序号 | 名称 | 单位 | 定值 | 备注 |
| 1.25 | 反时限指数 | | 0.02 | |
| 1.26 | 过负荷电流 | A | 2.6 | |
| 1.27 | 过负荷告警时间 | s | 6 | |
| 1.28 | 过负荷跳闸时间 | s | 6000 | |
| 1.29 | 重合检同期定值 | ° | 30 | |
| 1.30 | 重合闸时间 | s | 2 | |
| 1.31 | 低周减载频率 | Hz | 45 | |
| 1.32 | 低周减载时间 | s | 32 | |
| 1.33 | 低周闭锁电压 | V | 70 | |
| 1.34 | 低周闭锁滑差 | Hz/s | 5 | |
| 1.35 | 低周有流定值 | A | 100 | |
| 1.36 | 低压解列电压 | V | 60 | |
| 1.37 | 低压解列时间 | s | 32 | |
| 1.38 | 闭锁电压变化率 | V/s | 60 | |
| 1.39 | 测量 TA 变比（kA/A） | | 0.12 | |
| 1.40 | TV 变比（kV/V） | | 0.35 | |
| 2 | 控制字 1 | | | |
| 序号 | 置 1 时含义 \| 置 0 时含义 | 单位 | 定值 | 备注 |
| 2.15 | 模拟量自检投入 \| 模拟量自检退出 | | 1 | |
| 2.14 | TA 额定电流 1A \| TA 额定电流 5A | | 0 | |
| 2.13 | TVDX 相关段退出 \| TVDX 相关元件退出 | | 0 | |
| 2.12 | 低周无流闭锁投入 \| 低周无流闭锁退出 | | 0 | |
| 2.11 | 零序反时限带方向 \| 零序反时限无方向 | | 0 | |
| 2.10 | 电流反时限带方向 \| 电流反时限无方向 | | 0 | |
| 2.09 | 零序Ⅲ段带方向 \| 零序Ⅲ段不带方向 | | 0 | |
| 2.08 | 零序Ⅱ段带方向 \| 零序Ⅱ段不带方向 | | 0 | |
| 2.07 | 零序Ⅰ段带方向 \| 零序Ⅰ段不带方向 | | 0 | |
| 2.06 | 电流加速电压闭锁 \| 电流加速段无压闭锁 | | 0 | |
| 2.05 | 电流Ⅲ段电压闭锁 \| 电流Ⅲ段无压闭锁 | | 0 | |
| 2.04 | 电流Ⅱ段电压闭锁 \| 电流Ⅱ段无压闭锁 | | 0 | |
| 2.03 | 电流Ⅰ段电压闭锁 \| 电流Ⅰ段无压闭锁 | | 0 | |
| 2.02 | 电流Ⅲ段带方向 \| 电流Ⅲ段不带方向 | | 0 | |
| 2.01 | 电流Ⅱ段带方向 \| 电流Ⅱ段不带方向 | | 0 | |
| 2.00 | 电流Ⅰ段带方向 \| 电流Ⅰ段不带方向 | | 0 | |
| 3 | 控制字 2 | | | |
| 序号 | 置 1 时含义 \| 置 0 时含义 | 单位 | 定值 | 备注 |
| 3.15 | 保护选择反时限 \| 保护选择定时限 | | 0 | |
| 3.14 | 选择前加速方式 \| 选择后加速方式 | | 0 | |
| 3.13 | 过负荷跳闸 \| 过负荷不跳闸仅发告警信号 | | 0 | |
| 3.12 | 备用 | | 0 | |

续表

| 3 | 控制字 2 | | | |
|---|---|---|---|---|
| 序号 | 置 1 时含义｜置 0 时含义 | 单位 | 定值 | 备注 |
| 3.11 | 备用 | | 0 | |
| 3.10 | 重合信号备用 CK4｜重合信号复用动作 | | 0 | |
| 3.09 | 重合无压检任一侧｜重合无压检抽取 Ux | | 1 | |
| 3.08 | 低压解列投入｜低压解列退出 | | 0 | |
| 3.07 | 开关偷跳不重合｜开关偷跳重合 | | 0 | |
| 3.06 | 手合同期投入｜手合同期退出 | | 0 | |
| 3.05 | 控回断线判别退出｜控回断线判别投入 | | 0 | |
| 3.04 | 同期电压（Ux）相别选择 | | 0 | 空 |
| 3.03 | 同期电压（Ux）相别选择 | | 0 | 空 |
| 3.02 | 同期电压（Ux）相别选择 | | 0 | 空 |
| 3.01 | 重合闸同期方式选择 | | 0 | 非同期方式 |
| 3.00 | 重合闸同期方式选择 | | 0 | 非同期方式 |
| 4 | 控制字 3 | | | |
| 序号 | 置 1 时含义｜置 0 时含义 | 单位 | 定值 | 备注 |
| 4.03～15 | 备用 | | 0 | |
| 4.02 | 零序额定电流 5A｜零序额定电流 1A | | 1 | |
| 4.01 | 低压无流闭锁投入｜低压无流闭锁退出 | | 0 | |
| 4.00 | 过流 I 段闭锁重合｜过流 I 段重合投入 | | 0 | |
| 5 | 软压板 | | | |
| 序号 | 名称 | 单位 | 定值 | 备注 |
| 5.01 | 电流Ⅰ段保护功能投退 | | 投入 | |
| 5.02 | 电流Ⅱ段保护功能投退 | | 投入 | |
| 5.03 | 电流Ⅲ段保护功能投退 | | 投入 | |
| 5.04 | 零序Ⅰ段保护功能投退 | | 退出 | |
| 5.05 | 零序Ⅱ段保护功能投退 | | 退出 | |
| 5.06 | 零序Ⅲ段保护功能投退 | | 退出 | |
| 5.07 | 加速保护功能投退 | | 投入 | |
| 5.08 | 过负荷保护功能投退 | | 投入 | |
| 5.09 | 低周减载功能投退 | | 退出 | |
| 5.10 | 重合闸功能投退 | | 投入 | |

# 第十七章　35kV双绕组降压变压器保护整定计算原则

35kV 双绕组降压变压器和 110kV 双绕组降压变压器保护配置相同，一般是由差动保护、高压侧后备保护、低压侧后备保护、辅助保护等组成。

## 一、差动保护

### 1. 最小动作电流

最小动作电流应大于变压器额定负载时的不平衡电流，取 0.2～0.5 倍变压器基准侧额定电流。

### 2. 起始制动电流

起始制动电流宜取 0.8～1.0 倍变压器基准侧额定电流。

### 3. 比率制动系数

（1）比率制动系数按躲过变压器出口三相短路时的最大不平衡差流整定，一般取 0.4～0.5。

（2）纵差保护的灵敏度系数按下式进行校验：

$$K_{sen}=\frac{I_{k.min}^{(2)}}{I_{OP}} \tag{17-1}$$

式中　$I_{k.min}^{(2)}$——最小运行方式下变压器低侧母线两相金属性短路流过基准侧的电流，A，根据 $I_{k.min}^{(2)}$ 可得到相应的制动电流 $I_{res}$，根据动作曲线即可计算出对应的动作电流 $I_{op}$；

$K_{sen}$——灵敏度系数，要求不小于 2。

### 4. 二次谐波制动比

二次谐波制动比一般整定为 0.15～0.20。

### 5. 差动速断电流

（1）差动速断电流按躲过变压器初始励磁涌流或外部短路最大不平衡电流整定，一般取 4.5～12 倍变压器额定电流。根据变压器容量和系统电抗大小，倍数按如下情况取值：

6.3MVA 以下取 7～12

6.3MVA以上取4.5～7

容量越大，系统电抗越大，K取值越小

（2）按正常运行方式下保护安装处两相短路来校验差动速断电流是否满足不小于1.2的灵敏度系数。

$$K_{sen}=\frac{I^{(2)}}{I_{op}n_{a}} \tag{17-2}$$

式中　$I^{(2)}$——正常运行方式下保护安装处两相短路电流，A；

$n_{a}$——变压器基准侧电流互感器变比。

$K_{sen}$不小于1.2。

6. 差流越限整定

差流越限定值按0.5倍最小动作电流取值。时间取6s，动作于信号。

7. 一般取高压侧为变压器差动保护基准侧额定电流

8. 差动保护为瞬时动作，出口跳变压器高、低压两侧断路器

9. 对于35kV变压器纵差保护应选用二次谐波原理，不采用三次谐波识别励磁涌流方式

10. TA断线不闭锁差动保护

## 二、高压侧后备保护

1. 复压闭锁过流保护

（1）复压闭锁过流保护电流继电器的动作电流按躲过变压器的高压侧额定电流整定，可靠系数取1.3。

$$I_{g.11.op}=\frac{K_{rel}I_{g.n}}{K_{r}n_{g.a}} \tag{17-3}$$

式中　$I_{g.11.op}$——变压器高压侧复压闭锁过流整定值，A；

$K_{rel}$——可靠系数，取1.3；

$I_{g.n}$——变压器高压侧额定电流，A；

$K_{r}$——返回系数，取0.95；

$n_{g.a}$——变压器高压侧电流互感器变比。

（2）电流继电器的灵敏度系数按下式进行校验：

$$K_{sen}=\frac{I_{gd.min}^{(2)}}{I_{g.11.op}n_{g.a}} \tag{17-4}$$

式中 $I_{gd.min}^{(2)}$——最小运行方式下变压器低压侧母线两相金属性短路时流过保护安装处的短路电流，A；

$K_{sen}$不小于1.3。

(3) 复压闭锁过流的低电压继电器动作电压按0.7倍高压侧额定电压整定。

$$U_{g.11.op}=\frac{0.7U_{g.n}}{n_{g.v}} \tag{17-5}$$

式中 $U_{g.11.op}$——变压器高压侧低电压整定值，V；

$U_{g.n}$——变压器高压侧额定电压，kV；

$n_{g.v}$——变压器高压侧电压互感器变比。

(4) 低电压继电器的灵敏度系数按下式进行校验：

$$K_{sen}=\frac{U_{g.11.op}n_{g.v}}{U_{g.1.max}} \tag{17-6}$$

式中 $U_{g.1.max}$——变压器低压侧母线金属性短路时，保护安装处的最高残压，kV；

$K_{sen}$不小于1.3。

(5) 复压闭锁过流的负序电压继电器动作电压按躲过正常运行时出现的不平衡电压整定，一般取0.06～0.08倍高压侧额定电压。

$$U_{g.21.op}=\frac{(0.06\sim0.08)U_{g.n}}{n_{g.v}} \tag{17-7}$$

式中 $U_{g.21.op}$——变压器高压侧负序电压整定值，V。

(6) 负序电压继电器的灵敏度系数按下式进行校验：

$$K_{sen}=\frac{U_{g.2.min}}{U_{g.21.op}n_{g.v}} \tag{17-8}$$

式中 $U_{g.2.min}$——变压器低压侧母线金属性短路时，保护安装处的最小负序电压，kV；

$K_{sen}$不小于1.3。

(7) 高压侧复压闭锁过流动作时间按与变压器低压侧复压闭锁过流保护第二时限配合整定。

(8) 高压侧复压闭锁过流动作时间按与上一级线路过电流保护最短时间反配。

(9) 高压侧复压闭锁过流出口跳变压器高、低压两侧断路器。

(10) 高压侧复压闭锁过流不设方向元件。

(11) 复合电压为高、低压两侧复合电压“或”。

2. 过负荷保护

（1）过负荷保护电流继电器的动作电流按变压器长期允许的负荷电流下能可靠返回的条件整定。时间按躲变压器后备保护最大延时进行整定，取6s。

$$I_{g.13.op}=\frac{K_{rel}I_{g.n}}{K_{r}n_{g.a}} \tag{17-9}$$

式中　$I_{g.13.op}$——变压器高压侧过负荷电流整定值，A；

$K_{rel}$取1.05；

$K_{r}$取0.95。

（2）过负荷保护动作于信号，不出口跳闸。

（3）过负荷保护设一段时限。

3. 接地告警

零序电压定值按躲过正常运行时的最大不平衡电压整定：一般取20V，时间为6s，动作于信号。

## 三、低压侧后备保护

1. 限时速断

（1）限时速断按保证最小运行下变压器低压侧母线发生金属性短路时流过保护的最小短路电流有不小于1.3的灵敏度系数整定。

$$I_{d.1.op}\leqslant\frac{I_{d.min}}{K_{sen}n_{d.a}} \tag{17-10}$$

式中　$I_{d.1.op}$——变压器低压侧限时速断整定值，A；

$I_{d.min}$——最小运行方式下，变压器低压侧母线发生金属性短路时流过保护的最小短路电流，A；

$K_{sen}$取1.3；

$n_{d.a}$——变压器低压侧电流互感器变比。

（2）按与低压侧所有出线速动段配合整定。

$$I_{d.1.op}\geqslant\frac{K_{rel}K_{1.fz}I_{d.max}}{n_{d.a}} \tag{17-11}$$

式中　$K_{rel}$取1.1；

$K_{1.fz}$——变压器低压侧对低压侧出线的最大正序分支系数；

$I_{d.max}$——变压器低压侧所有出线速动段整定值中的最大值（一次值），A。

（3）限时速断按躲过变压器低压侧额定负荷电流整定。

$$I_{d.1.op} \geqslant \frac{K_{rel} I_{d.n}}{K_r n_{d.a}} \tag{17-12}$$

式中　$I_{d.n}$——变压器低压侧额定电流，A；

$K_{rel}$取 1.2；

$K_r$ 取 0.95。

限时速断设两段时限。第一时限按与低压侧所有出线速动段的动作时间配合且不大于0.6s，出口跳变压器低压侧母联（分段）断路器并闭锁主变压器低压侧备自投。第二时限按与限时速断第一时限配合整定，出口跳变压器高、低压两侧断路器并闭锁主变压器低压侧备自投。

（4）限时速断保护不采用复合电压闭锁。

（5）若变压器低压侧为单母线、无母联（分段）断路器，则第一时限退出、第二时限按第一时限原则整定，动作出口跳变压器高、低压两侧断路器。

（6）一般要求变压器低压侧所有出线速动段的最长动作时限不大于 0.3s。

2. 复压闭锁过流保护

（1）复压闭锁过流保护电流继电器的动作电流按躲过变压器的额定电流整定，可靠系数取 1.2。

$$I_{d.2.op} = \frac{K_{rel} I_{d.n}}{K_r n_{d.a}} \tag{17-13}$$

式中　$K_{rel}$取 1.2；

$K_r$ 取 0.95。

（2）电流继电器的灵敏度系数按下式进行校验：

$$K_{sen} = \frac{I_{d.min}^{(2)}}{I_{d.2.op} n_{d.a}} \tag{17-14}$$

式中　$I_{d.min}^{(2)}$——最小运行方式下变压器低压侧母线所有出线末端两相金属性短路时流过保护安装处的最小短路电流；

$K_{sen}$不小于 1.2。

（3）复压闭锁过流的低电压继电器动作电压按 0.6～0.7 倍低压侧额定电压整定。

$$U_{d.1.op} = \frac{(0.6 \sim 0.7) \times U_{d.n}}{n_{d.v}} \tag{17-15}$$

式中　$U_{d.1.op}$——变压器低压侧低电压整定值，V；

$U_{d.n}$——变压器低压侧额定电压，kV；

$n_{d.v}$——变压器低压侧电压互感器变比。

(4) 低电压继电器的灵敏度系数按下式进行校验：

$$K_{sen} = \frac{U_{d.1.op} n_{d.v}}{U_{d.1.max}} \tag{17-16}$$

式中　$U_{d.1.max}$——变压器低压侧母线所有出线末端金属性短路时，保护安装处的最高残压，kV；

$K_{sen}$不小于1.2。

(5) 复压闭锁过流的负序电压继电器动作电压按躲过正常运行时出现的不平衡电压整定，一般取0.06～0.08倍低压侧额定电压。

$$U_{d.2.op} = \frac{(0.06 \sim 0.08) U_{d.n}}{n_{d.v}} \tag{17-17}$$

式中　$U_{d.2.op}$——变压器低压侧负序电压整定值，V。

(6) 负序电压继电器的灵敏度系数按下式进行校验：

$$K_{sen} = \frac{U_{d.2.min}}{U_{d.2.op} n_{d.v}} \tag{17-18}$$

式中　$U_{d.2.min}$——变压器低压侧母线所有出线末端金属性短路时，保护安装处的最小负序电压，kV；

$K_{sen}$不小于1.2。

(7) 低压侧复压闭锁过流保护设两段时限。第一时限按与低压侧所有出线后备保护的最长动作时限（$T_{d.max}$）配合整定，出口跳变压器低压侧母联（分段）断路器并闭锁主变压器低压侧备自投。第二时限按与本保护第一时限配合整定，出口跳变压器高、低压两侧断路器并闭锁主变压器低压侧备自投。

(8) 低压侧复压闭锁过流保护复合电压为低压侧电压。

(9) 低压侧复压过流保护不设方向元件。

(10) 若变压器低压侧为单母线、无母联（分段）断路器，则第一时限退出、第二时限按第一时限原则整定，动作出口跳变压器高、低压两侧断路器。

(11) 若低电压和负序电压元件灵敏度均不满足要求时，可采用以下处理方式：①取消复压元件、在满足电流元件灵敏度的前提下最大可能地提高过流定值并备案；②仅备案处理。

3. 接地告警

（1）零序电压定值按躲过正常运行时的最大不平衡电压整定：一般取 20V，时间为 6s，动作于信号。

（2）接地告警仅用于小电流接地系统。

## 四、辅助保护

（1）闭锁调压。一般按躲过变压器额定电流整定。

$$I_{f.2.op}=\frac{K_{rel}I_{g.n}}{n_{g.a}} \tag{17-19}$$

式中 $I_{f.2.op}$——变压器闭锁调压整定值，A；

$I_{g.n}$——变压器高压侧额定电流，A；

$n_{g.a}$——变压器高压侧电流互感器变比；

$K_{rel}$取 1.2。

（2）调压闭锁时间取 0s 或装置最小值，动作于闭锁调压。

（3）变压器厂家对闭锁调压有明确要求的按厂家要求执行。

## 五、算例

### （一）算例描述

35kV 凉亭坳变电站 1 号主变压器型号为 SZ11-4000/35，$U_k\%=7.04\%$，高压侧 TA 变比为 200/5，低压侧变比为 300/5，站内一次接线图如图 17-1 所示，求对 1 号主变开展保护计算。35kV 凉亭坳变电站一次接线图如图 17-1 所示。

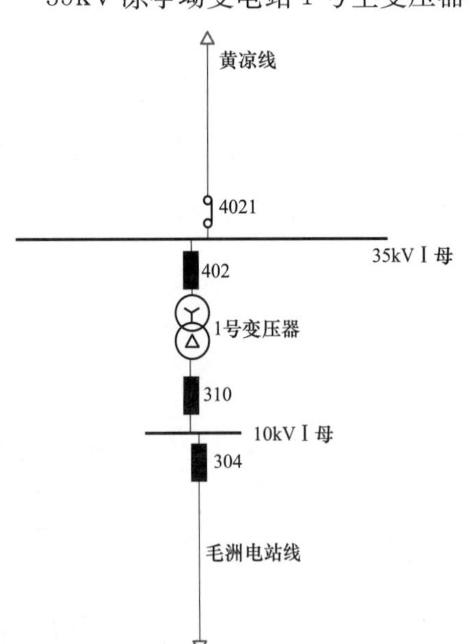


图 17-1 35kV 凉亭坳变电站一次接线图

### （二）计算过程

1. 差动保护定值

（1）差流速断定值（$I_{op}$）——定值：10。

躲过变压器初始励磁涌流或外部短路最大不平衡电流整定：6.3～31.5MVA：$K=4.5\sim7$；40～120MVA：$K=3\sim6$；容量越大，系统电抗越大，$K$取值越小

$$I_{op}=K=10=10I_e$$

$K$——额定电流倍数，10。

（2）按正常运行方式下保护安装处两相短路计算灵敏系数校验。

$$I_{op} \leqslant 0.866 \times I_{kmax} \div K_{sen} \div I_e = 0.866 \times 1960.19 \div 1.2 \div 65.98483 = 21.44 I_e$$

式中　$I_{kmax}$——变压器外部短路短路最大电流（单位 A，归算到高压侧的有名值），1960.19，$I_{kmax}$的方式描述，大方式，220kV 阳塘变电站供电，开环支路：阳街线，锦上线；在凉亭坳变电站 1 号变压器的高压侧保护出口处发生三相相间短路；

$K_{sen}$——灵敏系数，1.2；

$I_e$——变压器高压侧额定电流（A），65.98483。

使用优先原则

定值 $I_{op}=10I_e$。

（3）最小动作电流（$I_{opqd}$）——定值：0.5。

最小动作电流应大于变压器额定负载时的不平衡电流，一般取（0.2～0.5）$I_e$。

$$I_{opqd} = K_k = 0.5 = 0.5I_e$$

式中　$K_k$——可靠系数，可取 0.4～0.6，0.5；

定值 $I_{opqd}=0.5I_e$。

（4）最小制动电流（$I_{res}$）——定值：1。

起始制动电流一般取（0.8～1.0）$I_e$/na。

$$I_{res} = K_k = 1 = 1I_e$$

式中　$K_k$——可靠系数，可取 0.8～1.0，1；

定值 $I_{res}=1I_e$。

（5）比率制动斜率（$K_z$）——定值：0.5。

按躲过变压器出口三相短路时的最大不平衡差流整定。

一般取 $K_z$=0.4～0.5

$$K_z = K_k = 0.5 = 0.5$$

式中　$K_k$——可靠系数，可取 0.4～0.6，0.5。

（6）比率制动校核。

$$K_z = I_d \div (K \times I_e + K_s \times ({}_Ir - K_1 \times I_e))$$
$$= 552.1498 \div (0.5 \times 65.98483 + 0.5 \times (276.075 - 1 \times 65.98483)) = 4$$

式中　$I_d$——$|I_h + I_m + I_l|$ 最小值(折算到高压侧,单位 A),552.1498，$I_d$ 的方式描述，小

方式，220kV 富州变电站供电，开环支路：锦高线，富通Ⅰ线；在凉亭坳变电站1号变压器的低压侧保护出口处发生两相相间短路；

$I_r$——0.5(|$I_h$+|$I_m$|+|$I_l$|)最小值(折算到高压侧,单位A),276.075，$I_r$ 的方式描述，小方式，220kV 富州变电站供电，开环支路：上通线，在凉亭坳变电站1号变压器的低压侧保护出口处发生两相相间短路；

$I_e$——变压器高压侧额定电流（A），65.98483；

$K_s$——斜率，0.5；

$K$——额定电流倍数，0.5；

$K_1$——拐点倍数，1。

使用优先原则

定值 $K_z$=0.5。

(7) 复压闭锁负序相电压（$U_{2fy}$）——定值：3.5。

退出，取最大值

$$U_{2fy} = U_2 = 50 = 50\text{V}$$

$U_2$ 一般取值，50。

采用人工给定定值

定值 $U_{2fy}$=3.5V。

(8) 复压闭锁相间低电压（$U_{dfy}$）——定值：70。

退出，取最小值

$$U_{dfy} = U_2 = 6 = 6\text{V}$$

$U_2$ 一般取值，6。

采用人工给定定值

定值 $U_{dfy}$=70V。

(9) 零序过压定值（$U_{0dz}$）——定值：120

退出，取最大值

$$U_{0dz} = U_2 = 100 = 100\text{V}$$

$U_2$ 一般取值，100。

采用人工给定定值

定值 $U_{0dz}$=120V。

(10) 零序过压延时（$T_{0dz}$）——定值：100。

退出，取最大值

$$T_{0dz} = t = 10 = 10s$$

$t$ 一般取值，10。

采用人工给定定值

定值 $T_{0dz}$=100s。

(11) 弹簧未储能延时（$T_{thwcn}$）——定值：现场定。

用于未储能告警

$$T_{thwcn} = t = 20 = 20s$$

$t$ 一般取值，20。

采用人工给定定值

定值 $T_{thwcn}$=现场定 s。

(12) 两三表法（23BF）——定值：现场定。

测量用

$$23BF = 23BF = 3 = 3$$

23BF：一般取值，3。

采用人工给定定值

定值 23BF=现场定。

2. 高压侧后备保护定值

整定支路：凉亭坳变电站 1 号变压器整定凉亭坳变电站 1 号变压器高压侧复闭过流Ⅰ段

TV 变比：35000/100V　TA 变比：200/5A

详细计算过程如下：

(1) 按躲过变压器本侧额定电流整定。

$$I_{dz1} \geqslant K_k \times I_e / K_f = 1.3 \times 65.98483/0.95 = 90.3$$

(2) 低电压元件按规程整定（低压元件）。

$$U_{dy1} = K_k \times U_e = 0.7 \times 35 \times 1000 = 24500$$

(3) 按躲过正常运行时出现的不平衡电压整定（负序电压）。

$$U_{21} = K_k \times U_e = 0.06 \times 35 \times 1000 = 2100$$

(4) 时限与变压器低压侧复压闭锁过流保护 3 时限相同整定。

1）与凉亭坳变电站 1 号变压器复闭过流保护Ⅱ段配合。

$$T_3 \geqslant I'_{dz}3 = 1.2 = 1.2$$

2）时限按与上级线路过电流保护最短时间反配。

与黄凉线阶段电流Ⅲ段配合。

$$T_1 \leqslant T_{line} - \Delta t = 1.5\text{-}0.3 = 1.2$$

$$T_1 \leqslant T' - \Delta t = 1.5\text{-}0.3 = 1.2s$$

定值区间：$I_{dz1} \geqslant 90.3$

取值规则：取下限值

$$I_{dz1} = 90.3A$$

时间区间：$0 \leqslant T_1 \leqslant 1.2$

$$T_1 = 1.2s$$

$$U_{dy1} = 24500V$$

$$U_{21} = 1225V$$

复闭过流Ⅰ段整定结果：

Ⅰ段定值：$I_{dz1} = 90.3(A)$

Ⅰ段二次值：$I'_{dz1} = I_{dz1}/TA = 90.3/(200/5) = 2.26(A)$

Ⅰ段低电压定值：$U_{dy1} = 24500(V)$

Ⅰ段低电压二次值：$U'_{dy1} = U_{dy1}/TV = 24500/(35000/100) = 70(V)$

Ⅰ段负序电压定值：$U_{21} = 1225(V)$

Ⅰ段负序电压二次值：$U'_{21} = U_{21}/TV = 1225/(35000/100) = 3.5(V)$

Ⅰ段时间定值：$T_1 = 1.2(s)$　作用:退出

Ⅰ段时间定值：$T_2 = 10(s)$　作用:退出

Ⅰ段时间定值：$T_3 = 1.2(s)$　作用:跳各侧

（5）校核低压侧母线故障灵敏度（电流定值）。

校核低压侧母线故障灵敏度（电流定值）

$$K_{lm} \leqslant I_{dmin}/I_{dz} = 637.5677/90.3 = 7.06$$

$I_{dmin} = 637.5677$　小方式，220kV 富州变电站供电，开环支路：富通Ⅱ线，上通线；在凉亭坳变电站 1 号变压器的低压侧发生两相相间短路；

$K_{lm} = 7.06 \geqslant 1.3$，满足灵敏性要求。

（6）校核低压侧母线故障灵敏度（低压元件）。

校核低压侧母线故障灵敏度（低压元件）

$$K_{lm} \geqslant U_{dy}/U_{Amax} = 24500/(21.36351 \times 1000) = 1.15$$

$U_{Amax}$=21.36351　小方式，220kV富州变电站供电，开环支路：上通线，在凉亭坳变电站1号变压器的低压侧发生单相接地短路；

$K_{lm}$=1.15<1.3，不满足灵敏性要求。

（7）校核低压侧母线故障灵敏度（负压元件）。

校核低压侧母线故障灵敏度（负压元件）

$$K_{lm} \geqslant U_{2min}/U_2 = 3.66844 \times 1000/1225 = 2.99$$

$U_{2min}$=3.66844　大方式，220kV阳塘变电站供电，开环支路：阳街线，锦上线；在凉亭坳变电站1号变压器的低压侧发生两相相间短路；

$K_{lm}$=2.99≥1.3，满足灵敏性要求。

3. 低压侧后备保护定值

（1）整定凉亭坳变电站1号变压器低压侧限时速断段。

TV变比：10000/100V

TA变比：300/5A

详细计算过程如下：

1）按躲过变压器本侧额定电流整定。

$$I_{dz1} \geqslant K_k \times I_e/K_f = 1.2 \times 219.9494/0.95 = 277.83$$

2）按保变压器本侧母线故障有灵敏度整定。

$$I_{dz1} \leqslant I_{dmin}/K_{lm} = 1945.671/1.3 = 1496.67$$

$I_{dmin}$=1945.671　小方式，220kV富州变电站供电，开环支路：富通Ⅱ线，上通线；在凉亭坳变电站1号变压器的低压侧发生两相相间短路

3）与变压器本侧出线速断保护配合。

与毛洲电站线阶段电流Ⅰ段配合。

$$I_{dz1} \geqslant K_{ph} \times K_{fz} \times I'_{dz} = 1.1 \times 1 \times 576.88 = 634.57$$

$$T_1 \geqslant T' + \Delta t = 0.15 + 0.3 = 0.45s$$

$K_{fz}$=1　大方式，220kV富州变电站供电，开环支路：锦高线，富通Ⅰ线；在毛洲电站线的侧发生故障。

4）时间上限额。

$$T_1 \leqslant T = 0.6 = 0.6$$

定值区间：$634.57 \leqslant I_{dz1} \leqslant 1496.67$

取值规则：按选择性较好取值

$$I_{dz1} = 1496.67A$$

时间区间：$0.45 \leqslant T_1 \leqslant 0.6$

$$T_1 = 10s$$

复闭过流Ⅰ段整定结果：

Ⅰ段定值：$I_{dz1} = 1496.67(A)$

Ⅰ段二次值：$I'_{dz1} = I_{dz1}/TA = 1496.67/(300/5) = 24.94(A)$

Ⅰ段时间定值：$T_1 = 10(s)$　作用:退出

Ⅰ段时间定值：$T_2 = 10(s)$　作用:退出

Ⅰ段时间定值：$T_3 = 0.6(s)$　作用:跳各侧

(2) 整定凉亭坳变电站1号变压器低压侧复闭过流段。

TV 变比：10000/100V　TA 变比：300/5A

详细计算过程如下：

1）按躲过变压器本侧额定电流整定。

$$I_{dz2} \geqslant K_k \times I_e / K_f = 1.2 \times 219.9494/0.95 = 277.83$$

2）与本侧出线后备保护最长动作时限配合整定。

与毛洲电站线阶段电流Ⅲ段配合

$$T_1 \geqslant T_{line} + \Delta t = 0.9 + 0.3 = 1.2$$

$$T_1 \geqslant T' + \Delta t = 0.9 + 0.3 = 1.2s$$

3）低电压元件按规程整定（低压元件）。

$$U_{dy2} = K_k \times U_e = 0.7 \times 10.5 \times 1000 = 7350$$

4）按躲过正常运行时出现的不平衡电压整定（负序电压）。

$$U_{22} = K_k \times U_e = 0.06 \times 10.5 \times 1000 = 630$$

定值区间：$I_{dz2} \geqslant 277.83$

取值规则：采用人工给定定值

$$I_{dz2} = 277.83A$$

时间区间：$1.2 \leqslant T_1 \leqslant 99$

$$T_1 = 10\text{s}$$

$$U_{dy2} = 7350\text{V}$$

$$U_{22} = 350\text{V}$$

复闭过流Ⅱ段整定结果：

Ⅱ段定值：$I_{dz2} = 277.83(\text{A})$

Ⅱ段二次值：$I'_{dz2t} = I_{dz2}/\text{TA} = 277.83/(300/5) = 4.63(\text{A})$

Ⅱ段低电压定值：$U_{dy2} = 7350(\text{V})$

Ⅱ段低电压二次值：$U'_{dy2} = U_{dy2}/\text{TV} = 7350/(10000/100) = 73.5(\text{V})$

Ⅱ段负序电压定值：$U_{22} = 350(\text{V})$

Ⅱ段负序电压二次值：$U'_{22} = U_{22}/\text{TV} = 350/(10000/100) = 3.5(\text{V})$

Ⅱ段时间定值：$T_1 = 10(\text{s})$　作用:退出

Ⅱ段时间定值：$T_2 = 10(\text{s})$　作用:退出

Ⅱ段时间定值：$T_3 = 1.2(\text{s})$　作用:跳各侧

5）校核本侧出线末端故障灵敏度（电流定值）。

校核本侧毛洲电站线末端故障灵敏度（电流定值）

$$I_{dz2} \leqslant I_{dmin}/I_{dz} = 381.3968/277.83 = 1.37$$

$I_{dmin}$=381.3968　小方式，主变压器中压并列运行，220kV 富州变电站供电，开环支路：锦高线；在毛洲电站线的侧发生两相相间短路。

$K_{lm}=1.37 \geqslant 1.2$，满足灵敏性要求。

6）校验本侧出线末端故障灵敏度（低压元件）。

校验本侧毛洲电站线末端故障灵敏度（低压元件）

$$U_{dy2} \geqslant U_{dy}/U_{Amax} = 7350/(6.0628 \times 1000) = 1.21$$

$U_{Amax}$=6.0628　小方式，220kV 富州变电站供电，开环支路：上通线；在毛洲电站线的侧发生单相接地短路。

$K_{lm}=1.21 \geqslant 1.2$，满足灵敏性要求。

7）校验本侧出线末端故障灵敏度（负压元件）。

校验本侧毛洲电站线末端故障灵敏度（负压元件）

$$U_{22} \geqslant U_{2min}/U_2 = 0.56697 \times 1000/350 = 1.62$$

$U_{2min}=0.56697$ 大方式，220kV 阳塘变电站供电，开环支路：阳街线，锦上线；在毛洲电站线的侧发生两相相间短路。

$K_{lm}=1.62\geqslant1.2$，满足灵敏性要求。

## 六、定值通知单

### 1. 差动保护

怀化电网继电保护定值通知单见表 17-1。

**表 17-1　　怀化电网继电保护定值通知单**

编号：凉亭坳变电站-35kV1 号变压器压器保护-WBH821AR5-202001

| 保护型号 | WBH-821A/R5 | | | | |
|---|---|---|---|---|---|
| 版本号 | V1.10 | 校验码 | D044 | 程序生成时间 | |
| 变压器型号 | SZ11-4000/35 | 容量（MVA） | 4/4 | 电压（kV） | 35kV |
| $U_k$(%) | $U_{高-低}=7.04$ | | | | |
| 主变压器 410TA：200/5，310TA：300/5。 | | | | | |

| 整定： | | 审核： | | 批准： | | 日期： | 2020 年 5 月 27 日 |
|---|---|---|---|---|---|---|---|

| 1 | 设备参数 | | | |
|---|---|---|---|---|
| 序号 | 名称 | 单位 | 定值 | 备注 |
| 1.01 | 变压器铭牌最大容量 | 兆伏安 | 4 | |
| 1.02 | 变压器接线钟点数 | | 2 | |
| 1.03 | 高压侧接线型式 | | 1 | 1：Y接线　2：△接线 |
| 1.04 | 低压侧接线型式 | | 2 | 1：Y接线　2：△接线 |
| 1.05 | 高压侧一次线电压 | kV | 35 | |
| 1.06 | 低压侧一次线电压 | kV | 10.5 | |
| 1.07 | 高压侧 TA 变比 | | 40 | |
| 1.08 | 低压侧 TA 变比 | | 60 | |
| 2 | 差动保护定值 | | | |
| 序号 | 名称 | 单位 | 定值 | 备注 |
| 2.01 | 保护投退控制字 | | 0007 | |
| 2.02 | 保护功能控制字 | | 0000 | |
| 2.03 | 差流速断定值 | $I_e$ | 10 | |
| 2.04 | 最小动作电流 | $I_e$ | 0.5 | |
| 2.05 | 最小制动电流 | $I_e$ | 1 | |
| 2.06 | 比率制动斜率 | | 0.5 | |
| 2.07 | 复压闭锁负序相电压 | V | 3.5 | 相电压 |

续表

| 2 | 差动保护定值 | | | |
|---|---|---|---|---|
| 序号 | 名称 | 单位 | 定值 | 备注 |
| 2.08 | 复压闭锁相间低电压 | V | 70 | 线电压 |
| 2.09 | 零序过压定值 | V | 120 | |
| 2.10 | 零序过压延时 | s | 100 | |
| 2.11 | 弹簧未储能延时 | s | 现场定 | |
| 2.12 | 两三表法 | | 现场定 | |
| 3 | 保护投退控制字定义 | | | |
| 序位号 | 名称 | 单位 | 定值 | 备注 |
| 0 | 差流速断 | | 1 | |
| 1 | 比率差动 | | 1 | |
| 2 | TA 异常投 | | 1 | |
| 3 | TV 异常投 | | 0 | |
| 4 | 复合电压投 | | 0 | |
| 5 | 零序过压投 | | 0 | |
| 6～15 | 备用 | | 0 | |
| 4 | 功能控制字含义 | | | |
| 序位号 | 名称 | 单位 | 定值 | 备注 |
| 0 | 控制回路检测投 | | 0 | |
| 1 | TA 异常闭锁差动 | | 0 | |
| 2 | TV 异常闭锁复压 | | 0 | |
| 3～15 | 备用 | | 0 | |
| 5 | 软压板 | | | |
| 序号 | 名称 | 单位 | 定值 | 备注 |
| 5.01 | 差动保护软压板 | | 投入 | |

2. 高压侧后备保护

怀化电网继电保护定值通知单见表 17-2。

**表 17-2　　怀化电网继电保护定值通知单**

编号：凉亭坳变电站-35kV 1 号变压器压器保护-WBH822AR5H-202001

| 保护型号 | WBH-822A/R5 | | | | |
|---|---|---|---|---|---|
| 版本号 | V1.10 | 校验码 | AD84 | 程序生成时间 | |
| 变压器型号 | SZ11-4000/35 | 容量（MVA） | 4/4 | 电压（kV） | 35kV |
| $U_k$(%) | $U_{高-低}=7.04$ | | | | |
| 主变压器高压侧 TA 变比：200/5。 | | | | | |

续表

| 整定： | | 审核： | | 批准： | | 日期： | 2020年5月27日 |
|---|---|---|---|---|---|---|---|
| 1 | 保护定值 | | | | | | |
| 序号 | 名称 | | 单位 | 定值 | | 备注 | |
| 1.01 | 保护投退控制字 | | | 00C8 | | | |
| 1.02 | 保护功能控制字 | | | 0001 | | | |
| 1.03 | 复压闭锁负序电压 | | V | 3.5 | | 相电压 | |
| 1.04 | 复压闭锁相间低电压 | | V | 70 | | 线电压 | |
| 1.05 | 高过流Ⅰ段复压控制 | | | 0 | | | |
| 1.06 | 高过流Ⅰ段定值 | | A | 50 | | | |
| 1.07 | 高过流Ⅰ段延时t1 | | s | 100 | | | |
| 1.08 | 高过流Ⅰ段延时t2 | | s | 100 | | | |
| 1.09 | 高过流Ⅱ段复压控制 | | | 2 | | 各侧“或” | |
| 1.10 | 高过流Ⅱ段定值 | | A | 2.26 | | | |
| 1.11 | 高过流Ⅱ段延时t1 | | s | 100 | | | |
| 1.12 | 高过流Ⅱ段延时t2 | | s | 1.2 | | 跳两侧 | |
| 1.13 | 高负序过流定值 | | A | 50 | | | |
| 1.14 | 高负序过流延时 | | s | 100 | | | |
| 1.15 | 通风启动定值 | | A | 50 | | | |
| 1.16 | 通风启动延时 | | s | 100 | | | |
| 1.17 | 调压闭锁定值 | | A | 1.98 | | | |
| 1.18 | 调压闭锁延时 | | s | 0.1 | | | |
| 1.19 | 高压侧过负荷定值 | | A | 1.82 | | | |
| 1.20 | 高压侧过负荷时限 | | s | 6 | | | |
| 1.21 | 弹簧未储能延时 | | s | 现场定 | | 弹簧未储能告警用 | |
| 1.22 | 两三表法 | | | 现场定 | | 测控用 | |
| 2 | 保护投退控制字 | | | | | | |
| 位序号 | 名称 | | 单位 | 定值 | | 备注 | |
| 15 | 备用 | | | 0 | | | |
| 14 | 备用 | | | 0 | | | |
| 13 | 备用 | | | 0 | | | |
| 12 | 备用 | | | 0 | | | |
| 11 | 备用 | | | 0 | | | |
| 10 | 备用 | | | 0 | | | |
| 9 | 备用 | | | 0 | | | |
| 8 | 备用 | | | 0 | | | |
| 7 | 高压侧过负荷投 | | | 1 | | | |
| 6 | 调压闭锁投 | | | 1 | | | |
| 5 | 通风启动投 | | | 0 | | | |
| 4 | 高压侧负序过流投 | | | 0 | | | |
| 3 | 高过流Ⅱ段t2投 | | | 1 | | | |
| 2 | 高过流Ⅱ段t1投 | | | 0 | | | |
| 1 | 高过流Ⅰ段t2投 | | | 0 | | | |
| 0 | 高过流Ⅰ段t1投 | | | 0 | | | |

续表

| 3 | 保护功能控制字 | | | | |
|---|---|---|---|---|---|
| 位序号 | 名称 | 单位 | 定值 | 备注 | |
| 15 | 备用 | | 0 | | |
| 14 | 备用 | | 0 | | |
| 13 | 备用 | | 0 | | |
| 12 | 备用 | | 0 | | |
| 11 | 备用 | | 0 | | |
| 10 | 备用 | | 0 | | |
| 9 | 备用 | | 0 | | |
| 8 | 备用 | | 0 | | |
| 7 | 备用 | | 0 | | |
| 6 | 备用 | | 0 | | |
| 5 | 备用 | | 0 | | |
| 4 | 备用 | | 0 | | |
| 3 | 备用 | | 0 | | |
| 2 | TV 异常闭锁复压 | | 0 | | |
| 1 | 高负序过流跳闸 | | 0 | | |
| 0 | 控制回路检测投 | | 1 | | |
| 4 | 软压板 | | | | |
| 序号 | 名称 | 单位 | 定值 | 备注 | |
| 4.01 | 高压侧后备软压板 | | 投 | | |
| 5 | 跳闸矩阵 | | | | |
| 序号 | 名称 | 出口 1 | 出口 2 | 出口 3 | 出口 4 |
| | | 跳低分段 | 跳高压桥 | 跳低压侧 | 跳高压侧 |
| 5.01 | 高压侧过流Ⅰ段 t1 | × | × | × | × |
| 5.02 | 高压侧过流Ⅰ段 t2 | × | × | × | × |
| 5.03 | 高压侧过流Ⅱ段 t1 | × | × | × | × |
| 5.04 | 高压侧过流Ⅱ段 t2 | × | × | √ | √ |
| 5.05 | 高压侧负序过流 | × | × | × | × |

3. 低压侧后备保护

怀化电网继电保护定值通知单见表 17-3。

**表 17-3　　怀化电网继电保护定值通知单**

编号：凉亭坳变电站-35kV　1 号变压器压器保护-WBH822AR5L-202001

| 保护型号 | WBH-822A/R5 | | | | |
|---|---|---|---|---|---|
| 版本号 | V1.10 | 校验码 | AD84 | 程序生成时间 | |
| 变压器型号 | SZ11-4000/35 | 容量（MVA） | 4/4 | 电压（kV） | 35kV |
| $U_k$(%) | $U_{高\text{-}低}$=7.04 | | | | |

主变压器低压侧 TA 变比：300/5。

续表

| 整定： | | 审核： | | 批准： | | 日期： | 2020年5月27日 |
|---|---|---|---|---|---|---|---|

| 1 | 保护定值 | | | |
|---|---|---|---|---|
| 序号 | 名称 | 单位 | 定值 | 备注 |
| 1.01 | 保护投退控制字 | | 0063 | |
| 1.02 | 保护功能控制字 | | 0001 | |
| 1.03 | 复压闭锁负序电压 | V | 3.5 | 相电压 |
| 1.04 | 复压闭锁相间低电压 | V | 70 | 线电压 |
| 1.05 | 低过流Ⅰ段复压控制 | | 0 | |
| 1.06 | 低过流Ⅰ段定值 | A | 50 | |
| 1.07 | 低过流Ⅰ段延时 t1 | s | 100 | |
| 1.08 | 低过流Ⅰ段延时 t2 | s | 100 | |
| 1.09 | 低过流Ⅱ段复压控制 | | 1 | 本侧 |
| 1.10 | 低过流Ⅱ段定值 | A | 4.63 | |
| 1.11 | 低过流Ⅱ段延时 t1 | s | 100 | |
| 1.12 | 低过流Ⅱ段延时 t2 | s | 1.2 | 跳两侧 |
| 1.13 | 低过流Ⅲ段定值 | A | 24.94 | 作限时速断用 |
| 1.14 | 低过流Ⅲ段延时 | s | 0.6 | 跳两侧 |
| 1.15 | 反时限基准值 | A | 15 | |
| 1.16 | 反时限时间常数 | s | 10 | |
| 1.17 | 反时限曲线类型 | | 0 | 一般反时限 |
| 1.18 | 低负序过流定值 | A | 50 | |
| 1.19 | 低负序过流延时 | s | 100 | |
| 1.20 | 低压侧过负荷定值 | A | 50 | |
| 1.21 | 低压侧过负荷时限 | s | 100 | |
| 1.22 | 零序过压定值 | V | 120 | 零序过压保护用 |
| 1.23 | 零序过压延时 | A | 100 | |
| 1.24 | 弹簧未储能延时 | s | 现场定 | 弹簧未储能告警用 |
| 1.25 | 两三表法 | | 现场定 | 测控用 |
| 2 | 保护投退控制字 2 | | | |
| 位序号 | 名称 | 单位 | 定值 | 备注 |
| 15 | 备用 | | 0 | |
| 14 | 备用 | | 0 | |
| 13 | 备用 | | 0 | |
| 12 | 备用 | | 0 | |
| 11 | 备用 | | 0 | |
| 10 | 零序过压投 | | 0 | |
| 9 | 低压侧过负荷投 | | 0 | |
| 8 | 低压侧负序过流投 | | 0 | |
| 7 | 低反时限过流投 | | 0 | |
| 6 | 低过流Ⅲ段投 | | 1 | |
| 5 | 低过流Ⅱ段 t2 投 | | 1 | |
| 4 | 低过流Ⅱ段 t1 投 | | 0 | |

续表

| 2 | 保护投退控制字 2 | | | |
|---|---|---|---|---|
| 位序号 | 名称 | 单位 | 定值 | 备注 |
| 3 | 低过流Ⅰ段 t2 投 | | 0 | |
| 2 | 低过流Ⅰ段 t1 投 | | 0 | |
| 1 | 复合电压投 | | 1 | |
| 0 | TV 异常投 | | 1 | |

| 3 | 保护功能控制字 | | | |
|---|---|---|---|---|
| 位序号 | 名称 | 单位 | 定值 | 备注 |
| 15 | 备用 | | 0 | |
| 14 | 备用 | | 0 | |
| 13 | 备用 | | 0 | |
| 12 | 备用 | | 0 | |
| 11 | 备用 | | 0 | |
| 10 | 备用 | | 0 | |
| 9 | 备用 | | 0 | |
| 8 | 备用 | | 0 | |
| 7 | 备用 | | 0 | |
| 6 | 备用 | | 0 | |
| 5 | 备用 | | 0 | |
| 4 | 备用 | | 0 | |
| 3 | 备用 | | 0 | |
| 2 | TV 异常闭锁复压 | | 0 | |
| 1 | 低负序过流跳闸 | | 0 | |
| 0 | 控制回路检测投 | | 1 | |

| 4 | 软压板 | | | |
|---|---|---|---|---|
| 序号 | 名称 | 单位 | 定值 | 备注 |
| 4.01 | 低压侧后备软压板 | | 投 | |

| 5 | 跳闸矩阵 | | | | |
|---|---|---|---|---|---|
| 序号 | 名称 | 出口 1 | 出口 2 | 出口 3 | 出口 4 |
| | | 跳低分段 | 跳高压桥 | 跳低压侧 | 跳高压侧 |
| 5.01 | 低压侧过流Ⅰ段 t1 | × | × | × | × |
| 5.02 | 低压侧过流Ⅰ段 t2 | × | × | × | × |
| 5.03 | 低压侧过流Ⅱ段 t1 | × | × | × | × |
| 5.04 | 低压侧过流Ⅱ段 t2 | × | × | √ | √ |
| 5.05 | 低压侧过流Ⅲ段 | × | × | √ | √ |
| 5.06 | 低压侧反时限过流 | × | × | × | × |
| 5.07 | 低压侧负序过流 | × | × | × | × |

# 第十八章　35kV及以下并联补偿电容器保护整定计算原则

在变电站低压侧通常装设并联电容器组，用来补偿无功功率不足，提高母线电压质量，降低电能损耗，从而达到系统稳定运行的目的。并联电容器组可以接成星形（包括双星形），也可以接成三角形。

在较大容量的电容器组中，电压中的小量高次谐波经过在电容器时，能够产生较大的高次谐波电流，从而易造成电容器的过负荷，为此可在每相电容器组中串接一只电抗器以限制高次谐波电流。

电容器组的故障和不正常情况有：①电容器组与断路器之间连接线以及电容器组内部连接线上的相间短路故障和接地故障；②电容器内部极间短路以及电容器组中多台电容器故障；③电容器组过负荷；④电容器组的供电电压升高；⑤电容器组失压。

## 一、限时电流速断保护

（1）按电容器端部引线故障时有足够的灵敏度系数整定，一般整定为3～5倍电容器组额定电流。

（2）考虑电容器投入过渡过程的影响，动作时间一般为0.1s。

## 二、过电流保护

（1）按可靠躲电容器组额定电流整定，一般取不小于1.2～2.0倍电容器组额定电流。

（2）动作时间一般为0.3～1.0s。

## 三、过电压保护

（1）按电容器端电压不长时间超过1.1倍电容器额定电压的原则整定。

$$U_{DZ}=\frac{K_V\left(1-\frac{X_L}{X_C}\right)U_n}{n_v} \tag{18-1}$$

式中 $U_{DZ}$——过电压保护整定值，V；

$K_V$——过电压系数，取 1.1；

$X_L$——串联分路电抗器感抗，Ω；

$X_C$——分路电容器组容抗，Ω；

$U_n$——电容器组额定相间电压，kV；

$n_v$——电压互感器变比。

（2）过电压保护动作时间应在 60s 以内。

（3）过电压继电器宜有较高的返回系数。

（4）过电压继电器宜优先选用带有反时限特性的电压继电器。

## 四、低电压保护

（1）一般整定为 0.3～0.6 倍额定电压。动作时间与变压器本侧后备保护最长动作时间配合。

（2）低电压保护应能在电容器所接母线失压后可靠动作，而在母线电压恢复正常后可靠返回。

（3）如该母线作为备用电源自投装置的工作电源，则低电压保护还应高于备自投装置的低电压元件定值。

## 五、单星形接线电容器组开口三角电压保护

（1）按电容器开口三角零序电压有足够的灵敏度整定：

$$U_{DZ}=\frac{U_{ch}}{K_{sen}} \tag{18-2}$$

其中，

$$U_{ch}=\frac{3\beta U_{EX}}{3N[M(1-\beta)+\beta]-2\beta} \tag{18-3}$$

$$U_{ch}=\frac{3KU_{EX}}{3N(M-K)+2K} \tag{18-4}$$

$$K=\frac{3NM(K_V-1)}{K_V(3N-2)} \tag{18-5}$$

按躲过正常运行时的不平衡电压整定：

$$U_{DZ}\geqslant K_k U_{BP} \tag{18-6}$$

式中 $U_{DZ}$——电容器开口三角零序电压整定值，V；

$M$——每相各串联段并联的电容器台数，台；

$N$——每相电容器的串联段数，串；

$U_{EX}$——电容器组的额定相电压，kV；

$U_{ch}$——开口三角零序电压，kV；

$U_{BP}$——开口三角正常运行时的不平衡电压，kV；

$\beta$——单台电容器内部击穿小元件段数的百分数，如电容器内部为 $n$ 段，则 $\beta=1/n\sim n/n$；

$K$——因故障切除的同一并联段中的电容器台数，$K=1\sim M$ 的整数，按式（18-5）计算时取接近计算结果的整数；

$K_{sen}$——灵敏系数，取 1。

$K_V$ 取 1.1～1.15；

$K_k$ 取 1.5。

式（18-3）、式（18-4）适用于单台电容器内部小元件按先并后串且无熔丝、外部按先并后串方式联结的情况，其中式（18-3）适用于电容器未装设专用单台熔断器的情况，式（18-4）适用于电容器装有专用单台熔断器的情况。为提高定值的灵敏系数，用式（18-2）计算时应尽量降低定值。

（2）按电容器端电压不长时间超过 1.1 倍电容器额定电压的原则整定

$$U_{DZ}=\frac{U_{ch}}{K_{sen}} \tag{18-7}$$

其中，

$$U_{ch}=\frac{3KU_{EX}}{3n(m-K)+2K} \tag{18-8}$$

$$K=\frac{3mn(K_V-1)}{K_V(3n-2)} \tag{18-9}$$

按躲过正常运行时的不平衡电压整定：

$$U_{DZ}\geqslant K_kU_{BP} \tag{18-10}$$

式中 $m$——单台密集型电容器内部各串联段并联的电容器小元件数；

$n$——单台密集型电容器内部的串联段数；

$U_{EX}$——电容器组的额定相电压，kV；

$U_{ch}$——开口三角零序电压，kV；

$U_{BP}$——开口三角正常运行时的不平衡电压，kV；

$K$——因故障切除的同一并联段中的电容器小元件数，$K=1\sim m$ 的整数，按式（18-9）计算时取接近计算结果的整数；

$K_V$ 取 1.1～1.15；

$K_k$ 取 1.5；

$K_{sen}$取 1。

式（18-8）适用于每相装设单台密集型电容器、电容器内部小元件按先并后串且有熔丝连接的情况。为提高定值的灵敏系数，用式（18-7）计算时应尽量降低定值。

1）一般按 0.05 倍额定电压整定。

2）动作时间一般为 0.1s。

## 六、单星形接线电容器组电压差动保护

（1）按部分单台电容器（或单台电容器内小电容元件）切除或击穿后，故障相其余单台电容器所承受的电压不长期超过 1.1 倍额定电压的原则整定。

$$U_{DZ}=\frac{\Delta U_C}{K_{sen}} \tag{18-11}$$

其中，

$$\Delta U_C=\frac{3\beta U_{EX}}{3N[M(1-\beta)+\beta]-2\beta} \tag{18-12}$$

$$\Delta U_C=\frac{3KU_{EX}}{3N(M-K)+2K} \tag{18-13}$$

$$K=\frac{3mn(K_V-1)}{K_V(3n-2)} \tag{18-14}$$

按躲过电容器组正常运行时的段间不平衡差电压整定：

$$U_{DZ}\geqslant K_k\Delta U_{BP} \tag{18-15}$$

式中　$U_{DZ}$——单星形接线电容器组电压差动保护整定值，V；

$\Delta U_C$——故障相的故障段与非故障段的差压，kV；

$\Delta U_{BP}$——正常时不平衡差压，kV；

$K$——因故障切除的同一并联段中的电容器小元件数，$K=1\sim m$ 的整数，按式（18-14）计算时取接近计算结果的整数；

$K_V$ 取 1.1～1.15；

$K_{sen}$取 1；

其余符号的含义及说明与开口三角电压保护相同。

（2）动作时间一般为 0.1s。

## 七、双星形接线电容器组中性线不平衡电流保护

（1）按电容器中性线不平衡电流有足够的灵敏度整定。

$$I_{DZ}=\frac{I_0}{K_{sen}} \tag{18-16}$$

式中

$$I_0=\frac{3MKI_e}{6N(M-K)+5K} \tag{18-17}$$

$$I_0=\frac{3M\beta I_e}{6N[M(1-\beta)+\beta]-5\beta} \tag{18-18}$$

按躲过电容器组正常运行时中性点间流过的不平衡电流整定：

$$I_{DZ}\geqslant K_k I_{BP} \tag{18-19}$$

式中 $I_{DZ}$——不平衡电流整定值，A；

$I_0$——中性点间流过的不平衡电流，A；

$I_n$——单台电容器额定电流，A；

$I_{BP}$——正常时中性点间的不平衡电流，A；

$K_k$ 取 0.15；

$K_{sen}$取 1。

其他符号的含义及说明与单星接线开口三角电压保护相同

（2）动作时间一般为 0.1s。

## 八、零序电流保护

（1）零序电流保护适用于低电阻接地系统。

（2）零序电流Ⅰ段退出不用。

（3）零序电流Ⅱ段。

1）保证在电容器首端发生单相金属性接地故障时有不小于 2.0 的灵敏度系数整定，一般不大于 100A（一次值）。动作时间一般取 0.5～1.0s。

$$I_{0\mathrm{II}} \leqslant \frac{I_{0.\min}^{(1)}}{K_{\mathrm{sen}} n_{\mathrm{a}}} \tag{18-20}$$

式中　$I_{0\mathrm{II}}$——零序电流Ⅱ段整定值，A；

$I_{0.\min}^{(1)}$——最小运行方式下电容器首端单相金属性接地故障时流过保护安装处的零序电流，A；

$K_{\mathrm{sen}}$取2.0。

2）按与接地变压器零序电流Ⅰ段定值反配整定。动作时间与接地变压器零序电流Ⅰ段时间反配。

$$I_{0\mathrm{II}} \leqslant \frac{I'_{0\mathrm{I}}}{K_{\mathrm{k}} n_{\mathrm{a}}} \tag{18-21}$$

式中　$K_{\mathrm{k}}$取1.1；

$I'_{0\mathrm{I}}$——接地变压器零序电流Ⅰ段保护中的电流定值（一次值），A。

## 九、算例

### （一）算例描述

（1）电容器参数：①型号：TBB10-8016/334-AC（W）；②电抗率5%；③额定电流：385.7A；④单元额定电压：$12/2/\sqrt{3}$；⑤单星形差压保护（内熔丝），$M=4$，$N=2$，$m=18$，$n=2$。

（2）10kV经消弧线圈接地，母线最小短路电流15067.08A。

（3）保护型号：PCS-9631A-G。

（4）TA变比：800/1。

### （二）计算过程

1. 过流Ⅰ段定值（$I_{\mathrm{gl1}}$）——定值：1542.8/1.93

（1）按电容器端部引线故障时有不小于2.0的灵敏系数整定，一般取（3～5）$I_{\mathrm{e}}$。

$$I_{\mathrm{gl1}} = K_{\mathrm{k}} \times I_{\mathrm{e}} = 4 \times 385.7 = 1542.8\mathrm{A}$$

式中　$I_{\mathrm{e}}$——额定电流（A），385.7；

$K_{\mathrm{k}}$——可靠系数，4。

（2）按端部引出线故障有2倍灵敏度整定

$$I_{\mathrm{gl1}} \leqslant I_{\mathrm{dmin}} \div K_{\mathrm{lm}} = 15067.08 \div 2 = 7533.54\mathrm{A}$$

式中 $I_{dmin}$——并联电容器出口相间短路流过电流最小值（A），15067.08，$I_{dmin}$的方式描述，小方式 2-2 号主变压器运行，1 号主变压器停运，鼎功变电站供电：在开元变电站 8 号电容器的开元变电站 10kV Ⅳ母线侧保护出口处发生两相相间短路；

$K_{lm}$——灵敏度系数，2；

使用优先原则

定值 $I_{gl1}$=1542.8A。

二次值 $I_{gl1} = 1542.8 \div (800 \div 1) = 1.93$A。

2. 过流Ⅰ段时间（$T_{gl1}$）——定值：0.1

默认值，一般整定为 0.1s。

$$T_{gl1} = t = 0.1 = 0.1\text{s}$$

$t$：动作时间，0.1；

定值 $T_{gl1}$=0.1s。

3. 过流Ⅱ段定值（$I_{gl2}$）——定值：578.55/0.72

按可靠躲过电容器的额定电流整定，一般整定为 $1.5I_e$。

$$I_{gl2} = K_k \times I_e = 1.5 \times 385.7 = 578.55\text{A}$$

式中 $K_k$——可靠系数，1.5；

$I_e$——额定电流（A），385.7。

定值 $I_{gl2}$=578.55A。

二次值 $I_{gl2} = 578.55 \div (800 \div 1) = 0.72$A。

4. 过流Ⅱ段时间（$T_{gl2}$）——定值：0.5

默认值，一般整定为 0.3～1.0s。

$$T_{gl2} = t = 0.5 = 0.5\text{s}$$

$t$：动作时间，0.5。

定值 $T_{gl2}$=0.5s。

5. 零序过流Ⅰ段定值（$I_{gl01}$）——定值：20

退出，取最大值

$$I_{gl01} = I = 20 = 20\text{A}$$

$I$：20。

定值 $I_{gl01}$=20A。

6. 零序过流Ⅰ段时间（$T_{gl01}$）——定值：10

退出，取最大值

$$T_{gl01} = t = 10 = 10s$$

$t$：10。

定值 $T_{gl01}$=10s。

7. 零序过流Ⅱ段定值（$I_{gl02}$）——定值：16000/20

退出，取最大值

$$I_{gl02} = I = 20 = 20A$$

$I$：20。

定值 $I_{gl02}$=20A。

8. 零序过流Ⅱ段时间（$T_{gl02}$）——定值：10

退出，取最大值

$$T_{gl02} = t = 10 = 10s$$

$t$：10。

定值 $T_{gl02}$=10s。

9. 过电压定值（$U_{gyzd}$）——定值：11600/116

按电容器端电压不长时间超过1.1倍电容器额定电压的原则整定

$$U_{gyzd} = K_v \times (1 - X) \times U_e = 1.1 \times (1 - 0.12) \times 12000 = 11616V$$

式中　$K_v$——过电压系数，1.1；

$U_e$——额定电压（V），12000；

$X$——额定电抗率，0.12。

采用人工给定定值

定值 $U_{gyzd}$=11600V。

$U_{gyzd}$　二次值=116V。

10. 过电压时间（$T_{gy}$）——定值：10

按不大于60s整定。

$$T_{gy} = t = 10 = 10s$$

$t$：动作时间，10。

定值 $T_{gy}$=10s。

11. 低电压定值（$U_{dyzd}$）——定值：5000/50

一般整定为 0.3～0.6 倍额定电压。

$$U_{dyzd}=K\times U_{e}=0.5\times 12000=6000\text{V}$$

式中 $U_{e}$——额定电压（V），12000；

$K$ 取值 0.5。

采用人工给定定值

定值 $U_{dyzd}$=5000V。

$U_{dyzd}$ 二次值=50V。

12. 低电压时间（$T_{dy}$）——定值：2.7

与变压器本侧后备保护最长动作时间配合

$$T_{dy}=t+\Delta t=2.4+0.3=2.7\text{s}$$

式中 $t$——变压器本侧后备保护最长动作时间，2.4；

$\Delta t$——时间极差，0.3；

定值 $T_{dy}$=2.7s。

13. 低电压闭锁电流定值（$I_{bs}$）——定值：308.56/0.39

按（0.5～0.8）倍电容器额定电流整定

$$I_{bs}=K_{k}\times I_{e}=0.8\times 385.7=308.56\text{A}$$

式中 $I_{e}$——额定电流（A），385.7；

$K_{k}$ 取 0.8；

定值 $I_{bs}$=308.56A。

二次值 $I_{bs}=308.56\div(800\div 1)=0.39\text{A}$。

14. 不平衡电压定值（$U_{bphl}$）——定值：630/6.3

厂家推荐值

定值 $U_{bphl}$=630V。

$U_{bphl}$ 二次值=6.3V。

15. 不平衡电压时间（$T_{bphu}$）——定值：0.1

动作时间一般取 0.1s

$$T_{bphu}=t=0.1=0.1\text{s}$$

$t$：0.1；

定值 $T_{bphu}=0.1s$。

16. 不平衡电流定值（$I_{bph}$）——定值：16000/20

退出，取最大值

$$I_{bph}=I=20=20A$$

采用人工给定定值

定值 $I_{bph}$=16000A；

$I_{bph}$　二次值=20A。

17. 不平衡电流时间（$T_{bphl}$）——定值：10

退出，取最大值

$$T_{bphl}=t=10=10s$$

$t$ 取 10；

采用人工给定定值

定值 $T_{bphl}$=10s。

（三）定值单

长沙电网继电保护定值通知单见表 18-1。

**表 18-1　　长沙电网继电保护定值通知单**

编号：开元变电站-10kV8 号电容器保护-PCS9631AG-202001

| 保护型号 | PCS-9631A-G | | | | |
|---|---|---|---|---|---|
| 版本号 | V3.00 | 校验码 | 1296B3A6 | 程序生成时间 | |
| TA 变比 | 800/1 | TV 变比 | 10000/100 | | |
| | | | | | |

注　(1) 电容器参数：①TBB10-8016/334-AC (W)，单台 BAM12/2√3-334-1W；②单星形接线、内熔丝保护；③$M$=4，$N$=2，$m$=18，$n$=2，电抗率 12%；④不平衡电压（差压）厂家推荐值为 6.3V。
(2) 过电压采母线 TV。

| 整定： | | 审核： | | 批准： | | 日期： | 2020 年 4 月 27 日 |
|---|---|---|---|---|---|---|---|

| 1 | 设备参数 | | | |
|---|---|---|---|---|
| 序号 | 名称 | 单位 | 定值 | 备注 |
| 1.01 | 定值区号 | | 现场整定 | |
| 1.02 | 被保护设备 | | 8 号电容器 | |
| 1.03 | TV 一次值 | kV | 10 | |
| 1.04 | 不平衡保护 TV 一次值 | kV | 3.5 | |
| 1.05 | 不平衡保护 TV 二次值 | V | 100 | |

续表

| 1 | 设备参数 | | | |
|---|---|---|---|---|
| 序号 | 名称 | 单位 | 定值 | 备注 |
| 1.06 | 保护 TA 一次值 | A | 800 | |
| 1.07 | 保护 TA 二次值 | A | 1 | |
| 1.08 | 不平衡保护 TA 一次值 | A | 800 | |
| 1.09 | 不平衡保护 TA 二次值 | A | 1 | |
| 1.10 | 零序 TA 一次值 | A | 800 | |
| 1.11 | 零序 TA 二次值 | A | 1 | |
| 2 | 保护定值 | | | |
| 序号 | 名称 | 单位 | 定值 | 备注 |
| 2.01 | 过流Ⅰ段定值 | A | 1.93 | |
| 2.02 | 过流Ⅰ段时间 | s | 0.1 | |
| 2.03 | 过流Ⅱ段定值 | A | 0.72 | |
| 2.04 | 过流Ⅱ段时间 | s | 0.5 | |
| 2.05 | 零序过流Ⅰ段定值 | A | 20 | |
| 2.06 | 零序过流Ⅰ段时间 | s | 10 | |
| 2.07 | 零序过流Ⅱ段定值 | A | 20 | |
| 2.08 | 零序过流Ⅱ段时间 | s | 10 | |
| 2.09 | 过电压定值 | V | 116 | |
| 2.10 | 过电压时间 | s | 30 | |
| 2.11 | 低电压定值 | V | 50 | |
| 2.12 | 低电压时间 | s | 2.7 | |
| 2.13 | 低电压闭锁电流定值 | A | 0.39 | |
| 2.14 | 不平衡电压定值 | V | 6.3 | |
| 2.15 | 不平衡电压时间 | s | 0.1 | |
| 2.16 | 不平衡电流定值 | A | 20 | |
| 2.17 | 不平衡电流时间 | s | 10 | |
| 3 | 保护控制字 | | | |
| 序号 | 名称 | 单位 | 定值 | 备注 |
| 3.01 | 过流Ⅰ段 | | 1 | |
| 3.02 | 过流Ⅱ段 | | 1 | |
| 3.03 | 零序电流采用自产零流 | | 0 | |
| 3.04 | 零序过流Ⅰ段 | | 0 | |
| 3.05 | 零序过流Ⅱ段 | | 0 | |
| 3.06 | 过电压保护 | | 1 | |
| 3.07 | 低电压保护 | | 1 | |
| 3.08 | 不平衡电压保护 | | 1 | |
| 3.09 | 不平衡电流保护 | | 0 | |
| 3.10 | 零序过流告警 | | 0 | |
| 3.11 | 闭锁简易母线保护 | | 0 | |
| 3.12 | TV 断线自检 | | 1 | |

续表

| 4 | 保护软压板 | | | |
|---|---|---|---|---|
| 序号 | 名称 | 单位 | 定值 | 备注 |
| 4.01 | 低电压保护软压板 | | 1 | |
| 4.02 | 非电量 1 软压板 | | 现场整定 | |
| 4.03 | 非电量 2 软压板 | | 现场整定 | |
| 4.04 | 远方投退压板软压板 | | 0 | |
| 4.05 | 远方切换定值区软压板 | | 0 | |
| 4.06 | 远方修改定值软压板 | | 0 | |

# 第十九章　配电网线路保护整定计算原则

随着配网自动化技术的日益成熟，配电网线路保护不仅配置有三段式过电流保护、零序电流保护，也含有了馈线自动化这一新型技术。

## 一、总则

（1）本原则适用于各地市公司及其下属市（区、县）公司管辖范围内的10kV配电网。

（2）变电站（开闭所）内10kV配电网线路应配置集保护、测控、计量一体化的微机型保护装置。变电站外10kV环网箱和柱上开关应配置集保护、测控、计量功能于一体的配电终端。

（3）馈线自动化包括集中型和就地型两种模式，本原则只规定集中型馈线自动化的整定原则。

（4）对于新建或改造的配电网线路，应在规划设计阶段，按照本原则的要求，合理设置环网箱和柱上开关的位置；对现有馈线自动化、继电保护配置不合理的配电线路，应循序渐进逐步整改，优先利用现有设备，结合停电检修开展统筹整治。

## 二、配电网线路继电保护整定原则

（1）在10kV配电网线路供电范围内，综合考虑线路长短及保护配置情况，合理设置不超过三级线路保护，参与整定配合并动作于跳闸，其他保护动作于信号。

（2）第一级保护设置在变电站10kV出线。

（3）第二、三级保护设置原则：

1）当配电网10kV第一级保护的过电流保护对线路全长无灵敏度时，应在合理位置设置第二、三级保护，保证第一级保护的过电流保护在第二级保护末端有灵敏度，第二级保护的过电流保护在第三级保护末端有灵敏度。

2）当配电网10kV主干线较长时，可在主干线合理位置设置第二、三级保护。

3）配电网 10kV 分支线首端宜设置一级保护，保证支线故障不影响主干线及其他支线运行。

4）配电网 10kV 用户侧宜设置“看门狗”或者用户分界断路器保护，可作为第三级保护，保证用户设备故障不影响配电网线路运行。

5）按照开闭所、环网箱和柱上开关的优先顺序合理设置第二、三级保护。

（4）动作于跳闸的三级线路保护整定原则（见表 19-1）。

**表 19-1　　配电网线路保护整定计算原则**

| 名称 | | 定值 | | 动作时间 | 说明 |
|---|---|---|---|---|---|
| | | 整定原则 | 说明 | 整定原则 | |
| 第一级线路保护 | 电流速断保护 | 1. 按与上一级变压器低压侧限时速断保护反配整定：<br>$I_{\mathrm{DZI}.1} \leqslant \dfrac{I_{\mathrm{d.1.op}}}{K_{\mathrm{p}} K_{1.\mathrm{fz}} n_{1.\mathrm{a}}}$ | 1. $I_{\mathrm{d.1.op}}$为变压器低压侧限时速断保护整定值（一次值）<br>2. $K_{\mathrm{p}}$ 为配合系数，取 1.1<br>3. $K_{1.\mathrm{fz}}$ 为上一级变压器 10kV 侧对 10kV 侧出线的最大正序分支系数<br>4. $n_{1.\mathrm{a}}$为第一级保护安装处电流互感器变比 | 1. 当原则 1 与原则 2 均满足条件时，按原则 2 取值：<br>$t_{\mathrm{I}.1}=0\mathrm{s}$<br>2. 当原则 1 与原则 2 冲突时，按原则 1 取值，时限与第二级电流速断保护动作时间配合：<br>$t_{\mathrm{I}.1}=t_{\mathrm{II}.1}+\Delta t_1$<br>$t_{\mathrm{I}.1}\leqslant 0.3\mathrm{s}$ | 1. 若线路为双侧电源线路（电厂联络线），则应经方向元件控制，方向指向线路<br>2. $\Delta t_1$ 为时间级差，一般取 0.15s |
| | | 2. 按躲过第二级保护安装处最大三相短路电流整定：<br>$I_{\mathrm{DZI}.1} \geqslant \dfrac{K_{\mathrm{k}} I_{\mathrm{Dmax}}^{(3)}}{n_{1.\mathrm{a}}}$ | 1. $K_{\mathrm{k}}$ 取 1.3<br>2. $I_{\mathrm{Dmax}}^{(3)}$ 为系统大方式下，第二级保护安装处三相短路时流过保护安装处的最大短路电流 | | |
| | 延时电流速断保护 | 1. 保证第二级保护安装处两相金属性短路故障时有规定的灵敏度：<br>$I_{\mathrm{DZI}.2} \leqslant \dfrac{I_{\mathrm{kmin}}^{(2)}}{K_{\mathrm{sen}} n_{1.\mathrm{a}}}$ | 1. $I_{\mathrm{k.min}}^{(2)}$ 为最小运行方式下第二级保护安装处两相金属性短路故障时流过保护安装处的最小短路电流<br>2. $K_{\mathrm{sen}}$ 为灵敏度系数，取 1.4 | 时限与第二级保护装置电流速断保护动作时间配合：<br>$t_{\mathrm{I}.2}=t_{\mathrm{II}.1}+\Delta t$ | 1. 若线路为双侧电源线路（电厂联络线），则应经方向元件控制，方向指向线路<br>2. $\Delta t$ 为时间级差，一般取 0.3s（下同）<br>3. $t_{\mathrm{I}.2}$一般应$\leqslant$0.6s |
| | | 2. 按与第二级保护装置电流速断保护配合整定：<br>$I_{\mathrm{DZI}.2} \geqslant \dfrac{K_{\mathrm{p}} K_{\mathrm{f}} I_{\mathrm{DZII}.1} n_{2.\mathrm{a}}}{n_{1.\mathrm{a}}}$ | 1. $K_{\mathrm{f}}$ 为分支系数<br>2. $I_{\mathrm{DZII}.1}$为第二级保护电流速断整定值<br>3. $n_{2.\mathrm{a}}$为第二级保护安装处电流互感器变比 | | |
| | 过电流保护 | 1. 按躲本线路的最大负荷电流整定：<br>$I_{\mathrm{DZI}.3} \geqslant \dfrac{K_{\mathrm{k}} I_{\mathrm{f.max}}}{K_{\mathrm{r}} n_{1.\mathrm{a}}}$ | 1. $K_{\mathrm{k}}$ 取 1.2<br>2. $I_{\mathrm{f.max}}$ 为本线路的最大负荷电流，最大负荷电流可取导线允许电流和 TA 一次值中的小值<br>3. $K_{\mathrm{r}}$ 为返回系数，微机保护取 0.95，其他保护取 0.85 | 时限与第二级保护装置过电流保护动作时间配合：<br>$t_{\mathrm{I}.3}=t_{\mathrm{II}.3}+\Delta t$ | 1. 若线路为双侧电源线路（电厂联络线），则应经方向元件控制，方向指向线路<br>2. $t_{\mathrm{I}.3}$一般应$\leqslant$1.2s<br>3. 如过电流保护对全线路末端有灵敏度，则不校验对第三级保护安装处的灵敏度 |
| | | 2. 与上一级变压器 10kV 侧复压闭锁过流保护反配：<br>$I_{\mathrm{DZI}.3} \leqslant \dfrac{I_{\mathrm{d.2.op}}}{K_{\mathrm{p}} K_{1.\mathrm{fz}} n_{1.\mathrm{a}}}$ | $I_{\mathrm{d.2.op}}$ 为上一级变压器 10kV 侧复压闭锁过流整定值（一次值） | 与上一级变压器 10kV 侧复压闭锁过流第一时限反配：<br>$t_{\mathrm{I}.3}\leqslant t_{\mathrm{T}}-\Delta t$ | |

续表

| 名称 | | 定值 | | 动作时间 | 说明 |
|---|---|---|---|---|---|
| | | 整定原则 | 说明 | 整定原则 | |
| 第一级线路保护 | 过流加速段定值 | 3. 过电流保护的灵敏度系数按下式进行校验：<br>$K_{sen}=\frac{I_{k.min}^{(2)}}{I_{DZI.3}n_{1.a}}$ | 1. $I_{k.min}^{(2)}$为最小运行方式全线路末端或第三级保护安装处两相金属性短路故障时流过保护安装处的最小短路电流<br>2. $K_{sen}$不小于1.2 | | |
| | | 取值与本级保护延时电流速断保护电流定值相同：<br>$I_{DZI.js}=I_{DZI.2}$ | | $t_{I.js}=0.3s$ | |
| | 零序过流告警 | 按躲线路电容电流整定，一般电缆线路或混合线路一次值取3A，架空线路取1A | | $t=10-60s$ | 1. 本保护定值仅适用于不接地系统<br>2. 本保护仅发信告警 |
| | 零序电流Ⅰ段 | 1. 保证第二级保护安装处单相金属性接地故障时有规定的灵敏度：<br>$I_{\mathrm{I}0.1}\leqslant\frac{3I_{0.min}^{(1)}}{K_{sen}n_{1.a}}$ | 1. $I_{0.min}^{(1)}$为最小运行方式下第二级保护安装处单相金属性接地故障时流过保护安装处的零序电流<br>2. $K_{sen}$取2.0 | 与第二级零序电流Ⅰ段保护时间定值中的最长时间配合：<br>$t_{\mathrm{I}0.1}=t_{\mathrm{II}0.1.max}+\Delta t$ | 1. 本保护定值适用于低电阻接地系统<br>2. 本保护动作于出口跳闸 |
| | | 2. 与第二级保护零序电流Ⅰ段定值配合：<br>$I_{\mathrm{I}0.1}\geqslant\frac{K_P I_{\mathrm{II}0.1.max}}{n_{1.a}}$ | $I_{\mathrm{II}0.1.max}$为第二级保护零序电流Ⅰ段中的最大电流定值（一次值） | | |
| | | 3. 可靠躲过全线路的电容电流：<br>$I_{\mathrm{I}0.1}\geqslant\frac{K_k I_c}{n_{1.a}}$ | 1. $K_k$取1.5<br>2. $I_c$为全线路的实测电容电流 | | |
| | 零序电流Ⅱ段 | 1. 保证第二级保护安装处单相经电阻接地故障时有规定灵敏度：<br>$I_{\mathrm{I}0.2}\leqslant\frac{3I_{gz.0.min}^{(1)}}{K_{sen}n_{1.a}}$ | $I_{gz.0.min}^{(1)}$为最小运行方式下第二级保护安装处单相经电阻接地故障时流过保护安装处的零序电流<br>2. $K_{sen}$取2.0 | 与本线路过电流保护相同：<br>$t_{\mathrm{I}0.2}=t_{I.2}$ | 1. 本保护定值适用于低电阻接地系统<br>2. 本保护动作于出口跳闸<br>3. $I_{\mathrm{I}0.2}\leqslant100A$ |
| | | 2. 与第二级零序保护Ⅱ段定值配合：<br>$I_{\mathrm{I}0.2}\geqslant\frac{K_p I_{\mathrm{II}0.2.max}}{n_{1.a}}$ | $I_{\mathrm{II}0.2.max}$为第二级保护零序电流Ⅱ段中的最大电流定值（一次值） | | |
| | | 3. 可靠躲过全线路的电容电流：<br>$I_{\mathrm{I}0.2}\geqslant\frac{K_k I_c}{n_{1.a}}$ | 1. $K_k$取1.5<br>2. $I_c$为全线路的实测电容电流 | | |

续表

| 名称 | | 定值 | | 动作时间 | 说明 |
|---|---|---|---|---|---|
| | | 整定原则 | 说明 | 整定原则 | |
| 第二级线路保护 | 电流速断保护 | 1. 按与第一级保护装置电流速断保护反配整定：<br>$I_{DZ\mathrm{II}.1} \leqslant \frac{I_{DZI.1} n_{1.a}}{K_p K_f n_{2.a}}$ | $I_{DZI.1}$为第一级保护装置电流速断保护定值 | 1. 当原则1与原则2均满足条件时，按原则2取值：<br>$t_{\mathrm{II}.1}=0s$<br>2. 当原则1与原则2冲突时，按原则1取值，时限与第三级电流速断保护动作时间配合：<br>$t_{\mathrm{II}.1}=t_{\mathrm{III}.1}+\Delta t_1$<br>$t_{\mathrm{II}.1} \leqslant 0.15s$ | 若线路为双侧电源线路（电厂联络线），则应经方向元件控制，方向指向线路 |
| | | 2. 按躲过第三级保护安装处最大三相短路电流整定：<br>$I_{DZ\mathrm{II}.1} \geq \frac{K_k I_{Dmax}^{(3)}}{n_{2.a}}$ | 1. $K_k$取1.3<br>2. $I_{Dmax}^{(3)}$为系统大方式下，第三级保护安装处三相短路时流过线路的最大短路电流 | | |
| | 过电流保护 | 1. 按躲本线路的最大负荷电流整定：<br>$I_{DZ\mathrm{II}.3} \geqslant \frac{K_k I_{f.max}}{K_r n_{2.a}}$ | 1. $K_k$取 1.2<br>2. $K_r$：微机保护取0.95，其他保护取0.85 | 时限与第三级保护装置过电流保护动作时间配合：<br>$t_{\mathrm{II}.3}=t_{\mathrm{III}.3}+\Delta t$ | 1. 若线路为双侧电源线路（电厂联络线），则应经方向元件控制，方向指向线路<br>2. $t_{\mathrm{II}.3}$一般应≤0.9s<br>3. 如第一级保护的过电流保护对全线有灵敏度，则不校验灵敏度 |
| | | 2. 按与第一级保护装置过电流保护进行反配整定：<br>$I_{DZ\mathrm{II}.3} \leqslant \frac{I_{DZI.3} n_{1.a}}{K_p K_f n_{2.a}}$ | $I_{DZI.3}$为第一级保护装置过电流保护定值 | 时限与第一级保护装置过电流保护动作时间反配：<br>$t_{\mathrm{II}.3}=t_{I.3}-\Delta t$ | |
| | | 3. 过电流保护的灵敏度系数按下式进行校验：<br>$K_{sen}=\frac{I_{k.min}^{(2)}}{I_{DZ\mathrm{II}.3} n_{2.a}}$ | 1. $I_{k.min}^{(2)}$为最小运行方式第三级保护范围末端两相金属性短路故障时流过保护安装处的最小短路电流<br>2. $K_{sen}$不小于1.2 | | |
| | 过流加速段定值 | 1. 保证第三级保护安装处两相金属性短路故障时有规定的灵敏度：<br>$I_{DZ\mathrm{II}.js}=\frac{I_{k.min}^{(2)}}{K_{sen} n_{2.a}}$ | 1. $I_{k.min}^{(2)}$为最小运行方式下第三级保护安装处两相金属性短路故障时流过保护安装处的最小短路电流<br>2. $K_{sen}$取1.4 | $t_{\mathrm{II}.js}=0.3s$ | |
| | 零序过流告警 | 按躲线路电容电流整定，一般电缆线路或混合线路一次值取3A，架空线路取1A | | $t=10-60s$ | 1. 本保护定值仅适用于不接地系统<br>2. 本保护仅发信告警 |
| | 零序电流Ⅰ段 | 1. 保证第三级保护安装处单相金属性接地故障时有规定的灵敏度：<br>$I_{\mathrm{II}0.1} \leqslant \frac{3I_{0.min}^{(1)}}{K_{sen} n_{2.a}}$ | 1. $I_{0.min}^{(1)}$为最小运行方式下第三级保护安装处单相金属性接地故障时流过保护安装处的零序电流<br>2. $K_{sen}$取2.0 | 与第三级零序电流Ⅰ段保护时间定值中的最长时间配合：<br>$t_{\mathrm{II}0.1}=t_{\mathrm{III}0.1.max}+\Delta t$ | 1. 本保护定值适用于低电阻接地系统<br>2. 本保护动作于出口跳闸 |
| | | 2. 与第三级零序电流Ⅰ段定值配合：<br>$I_{\mathrm{II}0.1} \geqslant \frac{K_P I_{\mathrm{III}0.1.max}}{n_{2.a}}$ | 1. $I_{\mathrm{III}0.1.max}$为第三级零序电流Ⅰ段保护中的最大电流定值（一次值） | | |
| | | 3. 可靠躲过全线路的电容电流：<br>$I_{\mathrm{II}0.1} \geqslant \frac{K_k I_c}{n_{2.a}}$ | 1. $K_k$取1.5<br>2. $I_c$为全线路的实测电容电流 | | |

续表

<table>
<tr><th colspan="2" rowspan="2">名称</th><th colspan="2">定值</th><th>动作时间</th><th rowspan="2">说明</th></tr>
<tr><th>整定原则</th><th>说明</th><th>整定原则</th></tr>
<tr><td rowspan="3">第二级线路保护</td><td rowspan="3">零序电流Ⅱ段</td><td>1. 保证第三级保护安装处单相经电阻接地故障时有规定灵敏度：<br>$I_{\mathrm{II}0.2} \leqslant \frac{3I^{(1)}_{gz.0.\min}}{K_{sen}n_{2.a}}$</td><td>$I^{(1)}_{gz.0.\min}$为最小运行方式下第三级保护安装处单相经电阻接地故障时流过保护安装处的零序电流<br>2. $K_{sen}$取2.0</td><td rowspan="3">与本线路过电流保护相同：<br>$t_{\mathrm{II}0.2}=t_{\mathrm{II}.2}$</td><td rowspan="3">1. 本保护定值适用于低电阻接地系统<br>2. 本保护动作于出口跳闸<br>3. $I_{\mathrm{II}0.2} \leqslant 100\mathrm{A}$</td></tr>
<tr><td>2. 与第三级零序保护Ⅱ段定值配合：<br>$I_{\mathrm{II}0.2} \geqslant \frac{K_p I_{\mathrm{III}0.2.\max}}{n_{2.a}}$</td><td>$I_{\mathrm{III}0.2.\max}$为第三级零序电流Ⅱ段保护中的最大电流定值（一次值）</td></tr>
<tr><td>3. 可靠躲过全线路的电容电流：<br>$I_{\mathrm{II}0.2} \geqslant \frac{K_k I_c}{n_{2.a}}$</td><td>1. $K_k$取1.5<br>2. $I_c$为全线路的实测电容电流</td></tr>
<tr><td rowspan="7">第三级线路保护</td><td rowspan="2">电流速断保护</td><td>1. 按与第二级保护装置电流速断保护反配整定：<br>$I_{DZ\mathrm{III}.1} \leqslant \frac{I_{DZ\mathrm{II}.1}n_{2.a}}{K_p K_f n_{3.a}}$</td><td>$I_{DZ\mathrm{II}.1}$为第二级保护装置电流速断保护定值</td><td rowspan="2">1. $t_{\mathrm{III}.1}=0\mathrm{s}$<br>2. 当原则1与原则2均满足条件时，按原则2取值；当原则1与原则2冲突时，按原则1取值</td><td rowspan="2">若线路为双侧电源线路（电厂联络线），则应经方向元件控制，方向指向线路</td></tr>
<tr><td>2. 按躲过本线路末端最大三相短路电流整定：<br>$I_{DZ\mathrm{III}.I} \geqslant \frac{K_k I^{(3)}_{D\max}}{n_{3.a}}$</td><td>1. $K_k$取1.3<br>2. $I^{(3)}_{D\max}$为系统大方式下，本线路末端三相短路时流过线路的最大短路电流</td></tr>
<tr><td rowspan="3">过电流保护</td><td>1. 按躲本线路的最大负荷电流整定：<br>$I_{DZ\mathrm{III}.3} \geqslant \frac{K_k I_{f.\max}}{K_r n_{3.a}}$</td><td>1. $K_k$取1.2<br>2. $K_r$：微机保护取0.95，其他保护取0.85</td><td rowspan="3">1. 时限与第二级保护装置过电流保护动作时间反配：<br>$t_{\mathrm{III}.3}=t_{\mathrm{II}.3}-\Delta t$<br>2. 时限与第三级保护装置电流速断保护动作时间配合：<br>$t_{\mathrm{III}.3}=t_{\mathrm{III}.1}+\Delta t$</td><td rowspan="3">1. 若线路为双侧电源线路（电厂联络线），则应经方向元件控制，方向指向线路<br>2. $t_{\mathrm{III}.3}$一般应≤0.6s<br>3. 如第一级保护的过电流保护对全线有灵敏度，则不校验灵敏度</td></tr>
<tr><td>2. 按与第二级保护装置过电流保护反配整定：<br>$I_{DZ\mathrm{III}.3} \leqslant \frac{I_{DZ\mathrm{II}.3}n_{2.a}}{K_p K_f n_{3.a}}$</td><td>$I_{DZ\mathrm{II}.3}$为第二级保护装置过电流保护定值</td></tr>
<tr><td>3. 过电流保护的灵敏度系数按下式进行校验：<br>$K_{sen}=\frac{I^{(2)}_{k.\min}}{I_{DZ\mathrm{III}.3}n_{3.a}}$</td><td>1. $I^{(2)}_{k.\min}$为最小运行方式本线路末端两相金属性短路故障时流过保护安装处的最小短路电流<br>2. $K_{sen}$不小于1.2</td></tr>
<tr><td>过流加速段定值</td><td>保证第三级保护范围末端两相金属性短路故障时有规定的灵敏度：<br>$I_{DZ\mathrm{III}.js}=\frac{I^{(2)}_{k.\min}}{K_{sen}n_{3.a}}$</td><td>1. $I^{(2)}_{k.\min}$为最小运行方式下第三级保护范围末端两相金属性短路时流过保护的最小短路电流<br>2. $K_{sen}$取1.4</td><td>$t_{\mathrm{III}.js}=0.3\mathrm{s}$</td><td></td></tr>
<tr><td>零序过流告警</td><td>按躲线路电容电流整定，一般电缆线路或混合线路取一次值3A，架空线路取1A</td><td></td><td>$t$=10－60s</td><td>1. 本保护定值仅适用于不接地系统<br>2. 本保护仅发信告警</td></tr>
</table>

续表

<table>
<tr><th colspan="2" rowspan="2">名称</th><th colspan="2">定值</th><th>动作时间</th><th rowspan="2">说明</th></tr>
<tr><th>整定原则</th><th>说明</th><th>整定原则</th></tr>
<tr><td rowspan="4">第三级线路保护</td><td rowspan="2">零序电流Ⅰ段</td><td>1. 保证本线路末端单相金属性接地故障时有规定的灵敏度：<br>$I_{Ⅲ0.1} \leqslant \frac{3I_{0.\min}^{(1)}}{K_{sen}n_{3.a}}$</td><td>1. $I_{0.\min}^{(1)}$为最小运行方式下本线路末端单相金属性接地故障时流过保护安装处的零序电流<br>2. $K_{sen}$取2.0</td><td rowspan="2">$t_{Ⅲ0.1}=0s$</td><td>1. 本保护定值适用于低电阻接地系统<br>2. 本保护动作于出口跳闸</td></tr>
<tr><td>2. 可靠躲过全线路的电容电流：<br>$I_{Ⅲ0.1} \geqslant \frac{K_k I_c}{n_{3.a}}$</td><td>1. $K_k$取1.5<br>2. $I_c$为全线路的实测电容电流</td><td></td></tr>
<tr><td rowspan="2">零序电流Ⅱ段</td><td>1. 保证本线路末端单相经电阻接地故障时有规定灵敏度：<br>$I_{Ⅲ0.2} \leqslant \frac{3I_{gz.0.\min}^{(1)}}{K_{sen}n_{3.a}}$</td><td>1. $I_{gz.0.\min}^{(1)}$为最小运行方式下本线路末端单相经电阻接地故障时流过保护安装处的零序电流<br>2. $K_{sen}$取2.0</td><td rowspan="2">与本线路过电流保护相同：<br>$t_{Ⅲ0.2}=t_{Ⅲ.2}$</td><td rowspan="2">1. 本保护定值适用于低电阻接地系统<br>2. 本保护动作于出口跳闸<br>3. $I_{Ⅲ0.2} \leqslant 100A$</td></tr>
<tr><td>2. 可靠躲过全线路的电容电流：<br>$I_{Ⅲ0.2} \geqslant \frac{K_k I_c}{n_{3.a}}$</td><td>1. $K_k$取1.5<br>2. $I_c$为全线路的实测电容电流</td></tr>
<tr><td rowspan="4">重合闸</td><td>检无压定值</td><td>按正常额定电压下有规定的灵敏度整定：<br>$U_{dz}=\frac{U_n}{K_{sen}}$</td><td>1. $U_n$为额定电压<br>2. $K_{sen}$取2～4，一般整定为：$U_{dz}=30v$</td><td rowspan="2">$t=2s$，容量较大的电厂出线重合闸时间根据实际情况适当延长，可整定为10s</td><td rowspan="3">1. 采用三相一次重合闸<br>2. 采用重合闸后加速方式<br>3. 双侧电源线路，应有一侧设为检同期重合方式。一般大电网系统侧采用检无压及检同期重合方式，另一侧采用检线有压母无压及检同期重合方式<br>4. 单侧电源线路，重合闸采用无检定方式</td></tr>
<tr><td>检同期角度</td><td>线路检同期合闸角一般整定为：$\delta=30°$</td><td></td></tr>
<tr><td>无检定</td><td></td><td></td><td>$t=2s$</td></tr>
<tr><td>退出</td><td></td><td></td><td></td><td>全架空线路重合闸应投入，全电缆线路重合闸应退出，电缆与架空混合线路重合闸另行规定</td></tr>
</table>

## 三、配电网线路馈线自动化整定原则

（1）地市公司建有独立配电主站，且配电终端具备遥控功能的10kV线路应投入集中型馈线自动化。

（2）动作于信号的配电终端仅设置故障告警定值，告警定值按开关所在的相应级线路保护定值整定。

## 四、算例

### （一）算例描述

10kV 黄岩线主干线总长度 23.014km，在 57 号杆和 1 号 76 杆分别设置了第二、第三级保护。变电站间隔 TA 变比 600/5。10kV 黄岩线单线示意图如图 19-1 所示。

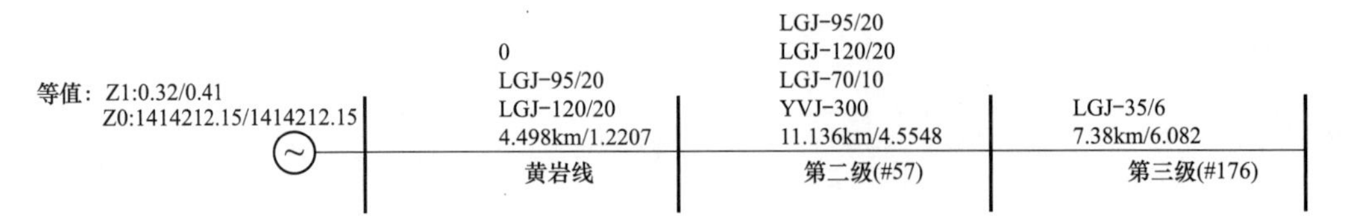


图 19-1　10kV 黄岩线单线示意图

### （二）计算过程

1. 变电站第一级首端阶段电流Ⅰ段

（1）按躲过相邻线路保护安装处最大三相短路电流整定。

$$I_1 \geqslant K_k \times I_{max} = 1.3 \times 3710.879 = 4824.14$$

$I_{max}=3710.879$　大方式：在第一级的末端发生三相相间短路。

（2）与上一级变压器低压侧限时速断反配/按定值限额整定。

与上一级变压器低压侧限时速断配合。

$$I_1 \leqslant I_{dz}/K_p = 7984/1.1 = 7258.18$$

$$T_1 \leqslant 0.6 - 0.3 = 0.3$$

定值区间：$4824.14 \leqslant I_1 \leqslant 7258.18$

定值取值：按灵敏度较高取值　$I_1=4824.14$

阶段电流Ⅰ段整定结果

Ⅰ段定值 $I_1 = 4824.14(A)$

Ⅰ段二次值 $I_1' = I_1/TA = 4824.14/(600/5) = 40.2(A)$

Ⅰ段时间定值 $T_1 = 0.3(s)$

2. 变电站第一级首端阶段电流Ⅱ段

（1）按保证线路末端故障有灵敏度整定。

$$I_2 \leqslant I_{min}/K_{lm} = 3031.099/1.3 = 2331.62$$

$I_{min}=3031.099$　小方式：在第一级的末端发生两相相间短路

（2）与相邻线路电流速断保护配合整定。

配合支路：第二级（57 号）。

$$I_2 \geqslant K_k \times K_{fz} \times I'_{dz} = 1.1 \times 1 \times 1185.61 = 1304.171$$

$$T_2 \geqslant 0.15 + 0.15 = 0.3$$

定值区间：$1304.171 \leqslant I_2 \leqslant 2331.62$

定值取值：按人工给定取值 $I_2 = 2020.73$

时间区间：$T_2 \geqslant 0.6$

时间取值：按人工给定取值 $T_2 = 0.6$

阶段电流Ⅱ段整定结果

Ⅱ段定值 $I_2 = 2020.73(A)$

Ⅱ段二次值 $I'_2 = I_2/TA = 2020.73/(600/5) = 16.84(A)$

Ⅱ段时间定值 $T_2 = 0.6(s)$

3. 变电站第一级首端阶段电流Ⅲ段

（1）按躲线路最大负荷电流整定。

$$I_3 \geqslant K_k \times I_{fhmax}/K_{fh} = 1.2 \times 365/0.95 = 461.05$$

本线路最大负荷电流：365

本线路保护 TA 一次值：600

本线路最大允许安全电流：365

最大负荷电流：

$$I_{fh} = S/1.732/U = 21000/1.732/10.5 = 1154.734$$

（2）与上一级变压器 10kV 侧复压闭锁过流保护反配/按定值限额整定。

与上一级变压器 10kV 侧复压闭锁过流保护配合

$$I_3 \leqslant I'_{dz3}/(K_p \times K_{fz}) = 3472/(1.1 \times 1) = 3156.36$$

$$T_3 \leqslant 2.1 - 0.3 = 1.8$$

定值区间：$461.05 \leqslant I_3 \leqslant 3156.36$

定值取值：按人工给定取值 $I_3 = 293.2$

时间区间：$0.6 \leqslant T_3 \leqslant 1.8$

时间取值：按人工给定取值 $T_3 = 1.2$

阶段电流Ⅲ段整定结果

Ⅲ段定值 $I_3 = 293.2(\text{A})$

Ⅲ段二次值 $I_3' = I_3/\text{TA} = 293.2/(600/5) = 2.44(\text{A})$

Ⅲ段时间定值 $T_3 = 1.2(\text{s})$

(3) 校核相邻线路末端故障灵敏度。

校核支路：第二级（57 号）。

$$K_{\text{lm}} = I_{\min}/I_3 = 351.8369/293.2 = 1.2$$

$I_{\min}$=351.8369　小方式：在第二级（57 号）的末端发生两相相间短路

$K_{\text{lm}}$=1.2=1.2，能够满足相邻支路远后备灵敏度要求

4. 变电站第一级首端过负荷段

按躲线路最大负荷电流整定

$$I_4 \geqslant K_{\text{k}} \times I_{\text{fhmax}}/K_{\text{fh}} = 1.05 \times 365/0.95 = 403.42$$

本线路最大负荷电流：365

本线路保护 TA 一次值：600

本线路最大允许安全电流：365

最大负荷电流：

$$I_{\text{fh}} = S/1.732/U = 21000/1.732/10.5 = 1154.734$$

定值区间：$I_4 \geqslant 403.42$

定值取值：按人工给定取值 $I_4$=263.8

过负荷段整定结果

过负荷段定值 $I_4 = 263.8(\text{A})$

过负荷段二次值 $I_4' = I_4/\text{TA} = 263.8/(600/5) = 2.2(\text{A})$

过负荷段时间定值 $T_4 = 6(\text{s})$

5. 变电站第二级（57 号）首端阶段电流Ⅰ段

(1) 按躲过相邻线路保护安装处最大三相短路电流整定。

$$I_1 \geqslant K_{\text{k}} \times I_{\max} = 1.3 \times 912.0095 = 1185.61$$

$I_{\max}$=912.0095　大方式：在第二级（57 号）的末端发生三相相间短路。

(2) 与第一级电流速断反配整定。

配合支路：第一级

$$I_1 \leqslant I_{\text{dz}}/K_{\text{p}} = 2020.73/1.1 = 1837.03$$

$$T_1 \leqslant 0.6 - 0.3 = 0.3$$

定值区间：$1185.61 \leqslant I_1 \leqslant 1837.03$

阶段电流Ⅰ段整定结果

Ⅰ段定值 $I_1 = 1185.61(\text{A})$

Ⅰ段时间定值 $T_1 = 0.15(\text{s})$

6. 变电站第二级（57号）首端阶段电流Ⅲ段

（1）按躲线路最大负荷电流整定。

$$I_3 \geqslant K_k \times I_{fhmax}/K_{fh} = 1.2 \times 264/0.95 = 333.47$$

本线路最大负荷电流：264

本线路保护 TA 一次值：600

本线路最大允许安全电流：264

最大负荷电流：

$$I_{fh} = S/1.732/U = 11995/1.732/10.5 = 659.5733$$

（2）与上一级变压器 10kV 侧复压闭锁过流保护反配/按定值限额整定。

配合支路：第一级

$$I_3 \leqslant I'_{dz3}/(K_p \times K_{fz}) = 293.2/(1.1 \times 1) = 266.55$$

$$T_3 \leqslant 1.2 - 0.3 = 0.9$$

定值区间：$333.47 \leqslant I_3 \leqslant 266.55$

定值取值：266.55

时间区间：$0.6 \leqslant T_3 \leqslant 0.9$

时间取值：按人工给定取值 $T_3 = 0.9$

阶段电流Ⅲ段整定结果

Ⅲ段定值 $I_3 = 266.55(\text{A})$

Ⅲ段时间定值 $T_3 = 0.9(\text{s})$。

（3）校核相邻线路末端故障灵敏度。

校核支路：第三级（1号76）

$$K_{lm} = I_{min}/I_3 = 401.1415/266.55 = 1.5$$

$I_{min} = 401.1415$　小方式：在第三级（1号76）的末端发生两相相间短路。

$K_{lm} = 1.5 > 1.2$，能够满足相邻支路远后备灵敏度要求。

7. 变电站第二级（57号）首端过负荷段

按躲线路最大负荷电流整定

$$I_4 \geqslant K_k \times I_{fhmax}/K_{fh} = 1.05 \times 264/0.95 = 291.79$$

本线路最大负荷电流：264

本线路保护 TA 一次值：600

本线路最大允许安全电流：264

最大负荷电流：

$$I_{fh} = S/1.732/U = 11995/1.732/10.5 = 659.5733$$

定值区间：$I_4 \geqslant 291.79$

定值取值：按人工给定取值 $I_4 = 240$

过负荷段整定结果

过负荷段定值 $I_4 = 240(A)$

过负荷段时间定值 $T_4 = 6(s)$。

8. 变电站第三级（1号76）首端阶段电流Ⅰ段

（1）按躲过相邻线路保护安装处最大三相短路电流整定。

$$I_1 \geqslant K_k \times I_{max} = 1.3 \times 465.856 = 605.61$$

$I_{max} = 465.856$　大方式：在第三级（1号76）的末端发生三相相间短路。

（2）与第二级电流速断保护反配整定。

配合支路：第二级（57号）

$$I_1 \leqslant I_{dz}/K_p = 1185.61/1.1 = 1077.827$$

$$T_1 \leqslant 0.15 - 0.15 = 0$$

定值区间：$605.61 \leqslant I_1 \leqslant 472.13$

定值取值：按人工给定取值 $I_1 = 472.1$

阶段电流Ⅰ段整定结果

Ⅰ段定值 $I_1 = 472.1(A)$

Ⅰ段时间定值 $T_1 = 0(s)$

9. 变电站第三级（1号76）首端阶段电流Ⅲ段

（1）按躲线路最大负荷电流整定。

$$I_3 \geqslant K_k \times I_{fhmax}/K_{fh} = 1.2 \times 195/0.95 = 246.32$$

本线路最大负荷电流：195

本线路保护 TA 一次值：0

本线路最大允许安全电流：195

最大负荷电流：

$$I_{fh}=S/1.732/U=2280/1.732/10.5=125.3712$$

(2) 与第二级电流Ⅲ段反配整定。

配合支路：第二级（57号）

$$I_3\leqslant I'_{dz3}/(K_p\times K_{fz})=266.55/(1.1\times 1)=242.32$$

$$T_3\leqslant 0.9-0.3=0.6$$

定值区间：$246.32\leqslant I_3\leqslant 242.32$；

定值取值：按灵敏度较高取值 $I_3=242.32$；

时间区间：$0.3\leqslant T_3\leqslant 0.6$；

时间取值：按人工给定取值 $T_3=0.6$；

阶段电流Ⅲ段整定结果

Ⅲ段定值 $I_3=242.32(A)$；

Ⅲ段时间定值 $T_3=0.6(s)$。

10. 变电站第三级（1号76）首端过负荷段

按躲线路最大负荷电流整定

$$I_4\geqslant K_k\times I_{fhmax}/K_{fh}=1.05\times 195/0.95=215.53$$

本线路最大负荷电流：195；

本线路保护TA一次值：0；

本线路最大允许安全电流：195；

最大负荷电流：

$$I_{fh}=S/1.732/U=2280/1.732/10.5=125.3712$$

定值区间：$I_4\geqslant 215.53$；

定值取值：按灵敏度较高取值 $I_4=215.53$；

过负荷段整定结果

过负荷段定值 $I_4=215.53(A)$；

过负荷段时间定值 $T_4=6(s)$。

（三）定值通知单

怀化电网线路保护定值通知单见表19-2。

**表 19-2　　　　　怀化电网线路保护定值通知单**

编号：鹤城南变电站-10kV 黄岩线线路保护-ISA367GHA-202001

| 保护型号 | ISA-367GHA | | | | |
|---|---|---|---|---|---|
| 版本号 | V4.00 | 校验码 | D544 | 程序生成时间 | |
| 线路长度 | 4.498km | 正序阻抗 | | 零序阻抗 | |
| TA 变比 | 600/5 | TV 变比 | 10000/100 | 区号 | 1 区 |

备注：
(1) 本定值仅取参数至主干线 57 号杆，57 号杆后保护由柱上断路器实现；
(2) 线路最大负荷电流按保证 57 号杆至 1 号 76 杆间线路末端故障有灵敏度时线路电流值 292A 考虑。

| 整定： | | 审核： | | 批准： | | 日期： | ××年 4 月 17 日 |
|---|---|---|---|---|---|---|---|

| 1 | 设备参数 | | | |
|---|---|---|---|---|
| 序号 | 名称 | 单位 | 定值 | 备注 |
| 1.01 | 被保护设备 | | 316 | |
| 1.02 | TV 一次额定值 | kV | 10 | |
| 1.03 | 保护 TA 一次值 | A | 600 | |
| 1.04 | 保护 TA 二次值 | A | 5 | |
| 1.05 | 零序 TA 一次值 | A | 1 | |
| 1.06 | 测量 TA 一次值 | A | 现场定 | |
| 1.07 | 测量 TA 二次值 | A | 现场定 | |
| 1.08 | 中性点接地方式 | | 0 | 中性点不接地系统 |
| 1.09 | 零序电流自产 | | 1 | 自产 |
| 1.10 | 保护 TA 两相配置 | | 现场定 | |
| 2 | 保护定值 | | | |
| 序号 | 名称 | 单位 | 定值 | 备注 |
| 2.01 | 同期相别 | | 0 | |
| 2.02 | 同期检无压定值 | V | 100 | |
| 2.03 | 同期检频差定值 | Hz | 20 | |
| 2.04 | 同期检角差定值 | ° | 180 | |
| 2.05 | 同期检压差定值 | V | 100 | |
| 2.06 | 同期检频差滑差定值 | Hz/s | 20 | |
| 2.07 | 同期断路器合闸时间 | s | 100 | |
| 2.08 | 同期整组复归时间 | s | 120 | |
| 2.09 | 线电压闭锁定值 | V | 70 | |
| 2.10 | 过电流Ⅰ段定值 | A | 40.2 | |
| 2.11 | 过电流Ⅰ段时间 | s | 0.15 | |
| 2.12 | 过电流Ⅱ段定值 | A | 16.84 | |
| 2.13 | 过电流Ⅱ段时间 | s | 0.9 | |
| 2.14 | 过电流Ⅲ段定值 | A | 2.44 | |
| 2.15 | 过电流Ⅲ段时间 | s | 1.5 | |
| 2.16 | TV 断线相过流定值 | A | 100 | |
| 2.17 | TV 断线相过流时间 | s | 100 | |
| 2.18 | 过电流加速段定值 | A | 16.84 | |

续表

| 2 | 保护定值 | | | |
|---|---|---|---|---|
| 序号 | 名称 | 单位 | 定值 | 备注 |
| 2.19 | 过电流加速段时间 | s | 0.1 | |
| 2.20 | 零序过流Ⅰ段定值 | A | 20 | |
| 2.21 | 零序过流Ⅰ段时间 | s | 100 | |
| 2.22 | 零序过流Ⅱ段定值 | A | 20 | |
| 2.23 | 零序过流Ⅱ段时间 | s | 100 | |
| 2.24 | 零序过流加速段定值 | A | 20 | |
| 2.25 | 零序过流加速段时间 | s | 100 | |
| 2.26 | 重合闸时间 | s | 2 | |
| 2.27 | 弹簧未储能放电时间 | s | 100 | |
| 2.28 | 同期合闸角 | ° | 30 | |
| 2.29 | 大电流闭锁重合闸定值 | A | 100 | |
| 2.30 | 低频减载频率 | Hz | 45 | |
| 2.31 | 低频减载时间 | s | 100 | |
| 2.32 | 低频频率滑差闭锁定值 | Hz/s | 20 | |
| 2.33 | 低频电压闭锁定值 | V | 100 | |
| 2.34 | 低频无流闭锁定值 | A | 6 | |
| 2.35 | 低压减载电压 | V | 100 | |
| 2.36 | 低压减载时间 | s | 100 | |
| 2.37 | 低压电压滑差闭锁定值 | V/s | 100 | |
| 2.38 | 低压无流闭锁定值 | A | 6 | |
| 2.39 | 过负荷定值 | A | 2.2 | |
| 2.40 | 过负荷时间 | s | 6 | |
| 3 | 保护控制字 | | | |
| 序号 | 名称 | 单位 | 定值 | 备注 |
| 3.01 | 同期检无压 | | 0 | |
| 3.02 | 同期检同期 | | 0 | |
| 3.03 | 同期检频差 | | 0 | |
| 3.04 | 同期检角差 | | 0 | |
| 3.05 | 同期检压差 | | 0 | |
| 3.06 | 同期检频率滑差 | | 0 | |
| 3.07 | 过电流保护Ⅰ段 | | 1 | |
| 3.08 | 过电流Ⅰ段经电压 | | 0 | |
| 3.09 | 过电流Ⅰ段经方向 | | 0 | |
| 3.10 | 过电流保护Ⅱ段 | | 1 | |
| 3.11 | 过电流Ⅱ段经电压 | | 0 | |
| 3.12 | 过电流Ⅱ段经方向 | | 0 | |
| 3.13 | 过电流保护Ⅲ段 | | 1 | |
| 3.14 | 过电流Ⅲ段经电压 | | 0 | |

续表

| 3 | 保护控制字 | | | |
|---|---|---|---|---|
| 序号 | 名称 | 单位 | 定值 | 备注 |
| 3.15 | 过电流Ⅲ段经方向 | | 0 | |
| 3.16 | 相过流加速段 | | 1 | |
| 3.17 | 零序过流Ⅰ段 | | 0 | |
| 3.18 | 零序过流Ⅰ段经方向 | | 0 | |
| 3.19 | 零序过流Ⅱ段 | | 0 | |
| 3.20 | 零序过流Ⅱ段跳闸 | | 0 | |
| 3.21 | 零序过流Ⅱ段经方向 | | 0 | |
| 3.22 | 零序电流加速段 | | 0 | |
| 3.23 | 停用重合闸 | | 0 | |
| 3.24 | 不对应启动重合闸 | | 1 | |
| 3.25 | 重合闸检线无压母有压 | | 0 | |
| 3.26 | 重合闸检线有压母无压 | | 0 | |
| 3.27 | 重合闸检线无压母无压 | | 0 | |
| 3.28 | 重合闸检同期 | | 0 | |
| 3.29 | 大电流闭锁重合闸 | | 0 | |
| 3.30 | 重合闸后加速 | | 1 | |
| 3.31 | 低频减载 | | 0 | |
| 3.32 | 低频频率滑差闭锁 | | 0 | |
| 3.33 | 低频无流闭锁 | | 0 | |
| 3.34 | 低压减载 | | 0 | |
| 3.35 | 低压电压滑差闭锁 | | 0 | |
| 3.36 | 低压无流闭锁 | | 0 | |
| 3.37 | 闭锁简易母线 | | 0 | |
| 3.38 | 过负荷告警 | | 1 | |
| 3.39 | 母线 TV 断线告警 | | 0 | |
| 3.40 | 线路 TV 断线告警 | | 0 | |
| 3.41 | 控制回路断线告警 | | 1 | |
| 3.42 | 弹簧未储能告警 | | 1 | |
| 4 | 软压板 | | | |
| 序号 | 名称 | 单位 | 定值 | 备注 |
| 4.01 | 远方修改定值 | | 0 | |
| 4.02 | 远方切换定值区 | | 0 | |
| 4.03 | 远方控制软压板 | | 1 | |
| 4.04 | 同期功能投入 | | 0 | |
| 4.05 | 同期检无压投入 | | 0 | |
| 4.06 | 同期检同期投入 | | 0 | |
| 4.07 | 停用重合闸软压板 | | 0 | |
| 4.08 | 低频减载软压板 | | 0 | |
| 4.09 | 低压减载软压板 | | 0 | |

# 第二十章　低电阻接地系统接地变压器保护整定计算原则

## 一、电流速断保护

（1）按躲过接地变压器初始励磁涌流整定。一般为7～10倍接地变压器高压侧额定电流。

$$I_{dz.Ⅰ}=\frac{(7\sim 10)I_{n}}{n_{a}} \tag{20-1}$$

式中　$I_{dz.Ⅰ}$——电流速断整定值，A；

$I_{n}$——接地变压器高压侧额定电流，A；

$n_{a}$——接地变高压侧电流互感器变比。

（2）按躲过最大运行方式下接地变电源侧母线单相接地故障时流过保护安装处的最大故障相电流整定。

$$I_{dz.Ⅰ}\geqslant\frac{K_{k}I_{k.max}^{(1)}}{n_{a}} \tag{20-2}$$

式中　$I_{k.max}^{(1)}$——最大运行方式下接地变电源侧母线单相接地故障时流过保护安装处的最大故障相电流，A；

$K_{k}$——可靠系数，取1.3。

（3）按躲过最大运行方式下接地变压器低压侧短路故障时流过保护安装处的最大故障电流整定。

$$I_{dz.Ⅰ}\geqslant\frac{K_{k}I_{D.max}}{n_{a}} \tag{20-3}$$

式中　$I_{D.max}$——最大运行方式下接地变压器低压侧短路故障时流过保护安装处的最大故障电流，A；

$K_{k}$ 取1.3。

（4）灵敏度系数按以下公式校核：

$$K_{sen}=\frac{I_{k.min}}{I_{dz.Ⅰ}n_{a}} \tag{20-4}$$

式中 $I_{k.min}$——最小运行方式下接地变压器电源侧短路故障时流过保护安装处的电流；

$K_{sen}$——灵敏系数，要求不小于 2.0。

（5）动作时间一般为 0s。出口动作对附图 20-1、附图 20-2 接线，跳接地变压器断路器、联跳供电变压器同侧断路器；对附图 20-3、附图 20-4 接线，跳供电变压器各侧断路器。

## 二、过流保护

（1）按躲过接地变压器额定电流整定。

$$I_{dz.\,\text{II}} \geqslant \frac{K_k I_n}{n_a} \tag{20-5}$$

式中 $I_{dz.\,\text{II}}$——过流保护整定值，A；

$K_k$ 取 1.3。

（2）按躲过最大运行方式下接地变压器电源侧母线单相接地故障时流过保护安装处的最大故障相电流整定。

$$I_{dz.\,\text{II}} \geqslant \frac{K_k I_{k.max}^{(1)}}{n_a} \tag{20-6}$$

式中 $I_{k.max}^{(1)}$——最大运行方式下接地变压器电源侧母线单相接地故障时流过保护安装处的最大故障相电流，A；

$K_k$ 取 1.3。

（3）按保证接地变压器低压侧故障时有不小于 2.0 的灵敏度系数整定。

$$K_{sen} = \frac{I_{Dmin}^{(2)}}{I_{dz.\,\text{II}} n_a} \tag{20-7}$$

式中 $I_{Dmin}^{(2)}$——最小运行方式下接地站用变低压侧金属性两相短路故障时流过保护安装处的最小故障相电流，A；

$K_{sen}$不小于 2.0。

（4）动作时间对图 20-1、图 20-2 接线，宜与供电变压器低压侧复压闭锁过流保护跳低压侧断路器时间（$T_d$）一致；对图 20-3、图 20-4 接线，宜大于供电变压器低压侧复压闭锁过流保护跳各侧断路器时间（$T_g$）；原则上的时间范围一般为 1.5～2.5s。

（5）出口动作对图 20-1、图 20-2 接线，跳接地变压器断路器、联跳供电变压器同侧断路器；对图 20-3、图 20-4 接线，跳供电变压器各侧断路器。

（6）对图 20-3、图 20-4 接线，若 220kV 供电变压器保护装置包含低压侧接地变保护功能，则投入 220 发供电变压器保护装置的该保护功能，退出单独的接地变保护。

（7）对图20-3、图20-4接线，若为220kV供电变压器，跳供电变压器各侧断路器应启动高压侧断路器失灵保护。

（8）仅对不具备软件滤零措施的保护装置，要求速断定值躲过区外单相接地故障时流过接地变压器的最大故障相电流。

## 三、低压侧不带分支主变压器低母线处接地变零序保护（见图20-1）

1. 零序电流Ⅰ段

（1）按最小运行方式下线末单相金属性接地故障流过保护安装处的零序电流有不小于2.0的灵敏度系数整定。

$$I_{0\mathrm{I}} \leqslant \frac{3I_{0.\min}^{(1)}}{K_{\mathrm{sen}} n_{\mathrm{a}}} \tag{20-8}$$

式中 $I_{0\mathrm{I}}$——零序电流Ⅰ段整定值，A；

$I_{0.\min}^{(1)}$——最小运行方式下所有出线末端单相金属性接地故障时流过保护安装处的零序电流，A；

$K_{\mathrm{sen}}$取2.0。

（2）按与相邻元件零序电流Ⅱ段配合整定。

$$I_{0\mathrm{I}} \geqslant K_{\mathrm{k}} I'_{0\mathrm{II}} \tag{20-9}$$

式中 $I'_{0\mathrm{II}}$——相邻元件零序电流Ⅱ段中的最大整定值；

$K_{\mathrm{k}}$ 取1.1。

（3）动作时间与相邻元件零序电流Ⅱ段的最长动作时间配合，出口跳母联或分段断路器。

2. 零序电流Ⅱ段

（1）零序电流Ⅱ段定值同接地变压器零序电流Ⅰ段定值。

（2）动作时间与接地变压器零序电流Ⅰ段动作时间配合，出口跳接地变压器、供电变压器同侧断路器。

（3）零序保护应闭锁主变压器低压侧备自投。

（4）零序电流保护应采用接地变中性点零序电流互感器。

## 四、低压侧带双分支主变压器低母线处接地变零序保护（见图20-2）

1. 零序电流Ⅰ段

（1）按最小运行方式下线末单相金属性接地故障流过保护安装处的零序电流有不小于2.0的灵敏度系数整定。

$$I_{0\text{I}} \leqslant \frac{3I_{0.\min}^{(1)}}{K_{\text{sen}} n_{\text{a}}} \tag{20-10}$$

式中 $I_{0\text{I}}$——零序电流Ⅰ段整定值，A；

$I_{0.\min}^{(1)}$——最小运行方式下所有出线末端单相金属性接地故障时流过保护安装处的零序电流，A；

$K_{\text{sen}}$取 2.0。

（2）按与相邻元件零序电流Ⅱ段配合整定。

$$I_{0\text{I}} \geqslant \frac{K_{\text{k}} I'_{0\text{II}}}{n_{\text{a}}} \tag{20-11}$$

式中 $I'_{0\text{II}}$——相邻元件零序电流Ⅱ段中的最大整定值（一次值），A；

$K_{\text{k}}$ 取 1.1。

（3）动作时间设置两段，第一时限与相邻元件零序电流Ⅱ段的最长动作时间配合，出口跳母联或分段断路器。第二时限与本保护第一时限配合，出口跳供电变压器（本分支）同侧断路器。

2. 零序电流Ⅱ段

（1）零序电流Ⅱ段定值取值同接地变压器零序电流Ⅰ段定值。

（2）动作时间与接地变压器零序电流Ⅰ段第二时限配合，出口跳接地变压器断路器、供电变压器接地母线分支断路器。

（3）零序电流保护应闭锁主变压器低压侧备自投。

（4）零序电流保护应采用接地变中性点零序电流互感器。

## 五、主变压器低压侧引线处接地变零序保护 （见图 20-3 和图 20-4）

1. 零序电流Ⅰ段

（1）按最小运行方式下线末单相金属性接地故障流过保护安装处的零序电流有不小于 2.0 的灵敏度系数整定。

$$I_{0\text{I}} \leqslant \frac{3I_{0.\min}^{(1)}}{K_{\text{sen}} n_{\text{a}}} \tag{20-12}$$

式中 $I_{0\text{I}}$——零序电流Ⅰ段整定值，A；

$I_{0.\min}^{(1)}$——最小运行方式下所有出线末端单相金属性接地故障时流过保护安装处的零序电流，A；

$K_{\text{sen}}$取 2.0。

（2）按与相邻元件零序电流Ⅱ段配合整定。

（3）零序电流Ⅰ段设两段动作时限。第一时限与相邻元件零序电流Ⅱ段的最长动作时间配合，出口跳（本分支）母联或分段断路器。第二时限与本保护第一时限配合，出口跳供电变压器（本分支）同侧断路器。

2. 零序电流Ⅱ段

（1）零序电流Ⅱ段定值取值同接地变压器零序电流Ⅰ段定值。

（2）零序电流Ⅱ段动作时限与接地变压器零序电流Ⅰ段第二时限配合，出口跳供电变压器各侧断路器。

（3）零序电流保护应闭锁主变压器低压侧备自投。

（4）若220kV供电变压器保护装置包含10kV接地变压器保护功能，则投入220kV供电变压器保护装置的该保护功能，退出单独的接地变保护。

（5）对图4-15接线，若220kV供电变压器保护装置包含10kV零序电流保护，则投入各10kV分支零序电流保护，退出接地变零序电流Ⅰ段保护。

（6）若为220kV供电变压器，跳供电变压器各侧断路器应启动高压侧断路器失灵保护。

（7）零序电流保护应采用接地变中性点零序电流互感器。主变压器低压侧无分支、接地变压器接于主变压器低压侧母线时的继电保护配置图如图20-1所示。主变压器低压侧双分支、接地变压器接于主变压器低压侧母线时的继电保护配置图如图20-2所示。主变压器低压侧无分支、接地变压器接于主变压器低压侧引线时的继电保护配置图如图20-3所示。主变压器低压侧双分支、接地变压器接于主变压器低压侧引线时的继电保护配置图如图20-4所示。

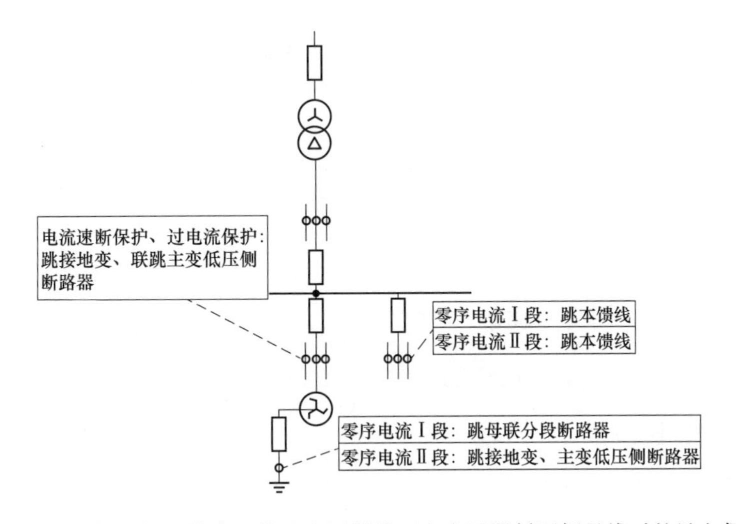


图20-1　主变压器低压侧无分支、接地变压器接于主变压器低压侧母线时的继电保护配置图

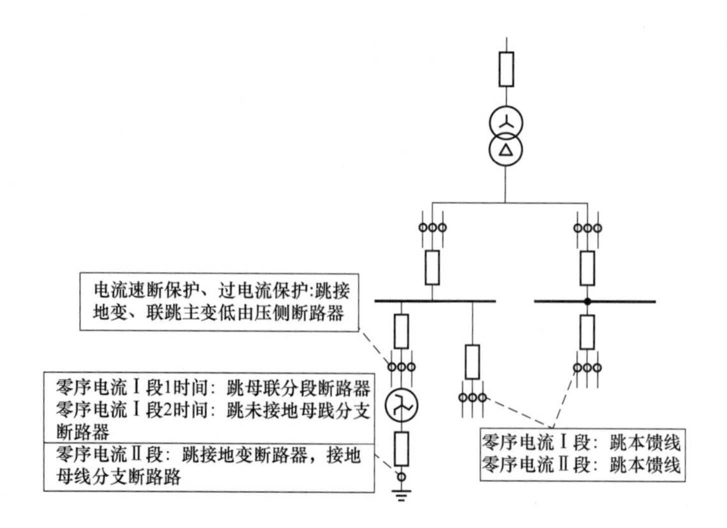


图 20-2　主变压器低压侧双分支、接地变压器接于主变压器低压侧母线时的继电保护配置图

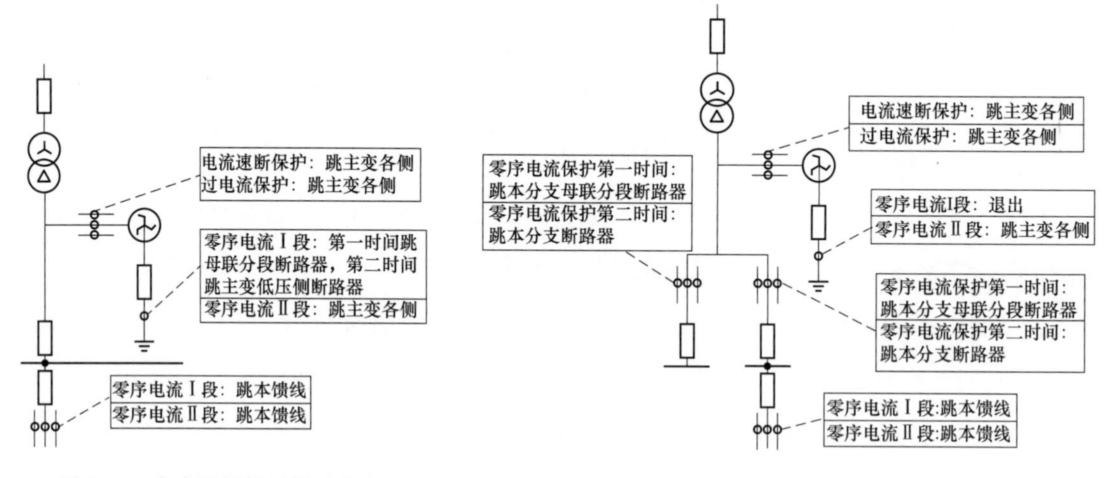


图 20-3　主变压器低压侧无分支、接地变压器接于主变压器低压侧引线时的继电保护配置图

图 20-4　主变压器低压侧双分支、接地变压器接于主变压器低压侧引线时的继电保护配置图

## 六、算例

### （一）算例描述

（1）接地站用变：①型号：DKSC-500/10.5-100/0.4；②阻抗电压：3.57%；③额定电流：27.49A；④中性点电阻：XHDR-10.5/600-W（10Ω）。

（2）10kV 小电阻接地。

（3）保护型号：PCS-9621C。

（4）TA 变比：200/5；零序电流互感器：600/5（小电阻）。

（二）计算过程

1. 速断过流定值（$I_{sd}$）——定值：1000/25

（1）躲过变压器初始励磁涌流。

$$I_{sd} = K \times I_{e} = 10 \times 27.49 = 274.9\text{A}$$

$K$：可靠系数，可取 7～10，10

$I_{e}$：变压器高压侧额定电流（A），27.49

（2）躲过变压器低压侧故障时流过变压器的最大故障电流整定。

$$I_{sd} = K_{k} \times I_{d.max} = 1.3 \times 752.5089 = 978.26\text{A}$$

式中　$K_{k}$——可靠系数，1.3；

$I_{d.max}$——其他侧母线相间短路流过本侧保护电流最大值（A），752.5089，$I_{d.max}$的方式描述，大方式 3～35kV 不并列、10kV 并列；延农变供电，开环支路：延雷车线—延，延联佳线—联侧，秀枫长延线—枫侧，延雷车线—雷，延雷车线—车，延佳线，延曾Ⅰ线；在枫林变电站 2 号接地站用变的低压侧发生两相相间短路。

采用人工给定定值

定值 $I_{sd}$=1000A；

$I_{sd}$　二次值=25A。

2. 速断过流时间（$T_{sd}$）——定值：0 取 0s

$$T_{sd} = t = 0 = 0\text{s}$$

$t$：0；

定值 $T_{sd}$=0s。

3. 速断过流灵敏度校验（$K_{sen1}$）——定值：0.39

最小运行方式下变压器电源侧短路故障有灵敏度校验

$$K_{sen1} = I_{k.min} \div I_{dz} = 15814.35 \div 1000 = 15.81$$

式中　$I_{k.min}$——保护出口短路流过本侧保护电流最小值（A），15814.35，$I_{k.min}$的方式描述：大方式 4—均不并列，秀峰变供电，开环支路：天望秀Ⅱ线—望侧，秀枫长延线-枫侧，艾秀Ⅱ线，天谭秀线—谭侧；在枫林变电站 2 号接地站用变的高压侧保护出口处发生两相相间短路；

$I_{dz}$——本装置定值：$I_{sd}$（速断过流定值），1000；

定值 $K_{sen1}$=15.81。

4. 过流Ⅰ段定值（$I_{gl1}$）——定值：35.74/0.89

（1）躲过站用变压器额定电流。

$$I_{gl1} = K_k \times I_e = 1.3 \times 27.49 = 35.74\text{A}$$

式中 $K_k$——可靠系数，1.3；

$I_e$——变压器高压侧额定电流（A），27.49。

（2）保证站用变压器低压侧故障时有规定的灵敏度。

$$I_{gl1} = I_{d.min} = 738.9459 = 738.95\text{A}$$

式中 $I_{d.min}$——其他侧母线相间短路流过本侧保护电流最小值（A），738.9459，$I_{d.min}$的方式描述，大方式4—均不并列，秀峰变供电，开环支路：天望秀Ⅱ线—望侧，秀枫长延线—枫侧，艾秀Ⅱ线，天谭秀线—谭侧；在枫林变电站2号接地站用变的低压侧发生三相相间短路。

定值 $I_{gl1}$=35.74A。

二次值 $I_{gl1} = 35.74 \div (200 \div 5) = 0.89\text{A}$。

5. 过流Ⅰ段时间（$T_{gl1}$）——定值：2.1

宜与供电变压器低压侧复压闭锁过流保护跳低压侧断路器时间（Td）一致

$$T_{gl1} = t = 2.1 = 2.1\text{s}$$

$t$：2.1；

采用人工给定定值

定值 $T_{gl1}$=2.1s。

6. 过流Ⅰ段灵敏度校验（$K_{sen2}$）——定值：20.68

最小运行方式下变压器低压侧金属性两相短路故障有灵敏度校验

$$K_{sen2} = I_{d.min} \div I_{dz} = 738.9459 \div 35.74 = 20.68$$

式中 $I_{d.min}$——其他侧母线相间短路流过本侧保护电流最小值（A），738.9459，$I_{d.min}$的方式描述，大方式4—均不并列，秀峰变供电，开环支路：天望秀Ⅱ线—望侧，秀枫长延线—枫侧，艾秀Ⅱ线，天谭秀线—谭侧；在枫林变电站2号接地站用变的低压侧发生三相相间短路；

$I_{dz}$——本装置定值：$I_{gl1}$（过流Ⅰ段定值），35.74。

定值 $K_{sen2}$=20.68。

7. 过流Ⅱ段定值（$I_{gl2}$）——定值：150

退出，取最大值

$$I_{gl2} = 30 \times I_n = 30 \times 5 = 150A$$

式中　$I_n$——TA 二次侧电流，A，取值 5。

定值 $I_{gl2}$＝150A。

8. 过流Ⅱ段时间（$T_{gl2}$）——定值：10

退出，取最大值

$$T_{gl2} = t = 10 = 10s$$

$t$：10；

定值 $T_{gl2}$＝10s。

9. 零序过流Ⅰ段定值（$I_{01}$）——定值：96/0.8

（1）保证线末单相金属性接地故障时有规定的灵敏度。

Ⅰ线：

$$I_{01} = 3 \times I_{0kmin1} \div K_{sen} = 3 \times 76 \div 2 = 114A$$

式中　$I_{0kmin1}$——背侧支路末端短路流过本侧保护电流最小值（A），76，$I_{0kmin1}$的方式描述，小方式，秀峰变供电，开环支路：艾秀Ⅰ线，天望秀Ⅰ线—望侧，秀枫延线—枫侧，天谭咸秀线—谭侧；在Ⅰ线的枫林变电站 10kVⅠ母线侧发生两相接地短路；

$K_{sen}$——灵敏系数，2.0。

（2）按与相邻元件零序电流Ⅱ段配合整定。

$$I_{01} = K_k \times I_{02} = 1.1 \times 78 = 85.8A$$

式中　$I_{02}$——相邻元件零序电流Ⅱ段中的最大整定值，78；

$K_k$——配合系数，1.1；

采用人工给定定值；

定值 $I_{01}$＝96A；

$I_{01}$　二次值＝0.8A。

10. 零序过流Ⅰ段 1 时限（$T_{011}$）——定值：1.8

与相邻元件零序电流Ⅱ段的最长动作时间配合

$$T_{011} = t + \Delta t = 1.5 + 0.3 = 1.8s$$

式中　$t$——相邻元件零序电流Ⅱ段的最长动作时间，1.5；

$\Delta t$：0.3；

定值 $T_{011}$＝1.8s。

11. 零序过流Ⅰ段2时限（$T_{012}$）——定值：10

退出，取最大值

$$T_{012}=t=10=10\text{s}$$

$t$ 取10；

定值 $T_{012}$=10s。

12. 零序过流Ⅰ段3时限（$T_{013}$）——定值：10

退出，取最大值

$$T_{013}=t=10=10\text{s}$$

$t$ 取10；

定值 $T_{013}$=10s。

13. 零序过流Ⅱ段定值（$I_{02}$）——定值：0.8

同零序电流Ⅰ段定值

$$I_{02}=I_{02}\div \text{TA}_0=96\div 120=0.8\text{A}$$

式中 $I_{02}$——本装置定值：$I_{01}$（零序过流Ⅰ段定值），96；

$\text{TA}_0$——TA变比，120；

定值 $I_{02}$=0.8A。

14. 零序过流Ⅱ段时间（$T_{02}$）——定值：2.1

与接地变压器零序电流Ⅰ段的动作时间配合

$$T_{02}=T_{01}+\Delta t=1.8+0.3=2.1\text{s}$$

式中 $T_{01}$——本装置定值：$T_{011}$（零序过流Ⅰ段1时限），1.8；

$\Delta t$ 取0.3。

定值 $T_{02}$=2.1s。

15. 低压侧零序过流定值（$I_{L0}$）——定值：150

退出，取最大值

$$I_{L0}=30\times I_n=30\times 5=150\text{A}$$

式中 $I_n$——TA二次侧电流（A），5；

定值 $I_{L0}$=150A。

16. 低压侧零序过流1时限（$I_{L01}$）——定值：10

退出，取最大值

$$I_{L01} = t = 10 = 10s$$

$t$ 取 10。

定值 $I_{L01}$=10s。

17. 低压侧零序过流 2 时限（$I_{L02}$）——定值：10

退出，取最大值

$$I_{L02} = t = 10 = 10s$$

$t$ 取 10。

定值 $I_{L02}$=10s。

18. 过负荷定值（$I_{gfh}$）——定值：30.38/0.76

电流继电器的动作电流按变压器长期允许的负荷电流下能可靠返回的条件整定

$$I_{gfh} = K_k \div K_r \times I_e = 1.05 \div 0.95 \times 27.49 = 30.38A$$

式中　$K_k$——可靠系数，取值 1.05；

$K_r$——返回系数，取值 0.95；

$I_e$——本侧额定电流，A，取值 27.49。

定值 $I_{gfh}$=30.38A。

二次值 $I_{gfh} = 30.38 \div (200 \div 5) = 0.76A$ 。

19. 过负荷时间（$T_{gfh}$）——定值：6

按躲变压器后备保护的最大延时进行整定，取 6s

$$T_{gfh} = t = 6 = 6s$$

$t$ 取 6。

定值 $T_{gfh}$=6s。

20. 非电量 2 动作时间（$T_{fdl}$）——定值：4000

退出，取最大值

$$T_{fdl} = t = 4000 = 4000s$$

$t$ 取 4000。

定值 $T_{fdl}$=4000s。

（三）定值单

长沙电网继电保护定值通知单见表 20-1。

**表 20-1　　长沙电网继电保护定值通知单**

编号：枫林变电站-10kV 2 号接地站用变压器保护-PCS9621C-202001

| 保护型号 | PCS-9621C | | | | |
|---|---|---|---|---|---|
| 版本号 | 3.05.1 | 校验码 | 9264B6CE | 程序生成时间 | |
| 变压器型号 | DKSC-500/10.5-100/0.4 | 容量（MVA） | 0.5/0.1 | 电压（kV） | 10.5/0.4 |
| $U_k$(%) | $U_{高\text{-}低}$=3.57 | | | | |

（1）接地站用变压器：DKSC-500/10.5-100/0.4；
（2）阻抗电压：3.57%；
（3）中性点电阻：XHDR-10.5/600-W（10Ω）；
（4）零序电流互感器：600/5（小电阻）；
（5）跳闸矩阵位：跳接地变断路器 366；跳主变压器低压侧 330；跳分段断路器 350；闭锁低压侧备自投 350。

| 整定： | | 审核： | | 批准： | | 日期： | 2020 年 9 月 4 日 |
|---|---|---|---|---|---|---|---|

| 1 | 设备参数 | | | |
|---|---|---|---|---|
| 序号 | 名称 | 单位 | 定值 | 备注 |
| 1.01 | 定值区号 | | 1 | |
| 1.02 | 被保护设备 | | 2 号接地站用变 | |
| 1.03 | TV 一次值 | kV | 10 | |
| 1.04 | 保护 TA 一次值 | A | 200 | |
| 1.05 | 保护 TA 二次值 | A | 5 | |
| 1.06 | 零序 TA 一次值 | A | 600 | |
| 1.07 | 零序 TA 二次值 | A | 5 | |
| 1.08 | 外接零序 TV 一次值 | kV | 10 | |
| 1.09 | 外接零序 TV 二次值 | V | 100 | |
| 1.10 | 低压侧零序 TA 一次值 | A | 0 | |
| 1.11 | 低压侧零序 TA 二次值 | A | 5 | |
| 2 | 保护定值 | | | |
| 序号 | 名称 | 单位 | 定值 | 备注 |
| 2.01 | 速断过流定值 | A | 25 | |
| 2.02 | 速断过流时间 | s | 0 | |
| 2.03 | 过流Ⅰ段定值 | A | 0.89 | |
| 2.04 | 过流Ⅰ段时间 | s | 2.1 | |
| 2.05 | 过流Ⅱ段定值 | A | 150 | |
| 2.06 | 过流Ⅱ段时间 | s | 10 | |
| 2.07 | 零序过流Ⅰ段定值 | A | 0.8 | |
| 2.08 | 零序过流Ⅰ段 1 时限 | s | 1.8 | |
| 2.09 | 零序过流Ⅰ段 2 时限 | s | 10 | |
| 2.10 | 零序过流Ⅰ段 3 时限 | s | 10 | |
| 2.11 | 零序过流Ⅱ段定值 | A | 0.8 | |
| 2.12 | 零序过流Ⅱ段时间 | s | 2.1 | |
| 2.13 | 低压侧零序过流定值 | A | 150 | |
| 2.14 | 低压侧零序过流 1 时限 | s | 10 | |

续表

| 2 | 保护定值 | | | |
|---|---|---|---|---|
| 序号 | 名称 | 单位 | 定值 | 备注 |
| 2.15 | 低压侧零序过流 2 时限 | s | 10 | |
| 2.16 | 过负荷定值 | A | 0.76 | |
| 2.17 | 过负荷时间 | s | 6 | |
| 2.18 | 非电量 2 动作时间 | s | 4000 | |
| 3 | 保护控制字 | | | |
| 序号 | 名称 | 单位 | 定值 | 备注 |
| 3.01 | 速断过流 | | 1 | |
| 3.02 | 过流Ⅰ段 | | 1 | |
| 3.03 | 过流Ⅱ段 | | 0 | |
| 3.04 | 相过流消零 | | 1 | |
| 3.05 | 零序电流采用自产零流 | | 0 | |
| 3.06 | 零序过流Ⅰ段 1 时限 | | 1 | |
| 3.07 | 零序过流Ⅰ段 2 时限 | | 0 | |
| 3.08 | 零序过流Ⅰ段 3 时限 | | 0 | |
| 3.09 | 零序过流Ⅱ段 | | 1 | |
| 3.10 | 低压侧零序过流 1 时限 | | 0 | |
| 3.11 | 低压侧零序过流 2 时限 | | 0 | |
| 3.12 | 零序过流告警 | | 0 | |
| 3.13 | TV 断线自检 | | 0 | |
| 3.14 | 过负荷告警 | | 1 | |

| 4 | 跳闸矩阵定值 | | | | | | | | | | |
|---|---|---|---|---|---|---|---|---|---|---|---|
| 序号 | 名称 | B8 | B7 | B6 | B5 | B4 | B3 | B2 | B1 | B0 | 定值 |
| | | 备用5 | 备用4 | 备用3 | 备用2 | 闭锁低压侧备自投 | 备用1 | 跳分段断路器 | 跳主变压器低压侧 | 跳接地变断路器 | |
| 4.01 | 速断过流 | 0 | 0 | 0 | 0 | 0 | 0 | 0 | 1 | 1 | 0003 |
| 4.02 | 过流Ⅰ段 | 0 | 0 | 0 | 0 | 0 | 0 | 0 | 1 | 1 | 0003 |
| 4.03 | 过流Ⅱ段 | 0 | 0 | 0 | 0 | 0 | 0 | 0 | 0 | 0 | 0000 |
| 4.04 | 零序过流Ⅰ段 1 时限 | 0 | 0 | 0 | 0 | 1 | 0 | 1 | 0 | 0 | 0014 |
| 4.05 | 零序过流Ⅰ段 2 时限 | 0 | 0 | 0 | 0 | 0 | 0 | 0 | 0 | 0 | 0000 |
| 4.06 | 零序过流Ⅰ段 3 时限 | 0 | 0 | 0 | 0 | 0 | 0 | 0 | 0 | 0 | 0000 |
| 4.07 | 零序过流Ⅱ段 | 0 | 0 | 0 | 0 | 1 | 0 | 0 | 1 | 1 | 0013 |
| 4.08 | 低压侧零序过流 1 时限 | 0 | 0 | 0 | 0 | 0 | 0 | 0 | 0 | 0 | 0000 |
| 4.09 | 低压侧零序过流 2 时限 | 0 | 0 | 0 | 0 | 0 | 0 | 0 | 0 | 0 | 0000 |
| 4.10 | 非电量 1 | 0 | 0 | 0 | 0 | 0 | 0 | 0 | 0 | 0 | 0000 |
| 4.11 | 非电量 2 | 0 | 0 | 0 | 0 | 0 | 0 | 0 | 0 | 0 | 0000 |
| 4.12 | 超温 | 0 | 0 | 0 | 0 | 0 | 0 | 0 | 0 | 0 | 0000 |
| 4.13 | 重瓦斯 | 0 | 0 | 0 | 0 | 0 | 0 | 0 | 0 | 0 | 0000 |

续表

| 5 | 软压板 | | | |
|---|---|---|---|---|
| 序号 | 名称 | 单位 | 定值 | 备注 |
| 5.01 | 非电量 1 软压板 | | 现场整定 | |
| 5.02 | 非电量 2 软压板 | | 现场整定 | |
| 5.03 | 超温软压板 | | 现场整定 | |
| 5.04 | 重瓦斯软压板 | | 现场整定 | |
| 5.05 | 远方投退压板软压板 | | 0 | |
| 5.06 | 远方切换定值区软压板 | | 0 | |
| 5.07 | 远方修改定值区软压板 | | 0 | |